清华大学 计算机系列教材

雍俊海 编著

C程序设计（第2版）

清华大学出版社
北京

内 容 简 介

本书介绍 C 语言程序设计知识及其编程方法,包括 C 语言的基础语法、结构化程序设计、静态数组、动态数组、字符串、结构体、共用体、枚举、函数、指针、单向链表、类型别名、预处理命令、文件处理、编程规范、程序测试、自动测试、常用库函数与宏定义等内容。本书不仅适用于微软公司的 Windows 系列操作系统及其 Microsoft Visual Studio 平台,而且也适用于 Linux 和 UNIX 系列操作系统。本书的章节编排以人们学习与认知过程为基础,与公司的实际需求相匹配,内容力求简洁,每章都附有习题,采用特殊字体突出中心词,包含注意事项、说明和小甜点等内容,希望使读者在轻松和欢乐之中迅速地了解与掌握 C 语言程序设计的知识和方法,并应用到实践中。

本书内容丰富易学,而且提供丰富示例,既可以作为计算机专业和非计算机专业的基础教材以及 C 语言相关考试的辅导教材,也可以作为需要使用 C 语言的工程人员和科技工作者的自学参考书。

图书在版编目(CIP)数据

C程序设计 / 雍俊海编著. -- 2版. -- 北京:清华大学出版社, 2025.7. -- (清华大学计算机系列教材).
ISBN 978-7-302-69898-2

Ⅰ. TP312.8

中国国家版本馆CIP数据核字第2025KS9435号

责任编辑:龙启铭
封面设计:常雪影
责任校对:刘惠林
责任印制:刘海龙

出版发行:清华大学出版社
  网   址:https://www.tup.com.cn,https://www.wqxuetang.com
  地   址:北京清华大学学研大厦 A 座   邮 编:100084
  社 总 机:010-83470000   邮 购:010-62786544
  投稿与读者服务:010-62776969,c-service@tup.tsinghua.edu.cn
  质 量 反 馈:010-62772015,zhiliang@tup.tsinghua.edu.cn
  课 件 下 载:https://www.tup.com.cn,010-83470236
印 装 者:三河市铭诚印务有限公司
经 销:全国新华书店
开 本:185mm×260mm   印 张:23.75   字 数:576 千字
版 次:2017 年 6 月第 1 版 2025 年 7 月第 2 版 印 次:2025 年 7 月第 1 次印刷
定 价:69.00 元

产品编号:110393-01

前　言

现代科学技术正在迅猛地发展着，软件技术在其中发挥着巨大的作用。软件产业本身具有低能耗、低资源、无污染和高产值等特点，应当大力发展软件业。同时，软件技术已经渗透到各行各业，并推动着这些行业的迅速发展。合理利用软件技术可以迅速提升我们生活与工作的效率。另外，软件技术也是世界各国竞争的焦点，我国所面临的很多卡脖子难题与软件密切相关。因此，如何尽快地掌握计算机知识，学好一门计算机语言，编写出高质量的软件，并用来解决我们在生活与工作中的实际问题，有着迫切的国家与社会需求。本书希望能在这方面为读者提供智慧的翅膀，越过学好一门计算机语言的种种障碍，尽情享受学好一门计算机语言的种种乐趣。

C语言是迄今为止人类发明的最为成功的计算机语言之一，应用非常广泛，同时也是很多其他计算机语言的基础。例如，C++语言是在C语言基础上发展起来的计算机语言，而Java语言和C#语言则是在C/C++语言的基础上发展起来的语言。无论如何发展与变革，C语言本身依然不断展示出巨大的优势，数十年来一直在开发商业软件所采用的计算机语言当中名列前茅，深受人们青睐。C语言程序常常以短小精悍且运行效率高著称。这实际上也体现出了C语言强大的表达能力和处理实际问题的能力。

无论国内还是国外，C语言程序设计目前通常是计算机或软件专业学生学习的第一门计算机语言课程。这说明C语言是一门相对比较容易入门的计算机语言。它容易上手，而且可以迅速用来解决实际问题；它具有很大的灵活性，可以支持结构化程序设计，可以用来培养严谨的编程思维习惯；C语言具有很好的通用性，容易理解，可以构成学习其他计算机语言的基础。

希望本书能够给读者带来尽可能多的益处。对于学习而言，首先最重要的应当是对学习方法的引导。学习每门课程都有其内在的学习规律。顺应其规律，采用正确的学习方法一般会产生良好的学习效果。学习首先应当是"学以致用"。为此，作者常常利用各种机会调研软件公司对程序设计的实际需求。如果能够从应用出发进行学习，那么会提高学习的效率。另外，学习过程的关键应当是实践。本书是实践的一种辅助工具。为此，本书比较详细地讲解了如何在VC平台（Microsoft Visual Studio C++平台）以及Linux和UNIX操作系统下进行C语言程序设计实践的方法，努力降低进行C语言实践的难度，希望读者能够很快入门并进行C语言程序设计实践。在本书每章的后面都有习题。对于书中的习题，没有提供答案，只是因为真诚希望这些习题能够给读者增加一些自主性思考和实践练习的机会。自主性思考意味着应当通过自己的思考去理解C语言并求解问题，而且同时应当不要拘泥于某一种答案，即可以采用多种不同的方法求解相同的问题，从而快速掌握C语言及其程序设计方法。不过，本书提供了大量的例程及其详细的讲解，读者可以进行模仿。同时，希望读者能够经常总结实践过程的收获，享受其中的成就感，即使无法最终求解问题。

本书还讲解了C语言所有常用的库函数、运算符与宏，在一定程度上体现出了C语言程序设计手册或指南的特点。为了方便读者查找本书知识点和中心内容，通过加黑加粗加框的方式强调各部分内容的中心词以及各个基本概念或定义的核心词，并且提供了非常明显的注意事项、说明和小甜点等内容。此外，本书在鲁棒编程、高效编程和规范编程等方面也形成了一些特色。

本书既可以作为计算机专业和非计算机专业的基础教材，也可以作为需要使用计算机的工程人员和科技工作者的自学参考书。本书在编写与出版的过程中得到了许多朋友的帮助，其中，读者，选修作者所负责的课程的学生，作者所负责的清华大学计算机辅助设计、图形学与可视化研究所的同事与学生起到了非常重要的作用。他们的建议和批评意见是本书发生变化的最重要的外在因素。而且他们当中的很多人也参与了本书的校对工作。本书也凝聚了他们的劳动结晶。这里一并对他们表示诚挚的谢意。真诚希望读者能够轻松并且愉悦地掌握 C 语言程序设计，也希望自己能做得更好。欢迎广大读者特别是讲授此课程的老师对本书进行批评和指正。真诚欢迎各种建设性意见。

雍俊海 于清华园

2025 年 1 月

本 书 约 定

（1）本书采用章、节和小节三级结构，其中，小节是节的下一级结构。

（2）根据《中华人民共和国国家标准标点符号用法》，本书所有省略号均采用 6 个点表示，即表示为"……"。

（3）在各种定义格式中，斜体部分表示某种格式的模板，在应用时需要进行替换。在格式模板中，中括号"[ ]"表示其内部的选项不是必须的。

（4）这里介绍本书对一些字符和组合键的约定。本书采用字符"↙"表示回车符，即如果要求输入"↙"，则表示按键盘上的回车键（或者称为 Enter 键）。为突出空格或者空格的个数，本书有时采用字符"⊔"表示空格。例如，字符串"a ⊔⊔ b"分别由字符'a'、空格、空格和'b'组成。本书还会用到一些组合键。组合键通常由两个或两个以上的键组合而成。本书用加号"+"表示键的组合。例如，按组合键 Ctrl+S，表示同时按控制键（或称为 Control 键或 Ctrl 键）和字母 S 键。如果无法确保同时按这两个键，可以先按住控制键不放，再按字母 S 键，然后同时放开这两个键。

（5）单击鼠标键指的是按鼠标键并迅速放开。双击鼠标键指的是快速地连续按两次并迅速放开鼠标键。

目　　录

第 1 章 绪 论

C 语言是目前应用最广泛的计算机编程语言之一。一些公司的调研数据表明，多年来，C 语言在所有计算机语言（包括 Java、C、C++、Basic、PHP、Perl、Python、C#和 JavaScript 等）中的占有率一直高居前三位，而且曾一度占据榜首，并且目前仍然具有很好的上升势头。目前，UNIX 等操作系统的大部分代码是由 C 语言开发的。很多计算机语言（如 Fortran、Pascal、Python、Perl、LISP、Basic 和 LOGO）的编译器或解释器是采用 C 语言编写的。很多应用软件（如数据库软件 DBASE 和数学工具软件 MATLAB 等）是采用 C 语言编写的。

1.1 C 语言简介

1946 年第一台计算机 ENIAC（Electronic Numerical Integrator And Computer，电子数字积分计算机）在美国宾夕法尼亚州诞生。从此，计算机以非常迅猛的速度发展。随着计算机的发展，计算机语言也在不断发展。最早的计算机语言称为第一代计算机语言，实际上就是机器语言。如图 1-1(a)所示，由机器语言编写的程序实际上就是直接由 0 和 1 等两个数字组成的指令集。在图 1-1(a)中，由 0 和 1 组成的每一行数字序列实际上对应一个指令。采用机器语言编写的程序非常难以阅读。必须记住 0 和 1 组成的数字序列的含义及其格式，这样才能正确划分指令并理解其含义。另外，机器语言指令的格式与具体的计算机和操作系统密切相关，非常难以移植。

采用由 0 和 1 组成的数字序列编写程序确实非常不方便。到了 20 世纪 50 年代，开始出现了第二代计算机语言。最典型的第二代计算机语言是汇编语言。每条机器语言的指令基本上都对应一条汇编语言的指令。例如，在带有 Genuine Intel CPU（Central Processing Unit，中央处理器）的个人计算机和 Microsoft Windows XP 操作系统下，图 1-1(a)所示的机器语言指令对应的是如图 1-1(b)所示的汇编语言指令。如图 1-1(b)所示，在汇编语言程序中，一些有含义的单词代替了由 0 和 1 组成的数字序列。例如，mov 表示赋值操作，add 表示加法操作，imul 表示乘法操作。相对机器语言，汇编语言确实提供了很大的编程便利。然而，它仍然是一种低级的计算机语言，所需要编写的指令条数与机器语言的指令条数基本上相当。因此，这时人们仍然只能以较低的效率编写程序。而且，第二代计算机语言通常与计算机硬件和操作系统关系非常密切，因此程序的可移植性也较差。

为了进一步降低编写程序的难度，提高程序的编写效率，到了 20 世纪 50 年代中后期，开始出现了第三代计算机语言。第三代计算机语言属于高级语言。C、C++和 Java 等目前常用的计算机语言都属于第三代计算机语言。相对前两代计算机语言，采用高级语言编写的程序较容易被人理解。如图 1-1 所示，一条 C 语言的语句可以对应多条汇编或机器语言指令。如图 1-1(c)所示的 C 语言语句所对应的汇编或机器语言指令在不同的计算机、不同的操作系统或不同的编译器下一般会稍有些不同。图 1-1(a)和图 1-1(b)只是显示其中的一种对应关系。

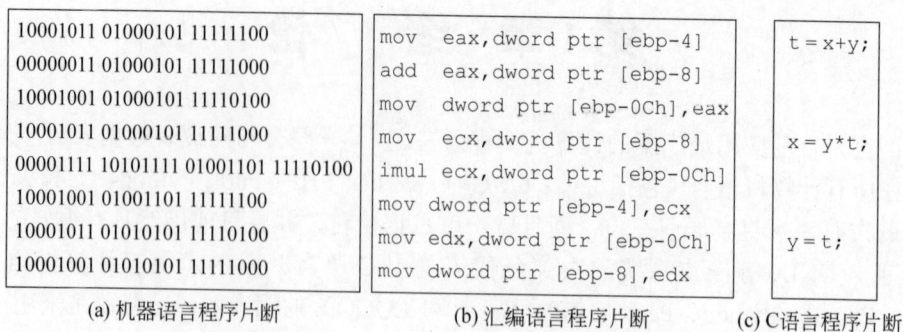

```
10001011 01000101 11111100        mov   eax,dword ptr [ebp-4]      t = x+y;
00000011 01000101 11111000        add   eax,dword ptr [ebp-8]
10001001 01000101 11110100        mov   dword ptr [ebp-0Ch],eax
10001011 01000101 11111000        mov   ecx,dword ptr [ebp-8]      x = y*t;
00001111 10101111 01001101 11110100   imul  ecx,dword ptr [ebp-0Ch]
10001001 01001101 11111100        mov   dword ptr [ebp-4],ecx
10001011 01010101 11110100        mov   edx,dword ptr [ebp-0Ch]    y = t;
10001001 01010101 11111000        mov   dword ptr [ebp-8],edx
```

(a) 机器语言程序片断　　　　　(b) 汇编语言程序片断　　　　(c) C 语言程序片断

图 1-1　第一、二、三代计算机语言程序示意图

　　整个计算机学科以非常迅猛的速度发展变化。与此相比，C 语言的发展变化相对缓慢一些。也许最初的 C 语言设计就已经相当完美了，以至于目前非常难以对它进行各种优化或改进。面对快速变化的计算机世界，学习 C 语言也许会有一种“一劳永逸”的感觉。表 1-1 给出了 C 语言发展的简要历史。

表 1-1　C 语言的发展简史

年份	事件
1960	Peter Naur 等在巴黎国际会议上发表了 ALGOL 60 算法语言的报告，它标志着 ALGOL 60 算法语言的诞生。ALGOL 60 算法语言是由欧美科学家联合开发的，是 C 语言的原型
1963	英国剑桥大学将 ALGOL 60 语言发展成为 CPL（Combined Programming Language）语言
1967	英国剑桥大学的 Martin Richards 对 CPL 语言做了简化，推出了 BCPL（Basic Combined Programming Language）语言
1970	1970 年美国贝尔实验室的 Ken Thompson 以 BCPL 语言为基础，进一步作简化，设计出 B 语言（取自 BCPL 的第一个字母）
1973	美国贝尔实验室的 Dennis M. Ritchie 在 B 语言的基础上设计出了 C 语言（取自 BCPL 的第二个字母）
1973	美国贝尔实验室的 Ken Thompson 和 Dennis M. Ritchie 两人合作把实现 UNIX 操作系统本身的 90% 以上的代码用 C 改写，开发出 UNIX 第 5 版
1978	美国贝尔实验室的 Brian W. Kernighan 和 Dennis M. Ritchie 出版了著作 *The C Programming Language*，从而使 C 语言迅速得到推广
1983	美国国家标准化组织（ANSI）成立 X3J11 委员会制定 C 语言标准，并于同年颁布了第一个 C 语言标准草案（ANSI C 83）。在随后的几年里，这个草案不断被讨论修订，形成不同的 C 语言标准草案
1987	美国国家标准化组织（ANSI）颁布了另一个 C 语言标准草案（ANSI C 87）
1989	美国国家标准化组织（ANSI）正式批准了 C 语言标准 ANSI C 89
1990	国际标准化组织（ISO）采纳了 ANSI C 89 作为 C 语言的国际标准 ISO/IEC 9899:1990
1999	C 语言标准 ANSI C 99 颁布
2000	国际标准化组织（ISO）采纳了 ANSI C 99 作为 C 语言的国际标准 ISO/IEC 9899:1999
2011	国际标准化组织（ISO）发布 C 语言国际标准 ISO/IEC 9899:2011
2011	ANSI 采纳 ISO/IEC 9899:2011 作为 C 语言标准 ANSI C 11

续表

年份	事　件
2018	国际标准化组织（ISO）发布 C 语言国际标准 ISO/IEC 9899:2018
2023	国际标准化组织（ISO）发布 C 语言国际标准 ISO/IEC 9899:2023

从表 1-1 可以看出 C 语言是在不断发展变化着的。另外，以 C 语言为起点产生了一些新的计算机语言。例如，C++语言是在 C 语言基础上发展起来的计算机语言，而 Java 语言和 C#语言则是在 C/C++语言的基础上发展起来的语言。然而，C 语言本身并没有被这些新的计算机语言所取代。它目前仍然体现出巨大的自身优势，依然是一种非常重要的计算机语言。人们通常不得不感叹"**C 语言是迄今为止人类发明的最为成功的计算机语言之一**"。通常认为 C 语言具有如下优点。

（1）**结构化的程序设计特点**：C 语言是一种面向过程的语言，具有很好的结构化特性，方便模块化设计和编程。结构化程序相对非结构化程序而言比较容易阅读和理解，便于维护。

（2）**简单性**：简单性是 C 语言标准制定的基本原则之一。C 语言的语法简洁，编写出的程序通常比较紧凑。相对 Fortran 和 Pascal 而言，C 语言对程序代码的要求更为宽松。因此，采用 C 语言可以更加容易表达程序设计的意图。相对 Java 和 C++等面向对象计算机语言而言，采用 C 语言编写的程序常常更为简洁，而且通常更为短小。

（3）**高效性**：通常认为 C 语言是一种相对高效的高级计算机语言。C 语言的简单性在一定程度上也保证了 C 语言的高效性。这种高效性体现在：①采用 C 语言编写程序代码的效率通常较高；②采用 C 语言编写的程序的运行效率通常较高，一些统计资料表明采用 C 语言编写的程序的运行效率只比采用汇编语言编写的程序低约 10%。C 语言本身的限制少，功能丰富。因此，很多操作系统、编译系统和应用系统的大部分代码是由 C 语言编写的。

（4）**可移植性**：在 C 语言自身的发展历程中，让 C 语言程序具有较好的可移植性是 C 语言标准设计的一个重要目标。较好的可移植性意味着对计算机硬件和操作系统等具有较小的依赖性。C 语言可以广泛应用于不同的操作系统，例如，Microsoft Windows 以及 Linux 和 UNIX 等。当然，C 语言程序的灵活性使得 C 语言程序的可移植性弱于 Java 语言。

如果只是不断强调 C 语言所具有的主要优点而不说明 C 语言的缺点，似乎有些片面，毕竟 C 语言仍然是一种在不断发展的计算机语言。通常认为 C 语言具有如下缺点。

（1）**代码的随意性**：C 语言编程的简单和灵活特性在一定程度上增加了代码出现错误的概率。相对宽松的语法使得 C 语言在编译时无法提前发现一些在程序运行时会发生的错误。如果不注意编程规范，采用 C 语言很容易写出含糊难懂的代码。C 语言标准也指出有些语句虽然符合语法要求，但其行为效果却是无法定义的。对于这样的语句，不同的 C 语言编译器有可能会进行不同的解析，从而产生不同的运行效果。我们应当在程序代码中避免出现这些行为未定义的语句。后面的章节也会进一步具体介绍这样的内容。

（2）**内存管理**：相对 Java 语言，C 语言拥有指针的概念，在内存使用上的语法限制少，缺乏内存安全检测和自动回收机制。在内存管理上无法通过面向对象语言的构造和析构函数机制形成一些统一的内存的初始化和释放模式，从而需要更高的内存管理技巧。

（3）**并发特性**：C 语言是一种面向过程的语言，目前的 C 语言标准基本上没有考虑程序的并发运行特性。然而，多核计算机（即拥有多个 CPU 的计算机）越来越常见，程序并发运行是未来计算机的重要发展方向。如何改进 C 语言标准，使其更好地支撑程序的并发运行特性，目前仍然是一个有待于解决的难题，也是国际标准化组织多年来一直想解决的难题。

目前人们正在努力去除 C 语言的缺点，同时希望尽量保持原有的优点，设计新的优良特性并且兼容已有的 C 语言语法，是一件非常艰巨而困难的事情。C 语言的优点和缺点就像是"双刃剑"，似乎常常是相伴而来。要去掉它的缺点，有时不得不牺牲它的优点。这种取舍是非常困难的。改进和优化 C 语言语法的难度使得 C 语言新标准的制定需要较长的时间，也使得 C 语言的变化相对较为缓慢。当然，这在一定程度上降低了学习 C 语言和维护 C 语言程序的代价。尽管 C 语言拥有一些缺点，目前 C 语言仍然是很多操作系统和软件产品开发的首选。

1.2　开发 C 语言程序

要学好任何一门计算机语言，都必须加强实践。学习和掌握 C 语言的基本知识、原理和方法，勇于尝试，多练习编写程序，努力利用程序求解各种实际问题，这基本上就是掌握和精通 C 语言的一般过程。利用 C 语言求解实际问题的一般过程是：首先进行需求分析，明确问题任务的详细需求，尤其是任务的输入、输出以及各种约束条件等；然后构造出基于 C 语言的求解模型，进行程序设计；接着将设计结果转换成为 C 语言语句并形成 C 语言程序；最后编译和运行程序，进行验证和调试。在这个过程中，开发 C 语言程序的基本过程可以用如图 1-2 所示的流程图表示。首先是根据需求创建和编辑项目文件或者 make 文件以及 C 语言源程序文件。项目文件或者 make 文件可以用来组织和管理 C 语言源程序文件，同时对编译和链接等进行设置。接着就可以进行编译（compile）和链接（link）。编译的结果将产生一些中间结果文件，这些中间结果文件通过链接生成最终的可执行文件。下面分别介绍在 Microsoft Windows 系列操作系统以及 Linux 或 UNIX 系列操作系统下开发 C 语言程序的基本过程。

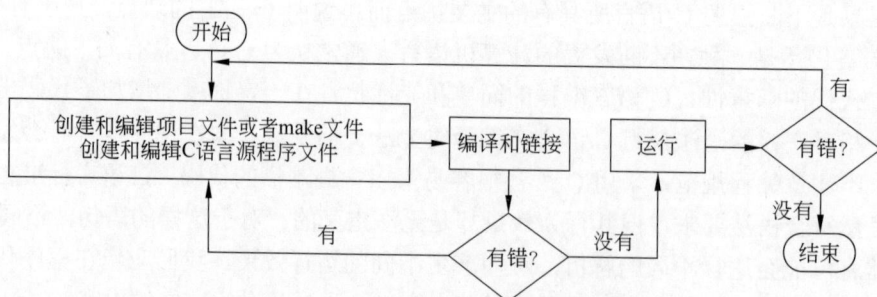

图 1-2　开发 C 语言程序的一般流程图

1.2.1　第一个 C 语言例程

本小节先给出第一个 C 语言例程的程序源代码，然后在后续的小节中给出在不同环境下如何编辑、编译和运行这个例程。

例程 1-1　简单招呼例程。

例程功能描述：该例程在控制台窗口中输出两行信息，其中第一行是"C 语言，您好!"，第二行是 "我将成为优秀的 C 程序员!"。然后，程序等待用户按下键盘上的任意一个键。在接收到按键信息之后，结束程序运行。

这里直接给出**简单招呼例程**的源程序代码。它由一个源程序文件 "C_Hello.c" 组成。在源程序文件名 "C_Hello.c" 中，"C_Hello" 是文件的基本名，可以是任意的合法标识符；最后一个字母 "c" 是文件名的扩展名。C 语言源程序文件名的扩展名可以是小写字母 "c"，也可以是大写字母 "C"。下面给出源程序文件 "C_Hello.c" 的内容。

```
// 文件名：C_Hello.c；开发者：雍俊海                              行号
#include <stdio.h>                                              // 1
#include <stdlib.h>                                             // 2
                                                               // 3
int main(int argc, char* args[ ])                              // 4
{                                                              // 5
    printf("C 语言，您好!\n");                                   // 6
    printf("我将成为优秀的 C 程序员!\n");                         // 7
    system("pause"); // 暂停住控制台窗口                         // 8
    return 0; // 返回 0 表明程序运行成功                          // 9
} // main 函数结束                                              // 10
```

这里对上面的源程序做初步解释，具体的说明将在以后的章节展开。在上面例程中，在每一行 "//" 之后的内容是程序的**注释**。C 语言的**注释**有两种，分别是行注释和块注释。**行注释**是以 "//" 引导的，即从 "//" 开始到行结束的内容都是注释。在早期的 C 语言程序代码中，不允许出现行注释。但是，自从 1999 年正式颁布 C 语言标准 ANSI C 99 以来，行注释就是 C 语言的一个组成部分。

> 〽️**注意事项**〽️
>
> 在采用行注释时应当注意，这一行注释的末尾通常**不要以字符 "\" 结束**；否则，下一行代码也会被认为是行注释的一部分。

下面给出通过字符 "\" 对行注释进行续行的示例。

```
// 行注释可以续行到下一行 \
这是上一行注释的续行，也是注释的一部分。
```

在实际编程中，基本上不会采用这种行注释续行的方式，因为采用这种方式很容易引起误解。对于上面注释，常规的写法通常如下：

```
// 行注释
// 继续上一行的注释。
```

块注释是以 "/*" 引导，并以 "*/" 结束，即介于 "/*" 和 "*/" 之间的内容均为注释，而不管这些内容是否跨越多行。下面给出 2 个块注释示例。

```
/* 这是单行注释 */
/*
 * 这是多行注释
 */
```

注释主要是为了提高程序代码的可读性，对程序的编译、链接和运行并没有实际的意义。随着人们编写出来以及在用的程序代码越来越多，各种各样的经验教训迫使越来越多的人意识到可读性对程序代码的重要性。因此，程序注释越来越受到人们的重视。上面代码第 1 行 "#include <stdio.h>" 表示包含 C 语言程序头文件 "stdio.h"，其中字符 "#" 和单词 "include" 用来引导所要包含的头文件。尖括号 "< >" 表明这个 C 语言头文件是由 C 语言支撑平台本身所提供的。单词 "stdio" 实际是 "standard input and output" 的缩写，表示标准输入和输出。这里之所以包含头文件 "stdio.h" 是因为上面代码第 6 行和第 7 行所用到的 printf 函数是在头文件 "stdio.h" 中声明的。在头文件 "stdio.h" 中声明了 C 语言支撑平台所提供的标准输入和输出函数。同样，上面代码第 2 行 "#include <stdlib.h>" 表示例程用到了 C 语言程序系统头文件 "stdlib.h"。具体而言，第 8 行所用到的 system 函数是在头文件 "stdlib.h" 中声明的。

第 4～10 行的代码定义了 main 函数。函数 main 也称为主函数。C 语言程序一般都需要定义主函数，因为主函数一般是执行 C 语言程序的入口。在 C 语言中，函数定义由函数首部与函数体两部分组成。上面第 4 行的代码是主函数的函数首部，其各个组成部分的含义如图 1-3 所示。

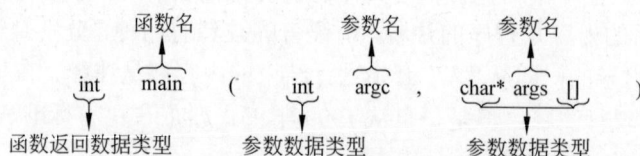

图 1-3 函数 main 的函数首部分解说明

如图 1-3 所示，在函数首部中，最前面的是函数返回数据类型，接着是函数名，最后是一对圆括号以及位于圆括号内部的函数参数列表。函数参数列表由 0 个、1 个或多个函数参数组成。每个函数参数由参数数据类型和参数名组成。函数参数之间采用逗号分隔。C 语言标准规定了主函数 main 的两种标准声明格式，其中一种声明格式同上面第 4 行的代码，另外一种标准声明格式是

```
int main(void)
```

其中，单词 void 表示空类型，即该函数不含参数。这两种格式都是可以的，只是前者带有函数参数，而后者不含函数参数。在主函数之后，介于相配对的字符 "{" 和字符 "}" 之间的代码是主函数的函数体。在主函数体内可以包含多条语句，其中最后一条语句一定是以 "return" 引导的语句（称为 return 语句或返回语句），如上面第 9 行代码所示。语句 "return 0;" 表示主函数返回整数 0，表明程序在这里正常退出。因此，这里一般不要将在第 9 行代码中的数字 0 改为其他整数。如果将在主函数中的语句 "return 0;" 改为语句 "return 1;"，则表明程序非正常退出。如果主函数返回的整数不是 0，则返回的整数值一般用来指示具

体的非正常退出情况。这是 C 语言程序和操作系统之间的约定。

上面第 6 行和第 7 行的代码均调用了 **printf 函数**。该函数用来在控制台窗口中输出字符串。这里表示字符串的代码的首尾是以半角的双引号 "" 界定。字符串的内容可以自行设定。在第 6 行和第 7 行组成字符串的字符中，"\n"表示在控制台窗口中输出回车换行符。

⫷ 注意事项 ⫸

（1）C 语言编译器识别代码的**大小写**和**半全角**，例如，不能将 printf 写成 PRINTF。

（2）代码中的圆括号、方括号、大括号、双引号和分号均为**半角英文符号**。如果把它们写成中文的全角符号，则无法通过编译。

（3）在 "return" 与数字 0 之间有一个**空格**。不能删除这个空格。如果删除了 "return" 与数字 0 之间的空格，那么这条语句就不再是 return 语句。

（4）C 语言源程序一般以 "c" 或 "C" 作为文件名的**扩展名**。编译器通常通过文件名的扩展名来识别源程序的类型。因此，这里可以将文件名 "C_Hello.c" 的基本名 "C_Hello" 改为其他名称，但是不能将其扩展名改成非字母 "c" 或 "C"。

上面第 8 行的代码调用了 C 语言的**系统函数 system**。如果该函数的调用参数是空指针 NULL，则用来判断是否允许执行控制台窗口的命令；否则，执行由调用参数所指定的控制台窗口命令。上面第 8 行代码指定的命令是 "pause"，它的功能通常是先在控制台窗口中输出 "请按任意键继续..." 或 "Press any key to continue..."，然后，等待来自键盘的输入直到接收到在键盘上的按键信息。函数 system 的具体说明如下。

函数名	函数 1　system
声明	int system(const char *string);
说明	如果该函数的调用参数是空指针 NULL，则用来判断是否允许执行控制台窗口的命令；否则，执行由调用参数所指定的控制台窗口命令
参数	string:空指针 NULL 或控制台窗口命令
返回值	如果 string 是空指针 NULL，则在允许执行控制台窗口命令的情况下返回 1，在不允许执行控制台窗口命令的情况下返回 0。如果 string 是非空字符串，则执行由 string 指定的命令，并根据命令执行的情况和结果，返回相应的值
头文件	stdlib.h　// 程序代码: #include <stdlib.h>

1.2.2　在 Microsoft Windows 下开发程序

这里介绍在 Microsoft Windows 系列操作系统下开发 C 语言程序的基本过程。目前在 Microsoft Windows 系列操作系统下开发 C 语言程序最常用的集成平台是 Microsoft Visual Studio C++，通常简称为 VC 或 VC 平台。VC 平台的版本很多，不过，基本上都很相似。这里介绍采用这些集成平台进行 C 语言程序开发的基本过程。这里没有介绍如何安装 VC 平台。在安装的过程中，只要按照安装提示逐步进行就可以了。不过，一定要注意查看安装的选项，从中做出符合自己偏好的选择。

在安装完 VC 平台之后，**运行 VC 平台的方式**在不同的 Windows 版本下略有不同。不过，基本上大同小异。首先，我们可以在桌面上查找是否存在 "Microsoft Visual Studio *x*" 或者 "Visual Studio *x*" 的图标，其中 *x* 表示所安装 VC 平台的版本号。如果存在，我们用

鼠标左键双击该 桌面图标，就可以运行 VC 平台。另外，我们还可以通过 桌面菜单 运行 VC 平台。桌面菜单通常在屏幕的左下角。具体操作方式一般是通过用鼠标左键依次单击桌面菜单"开始"→"所有程序"→"Microsoft Visual Studio x"→"Microsoft Visual Studio x"。还有可能存在其他样式的桌面菜单。例如，桌面菜单"▥"→"所有程序"→"Microsoft Visual Studio x"→"Microsoft Visual Studio x"。再如，桌面菜单"▦"→"Visual Studio x"。

在进入 VC 集成平台之后，就可以遵照如图 1-2 所示的流程开发 C 语言程序。这里介绍 如何创建一个新的 VC 项目。在不同版本的 VC 平台中，具体的操作步骤大同小异。基本上首先都是通过菜单触发新建项目的命令，接着在创建的过程中设置项目的类型为控制台应用程序，然后设置项目所在的路径以及项目名称，并且设置项目为空项目，最后用鼠标左键单击"完成"和"确定"等按钮完成项目的创建工作。

> 📖 说明 📖
>
> 本书所绘制的 VC 平台图形界面示意图只起到示意的作用，实际的 VC 平台图形界面可能会略有所不同。不同版本的 VC 平台的图形界面也会略有所不同。不过，大体上相似。本书后面不再作重复声明。

图 1-4(a)给出了刚打开的 VC 平台的图形界面示意图。在不同的 VC 平台上，图形界面与菜单有可能会有所不同。对于如图 1-4(b)所示的菜单，我们可以用鼠标左键依次单击菜单"文件"→"新建项目"；对于如图 1-4(c)所示的菜单，我们可以用鼠标左键依次单击菜单"文件"→"新建"→"项目"。

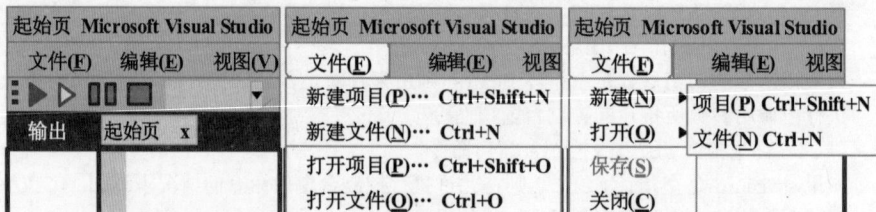

(a) 刚打开的图形界面　(b) 新建项目子菜单　(c) 子菜单"新建"→"项目"

图 1-4　刚打开的 VC 平台的图形界面以及新建项目示意图

这时通常都会弹出一个新建项目对话框，如图 1-5 所示。在这个对话框中，我们的 第一个目标 是选择 新建项目的项目类型。新建项目的项目类型应当是 "Win32 控制台应用程序"，其对应的英文是"Win 32 Console Application"。我们在对话框的左侧选中"Visual C++"，或者展开"Visual C++"并选中"常规"或"Win32"。接着，我们通常都会在对话框的中间看到"Win32 控制台应用程序"项目类型。我们可以用鼠标左键单击这个项目类型，选中它。我们的 第二个目标 是在对话框中 输入项目所在的路径，例如"D:\Examples\"。这个路径也可以通过"浏览"按钮进行选择。我们通常选择一个现有的路径作为项目所在的路径。我们的 第三个目标 是在对话框中 输入项目的名称，例如"C_Hello"。接下来，如果还有新的对话框或者需要我们做出新的选择，我们只要 选择"空项目"并且不要附加其他东西就可以。在不同版本的 VC 平台中，实现这些目标所需处理的对话框的个数及其形式可能会所不有同。只要我们的选项与这里相同就可以了。最后用鼠标左键单击"完成"或"确定"等按钮完成项目的创建工作。

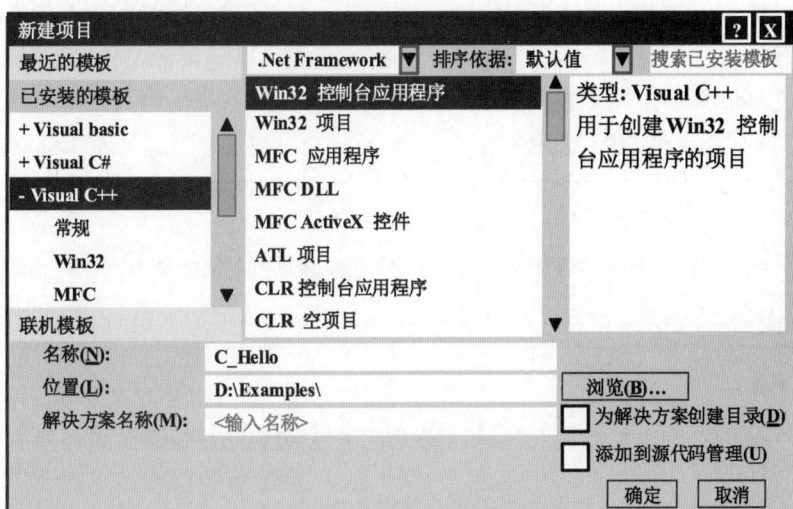

图 1-5 新建项目对话框示意图

> **注意事项**
>
> 建议**项目名称**由字母、数字和下画线等组成，不要含有空格、运算符（+、−、*、/、%、&、< 和 > 等）、标点符号（!、"、' 和 ? 等）以及其他特殊字符（@和#等）。

在创建项目之后，可以**给新项目添加新的 C 语言源程序文件**。在项目创建成功之后，我们应当可以在 VC 平台上看到该项目的**解决方案资源管理器**。如果看不到解决方案资源管理器，可以用鼠标左键依次单击菜单"视图"→"解决方案资源管理器"，从而打开"解决方案资源管理器"。在解决方案资源管理器中，我们可以看到空的项目"C_Hello"。我们把鼠标移动到项目名称"C_Hello"上方或者移动到项目的源文件上方，并单击鼠标右键。这时，会弹出右键菜单。我们用鼠标左键依次单击该右键菜单的"添加"→"新建项"。这时，会弹出如图 1-6 所示的"添加新项"对话框。我们在该对话框中，选择"C++文件"，选取源文件所在的路径"D:\Examples\C_Hello\"，并输入源文件名"C_Hello.c"。VC 平台将通过源文件的扩展名"c"识别出这一个 C 语言程序。最后，用鼠标左键单击"添加"按钮就完成了给项目添加源文件"C_Hello.c"的工作。

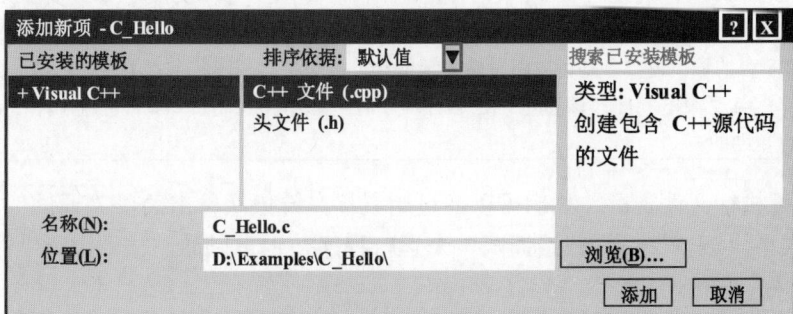

图 1-6 给项目添加新的源文件对话框示意图

这时，我们再查看项目的解决方案资源管理器。我们依次展开"项目"和"源文件"，应当可以在"源文件"下方看到新添加的源文件"C_Hello.c"。在解决方案资源管理器中，我们用鼠标左键双击在"源文件"下方的源文件"C_Hello.c"。这时，源文件"C_Hello.c"应当处于打开的状态，而且光标应当位于第一行。我们可以编辑源文件"C_Hello.c"。我们在源文件"C_Hello.c"中输入程序代码，并在输入的过程中或在输入完毕时通过按下快捷键"Ctrl+S"保存源文件"C_Hello.c"。

> ❀小甜点❀
>
> 在 VC 平台中，当处于编辑源程序文件的状态时，可以通过按下快捷键"Ctrl+S"保存当前的源程序文件。

> ❀小甜点❀
>
> 这里介绍如何在 VC 平台中给一个项目添加一个已经存在的源文件。假设我们已经创建了"C_Hello"项目，而且"C_Hello"项目并不包含源文件"C_Hello.c"。不过，我们已经编辑好了源文件"C_Hello.c"，并且希望将其加入"C_Hello"项目之中。我们可以在"C_Hello"项目的解决方案资源管理器中，将鼠标移动到项目名称"C_Hello"上方或者移动到项目的源文件上方，并单击鼠标右键。这时，会弹出右键菜单。我们用鼠标左键依次单击该右键菜单的"添加"→"现有项"。然后，在弹出的对话框中，选取源文件"C_Hello.c"所在路径以及源文件"C_Hello.c"本身，就可以将源文件"C_Hello.c"加入"C_Hello"项目之中。

在编辑完 C 语言源程序之后，我们可以通过用鼠标左键依次单击菜单"生成"→"生成解决方案"，或者菜单"生成"→"重新生成解决方案"，或者菜单"生成"→"生成 C_Hello"，或者菜单"生成"→"重新生成 C_Hello"触发编译与链接的命令，对"C_Hello"项目进行编译和链接。如果在编译和链接的过程中发现问题，将会在输出窗口中出现错误或警告消息，我们应当仔细检查并更正我们输入的代码；如果在编译和链接的过程中没有发现错误，则将会生成扩展名为"exe"的可执行文件"C_Hello.exe"。

> ✒注意事项✒
>
> 如果在编译、链接或运行程序时出现警告、错误或其他未预期的结果，不要惊慌。这时一方面可以仔细检查源程序代码，检查是否有错误输入（例如输入错字符等）；另一方面可以仔细阅读显示在 VC 平台的输出窗口中的信息以及显示在控制台窗口中的程序输出信息。VC 平台的输出（output）窗口通常会显示在编译或链接程序时出现的各种警告或错误信息，并给出这些警告或错误所相应的源程序文件及其行数。这些信息非常有助于推断出现错误的原因并定位源程序代码出现错误的位置。如果看不到 VC 平台的输出窗口，则可以用鼠标左键依次单击菜单"视图"→"输出"，或者菜单"视图"→"其他窗口"→"输出"打开该窗口。在运行程序时，显示在控制台窗口中的输出信息对于调试程序也是非常有帮助的。

在生成可执行文件之后，我们可以通过用鼠标左键依次单击菜单"调试"→"启动调试"，或者菜单"调试"→"开始调试"来运行程序，也可以通过按下键盘上的快捷键 F5 或 Ctrl+F5 来运行程序。

这里介绍另外一种运行程序的方法，即在控制台窗口中运行程序。这时首先需要进入控制台窗口。在 Microsoft Windows ME、98、NT、2000 及 XP 等操作系统下进入控制台窗口的方法是用鼠标左键依次单击桌面菜单"开始"→"运行"，从而进入"运行"对话框。对于 Microsoft Windows ME、98 及以前的操作系统，在"运行"对话框中输入"command"；对于 Microsoft Windows NT、2000 或 XP 等操作系统，在"运行"对话框中输入"cmd"；然后用鼠标左键单击"确定"按钮，进入控制台窗口。对于 XP 之后的诸如 Windows 10 等操作系统，在"开始搜索"文本框或者"文件资源管理器"的搜索文本框等可以输入命令的文本框中输入"cmd"并按下回车键，进入控制台窗口。另外，还可以通过按下快捷键 Win+R 进入"运行"对话框，其中 Win 键也称为 Windows 键，其图案通常是 Microsoft Windows 的视窗徽标。然后，在"运行"对话框中，通过运行"cmd"命令通常可以进入控制台窗口。

在进入控制台窗口之后，可以在控制台窗口中运行程序。如图 1-7 所示，首先需要进入程序所在的路径。如果程序所在的分区不同于当前分区，则在控制台窗口中输入分区名、冒号以及回车符，例如"D:✓"。如果程序所在的分区与当前分区相同，则可以直接运行控制台命令"cd"。对于本小节的简单招呼例程，具体输入的命令为"cd D:\Examples\C_Hello\x64\Debug"。在输入命令之后，接着输入回车符可以运行该命令，从而进入简单招呼例程所在的路径。接着，输入可执行文件名称和回车符就可以运行该程序。例如，在本例程中输入"C_Hello.exe✓"运行本小节的简单招呼例程。

📖说明📖

在图 1-7 中，字符">"是控制台命令行提示符。命令行提示符及其左侧的字符都是由操作系统自动生成的。命令行提示符右侧的字符才是我们输入的内容。

```
C:\WINDOWS\System32\cmd.exe                                — □ X

C:\Documents and Settings\Administrator>D:

D:\>cd D:\Examples\C_Hello\x64\Debug

D:\Examples\C_Hello\x64\Debug>C_Hello.exe
C 语言，您好!
我将成为优秀的 C 程序员!
请按任意键继续...

D:\Examples\C_Hello\x64\Debug>
```

图 1-7　在控制台窗口运行程序示例示意图

❀小甜点❀

这里介绍如何在 VC 平台中打开一个已经存在的项目。通过鼠标左键依次单击菜单"文件"→"打开"→"项目"，或者菜单"文件"→"打开项目"。然后，先在弹出对话框中选取项目所在的路径，再选取项目文件。对于 VC 6.0，项目文件的扩展名为"dsw"；对于 VC 2015 等更高版本的 VC 平台，项目文件的扩展名为"sln"。这样就可以打开项目。在打开项目之后，就可以重新编辑项目的源程序文件或者编译、链接和运行程序。

1.2.3　在 Linux 或 UNIX 下开发程序

这里介绍在 Linux 或 UNIX 系列操作系统下开发 C 语言程序的基本过程。在 Linux 或

UNIX 系列操作系统下通常是通过 make 文件来组织和管理 C 语言源程序文件。因为在本小节的简单招呼例程只含有 1 个 C 语言源程序文件，所以这里不用 make 文件。将在 4.2 节介绍 make 文件的用法以及书写方法。因此，这里只需要编辑 C 语言源程序文件。C 语言源程序文件是一种文本文件。在 Linux 或 UNIX 下编辑文本文件的软件有很多，例如 vi、vim、emacs、pico 和 ed 等。通常认为其中最常用的是 vi，其次是 vim。编辑器 vi 是 Linux 和 UNIX 的基本编辑器，vim 则进一步增强了 vi 的功能。这里介绍如何利用编辑器 vi 或 vim 编辑 C 语言源程序文件。这时首先一般需要在 Linux 或 UNIX 下打开控制台窗口（例如 Shell 窗口或 XTerm 窗口等），然后在控制台窗口中进入编辑器 vi 和 vim，其命令格式和示例如表 1-2 所示，其中在命令格式中的文件名应当用实际的文件名代入。如果指定的文件不存在，则 vi 或 vim 将创建一个内容为空的文件。

表 1-2　在 Linux 或 UNIX 下进入编辑器 vi 和 vim 的命令格式和示例

命令格式	命令说明	示　例	示例说明
vi *文件名*	进入 vi 编辑器，编辑指定文件	vi C_Hello.c	采用 vi 编辑文件"C_Hello.c"
vim *文件名*	进入 vim 编辑器，编辑指定文件	vim C_Hello.c	采用 vim 编辑文件"C_Hello.c"

在进入编辑器 vi 或 vim 之后可以编辑指定的文件。这里简单介绍 vi 和 vim 的使用方法。这些方法对这两种编辑器同时适用。采用 vi 或 vim 编辑文件的工作模式总共有三种：命令模式、插入模式和末行模式。编辑器 vi 或 vim 通常在命令模式下接收和处理移动光标、删除文字、复制或粘贴文字等命令。在命令模式下，输入 a、i、o、O 等字母会进入插入模式。编辑器 vi 或 vim 通常在插入模式下接收字符的输入形成文件的内容。在命令模式下，输入冒号字符":"会进入末行模式。编辑器 vi 或 vim 通常在末行模式下执行查找或替换字符串以及保存文件和退出编辑器等命令。这三种工作模式可以互相切换，如图 1-8 所示。

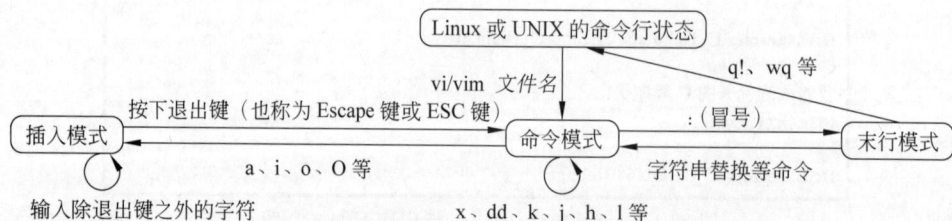

图 1-8　编辑器 vi 或 vim 的工作模式

使用 vi 或 vim 编辑器必须记住一些命令。表 1-3～表 1-10 给出编辑器 vi 或 vim 的常用命令。这些命令基本上足够用来编辑文本文件。这里介绍如何采用编辑器 vi 或 vim 编辑简单招呼例程的 C 语言源程序文件"C_Hello.c"。参照表 1-2 的示例，可以通过命令"vi C_Hello.c"或"vim C_Hello.c"进入编辑文件"C_Hello.c"的状态。在进入 vi 或 vim 编辑器之后，在文件内容末尾的每行开头可能会出现字符"~"。这些"~"一般不是当前文件真正的内容，而是用来界定当前文件的结束之处。这时文件"C_Hello.c"的内容通常为空。可以在键盘上按下字母 a 或 i 使得编辑器 vi 或 vim 进入插入模式，然后输入 C 语言源程序文件"C_Hello.c"的代码，如下所示：

```
// 文件名：C_Hello.c；开发者：雍俊海                                                行号
#include <stdio.h>                                                                // 1
#include <stdlib.h>                                                               // 2
                                                                                 // 3
int main(int argc, char* args[ ])                                                // 4
{                                                                                // 5
    printf("C 语言，您好!\n");                                                    // 6
    printf("我将成为优秀的 C 程序员!\n");                                          // 7
    return 0; // 返回 0 表明程序运行成功                                          // 8
} // main 函数结束                                                                // 9
```

与 1.2.1 节相比，上面的代码少了一行代码"system("pause"); // 暂停住控制台窗口"，因为这行代码不适合 Linux 或 UNIX 系列操作系统。命令"pause"是 Windows 操作系统的命令，通常不是 Linux 或 UNIX 系列操作系统的命令。在输入完成之后，按下退出键（也称为 Escape 键或 ESC 键）使得编辑器 vi 或 vim 回到命令模式。最后，输入":wq"以及回车符，保存当前的文件内容，并退出编辑器，从而完成编辑工作。

表 1-3 编辑器 vi 和 vim 的常用命令一：移动光标

操作前模式	命令	功能说明	操作后模式
命令模式	k	向上移动光标	命令模式
命令模式	j	向下移动光标	命令模式
命令模式	h	向左移动光标	命令模式
命令模式	l	向右移动光标（这里的命令是 L 的小写字母）	命令模式
命令模式	Ctrl+b	向上滚动一个屏幕	命令模式
命令模式	Ctrl+f	向下滚动一个屏幕	命令模式
命令模式	Ctrl+d	向下滚动半个屏幕	命令模式
命令模式	H	将光标移动到屏幕最上端的那一行处	命令模式
命令模式	M	将光标移动到屏幕正中间的那一行处	命令模式
命令模式	L	将光标移动到屏幕最下端的那一行处	命令模式
命令模式	w	将光标移动到下一个单词的开头处	命令模式
命令模式	e	将光标移动到单词的末尾处；如果光标已经在单词的末尾处，则将光标移动到下一个单词的末尾处	命令模式
命令模式	b	将光标移动到单词的开头处；如果光标已经在单词的开头处，则将光标移动到上一个单词的开头处	命令模式
命令模式	0	将光标移动到当前行的开头处（这里的命令是数字 0）	命令模式
命令模式	$	将光标移动到当前行的末尾处	命令模式
命令模式	^	将光标移动到当前行的第 1 个非空白符处	命令模式

表 1-4 编辑器 vi 和 vim 的常用命令二：替换和删除

操作前模式	命令	功能说明	操作后模式
命令模式	r 字符	用指定的字符替换在当前光标处的字符（这里应当用实际的字符代入在命令中的字符）	命令模式
命令模式	x	删除在当前光标处的字符	命令模式

操作前模式	命令	功 能 说 明	操作后模式
命令模式	dw	删除从当前光标处到下一个单词开头之前的字符	命令模式
命令模式	db	如果当前光标在一个单词的开头处，则删除从上一个单词的开头处到当前光标前一个字符处的字符；否则，删除从当前单词的开头处到当前光标前一个字符处的字符	命令模式
命令模式	dd	删除当前行	命令模式

表 1-5　编辑器 vi 和 vim 的常用命令三：复制和粘贴

操作前模式	命令	功 能 说 明	操作后模式
命令模式	yy	将当前行复制到内存缓冲区	命令模式
命令模式	数字yl	将位于当前光标之后的若干（由给定的数字指定）字符复制到内存缓冲区（这里应当用实际的正整数代入在命令中的数字，在命令中最后一个字符是 L 的小写字母）	命令模式
命令模式	p	将内存缓冲区的内容粘贴到当前光标的后面（右侧）	命令模式
命令模式	P	将内存缓冲区的内容粘贴到当前光标的前面（左侧）	命令模式

表 1-6　编辑器 vi 和 vim 的常用命令四：字符串检索

操作前模式	命令	功 能 说 明	操作后模式
命令模式	/字符串↙	从当前光标处开始从前到后检索指定的字符串（这里在命令中的字符串应当用实际的字符串代入；该命令以字符"/"引导，以回车符结束）	命令模式
命令模式	n	继续按相同的方向检索下一个字符串	命令模式
命令模式	N	继续按相反的方向检索下一个字符串	命令模式

表 1-7　编辑器 vi 和 vim 的常用命令五：撤销和重复

操作前模式	命令	功 能 说 明	操作后模式
命令模式	u	撤销上一次文本编辑的命令	命令模式
命令模式	.	重复上一次文本编辑的命令（这里的命令是句点）	命令模式

表 1-8　编辑器 vi 和 vim 的常用命令六：在命令模式和插入模式之间的切换

操作前模式	命令	功 能 说 明	操作后模式
命令模式	a	在当前光标处的右侧插入字符串	插入模式
命令模式	A	在当前行的末尾处添加字符串	插入模式
命令模式	i	在当前光标处的左侧插入字符串	插入模式
命令模式	I	在当前行的开头处输入字符串	插入模式
命令模式	o	在当前行的下方新建一行输入字符串	插入模式
命令模式	O	在当前行的上方新建一行输入字符串	插入模式
插入模式	退出键	从插入模式回到命令模式（退出键也称为 Escape 键或 ESC 键）	命令模式

表 1-9　编辑器 vi 和 vim 的常用命令七：行号显示属性设置和字符串替换

操作前模式	命　　令	功 能 说 明	操作后模式
命令模式	:se nu↙	显示行号	命令模式

操作前模式	命　令	功　能　说　明	操作后模式
命令模式	:se nonu↙	不显示行号	命令模式
命令模式	:s/字符串 1/字符串 2/↙	将在当前行中首次出现的字符串 1 替换为字符串 2，这里应当用实际的字符串代入在命令中的字符串 1 和字符串 2	命令模式
命令模式	:s/字符串 1/字符串 2/g↙	用字符串 2 替换在当前行中所出现的每一个字符串 1	命令模式
命令模式	:起始行行号,终止行行号 s/字符串 1/字符串 2/↙	在从起始行到终止行的所有行中将每一行首次出现的字符串 1 都替换为字符串 2，（这里应当用实际的字符串代入在命令中的字符串 1 和字符串 2。该命令实际上在同一行，只是在最后输入回车符。这里显示多行只是因为排版需要）	命令模式
命令模式	:起始行行号,终止行行号 s/字符串 1/字符串 2/g↙	用字符串 2 替换在从起始行到终止行的所有行中所出现的每一个字符串 1（这里应当用实际的字符串代入在命令中的字符串 1 和字符串 2。该命令实际上在同一行，只是在最后输入回车符。这里显示多行只是因为排版需要）	命令模式

表 1-10　编辑器 vi 和 vim 的常用命令八：文件保存和退出编辑器

操作前模式	命令	功　能　说　明	操作后模式
命令模式	:w↙	保存当前文件内容	命令模式
命令模式	:q↙	如果当前文件在最后一次保存之后没有发生变化，则退出编辑器；否则，仍然处于命令模式下	命令模式或退出编辑器
命令模式	:wq↙	保存当前文件内容，并退出编辑器	退出编辑器
命令模式	:q!↙	不保存当前文件内容，强行退出编辑器	退出编辑器

> ⊛小甜点⊛
>
> （1）**数字+命令**：在编辑器 vi 和 vim 的命令模式下，输入正整数 n，则一般会重复后继的命令 n 遍。例如，输入"5x"，则一般将删除 5 个字符；输入"10j"，则光标一般将向下移动 10 行。
>
> （2）如果不清楚编辑器 vi 和 vim 的当前工作模式，那么按下键盘上的退出键，一般都会回到命令模式。这是使用编辑器 vi 和 vim 的一个技巧。
>
> （3）使用编辑器 vi 和 vim 的另一个技巧是经常按下键盘上的退出键并输入":w"以及回车符来**保存当前编辑的文本文件**，从而减少由于出现意外情况而造成损失的概率。
>
> （4）在使用编辑器 vi 和 vim 时，如果想放弃当前编辑的结果，可以通过按下键盘上的退出键并输入":q!"以及回车符。

> ⌦注意事项⌦
>
> （1）编辑器 vi 和 vim 的命令是区分大小写的。
>
> （2）有些 vi 或 vim 编辑器在插入模式下按下退格键（也称为 Backspace 键）或上下左右箭头键等功能键会产生一些特殊字符。在这种情况下，建议不要在 vi 或 vim 的插入模式下使用这些键。

在完成文件"C_Hello.c"的编辑工作之后，可以对它进行 编译和链接 。表 1-11 给出在 Linux 和 UNIX 下常用的编译和链接命令格式和示例。其中第一种命令没有提供可执行文件的名称，这时在成功编译和链接之后生成可执行文件"a.out"；其中第二种命令在选项"-o"之后提供了可执行文件的名称，这时在成功编译和链接之后生成指定文件名的可执行文件。例如，命令"gcc -o C_Hello C_Hello.c"对 C 语言源程序文件进行编译和链接，结果生成可执行文件"C_Hello"。在生成可执行文件之后，输入可执行文件的文件名以及回车符就可以 运行相应的程序 。图 1-9 给出编译、链接和运行 C 语言程序的示例，其中字符"$"是 命令行提示符 ，是由操作系统自动生成的。如果在编译、链接或运行程序时出现警告、错误或其他未预期的结果，不要惊慌。这时一般是由于输入错误的字符而引起，例如，出现半全角或大小写错误。如果在编辑时不小心按下功能键，则可能会出现一些特殊字符，甚至是不可见字符。这时应当仔细阅读编译、链接或运行结果，从中推断出现问题的源程序位置，然后重新进入编辑器 vi 或 vim 编辑源程序。

表 1-11　在 Linux 或 UNIX 下编译和链接 C 语言程序的命令格式和示例

命 令 格 式	示　　　例
gcc　*源程序文件名*	gcc　C_Hello.c
gcc　-o　*可执行文件名　源程序文件名*	gcc　-o　C_Hello　C_Hello.c

```
Shell                          — □ X
$ vi C_Hello.c
$ gcc   C_Hello.c
$ a.out
C 语言，您好!
我将成为优秀的 C 程序员!
$
```
(a) 通过 a.out 运行程序

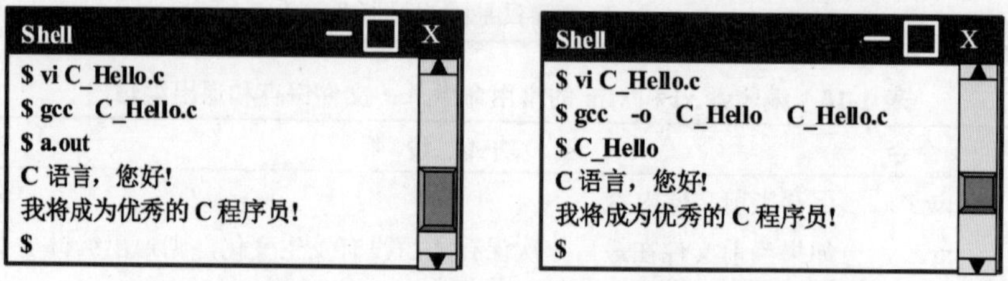

```
Shell                          — □ X
$ vi C_Hello.c
$ gcc  -o  C_Hello   C_Hello.c
$ C_Hello
C 语言，您好!
我将成为优秀的 C 程序员!
$
```
(b) 通过 C_Hello 运行程序

图 1-9　在 Linux 或 UNIX 下编译、链接和运行简单招呼例程

1.3　本 章 小 结

C 语言在当今计算机世界上占据着非常重要的地位。本章简要地介绍了以机器语言为代表的第一代计算机语言、以汇编语言为代表的第二代计算机语言，以及当前应用最广泛的第三代计算机语言。本章接着简单综述了 C 语言的发展简史和特点。作为初学者，学好 C 语言首先很重要的是找到一本好书，认真阅读和理解书的内容，同时必须加强实践。本章重点阐述了在 Microsoft Windows 系列操作系统下采用 VC 平台，以及在 Linux 或 UNIX 系列操作系统下，开发简单 C 语言程序的基本过程。本章同时讲解其中应当注意的问题以及一些编程小技巧。如果是初次学习计算机语言，尤其是第一次使用计算机，则应当认真阅读本章内容，多看几遍，同时多练习几遍书上介绍的例程，直到熟练为止。

❀小甜点❀

作为本章小结的结束语，这里介绍 如何获得 C 语言在线帮助文档的帮助 。阅读在线帮助文档是学习计算机语言并进行实践必不可少的步骤。下面介绍具体的操作步骤。

（1）在 Microsoft Windows 系列操作系统以及 VC 系列集成平台下，查看在线帮助文档首先需要安装相应版本的在线帮助文档 MSDN。这里假设已经安装好 MSDN。这时，在 VC 平台上，通过鼠标或键盘将光标移到所要查看在线帮助的单词（例如 VC 系统库文件提供的函数的名称）处，然后按下功能键 F1。如果在 MSDN 中存在相应的内容，则可以提供相应的帮助文档以便阅读。例如，在 VC 平台上，将光标移到位于文件"C_Hello.c"中的函数名称 printf 处，然后按下功能键 F1，则可以弹出在 MSDN 中找到的对应主题对话框。这时可以从中选取一个主题进行阅读。

（2）在 Linux 或 UNIX 系列操作系统下，在 Shell 窗口或 XTerm 窗口等控制台窗口中，输入命令"man 名称"或者"man -a 名称"，其中"名称"应当用实际的词（例如函数名）代入。这两种命令均会查找指定名称所对应的在线帮助。如果找到，则显示相应的帮助文档以便阅读。不过，采用后一种命令格式，则得到的帮助文档更为全面，因为它会将显示所有找到的与指定名称相匹配的帮助文档。例如，命令"man -a printf"将会显示所有与函数名 printf 相匹配的帮助文档。

1.4　本章习题

习题 1.1　简述 C 语言的发展史并阐述 C 语言发展史对自己的启发。

习题 1.2　简述 C 语言的优点，并猜测这些优点在实际编程求解问题中的可能作用。

习题 1.3　首先简述 C 语言的不足之处，接着猜测它们在实际编程求解问题中可能带来的不良影响，然后思考克服这些不足之处的所有可能方法。

习题 1.4　简述开发 C 语言程序的基本过程。

习题 1.5　通过具体的案例阐述如何利用 C 语言的在线帮助文档。

习题 1.6　总结开发 C 语言程序的注意事项和常用技巧。

习题 1.7　请编写程序，在控制台窗口中输出如下的信息。

** **

** 读书使人明事理增知识　　编程使人悟贯通长才干

** **

习题 1.8　请编写程序，在控制台窗口中输出如下的信息。

** **

** 我付出　　我收获　　我快乐

** **

习题 1.9　请编写程序，在控制台窗口中通过输出字符串组成一个漂亮的图案。图案的内容和形式可以自行设定。

习题 1.10　请总结自己在编程过程中所遇到的问题，并尝试给出相应的解决方案。

第 2 章　数据和运算

数据是计算机程序非常重要的组成要素。一方面数据可以是程序输入的内容，另一方面数据同时也可以用来记录和存储程序的中间和最终结果。在计算机中的数据通常需要与数据类型相关联才会确定其具体含义。程序可以通过变量和字面常量等形式读取、存储和管理数据。变量的名称通常由标识符构成。在 C 语言程序中，运算可以实现对数据的一些基本操作。本章将具体介绍数据和运算相关的基本内容。本章给出的程序示例基本上都是一些程序片段。这些程序片段一般都可以直接插入 1.2.1 节简单招呼例程第 6 或第 7 行代码的前面或后面，从而构成完整的程序。一旦形成完整的程序，就可以参照 1.2 节的内容进行编译、链接和运行。本章同时还将介绍数据的输入和输出方法。

2.1　标识符和关键字

标识符（identifier）和关键字（keyword）是 C 语言的基本组成部分，它们都是由字符组成的。这里简单介绍字符。为了方便记录和应用字符，需要对字符进行编码并制定相应的规范。不同规范所定义字符的集合可能会不相同。这些集合均称为字符集。最基本也是最常用的字符集是 ASCII 字符集。**ASCII 字符集**规定的字符称为 ASCII 字符，所对应的计算机编码称为 ASCII 码。**ASCII 码**（American Standard Code for Information Interchange，美国信息交换标准代码）是由美国国家标准化组织（American National Standards Institute，ANSI）制定的，并被国际标准化组织（ISO）采纳到 1991 年发布的 ISO 646 国际标准中。基本的 ASCII 字符集共包含 128 个字符，其中 ASCII 码为 0～31 以及 127 的字符是控制字符或通信专用字符，其余字符是字母、数字、标点符号和运算符等，如表 2-1 所示。控制字符与通信专用字符在屏幕上显示的图案与操作系统及其字体等的设置密切相关。在表 2-1 中，制表符在有些文献中也称为水平制表符，但在实际应用过程中很少用"水平制表符"这个词，基本上都直接用"制表符"。不过，应当注意除了"水平制表符"之外，还有"垂直制表符"，它的 ASCII 码是 11。基本 ASCII 字符集是目前各种字符集的基础，其他字符集通常是在基本 ASCII 字符集的基础上进行扩展而成的。例如，常用的国标（中国国家标准）**GB 2312**—1980 规定的字符集增加了汉字等字符，同时也扩展了字符所对应的代码。相同的字符码在不同的字符集中可能会对应不同的字符。不过，基本 ASCII 字符在不同的字符集中所对应的代码通常是相同的。选用什么字符集通常是由操作系统及其设置确定的，应用程序也可以自行设置所选用的字符集。

标识符可以用来标识变量名、类型名、函数名、宏的名称以及宏的参数名称等。C 语言中的标识符是由下画线（对应 ASCII 码 95）、小写字母（a～z，对应 ASCII 码 97～122）、大写字母（A～Z，对应 ASCII 码 65～90）和数字（0～9，对应 ASCII 码 48～57）组成的除关键字之外的字符序列，而且其首字符必须是下画线、小写字母或大写字母。

表 2-1　基本 ASCII 码表

ASCII 码	字符或说明	ASCII 码	字符或说明	ASCII 码	字符或说明	ASCII 码	字符或说明
0	空字符（null 或 NUL）	1	标题开始符（start of heading 或 SOH）	2	文本开始符（start of text 或 STX）	3	文本结束符（end of text 或 ETX）
4	传输结束符（end of transmission 或 EOT）	5	查询符（enquiry 或 ENQ）	6	确认符（acknowledge 或 ACK）	7	响铃符（bell 或 BEL）
8	退格符（backspace 或 BS）	9	制表符（horizontal tab 或 TAB）	10	换行符（line feed 或 LF）	11	垂直制表符（vertical tab 或 VT）
12	换页符（form feed 或 FF）	13	回车符（carriage return 或 CR）	14	取消切换符（shift out 或 SO）	15	启用切换符（shift in 或 SI）
16	退出数据通信符（data link escape 或 DLE）	17	设备控制 1 字符（device control 1 或 DC1）	18	设备控制 2 字符（device control 2 或 DC2）	19	设备控制 3 字符（device control 3 或 DC3）
20	设备控制 4 字符（device control 4 或 DC4）	21	拒绝确认符（negative acknowledge 或 NAK）	22	同步闲置符（synchronous idle 或 SYN）	23	传输块结束符（end of transmission block 或 ETB）
24	取消符（cancel 或 CAN）	25	介质结束符（end of medium 或 EM）	26	替换符（substitute 或 SUB）	27	退出符（escape 或 ESC）
28	文件分隔符（file separator 或 FS）	29	分组符（group separator 或 GS）	30	记录分隔符（record separator 或 RS）	31	单元分隔符（unit separator 或 US）
32	空格（space）	33	!	34	双引号（"）	35	#
36	$	37	%	38	&	39	单引号（'）
40	(	41	)	42	*	43	+
44	,	45	-	46	句点（.）	47	斜杠（/）
48	0	49	1	50	2	51	3
52	4	53	5	54	6	55	7
56	8	57	9	58	:	59	;
60	<	61	=	62	>	63	?
64	@	65	A	66	B	67	C
68	D	69	E	70	F	71	G
72	H	73	I	74	J	75	K
76	L	77	M	78	N	79	O
80	P	81	Q	82	R	83	S
84	T	85	U	86	V	87	W
88	X	89	Y	90	Z	91	[
92	反斜杠（\）	93	]	94	^	95	下画线（_）
96	`	97	a	98	b	99	c
100	d	101	e	102	f	103	g

续表

ASCII 码	字符或说明	ASCII 码	字符或说明	ASCII 码	字符或说明	ASCII 码	字符或说明
104	h	105	i	106	j	107	k
108	l	109	m	110	n	111	o
112	p	113	q	114	r	115	s
116	t	117	u	118	v	119	w
120	x	121	y	122	z	123	{
124	|	125	}	126	~	127	删除符（delete 或 DEL）

📌注意事项

（1）C 语言标识符区分大小写，例如，标识符 a 和 A 会被认为是两个不同的标识符。

（2）组成 C 语言标识符的一定是英文单角字符，并且位于 ASCII 字符集中。全角字符不能用来组成标识符。

（3）C 语言标准规定组成标识符的字符个数不能超过 31。不过，目前很多集成平台允许由超过 31 个字符组成的标识符。例如，目前 VC 平台允许 1 个标识符最多由 247 个字符组成。为了程序源代码的兼容性，仍然建议遵循 C 语言标准。另外，有些集成平台虽然允许标识符由超过 31 个字符组成，但不去区分 31 字符之后的字符，即只要前 31 个字符相同就认为是相同的标识符。

C 语言规定关键字不能作为标识符。表 2-2 列出 ANSI C 99 规定的所有 37 个 C 语言关键字。关键字是 C 语言预留的一些字符序列，通常都有特殊的含义，如表 2-3 所示。目前有些 C 语言集成平台或编译器和链接器可能不支持其中的一些新特性。

表 2-2   C 语言关键字

auto	break	case	char	const	continue	default	do
double	else	enum	extern	float	for	goto	if
inline	int	long	register	restrict	return	short	signed
sizeof	static	struct	switch	typedef	union	unsigned	void
volatile	while	_Bool	_Complex	_Imaginary			

表 2-3   C 语言关键字的大致含义

关键字	含　义	关键字	含　义
auto	数据的默认存储类型，即在定义变量时不含 static 等任何存储类型说明符，则该变量采用这种自动的存储模式。采用这种存储模式的变量在其生命周期中被加载到内存和从内存中释放都是自动的	register	用来指定数据的存储类型，表示希望采用具有快速访问能力的存储方式
break	用在 switch 或循环语句中，表示退出 switch 或循环语句	restrict	修饰符，仅用于程序优化，去掉该修饰符一般不影响程序的功能。该修饰符用来表明数据之间的独立性，从而可以减少数据相关性的检查并提高程序运行效率
case	用在 switch 语句中，表明其中一个分支	return	表示从函数中返回数据

关键字	含　义	关键字	含　义
char	基本数据类型之一，字符类型	short	基本数据类型之一，短整数类型
const	修饰符，表示不能被修改	signed	修饰符，表明数据可正可负
continue	用在循环语句中，表示重新开始下一轮的循环	sizeof	运算符，用来计算并返回所占用的内存空间字节数
default	用在 switch 语句中，表明默认的分支	static	修饰符，表明具有静态属性
do	用在 do-while 循环结构中	struct	结构体
double	基本数据类型之一，双精度浮点数类型	switch	分支结构语句的引导词
else	用在条件语句中，表明当条件不成立时的分支	typedef	用来指定类型的别名
enum	一种数据类型，枚举类型	union	共用体
extern	修饰符，用来表示所修饰的变量或函数等已经在其他地方定义	unsigned	修饰符，表明数据是无符号的，即只能为正数或零
float	基本数据类型之一，单精度浮点数类型	void	空类型
for	一种循环结构的引导词	volatile	修饰符，表明变量值在程序执行过程中有可能会以其他未知方式被改变
goto	跳转语句引导词，通常建议不应使用	while	既可以作为一种循环结构的引导词，也可以用在 do-while 循环结构中
if	条件语句的引导词	_Bool	一种数据类型，对应的存储单元只要能存储 0 和 1 就可以
inline	修饰符，用来声明内联函数	_Complex	复数类型
int	基本数据类型之一，整数类型	_Imaginary	虚数类型
long	基本数据类型之一，长整数类型		

表 2-4 给出了一些合法的 C 语言标识符示例。表 2-5 给出了一些不合法的 C 语言标识符示例，并给出相应的原因。

表 2-4　合法的 C 语言标识符示例

count	day	doubleArea	i	intNumber
m_year	method1	studentNumber	total	x2

表 2-5　不合法的 C 语言标识符示例

不合法的 C 语言标识符	原　因
9pins	标识符的首字符不能是数字
a&b	在标识符中不能含有字符 "&"
It's	在标识符中不能含有引号
student　number	在标识符中不能含有空格
testing1-2-3	在标识符中不能含有连字符（减号）
x+y	在标识符中不能含有加号

2.2 数据类型

在计算机中各种数据实际上都是以 0 或 1 的形式进行存储的。用来存储 0 或 1 的单元是以位（bit）为单位进行计数的。位是计算机的最小存储单位。每位的存储单元只能存储一个值 0 或 1。连续 8 位的存储单元可以构成一个更大的存储单元，称为一字节。因为每字节等于 8 位，而且每位的存储单元最多具有两种数值，所以每字节的存储单元最多具有 256（=2^8）种不同的数值。计算机通常以字节为单位，给每字节的存储单元按照前后顺序进行编号。这些编号通常具有唯一性，构成了这些存储单元的地址。计算机正是通过这些地址访问指定的存储单元。这里所谓的访问在计算机中一般指的就是读取或使用存储单元的数据，或者在指定的存储单元中写入数据。连续若干字节的存储单元可以构成一个更大的存储单元，可以用来表示一个整数或浮点数等特定类型的数据。对于存储单元而言，它究竟表示什么类型的数据需要通过数据类型指定。存储单元的数据类型指定该存储单元所需要的字节数以及构成该存储单元各个比特数据位的具体含义。

在 C 语言标准中，常用的数据类型及其分类如图 2-1 所示。本书将在后面的各个章节具体介绍这些数据类型，其中基本（basic）数据类型在本节介绍，数组在第 5 章介绍，结构体类型在 6.1 节介绍，共用体类型在 6.2 节介绍，枚举类型在 2.3.4 节介绍，函数类型在 4.1 节介绍，指针类型在第 7 章介绍。

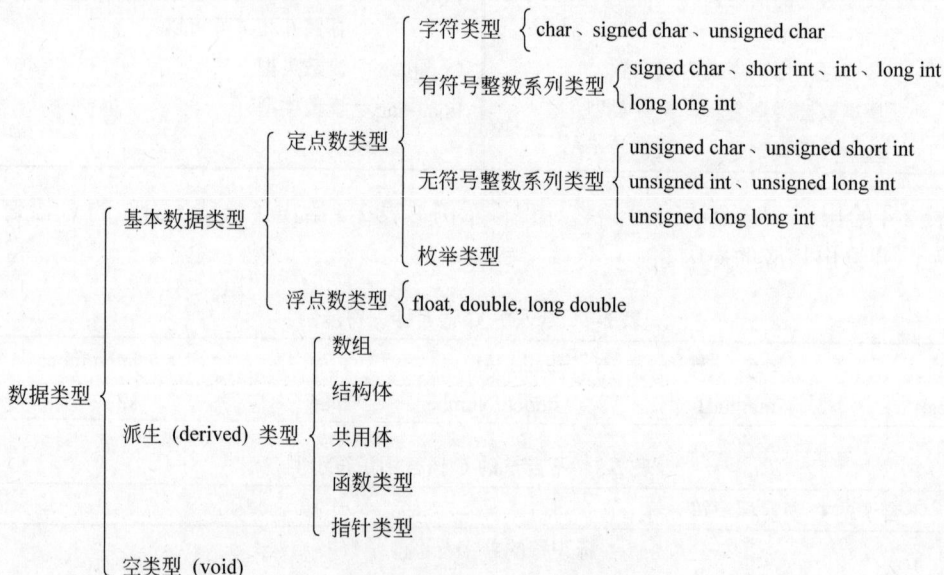

图 2-1　C 语言数据类型分类层次结构图

> 📖 说明 📖
>
> 虽然 C 语言标准 ANSI C 99 新增了"布尔类型（bool）"，但是很多 C 语言支撑平台并不支持布尔类型。因此，本书在这里对布尔类型作简单介绍，其他部分将不再介绍布尔类型。布尔类型的数据用来表示一个命题的真或者假。布尔类型字面常量只有两个，即 true 和 false，其中 true 表示真，false 表示假。如果 C 语言支撑平台支持，那么语句"bool b = true;"定义了布尔类型变量 b，并赋予了变量

b 真值（true）。如果 C 语言支撑平台不支持布尔类型，那么通常采用整数表示布尔运算结果。在这种情况下，如果整数值为 0，则表示假（false）；对于任何不为 0 的整数值都表示真（true）。

2.2.1 有符号整数系列类型和无符号整数系列类型

C 语言标准规定整数系列类型包括有符号整数系列类型和无符号整数系列类型。有符号整数系列类型包括 signed char、short int、int、long int 和 long long int 共 5 种，其中 short int 可以简写为 short，long int 可以简写为 long，long long int 可以简写为 long long。顾名思义，有符号整数系列类型数据可以表示负整数、零和正整数。

每种有符号整数系列类型都对应一种无符号整数系列类型。这样无符号整数系列类型包括 unsigned char、unsigned short int、unsigned int、unsigned long int、unsigned long long int，其中 unsigned short int 可以简写为 unsigned short，unsigned long int 可以简写为 unsigned long，unsigned long long int 可以简写为 unsigned long long。顾名思义，无符号整数系列类型数据只能表示零和正整数。C 语言标准并没有规定各种整数系列类型存储单元所占用的字节数。在实际的应用中，各种整数系列类型存储单元所占用的字节数与所采用的计算机硬件、操作系统以及 C 语言编译器密切相关。不过，前面对这些数据类型的排列顺序正好是这些数据类型的存储单元所占用的字节数从小到大的排列顺序。而且有符号整数系列类型与其对应的无符号整数系列类型的存储单元占用相同的字节数。如果两种数据类型的存储单元所占用的字节数不同，那么这两种数据类型所对应的数据的取值范围也会不同。表 2-6 给出各种整数系列类型的存储单元占用字节数及其数值范围的一种目前最常见的示例。

表 2-6 有符号整数系列类型和无符号整数系列类型存储单元常见占用字节数及其数值范围示例

数据类型	字节数	数值范围（表达式形式）	数值范围（具体数值）
char 或 signed char	1	$(-2^7)\sim(2^7-1)$	$-128\sim127$
unsigned char	1	$0\sim(2^8-1)$	$0\sim255$
short int	2	$(-2^{15})\sim(2^{15}-1)$	$-32768\sim32767$
unsigned short int	2	$0\sim(2^{16}-1)$	$0\sim65535$
int 或 signed int	4	$(-2^{31})\sim(2^{31}-1)$	$-2147483648\sim2147483647$
unsigned int	4	$0\sim(2^{32}-1)$	$0\sim4294967295$
long int	4	$(-2^{31})\sim(2^{31}-1)$	$-2147483648\sim2147483647$
unsigned long int	4	$0\sim(2^{32}-1)$	$0\sim4294967295$
long long int	8	$(-2^{63})\sim(2^{63}-1)$	$-9223372036854775808\sim9223372036854775807$
unsigned long long int	8	$0\sim(2^{64}-1)$	$0\sim18446744073709551615$

在计算机存储单元中，C 语言采用二进制补码的形式表示整数。为了更好地理解二进制补码，这里首先介绍 R 进制表示法，其中 R 是一个大于 1 的整数。为了表示不同进制的整数，这里采用下标 R 表示 R 进制的整数。例如，$(1010)_2$ 是二进制整数。在这里，如果一个整数不含下标 R，则默认为十进制的整数。这样 R 进制非负整数的一般格式为

$$(a_{(n-1)}a_{(n-2)} \cdots a_0)_R$$

其中，a_0、a_1、$\cdots$、$a_{(n-1)}$ 均为大于或等于 0 并且小于 R 的整数，n 为大于 0 的整数。例如，

在二进制中，a_0、a_1、$\cdots$、$a_{(n-1)}$只能为 0 或 1；在八进制中，a_0、a_1、$\cdots$、$a_{(n-1)}$可以是 0、1、2、3、4、5、6 或 7；在十六进制中，a_0、a_1、$\cdots$、$a_{(n-1)}$通常是 0～9、a～f 或者 A～F，其中 a～f 或者 A～F 分别对应十进制的 10～15。例如，其中 a 和 A 均对应 10，f 和 F 均对应 15。

R 进制整数与十进制整数可以互相转换。**R 进制非负整数转换为十进制整数的公式**为

$$(a_{(n-1)}a_{(n-2)}\cdots a_0)_R = a_{(n-1)} \times R^{(n-1)} + a_{(n-2)} \times R^{(n-2)} + \cdots + a_0 \times R^0$$

下面给出三个将 R 进制非负整数转换为十进制整数的示例。

二进制示例：$(1010)_2 = 1 \times 2^3 + 0 \times 2^2 + 1 \times 2^1 + 0 \times 2^0 = 8 + 0 + 2 + 0 = 10$

八进制示例：$(237)_8 = 2 \times 8^2 + 3 \times 8^1 + 7 \times 8^0 = 128 + 24 + 7 = 159$

十六进制示例：$(4ad)_{16} = 4 \times 16^2 + 10 \times 16^1 + 13 \times 16^0 = 1024 + 160 + 13 = 1197$

图 2-2 给出**将十进制非负整数转换为 R 进制整数的除 R 取余算法**的一个直观图示。在该算法中，不断地用 R 去除给定的十进制非负整数以及得到的商，直到商等于 0 为止。将在这个过程中每次除法得到的余数按产生的顺序从右到左排列组成一个 R 进制整数，这个 R 进制整数就是转换之后的 R 进制整数。下面给出三个将十进制非负整数转换为 R 进制整数的示例。

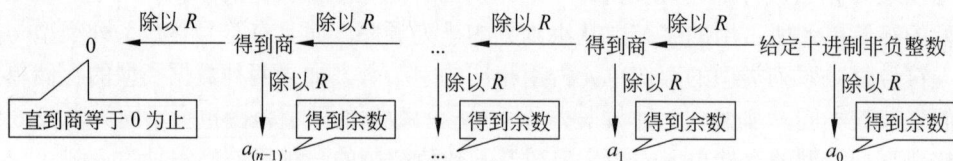

图 2-2　将十进制非负整数转换为 R 进制整数的除 R 取余算法图示

二进制示例：$10 = (1010)_2$，计算过程如下。

```
0 ←1      ←2      ←5      ←10
  ↓除以2   ↓除以2   ↓除以2   ↓除以2
余：1      0       1       0
```

八进制示例：$159 = (237)_8$，计算过程如下。

```
0 ←2      ←19     ←159
  ↓除以8   ↓除以8   ↓除以8
余：2      3       7
```

十六进制示例：$1197 = (4ad)_{16}$，计算过程如下。

```
0 ←4       ←74      ← 1197
  ↓除以16   ↓除以16   ↓除以16
余：4       10       13
```

上面基本上只考虑非负整数的情形。对于负数，则只要在上面正整数前面增加表示负数的负号就可以。例如，$(-1010)_2 = -10$，$-159 = (-237)_8$，$(-4ad)_{16} = -1197$。

在计算机存储单元中，C 语言采用**二进制补码**的形式存放有符号整数类型和无符号整数类型数据。**零的二进制补码**是将用来存放该整数的存储单元的各位均置为 0。例如，如果存放整数的计算机存储单元共占用 4 字节，即 32 位，则零的二进制补码是

| 0 0 0 0 0 0 0 0 | 0 0 0 0 0 0 0 0 | 0 0 0 0 0 0 0 0 | 0 0 0 0 0 0 0 0 |

正整数的二进制补码是这个正整数的二进制数，并在高位补足 0，从而使得存放该整数存储单元的每位均为 0 或 1。例如，如果存放整数的计算机存储单元共占用 32 位，则 10 的二进制补码是

| 0 0 0 0 0 0 0 0 | 0 0 0 0 0 0 0 0 | 0 0 0 0 0 0 0 0 | 0 0 0 0 1 0 1 0 |

129 的二进制补码是

| 0 0 0 0 0 0 0 0 | 0 0 0 0 0 0 0 0 | 0 0 0 0 0 0 0 0 | 1 0 0 0 0 0 0 1 |

2008 的二进制补码是

| 0 0 0 0 0 0 0 0 | 0 0 0 0 0 0 0 0 | 0 0 0 0 0 1 1 1 | 1 1 0 1 1 0 0 0 |

0 0 0 0 0 0 0 0	0 0 0 0 0 0 0 0	0 0 0 0 0 0 0 0	0 0 0 0 1 0 1 0	10 的补码
1 1 1 1 1 1 1 1	1 1 1 1 1 1 1 1	1 1 1 1 1 1 1 1	1 1 1 1 0 1 0 1	按位取反
1 1 1 1 1 1 1 1	1 1 1 1 1 1 1 1	1 1 1 1 1 1 1 1	1 1 1 1 0 1 1 0	再加1，得-10补码

图 2-3　用 32 位二进制补码表示-10 的计算过程示例

负整数的二进制补码可以按照这样的计算过程得到：即先计算出其相反数的二进制数，并用 0 填充高位直到填满所占用内存的各位，然后按位取反，最后再加上 1。图 2-3 给出这个计算过程的一个示例。按照这个计算过程，可以得到各个整数的二进制补码。例如，如果存放整数的计算机存储单元共占用 32 位，则-1 的二进制补码是

| 1 1 1 1 1 1 1 1 | 1 1 1 1 1 1 1 1 | 1 1 1 1 1 1 1 1 | 1 1 1 1 1 1 1 1 |

-129 的二进制补码是

| 1 1 1 1 1 1 1 1 | 1 1 1 1 1 1 1 1 | 1 1 1 1 1 1 1 1 | 0 1 1 1 1 1 1 1 |

-2008 的二进制补码是

| 1 1 1 1 1 1 1 1 | 1 1 1 1 1 1 1 1 | 1 1 1 1 1 0 0 0 | 0 0 1 0 1 0 0 0 |

对于有符号整数类型，C 语言标准规定其存储单元的最高比特位是**符号位**。如果符号位是 0，则表示零或正整数；如果符号位是 1，则表示负整数。这样，如果存放有符号整数的计算机存储单元共占用 32 位，该存储单元所能表示的最大正整数的二进制补码是

| 0 1 1 1 1 1 1 1 | 1 1 1 1 1 1 1 1 | 1 1 1 1 1 1 1 1 | 1 1 1 1 1 1 1 1 |

它等于 $2^{30}+2^{29}+\cdots+2^1+2^0=2^{31}-1=2147483647$。该存储单元所能表示的最小负整数的二进制补码是

| 1 0 0 0 0 0 0 0 | 0 0 0 0 0 0 0 0 | 0 0 0 0 0 0 0 0 | 0 0 0 0 0 0 0 0 |

它等于$-2^{31}=-2147483648$。

无符号整数类型没有符号位。因此，如果存放有符号整数的计算机存储单元共占用 32 位，则该存储单元所能表示的最小整数是 0，其二进制补码是

| 0 0 0 0 0 0 0 0 | 0 0 0 0 0 0 0 0 | 0 0 0 0 0 0 0 0 | 0 0 0 0 0 0 0 0 |

该存储单元所能表示的最大整数是 $2^{31}+2^{30}+2^{29}+\cdots+2^1+2^0=2^{32}-1=4294967295$，其二进制补码是

| 1 1 1 1 1 1 1 1 | 1 1 1 1 1 1 1 1 | 1 1 1 1 1 1 1 1 | 1 1 1 1 1 1 1 1 |

2.2.2 字符类型

C 语言标准规定字符类型包括 char、signed char 和 unsigned char 共三种类型。这三种数据类型 char、signed char 和 unsigned char 实际上具有双重属性，即它们同时属于整数系列类型和字符类型，如 2.2 节图 2-1 所示。

作为整数系列类型，它们具有与其他整数系列类型相似的属性。同其他整数系列类型一样，char、signed char 和 unsigned char 这三种类型的数据在计算机内部是以二进制补码表示和存储的。

作为字符类型，char、signed char 和 unsigned char 这三种数据类型的数据又可以呈现出字符的形态，例如字母 a。这三种数据类型的数据呈现怎么样的字符形态是由字符集决定的。在各种字符集中，每个整数编码对应一个特定的字符。目前绝大多数的字符集规定它的前 128 个整数编码与 ASCII 码一样，如 2.1 节表 2-1 所示。例如，参照 ASCII 码表，整数编码 97 对应字母 a。在目前的计算机系统中，每个 char、signed char 或 unsigned char 类型的数据通常占用 1 字节，如 2.2.1 节表 2-6 所示。这样单个字符类型数据通常最多只能表示 256 种不同的字符。在实际应用中，通常可以通过多个字符类型数据的组合来表示不同的字符。例如，目前 C 语言常常用两个字符类型数据的组合来表示中国国家标准 GB 2312—1980 字符集规定的汉字。在 GB 2312—1980 字符集中，两个字符类型数据 186 和 195 的组合表示"好"这个汉字。

这里介绍 C 语言标准规定的一些常用字符。大写字母包括 A、B、C、D、E、F、G、H、I、J、K、L、M、N、O、P、Q、R、S、T、U、V、W、X、Y 和 Z 共 26 个字母。小写字母包括 a、b、c、d、e、f、g、h、i、j、k、l、m、n、o、p、q、r、s、t、u、v、w、x、y 和 z 共 26 个字母。十进制数字字符包括 0、1、2、3、4、5、6、7、8 和 9 共 10 个字符。空白符（white-space characters）包括如下 6 个字符：

（1）空格（'␣'，space，对应 ASCII 码 32）。

（2）制表符（'\t'，horizontal tab，对应 ASCII 码 9）。

（3）换行符（'\n'，line feed 或 new-line 或 LF，对应 ASCII 码 10）。

（4）回车符（'\r'，carriage return 或 CR，对应 ASCII 码 13）。

（5）换页符（'\f'，form feed 或 FF，对应 ASCII 码 12）。

（6）垂直制表符（'\v'，vertical tab 或 VT，对应 ASCII 码 11）。

2.2.3 枚举类型

如 2.2 节图 2-1 所示，枚举类型是一种定点数类型。它的主要作用是用一些标识符来表示整数字面常量，从而提高程序的可读性。枚举类型的定义格式是

enum 枚举类型名称 {枚举常量定义式 1，枚举常量定义式 2，... ...，枚举常量定义式 n};

其中，enum 是用来引导枚举类型定义的关键字，枚举类型名称应当用实际的标识符替代，各个枚举常量定义式可以用如下的两种方式定义

枚举常量

或者

枚举常量 = 整数字面常量

这里的枚举常量应当用实际的标识符替代，整数字面常量应当用实际的整数字面常量数值替代。下面给出枚举类型程序示例。具体的程序代码如下。

```
// 文件名：C_Enum.c；开发者：雍俊海                              行号
#include <stdio.h>                                             // 1
                                                               // 2
int main(int argc, char* args[ ])                              // 3
{                                                              // 4
    enum E_Weekend {em_Saturday=6, em_Sunday};                 // 5
    enum E_Color {em_Red, em_Green, em_Blue};                  // 6
                                                               // 7
    printf("星期六=%d, 星期日=%d\n",                            // 8
        em_Saturday, em_Sunday);                               // 9
    printf("红色值=%d, 绿色值=%d, 蓝色值=%d\n",                 // 10
        em_Red, em_Green, em_Blue);                            // 11
    return 0; // 返回 0 表明程序运行成功                        // 12
} // main 函数结束                                              // 13
```

可以参照第 1 章的内容编辑、编译、链接和运行上面的程序。最终运行的结果是在控制台窗口中输出

```
星期六=6, 星期日=7
红色值=0, 绿色值=1, 蓝色值=2
```

这里分析上面的程序。上面程序代码第 5 行定义了枚举类型 E_Weekend。枚举类型 E_Weekend 共有 2 个枚举元素，即枚举常量 em_Saturday 和 em_Sunday。上面程序代码第 6 行定义了枚举类型 E_Color。枚举类型 E_Color 共有 3 个枚举元素，即枚举常量 em_Red、em_Green 和 em_Blue。枚举常量的值是这样规定的：如果在枚举常量定义式中给枚举常量指定了对应的整数字面常量，则该枚举常量的值就是其所对应的整数字面常量（例如上面程序第 5 行，枚举常量 em_Saturday 的值是 6）；否则，第 1 个枚举常量的值是 0（例如上面程序第 6 行，枚举常量 em_Red 的值是 0），后继枚举常量的值则是其前 1 个枚举常量值加 1（例如上面程序第 5 行，枚举常量 em_Sunday 的值是 em_Saturday+1=7；上面程序第 6 行，枚举常量 em_Green 的值是 em_Red+1=1，枚举常量 em_Blue 的值是 em_Green+1=2）。上面程序第 8～11 行通过调用函数 printf 输出这些枚举常量的值。对于函数 printf 的具体说明参见 4.1 节的内容。

枚举类型定义的实际上是整数集合的子集。它不仅给一部分整数字面常量加上标识，

而且进一步规范了所考虑类型的数值范围。例如，在上面的案例当中，枚举类型 E_Weekend 规定了周末只有星期六（em_Saturday）和星期日（em_Sunday）两天。如果直接采用整数类型表示周末，那么可能就会有人问星期五是否为周末？这种不确定性通常容易引发程序错误，尤其对于大程序。如果程序是由很多人一起开发的，这种不确定性很容易引起程序的不一致性。采用枚举类型可以在一定程度上避开这类问题。当然，枚举类型的元素个数也是有限定的。**C 语言标准规定枚举类型的元素个数不超过 1023 个**。

下面给出定义枚举类型变量以及给枚举类型变量赋值的例句。下面代码第 1 行定义了枚举类型 E_Weekend；第 2 行定义了枚举类型变量 e，并赋初值 em_Saturday；第 3 行输出枚举类型变量 e 的值；第 4 行给枚举类型变量 e 赋值 em_Sunday；最后 1 行输出在重新赋值之后的枚举类型变量 e 的值。

```
enum E_Weekend {em_Saturday=6, em_Sunday};          // 1
enum E_Weekend e = em_Saturday;                     // 2
printf("e=%d\n", e);      // 输出：e=6✓              // 3
e = em_Sunday;            // 给枚举类型变量 e 赋值     // 4
printf("e=%d\n", e);      // 输出: e=7✓              // 5
```

2.2.4 浮点数类型

在计算机当中，实数通常是采用浮点数进行表示和运算的。但是这两者之间实际上还是有区别的。实数的个数无穷多，而浮点数的个数是有限的。因此，计算机实际上是采用浮点数来近似传统意义上的实数。C 语言标准规定**浮点数类型**包括 float（单精度浮点数）、double（双精度浮点数）和 long double（长双精度浮点数）。这些类型数据存储单元所占用的字节数与所采用的计算机硬件、操作系统以及 C 语言编译器密切相关。浮点数类型数据存储单元的每 1 个比特位与定点数据类型一样仍然是 0 或 1。

这里**解析一般的浮点数内部存储单元**。浮点数存储单元的值，也称为**浮点数的内码**，如图 2-4 所示，共占用 k 位，其中第 1 位是**符号位** s，接下来 w 位是**阶码** e，最后 p 位是**小数部分** f。这里符号位 s 只占 1 位。因此，符号位 s 的值只能是 0 或 1。阶码 e 占用 w 位，并且采用无符号整数的方式计数。具体 k 的值与具体的浮点数类型以及所采用的软硬环境有关，而 w 与 p 的值则依赖 k 的值，这种对应关系请参见表 2-7。在表 2-7 中，第一列总位数 k 的值决定了其他各列的数值，其中也包括**阶码阈值** em 和**移码** eb。

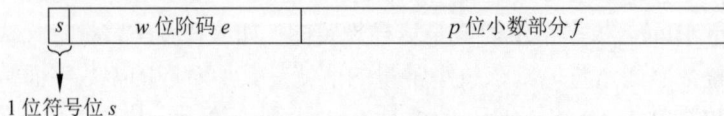

图 2-4 k 位浮点数存储单元示意图

表 2-7 组成浮点数类型存储单元各部分占用的字节数以及阶码阈值和移码

总位数 k	符号位	阶码位数 w	小数部分位数 p	阶码阈值 em	移码 eb
32	1	8	23	255	127
64	1	11	52	2047	1023
128	1	15	112	32767	16383

浮点数可以分成常规浮点数、正无穷大（+Infinity）、负无穷大（−Infinity）和不定数（NaN），其中**不定数**表示数学上不确定的数。例如，将正无穷大与负无穷大相加得到的就是不定数。这样，如图 2-4 所示的 k 位浮点数存储单元所对应的**数值的计算方法**如下。

（1）当 $e=em$ 并且 $f\neq0$ 时，该浮点数的值是**不定数（NaN）**。这样，在不定数（NaN）的二进制存储单元中，符号位 s 的值可以是 0，也可以是 1；w 位阶码 e 全部由 1 组成；在 p 位小数部分 f 当中只要至少有一位是 1 就可以了。

（2）当 $s=0$，$e=em$ 并且 $f=0$ 时，该浮点数的值是**正无穷大（+Infinity）**。这样，在正无穷大（+Infinity）的二进制存储单元中，符号位 s 的值是 0，阶码 e 的每个二进制位全部是 1，小数部分 f 的每个二进制位全部是 0。

（3）当 $s=1$，$e=em$ 并且 $f=0$ 时，该浮点数的值是**负无穷大（−Infinity）**。这样，在负无穷大（−Infinity）的二进制存储单元中，符号位 s 的值是 1，阶码 e 的每个二进制位全部是 1，小数部分 f 的每个二进制位全部是 0。

（4）当 $0<e<em$ 时，该浮点数的值等于 $(-1)^s\times2^{e-eb}\times(1.f)_2$，其中 eb 是该浮点数的**移码**，$e-eb$ 称为该浮点数的**指数部分**，$(1.f)_2$ 称为该浮点数的**尾数部分**。

（5）当 $e=0$ 并且 $f\neq0$ 时，该浮点数的值等于 $(-1)^s\times2^{1-eb}\times(0.f)_2$，其中 $1-eb$ 称为该浮点数的**指数部分**，$(0.f)_2$ 称为该浮点数的**尾数部分**。

（6）当 $e=0$ 并且 $f=0$ 时，该浮点数的值等于 0。这时，在该浮点数的二进制存储单元当中，符号位 s 的值可以是 0，也可以是 1；阶码 e 和小数部分 f 的每个二进制位全部是 0。

满足上面情况（4）、（5）和（6）的浮点数也称为**常规浮点数**。表 2-8 给出 float、double 和 long double 常见的所对应的浮点数类型存储单元占用字节数和数值范围的示例。这些浮点数类型存储单元的实际占用字节可能会有所不同，与实际的软硬件平台相关。

表 2-8 浮点数类型存储单元常见占用字节数及其数值范围示例

数据类型	字节数	数值范围
float	4	（1）常规负数范围：大于 -3.40283×10^{38} 并且小于 -1.40129×10^{-45}
		（2）常规正数范围：大于 1.40129×10^{-45} 并且小于 3.40283×10^{38}
		（3）0
		（4）正无穷大（+Infinity，在有些版本的 VC 平台下表示为"1.#INF"）
		（5）负无穷大（−Infinity，在有些版本的 VC 平台下表示为"−1.#INF"）
		（6）不定数（NaN，Not a number，在有些版本的 VC 平台下表示为"−1.#IND"）
double	8	（1）常规负数范围：大于 $-1.79770\times10^{+308}$ 并且小于 -4.94065×10^{-324}
		（2）常规正数范围：大于 4.94065×10^{-324} 并且小于 $1.79770\times10^{+308}$
		（3）0
		（4）正无穷大（+Infinity，在有些版本的 VC 平台下表示为"1.#INF"）
		（5）负无穷大（−Infinity，在有些版本的 VC 平台下表示为"−1.#INF"）
		（6）不定数（NaN，Not a number，在有些版本的 VC 平台下表示为"−1.#IND"）
long double	8	同 double 数据类型

这里**解析常见的 4 字节单精度浮点数内部存储单元**。如图 2-5 所示，4 字节的单精度浮点数存储单元共占用 32 位，其中第 1 位是**符号位** s，接下来 8 位是**阶码** e，最后 23 位是**小数部分** f。这里符号位 s 只占 1 位。因此，符号位 s 的值只能是 0 或 1。阶码 e 占用 8 位，

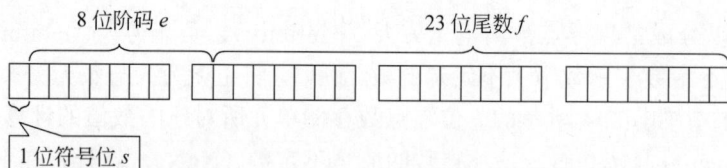

图 2-5　单精度浮点数（4 字节）内部存储单元及其含义图示

并且采用无符号整数的方式计数。因此，阶码 e 的值是介于 0～255 的整数。4 字节**单精度浮点数值的计算方法**如下：

（1）当 $e=255$ 并且 $f{\neq}0$ 时，该浮点数的值是不定数（NaN）。不定数（NaN）的二进制内码格式是

其中，x 可以是 0，也可以是 1；y 的值可以是 0，也可以是 1，但至少有一个 y 的值为 1。

（2）当 $s=0$，$e=255$ 并且 $f=0$ 时，该浮点数的值是正无穷大（+Infinity）。正无穷大（+Infinity）的二进制内码是

（3）当 $s=1$，$e=255$ 并且 $f=0$ 时，该浮点数的值是负无穷大（−Infinity）。负无穷大（−Infinity）的二进制内码是

（4）当 $0<e<255$ 时，该浮点数的值等于 $(-1)^s \times 2^{e-127} \times (1.f)_2$，其中 127 称为 4 字节单精度浮点数的**移码**，$e-127$ 称为 4 字节单精度浮点数的**指数部分**，$(1.f)_2$ 称为 4 字节单精度浮点数的**尾数部分**。这时的二进制内码格式是

其中，x 可以是 0，也可以是 1；y 的值可以是 0，也可以是 1，但至少有一个 y 的值为 1，而且所有 y 的值不能全部都是 1。

（5）当 $e=0$ 并且 $f{\neq}0$ 时，该浮点数的值等于 $(-1)^s \times 2^{-126} \times (0.f)_2$，其中−126 称为 4 字节单精度浮点数的**指数部分**，$(0.f)_2$ 称为 4 字节单精度浮点数的**尾数部分**。这时的二进制内码格式是

其中，x 可以是 0，也可以是 1；y 的值可以是 0，也可以是 1，但至少有一个 y 的值为 1。

（6）当 $e=0$ 并且 $f=0$ 时，该浮点数的值等于 0。这时的二进制内码格式是

其中，x 可以是 0，也可以是 1。

满足上面情况（4）、（5）和（6）的单精度浮点数称为**常规单精度浮点数**。下面给出 11 个 **4 字节单精度浮点数示例**。

例 2-1：设 4 字节单精度浮点数的二进制内码是

| 0 0 1 1 1 1 1 1 | 1 1 0 0 0 0 0 0 | 0 0 0 0 0 0 0 0 | 0 0 0 0 0 0 0 0 |

该浮点数的符号位是 0，阶码是 127=(01111111)$_2$=(7f)$_{16}$，指数是 0=127−127，尾数部分是 1.5=(1.1)$_2$=2^0+2^{-1}。因此，该浮点数对应十进制数 1.5=1.5×2^0。

例 2-2：设 4 字节单精度浮点数的二进制内码是

| 0 0 1 1 1 1 0 0 | 1 1 0 1 1 0 0 0 | 0 0 0 0 0 0 0 0 | 0 0 0 0 0 0 0 0 |

该浮点数的符号位是 0，阶码是 121=(01111001)$_2$=(79)$_{16}$，指数是−6=121−127，尾数部分是 1.6875=(1.1011)$_2$=2^0+2^{-1}+2^{-3}+2^{-4}。因此,该浮点数对应十进制数 0.0263671875=1.6875×2^{-6}。

例 2-3：设 4 字节单精度浮点数的二进制内码是

| 1 0 1 1 1 1 0 1 | 1 1 0 1 0 0 0 0 | 0 0 0 0 0 0 0 0 | 0 0 0 0 0 0 0 0 |

该浮点数的符号位是 1，阶码是 123=(01111011)$_2$=(7b)$_{16}$，指数是−4=123−127，尾数部分是 1.625=(1.101)$_2$=2^0+2^{-1}+2^{-3}。因此，该浮点数对应十进制数−0.1015625=−1.625×2^{-4}。

例 2-4：**绝对值最小的 4 字节常规正单精度浮点数**对应的二进制位分别是

| 0 0 0 0 0 0 0 0 | 0 0 0 0 0 0 0 0 | 0 0 0 0 0 0 0 0 | 0 0 0 0 0 0 0 1 |

它的符号位是 0，阶码是 0，指数是−126，尾数部分是(0.00000000000000000000001)$_2$。它所对应的十进制数是 1.40129846432481707092372958328991613128026194187651577717570 68283889791082685860601486638188362121582031 25×10^{-45}，共 105 位十进制有效数字。

例 2-5：**绝对值最小的 4 字节常规负单精度浮点数**对应的二进制位分别是

| 1 0 0 0 0 0 0 0 | 0 0 0 0 0 0 0 0 | 0 0 0 0 0 0 0 0 | 0 0 0 0 0 0 0 1 |

它的符号位是 1，阶码是 0，指数是−126，尾数部分是(0.00000000000000000000001)$_2$。它所对应的十进制数是−1.4012984643248170709237295832899161312802619418765157717570 6828388979108268586060148663818836212158203125×10^{-45}，共 105 位十进制有效数字。

例 2-6：**绝对值最大的 4 字节常规正单精度浮点数**对应的二进制位分别是

| 0 1 1 1 1 1 1 1 | 0 1 1 1 1 1 1 1 | 1 1 1 1 1 1 1 1 | 1 1 1 1 1 1 1 1 |

它的符号位是 0，阶码是 254=(11111110)$_2$=(fe)$_{16}$，指数是 127=254−127，尾数部分是(1.11111111111111111111111)$_2$。它所对应的十进制数是 3.4028234663852885981170418348451692544×10^{38}，共 38 位十进制有效数字。

例 2-7：**绝对值最大的 4 字节常规负单精度浮点数**对应的二进制位分别是

| 1 1 1 1 1 1 1 1 | 0 1 1 1 1 1 1 1 | 1 1 1 1 1 1 1 1 | 1 1 1 1 1 1 1 1 |

它的符号位是 1，阶码是 254=(11111110)$_2$=(fe)$_{16}$，指数是 127=254−127，尾数部分是(1.11111111111111111111111)$_2$。它所对应的十进制数是−3.4028234663852885981170418348451692544×10^{38}，共 38 位十进制有效数字。

例 2-8：**在阶码不为 0 情况下的绝对值最小的 4 字节常规正单精度浮点数**对应的二进制位分别是

| 0 0 0 0 0 0 0 0 | 1 0 0 0 0 0 0 0 | 0 0 0 0 0 0 0 0 | 0 0 0 0 0 0 0 0 |

它的符号位是 0，阶码是 1，指数是-126，尾数部分是$(1.0)_2$。它所对应的十进制数是1.17549435082228750796873653722224567781866555677208752150875170627841725945472 71728515625×10^{-38}，共 89 位十进制有效数字。

例 2-9：在阶码不为 0 情况下的绝对值最小的 4 字节常规负单精度浮点数对应的二进制位分别是

| 1 0 0 0 0 0 0 0 | 1 0 0 0 0 0 0 0 | 0 0 0 0 0 0 0 0 | 0 0 0 0 0 0 0 0 |

它的符号位是 1，阶码是 1，指数是-126，尾数部分是$(1.0)_2$。它所对应的十进制数是−1.17549435082228750796873653722224567781866555677208752150875170627841725945472 71728515625×10^{-38}，共 89 位十进制有效数字。

例 2-10：在阶码为 0 情况下的绝对值最大的 4 字节常规正单精度浮点数对应的二进制位分别是

| 0 0 0 0 0 0 0 0 | 0 1 1 1 1 1 1 1 | 1 1 1 1 1 1 1 1 | 1 1 1 1 1 1 1 1 |

它的符号位是 0，阶码是 0，指数是-126，尾数部分是$(0.11111111111111111111111)_2$。它所对应的十进制数是 1.1754942106924410754870294448492873488270524287458933338571745305715888704756189042655023513361811637878417968 75×10^{-38}，共 112 位十进制有效数字。

例 2-11：在阶码为 0 情况下的绝对值最大的 4 字节常规负单精度浮点数对应的二进制位分别是

| 1 0 0 0 0 0 0 0 | 0 1 1 1 1 1 1 1 | 1 1 1 1 1 1 1 1 | 1 1 1 1 1 1 1 1 |

它的符号位是 1，阶码是 0，指数是-126，尾数部分是$(0.11111111111111111111111)_2$。它所对应的十进制数是−1.1754942106924410754870294448492873488270524287458933338571745305715888704756189042655023513361811637878417968 75×10^{-38}，共 112 位十进制有效数字。

这里解析 8 字节双精度浮点数内部存储单元。如图 2-6 所示，8 字节的双精度浮点数存储单元共占用 64 位，其中第 1 位是符号位 s，接下来 11 位是阶码 e，最后 52 位是小数部分 f。这里符号位 s 只占 1 位。因此，符号位 s 的值只能是 0 或 1。阶码 e 占用 11 位，并且采用无符号整数的方式计数。因此，阶码 e 的值是介于 0～2047 的整数。8 字节双精度浮点数值的计算方法如下：

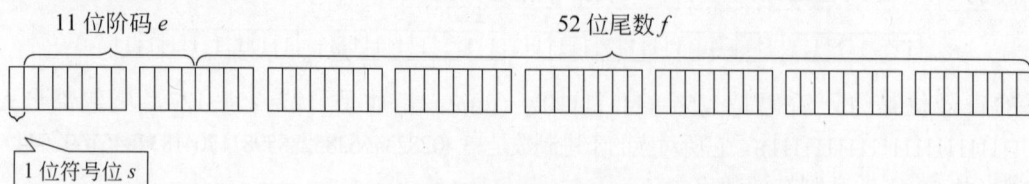

图 2-6　8 字节双精度浮点数内部存储单元及其含义图示

（1）当 e=2047 并且 $f \neq 0$ 时，该浮点数的值是不定数（NaN）。

（2）当 s=0，e=2047 并且 f=0 时，该浮点数的值是正无穷大（+Infinity）。

（3）当 $s=1$，$e=2047$ 并且 $f=0$ 时，该浮点数的值是负无穷大（-Infinity）。

（4）当 $0<e<2047$ 时，该浮点数的值等于 $(-1)^s\times 2^{e-1023}\times(1.f)_2$，其中 1023 称为 8 字节双精度浮点数的 移码，$e-1023$ 称为 8 字节双精度浮点数的 指数部分，$(1.f)_2$ 称为 8 字节双精度浮点数的 尾数部分。

（5）当 $e=0$ 并且 $f\neq 0$ 时，该浮点数的值等于 $(-1)^s\times 2^{-1022}\times(0.f)_2$，其中 -1022 称为 8 字节双精度浮点数的 指数部分，$(0.f)$ 称为 8 字节双精度浮点数的 尾数部分。

（6）当 $e=0$ 并且 $f=0$ 时，该浮点数的值等于 0。

在上面计算方法中，$f=0$ 指的是组成小数部分 f 的各个二进制位均为 0；否则，$f\neq 0$。满足上面情况（4）、（5）和（6）的双精度浮点数称为 常规双精度浮点数。

这里给出 11 个 **8 字节双精度浮点数示例**。

例 2-12：设 8 字节双精度浮点数的二进制内码是

| 0011111111 | 11111000 | 00000000 | 00000000 | 00000000 | 00000000 | 00000000 | 00000000 |

该浮点数的符号位是 0，阶码是 $1023=(01111111111)_2=(3\text{ff})_{16}$，指数是 $0=1023-1023$，尾数部分是 $1.5=(1.1)_2=2^0+2^{-1}$。因此，该浮点数对应十进制数 $1.5=1.5\times 2^0$。

例 2-13：设 8 字节双精度浮点数的二进制内码是

| 01000000 | 00111010 | 10000000 | 00000000 | 00000000 | 00000000 | 00000000 | 00000000 |

该浮点数的符号位是 0，阶码是 $1027=(10000000011)_2=(403)_{16}$，指数是 $4=1027-1023$，尾数部分是 $1.65625=(1.10101)_2=2^0+2^{-1}+2^{-3}+2^{-5}$。因此，该浮点数对应十进制数 $26.5=1.65625\times 2^4$。

例 2-14：设 8 字节双精度浮点数的二进制内码是

| 10111111 | 11000101 | 10000000 | 00000000 | 00000000 | 00000000 | 00000000 | 00000000 |

该浮点数的符号位是 1，阶码是 $1020=(01111111100)_2=(3\text{fc})_{16}$，指数是 $4=1020-1023$，尾数部分是 $1.34375=(1.01011)_2=2^0+2^{-2}+2^{-4}+2^{-5}$。因此，该浮点数对应十进制数 $-0.16796875=-1.34375\times 2^{-4}$。

例 2-15：**绝对值最小的 8 字节常规正双精度浮点数**对应的二进制位分别是

| 00000000 | 00000000 | 00000000 | 00000000 | 00000000 | 00000000 | 00000000 | 00000001 |

它的符号位是 0，阶码是 0，指数是 -1022，尾数部分是 $(0.0000000000000000000000000000000000000000000000000001)_2$。它所对应的十进制数是 4.94065645841246544176568792868
22137236505980261432476442558568250067550727020875186529983636163599237979656
46954457177309266567103559397963987747960107818781263007131903114045278458171167
84898210368871863605699873072305000638740915364984387312473397273169615140031
71538539807412623856559117102665855668676818703956031062493194527159149245532930
54565444011274801297099995419319894090804165633245247571478690147267801593552
38611550134803526493472019379026810710749170333222684475333572083243193609238
28934583680601060115061698097530783422773183292479049825247307763759272478746
5

6084778203734469699533647017972677717585125660551199131504891101451037862738167250955837389733598993664809941164205702637090279242767544565229087538682506419718265533447265625×10^{-324}，共 751 位十进制有效数字。

例 2-16： 绝对值最小的 **8 字节常规负双精度浮点数** 对应的二进制位分别是

| 1 0000000 | 00000000 | 00000000 | 00000000 | 00000000 | 00000000 | 00000000 | 00000001 |

它的符号位是 1，阶码是 0，指数是-1022，尾数部分是(0.0000000000000000000000000000000000000000000000000001)₂。它所对应的十进制数是-4.9406564584124654417656879286822137236505980261432476442558568250067550727020875186529983636163599237979656469544571773092665671035559397963987747960107818781263007131903114045278458171678489821036887186360569987307230500063874091535649848731247339727316961514003171538539807412623856559117102665855668676818703956031062493194527159149245532930545654440112748012970999954193198940908041656332452475714786901472678015935523861155013480352649347201937902681071074917033322268447533357208324319360923828934583680601060115061698097530783422773183292479049825247307763759272478746560847782037344696995336470179726777175851256605511991315048911014510378627381672509558373897335989936648099411642057026370902792427675445652290875386825064197182655334472656250×10^{-324}，共 751 位十进制有效数字。

例 2-17： 绝对值最大的 **8 字节常规正双精度浮点数** 对应的二进制位分别是

| 0 1111111 | 1110 1111 | 11111111 | 11111111 | 11111111 | 11111111 | 11111111 | 11111111 |

它的符号位是 0，阶码是 2046=(11111111110)₂=(7fe)₁₆，指数是 1023=2046-1023，尾数部分是(1.1111111111111111111111111111111111111111111111111111)₂。它所对应的十进制数是1.7976931348623157081452742373170435679807056752584499659891747680315726078002853876058955863276687817154045895351438246423432132688946418276846754670353751698604991057655128207624549009038932894407586850845513394230458323690322294816580855933212334827479782620414472316873817718091929988125040402618412485836×10^{308}，共 309 位十进制有效数字。

例 2-18： 绝对值最大的 **8 字节常规负双精度浮点数** 对应的二进制位分别是

| 1 1111111 | 1110 1111 | 11111111 | 11111111 | 11111111 | 11111111 | 11111111 | 11111111 |

它的符号位是 1，阶码是 2046=(11111111110)₂=(7fe)₁₆，指数是 1023=2046-1023，尾数部分是(1.1111111111111111111111111111111111111111111111111111)₂。它所对应的十进制数是-1.7976931348623157081452742373170435679807056752584499659891747680315726078002853876058955863276687817154045895351438246423432132688946418276846754670353751698604991057655128207624549009038932894407586850845513394230458323690322229481658085593321233482747978262041447231687381771809192998812504040261841248583680×10^{308}，共 309 位十进制有效数字。

例 2-19：在阶码不为 0 情况下的绝对值最小的 8 字节常规正双精度浮点数对应的二进制位分别是

| 00000000 | 00010000 | 00000000 | 00000000 | 00000000 | 00000000 | 00000000 | 00000000 |

它的符号位是 0，阶码是 1，指数是 -1022，尾数部分是 $(1.0)_2$。它所对应的十进制数是 2.2250738585072013830902327173324040642192159804623318305533274168872044348139 1819585428315901251102056406733973103581100515243416155346010885601238537771 88 21130777993532002330479610147442583636071921565046942503734208375250806650 6166 58158948720491179968591639648500635908770118304874799780887753749949451580 4516 05050915399856582470818645113537935804992115981085766051992433352114352390 1487 95699609591288891602992641511063466313393663477586513029371762047325631781 4856 64350872122828637642044846811407613911477062801689853244110024161447421618 5671 66150540154285084716752901903161322778896729707373123334086988983175067838 8469 26092773977972858659654941091369095406136467568702398678315290680984617210 9246 25396728515625 × 10^{-308}，共 715 位十进制有效数字。

例 2-20：在阶码不为 0 情况下的绝对值最小的 8 字节常规负双精度浮点数对应的二进制位分别是

| 10000000 | 00010000 | 00000000 | 00000000 | 00000000 | 00000000 | 00000000 | 00000000 |

它的符号位是 1，阶码是 1，指数是 -1022，尾数部分是 $(1.0)_2$。它所对应的十进制数是 -2.2 2507385850720138309023271733240406421921598046233183055332741688720443481391 81 9585428315901251102056406733973103581100515243416155346010885601238537771 88211 3077799353200233047961014744258363607192156504694250373420837525080665061 66581 5894872049117996859163964850063590877011830487479978088775374994945158045 16050 5091539985658247081864511353793580499211598108576605199243335211435239014 87956 9960959128889160299264151106346663133936634775865130293717620473256317814 856643 5087212282863764204484681140761391147706280168985324411002416144742161856 71661 5054015428508471675290190316132277889672970737312333408698898317506783884 69260 92773977972858659654941091369095406136467568702398678315290680984617210924 6253 96728515625 × 10^{-308}，共 715 位十进制有效数字。

例 2-21：在阶码为 0 情况下的绝对值最大的 8 字节常规正双精度浮点数对应的二进制位分别是

| 00000000 | 00001111 | 11111111 | 11111111 | 11111111 | 11111111 | 11111111 | 11111111 |

它的符号位是 0，阶码是 0，指数是 -1022，尾数部分是 $(0.1111111111111111111111111111111$ $1111111111111111111111111)_2$。它所对应的十进制数是 2.22507385850720088902458687608585 9887650423112240959465493524802562440009228235695178775888803759155264230978 09 5043431208587738715835729182199302029437922422355981982750124204178896957131 17

910822610439719796040004548973919380791989360815256131133761498420432717510336
273915497827315941438281362751138386040942494649422863166954291050802018159266
421349966065178030950759130587198464239060686371020051087232827846788436319445
158661350412234790147923695852083215976210663754016137365830441936037147783553
066828345356340050740730401356029680463759185831631242245215992625464943008368
518617194224176464551371354201322170313704965832101546540680353974179060225895
030235019375197730309457631732108525072993050897615825191597207572324554347709
124613174935802817344665527343750×10^{-308}，共 767 位十进制有效数字。

例 2-22：在阶码为 **0** 情况下的绝对值最大的 **8** 字节常规负双精度浮点数对应的二进制位分别是

10000000	00001111	11111111	11111111	11111111	11111111	11111111	11111111

它的符号位是 1，阶码是 0，指数是-1022，尾数部分是(0.1111111111111111111111111111111111
1111111111111111111111)$_2$。它所对应的十进制数是-2.22507385850720088902458687608585
98876504231122409594654935248025624400092282356951787758880375915526423097809
504343120858773871583572918219930202943792242235598198275012420417889695713117
910822610439719796040004548973919380791989360815256131133761498420432717510336
273915497827315941438281362751138386040942494649422863166954291050802018159266
421349966065178030950759130587198464239060686371020051087232827846788436319445
158661350412234790147923695852083215976210663754016137365830441936037147783553
066828345356340050740730401356029680463759185831631242245215992625464943008368
518617194224176464551371354201322170313704965832101546540680353974179060225895
030235019375197730309457631732108525072993050897615825191597207572324554347709
124613174935802817344665527343750×10^{-308}，共 767 位十进制有效数字。

在浮点数类型中，除了常规的浮点数之外，还有正无穷大（+Infinity）、负无穷大（-Infinity）和不定数（NaN）。当浮点数运算的结果超出了浮点数所能表示的范围时，则结果就可能出现这些特殊的数。例如，对于 8 字节双精度浮点数，$1.5×10^{+308}+1.5×10^{+308}$、$(1.5×10^{+308})×2$ 和(1.0/0.0)的结果均为 正无穷大；$-1.5×10^{+308}-1.5×10^{+308}$、$(1.5×10^{+308})×(-2)$和(-1.0/0.0)的结果均为 负无穷大。无穷大的数与 0 相乘，则结果为 不定数。不定数（NaN）表示数学上不确定的数。不定数与任何浮点数进行四则运算，结果仍然是不定数。判断一个数是否为不定数（NaN）可以通过 函数 isnan，其说明如下。

函数名	函数 2 isnan
声明	int isnan(double x);
说明	判断一个双精度浮点数是否为不定数（NaN）
参数	x：给定的双精度浮点数
返回值	如果 x 是不定数（NaN），则返回 1；否则，返回 0
头文件	math.h // 程序代码：#include <math.h>

> **📖说明📖**
>
> 　　函数 isnan 是 C 语言标准规定的函数。但是在 VC 平台下，函数 isnan 被命名为_isnan，而且所在头文件被替换为 float.h。函数 isnan 在 Linux 和 UNIX 下遵循 C 语言标准。

函数名	**函数 3　isfinite**
声明	`int isfinite(double x);`
说明	判断一个双精度浮点数是否为有界的，即是否为零、正的常规数或负的常规数
参数	x：给定的双精度浮点数
返回值	如果 x 是有界的，则返回 1；否则，返回 0
头文件	`math.h` // 程序代码: `#include <math.h>`

> **📖说明📖**
>
> 　　函数 isfinite 是 C 语言标准规定的函数。但是在 VC 平台下，函数 isfinite 被命名为_finite，而且所在头文件被替换为 float.h。

　　VC 平台提供的函数_fpclass 可以给出双精度浮点数更加具体的类型。该函数的说明如下。

函数名	**函数 4　_fpclass**
声明	`int _fpclass(double x);`
说明	判断双精度浮点数 x 的具体类型
参数	x：给定的双精度浮点数
返回值	双精度浮点数 x 的具体类型，采用整数表示，具体返回值及其含义如下 _FPCLASS_QNAN 或 _FPCLASS_SNAN：说明 x 是不定数（NaN）。在一般情况下，返回值是_FPCLASS_QNAN _FPCLASS_NINF：说明 x 是负无穷大（-Infinity） _FPCLASS_NN：说明 x 是负的且阶码大于 0 的常规浮点数 _FPCLASS_ND：说明 x 是负的且阶码等于 0 的常规浮点数 _FPCLASS_NZ：说明 x 是-0，即符号位为 1 的 0 _FPCLASS_PZ：说明 x 是+0，即符号位为 0 的 0 _FPCLASS_PD：说明 x 是正的且阶码等于 0 的常规浮点数 _FPCLASS_PN：说明 x 是正的且阶码大于 0 的常规浮点数 _FPCLASS_PINF：说明 x 是正无穷大（+Infinity）
头文件	`float.h` // 程序代码: `#include <float.h>`

　　下面给出例程，说明如何调用函数_isnan 和_finite 以及它们返回的结果，同时说明如何获取双精度浮点数占用存储单元的大小。

　　例程 2-1　双精度浮点数长度以及不定数和有界性判断例程。

　　例程功能描述：该例程输出双精度浮点数长度、以不定数为参数调用函数_isnan 返回的结果、以不定数为参数调用函数_finite 返回的结果和以 0 为参数调用函数_finite 返回的结果。

这里直接给出该例程的源程序代码。它由一个源程序文件"C_DoubleSizeNanFinite.c"组成，其内容如下。

```
// 文件名: C_DoubleSizeNanFinite.c; 开发者: 雍俊海                        行号
#include <stdio.h>                                                      // 1
#include <stdlib.h>                                                     // 2
#include <float.h> // #include <math.h>                                 // 3
                                                                        // 4
int main(int argc, char* args[ ])                                       // 5
{                                                                       // 6
    double d1=0.0;                                                      // 7
    double d2=0.0;                                                      // 8
    double d3=d1/d2;                                                    // 9
                                                                        // 10
    printf("sizeof(double)=%d。\n", (int)(sizeof(double)));            // 11
    printf("_isnan(%g)返回%d。\n", d3, _isnan(d3)); // isnan            // 12
    printf("_finite(%g)返回%d。\n", d3, _finite(d3)); // isfinite       // 13
    printf("_finite(%g)返回%d。\n", d1, _finite(d1)); // isfinite       // 14
    system("pause"); // 暂停住控制台窗口                                // 15
    return 0; // 返回 0 表明程序运行成功                                // 16
} // main 函数结束                                                      // 17
```

上面代码第 1～3 行分别是三条 include 语句，包含了三个 C 语言系统头文件"stdio.h" "stdlib.h"和"float.h"。第 3 行的"float.h"在有些 C 语言支撑平台上应当替换为"math.h"。第 7～9 行的代码分别定义了三个双精度浮点数类型的变量 d1、d2 和 d3。这里，**变量定义的格式**是在变量名的前面加上数据类型的名称。这三行代码在定义变量的同时给变量赋值。变量 d1 和 d2 均赋值为 0.0。变量 d3 赋值为 d1/d2。因为 d1 和 d2 的值均为 0.0，所以结果 d3 是不定数。

▷ **注意事项** ◁

上面第 9 行代码"double d3=d1/d2;"不能更改为"double d3=0.0/0.0;"，因为其中"0.0/0.0"无法通过编译。采用"d1/d2"，则编译器不会对"d1/d2"直接进行计算。只有在运行的时候，具体代入 d1 和 d2 的值，才会真正进行计算。这里介绍"0.0/0.0"无法通过编译的原因。因为 0.0 是常数，所以编译器尝试着计算"0.0/0.0"，希望用一个新的常数替代"0.0/0.0"。但是发现在该表达式中除数为 0.0，因此报错。

上面第 11 行的代码调用了 printf 函数，其第一个参数是一个字符串。在该字符串中含有一个"%d"，这表明在这个字符串参数还会有一个整数参数。在输出时，这个整数参数的值将会替代在字符串中的"%d"。计算双精度浮点数的长度在这里是通过运算符 sizeof。该运算符的具体说明如下。

运算符:	运算符 1 sizeof
声明	size_t sizeof(x);

说明	计算并返回 x 所对应的存储单元的长度，或者说 x 所对应的存储单元的大小，其单位是字节。"size_t" 通常就是 "unsigned int" 数据类型
参数	x：表达式或变量名或数据类型的名称
返回值	如果 x 是表达式，则返回存储该表达式计算结果所需的存储单元的大小；如果 x 是变量名，则返回该变量所占用的存储单元的大小；如果 x 是数据类型名称，则返回每个该类型数据所占用的存储单元的大小

因为 sizeof 运算返回的数据类型是 size_t，所以上面第 11 行代码将其返回值强制转换为 int 类型的数据，从而与函数 printf 的 "%d" 相对应。如果不做这种强制类型，则需要修改在调用函数 printf 时所对应的 "%d"。在不同的 C 语言支撑平台下，类型 size_t 在函数 printf 中所对应的格式说明域有可能会有所不同。例如，在有些版本的 VC 平台下，类型 size_t 在函数 printf 中对应 "%I64u"。这时，可以将上面第 11 行代码修改为

```
printf("sizeof(double)=%I64u。\n", sizeof(double));        // 11
```

上面第 12～14 行的代码均调用了 printf 函数，其第一个调用参数字符串当中含有一个 "%g" 和一个 "%d"，这表明在这个字符串参数中还会有两个参数。因为 "%g" 在前面，它对应的参数的数据类型要求是浮点数类型，所以函数的第二个调用参数是浮点数。因为 "%d" 在后面，它对应的参数的数据类型要求是整数类型，所以函数的第三个调用参数是整数。同样，这些参数实际的数值将会替代在字符串当中的 "%g" 和 "%d"。这三行的函数 _isnan 和 _finite 在有些 C 语言支撑平台上应当分别替换为函数 isnan 和 isfinite。

下面给出这个例程的一个运行结果示例。在不同的 C 语言支撑平台下，运行的结果可能会有所不同。首先，在不同的 C 语言支撑平台下，双精度浮点数的长度可能也会不同。另外，在下面输出中表示不定数的字符串 "-1.#IND" 也可能会被其他字符串所替代。不过，函数 _isnan 和 _finite 返回的结果应当都是一样的。

```
sizeof(double)=8。
_isnan(-1.#IND)返回 1。
_finite(-1.#IND)返回 0。
_finite(0)返回 1。
请按任意键继续．．．
```

2.3　变量和字面常量

有了数据类型，我们就可以定义变量，并对变量赋值。字面常量是给变量赋值以及进行各种数据运算的基础。下面 5 个小节将分别介绍变量和 4 类字面常量。

2.3.1　变量

变量是程序表示、存储和管理数据的重要手段。在程序中，变量必须先定义或声明，才能使用。变量的定义和声明格式是

```
[存储类型说明符]␣[类型限定词]␣类型名称␣变量列表;
```

其中，"⊔"表示空格，中括号"[ ]"表示其内部的内容是可选项，即在实际的变量定义或声明中可以含有，也可以不含有这些部分的内容。这里先介绍变量定义和声明的核心部分：类型名称和变量列表。这里的类型名称可以是 2.2 节图 2-1 所示的各种数据类型名称。变量列表可以包含 1 个或多个变量。如果含有多个变量，则相邻的变量之间用逗号分开。如果在变量列表中的变量不带赋值，则只要直接给出变量名就可以。如果在变量列表中的变量是带赋值的变量，则带赋值变量的格式是

变量名 = 变量值

这里的变量名是一些合法的标识符。例如，语句

```
int year=2009, month=5, day;                              // 1
```

定义了变量 year、month 和 day，其中变量 year 和 month 在定义时带有赋值操作。这种在定义变量时的赋值操作也称为**变量初始化操作**。为了方便程序的维护以及给语句添加注释，有些公司规定不要 1 次定义多个带有初始化操作的变量，即上面的语句应当改写为

```
int year=2009;                                            // 1
int month=5;                                              // 2
int day;                                                  // 3
```

这种规定不是 C 语言标准，只是某些公司内部的规定。

> **注意事项**
>
> 不能用关键字作为变量名。

在变量的定义和声明格式中，**存储类型说明符**可以是 auto、register、static 或 extern，其中 auto、register 和 static 是用来定义变量，extern 是用来声明变量。这些存储类型说明符作用的具体说明分别如下：

（1）**auto** 是默认的存储类型说明符。如果在定义变量时不含任何存储类型说明符，或者存储类型说明符是关键字 auto，则该变量具有 auto 属性。对于具有 auto 属性的变量，在实际的编程中，通常在定义该变量时不写上任何存储类型说明符。如果变量具有 auto 属性，则表示它的内存分配和管理是由系统自动指定的。

（2）具有 **register** 属性的变量称为**寄存器变量**，它要求该变量所对应的存储单元采用尽可能快的存储单元，例如寄存器。**寄存器（register）**是计算机中央处理器（CPU）内部的一些小型存储单元，数量非常少。

> **注意事项**
>
> ① 变量定义为寄存器变量，并不意味着该变量一定会存放在寄存器或高速内存中（因为寄存器或高速内存的数量有限），即该变量有可能仍然只是存放在普通内存中；②寄存器变量可以采用的数据类型是有限的，例如寄存器变量的数据类型不能是结构体等；③不能对寄存器变量进行取地址的操作，例如，如果定义 "register int register_int=1;"，则取变量地址操作 "& register_int" 是非法的。

（3）具有 static 属性的变量称为静态变量。这里的"静态"有两层含义。首先，该静态变量只能在当前的源程序文件中使用。如果在其他源程序文件中也定义了与其同名的变量，则这两个变量是无关的变量，分别占用不同的存储单元。根据这个特性，在使用静态变量时，不用考虑在其他源程序文件中定义的变量对它的影响。其次，对于由同一条语句定义的静态变量，在程序的运行过程中，它的存储单元位置是固定不变的。例如，设源程序文件"C_Variable.c"的第 22 行语句是"static int static_int=5;"，该语句定义静态变量 static_int，并将其初始化为 5。在这之后，可以修改静态变量 static_int 的值。例如，通过语句"static_int=6;"使得静态变量 static_int 的值变为 6。假设随着程序的运行，程序运行的语句超出了可以使用该静态变量 static_int 的范围。这时，虽然不能直接使用静态变量 static_int，但它的存储单元仍然被保留。假设程序又重新运行到源程序文件"C_Variable.c"的第 22 行语句"static int static_int=5;"，这时静态变量 static_int 所对应的存储单元仍然是原来的存储单元，而且它的值仍然是执行该语句之前的值（例如前面的 6）。这说明如果静态变量在定义时含有初始化的赋值操作，则该初始化操作只会被执行一次，即只在第一次执行定义静态变量的语句时进行初始化的赋值操作。

（4）具有 extern 属性的变量称为外部变量。外部变量只是用来说明该变量已经被其他地方定义了，使得后面的语句可以使用该变量。因此，存储类型说明符 extern 只是用来声明变量，并不是用来定义变量。这些变量应当已经定义，它们的存储单元应当在其定义处分配。在用存储类型说明符 extern 声明时，并不分配或重新分配该变量的存储单元。

> ▷注意事项◁
>
> （1）对于同一个变量，可以声明多次，但一般只能定义一次。如果采用同一个变量名定义多次，则很可能产生的是同名的不同变量。当然，也可能会由于变量名冲突而造成程序无法通过编译。
>
> （2）对于变量的声明，其变量列表通常都不带赋值。

变量通常拥有四个基本属性：名称、类型、一定大小的存储单元和值。只有在定义了变量之后，才会给该变量分配相应的存储单元。变量存储单元的大小是由其数据类型决定的。只有在物理上拥有了存储单元，才可以存储变量的值。变量的数据类型不仅决定了变量存储单元的大小，而且决定了如何对该存储单元进行解析以及对该变量所能进行的各种操作，包括各种运算和函数调用等。变量的名称也是必不可少的。C 语言程序通常通过变量名获取变量的存储单元，从而访问该变量的存储单元。在计算机术语中，访问某个变量通常指的是读取该变量的值或给该变量赋值。下面给出一个说明变量四个基本属性的例程。

例程 2-2　整数类型变量属性例程。

例程功能描述：该例程输出一个整数类型变量的存储单元地址和大小以及该变量的值。

这里直接给出该例程的源程序代码。它由一个源程序文件"C_IntVariableProperty.c"组成，其内容如下。

// 文件名：C_IntVariableProperty.c；开发者：雍俊海	行号
#include <stdio.h>	// 1
#include <stdlib.h>	// 2
	// 3
int main(int argc, char* args[])	// 4

```
{                                                                   // 5
    int a = 10;                                                     // 6
    printf("变量 a 占用的存储单元的地址是 0x%p。\n", &a);              // 7
    printf("变量 a 占用的存储单元的大小为%d 字节。\n", (int)(sizeof(a)));  // 8
    printf("变量 a 的值是%d。\n", a);                                 // 9
    system("pause"); // 暂停住控制台窗口                              // 10
    return 0; // 返回 0 表明程序运行成功                              // 11
} // main 函数结束                                                   // 12
```

对于上面的代码，一个具体的运行结果示例如下。

变量 a 占用的存储单元的地址是 0x000000A86C10F944。
变量 a 占用的存储单元的大小为 4 字节。
变量 a 的值是 10。
请按任意键继续. . .

程序分析：在操作系统中，内存空间的最小存储单位是二进制位。每个二进制位能存储的值只能是 0 或 1。每 8 个二进制位组成 1 字节。在内存中的每字节都拥有自己的内存地址。图 2-7(a)给出了内存空间示意图，其中每个小矩形是 1 字节的存储单元。因为在同一个操作系统下通常存在多个同时在运行的程序，所以每个程序不能随意地使用这些内存空间，而应当由操作系统进行统一管理，从而尽量避免内存冲突问题。每个程序在要使用内存空间时，需要向操作系统申请。在程序中定义变量实际上就是向操作系统申请内存空间并且由操作系统分配存储单元的过程。上面代码第 6 行定义了整数类型的变量 a，并将其赋值为 10。在定义变量 a 时，操作系统给变量 a 分配存储单元。在上面的运行结果示例中，变量 a 得到的存储单元由 4 字节组成，如图 2-7(b)所示，其中带有阴影的 4 个矩形就是变量 a 的存储单元。因为定义变量意味着分配存储单元，而同一个变量不允许多次分配存储单元，所以不允许多次定义同一个变量。

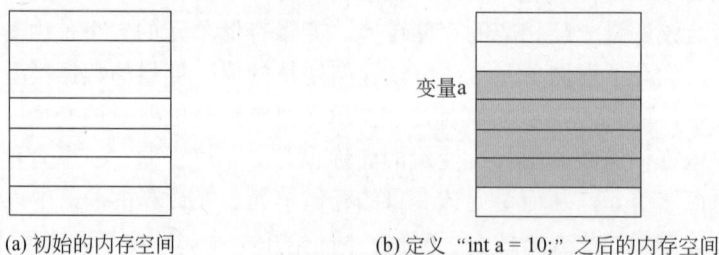

(a) 初始的内存空间   (b) 定义 "int a = 10;" 之后的内存空间

图 2-7　在内存中的变量的存储单元示意图

上面代码第 7 行调用了 printf 函数，其第一个调用参数字符串当中含有一个 "%p"，这表明在这个字符串参数还会有一个表示地址的参数。在这一行代码当中的 "&" 是取地址操作符，"&a" 将获取变量 a 的内存地址，即变量 a 所占用的存储单元的地址。变量 a 的存储单元的第 1 字节地址通常就是变量 a 的内存地址。在输出时，这个地址将替代在字符串当中的 "%p"，而且一般采用十六进制的形式输出。例如，在上面的运行结果示例中，变量 a 的内存地址是 0x000000A86C10F944。上面代码第 8 行和第 9 行分别输出变量 a 占用的存储单元的大小以及变量 a 的值。

在不同的运行环境下，上面的运行结果可能会有所不同。其中，变量 a 占用的存储单元的地址在不同时刻运行的结果不一定会完全一样。变量 a 占用的存储单元的大小在不同的 C 语言支撑平台下也有可能会有所不同。不过上面变量 a 的值应当都是一样的。

这里介绍变量的作用域范围。变量必须先定义或声明，才能使用。在变量定义之后，可以使用该变量的源程序代码范围称为变量的作用域范围。按作用域范围划分，变量可以分为局部变量和全局变量。在语句块中定义的变量称为局部变量。这里的语句块指的是用一对大括号"{ }"括起来的语句组合。例如，前面主函数 main 的函数体就构成了语句块。因此，在函数体内部定义的变量都是局部变量。局部变量的作用域范围从变量定义之处开始到其所在语句块的结束之处（即该语句块的最后右括号"}"处）。在函数体之外定义的变量称为全局变量。如果不含变量声明语句，则全局变量的作用域范围是从变量定义之处开始到其所在的源程序文件全部代码结束之处。对于全局变量，还可以应用存储类型说明符 extern 声明该变量，从而进一步扩展它的作用域范围。外部变量可以在该变量定义所在的源程序文件中声明，也可以在其他源程序文件中声明（这时要求该变量不是静态变量）。如果声明之处是在语句块（例如函数体）内部，则该变量可以从变量声明之处开始到其所在语句块的结束之处使用；如果声明之处是在函数体外部，则该变量可以从变量声明之处开始到变量声明所在的源程序文件结束之处使用。

> ⚑注意事项⚑
>
> 在语句块或函数体内部，C 语言标准规定在新变量定义或声明的语句之前还可以存在其他类型的语句。然而有些平台并不支持这一规则。例如，有些版本的 VC 平台不支持 C 语言的这一新规定。因此，语句：
>
> ```
> printf("现在输出变量: ");
> int new_int = 6;
> ```
>
> 在有些版本的 VC 平台下，无法通过编译。比较稳妥的方式是将定义变量的语句直接放在语句块的最前面。

> ⚑注意事项⚑
>
> 用存储类型说明符 extern 声明的变量最好不是静态变量。因为静态变量要求只能在同一个源程序文件中使用该变量，所以不能用存储类型说明符 extern 在其他源程序文件中声明该变量。即使在同一个源程序文件中，有些平台也不允许用存储类型说明符 extern 来声明静态变量。

> 📖说明📖
>
> （1）因为静态变量和全局变量在程序全部执行过程中一直占用存储单元，所以通常建议慎重使用静态变量和全局变量，从而减少程序的内存开销。
>
> （2）慎重使用全局变量的另一个理由是使用全局变量增加了程序代码之间的耦合程度以及判断代码之间是否耦合的难度，不利于程序代码的阅读和复用。

在变量的定义和声明格式中，类型限定词可以是 const，用来表明该变量的值是不可以改变的。因此，具有 const 属性的变量定义通常都是带有初始化操作的。例如，语句

```
const double DC_Pi=3.141592653589793;
```

定义了具有 const 属性的变量 DC_Pi。在该语句之后，变量 DC_Pi 的值不可以被改变。

2.3.2　有符号整数系列类型和无符号整数系列类型字面常量

字面常量是直接显式地表示各种数据类型的值的量，它通常不含任何变量，也不含任何运算符。有符号整数系列类型和无符号整数系列类型字面常量的程序代码格式为

[符号位] 核心部分 [后缀部分]

在上面的格式中，中括号"[ ]"表示其内部的内容是可选项。可选项符号位可以是正号(+)或者负号(−)。对于正整数或零，可以不含符号位正号(+)。核心部分共有如下 3 种写法：

（1）十进制形式：即由数字(0~9)组成的整数表示形式。这里需要注意的是：除了整数 0 之外，第一个数字不能是 0；否则将会被理解成下面的八进制数。例如，123、7 和 0 是十进制形式整数。

（2）八进制形式：由数字 0 引导的，由数字（0~7）组成的整数表示形式。例如，012（在十进制下为 $10=8^1+2$），0123（在十进制下为 $83=1\times8^2+2\times8^1+3$），046（在十进制下为 $38=2\times8^1+3$）。

> ◊ **注意事项** ◊
>
> 　　应当慎重写以 0 开头的整数。以 0 开头的整数字面常量在 C 语言当中是八进制形式的整数。这很容易引起程序阅读理解错误，因为我们通常习惯于按十进制理解整数，而且在日常生活当中有些人为了排版整齐或其他原因会在整数前面补 0。因此，这里应当非常小心。通常建议在编写以数字"0"开头的八进制整数时，在相应代码上方或右侧加上注释加以强调，提醒注意。

（3）十六进制形式：由 0x 或 0X 引导的，由数字（0~9）和字母（a~f 或 A~F）组成的整数表示形式。例如，0x1a（在十进制下为 $26=16^1+10$），0xabc（在十进制下为 $2748=10\times16^2+11\times16^1+12$），0xad（在十进制下为 $173=10\times16^1+13$）。十六进制的字母 a~f 或 A~F 分别对应十进制整数 10、11、12、13、14、15。

可选项后缀部分用来说明字面常量具体的数据类型。有符号整数系列类型 signed char、short int 和 int 字面常量不需要后缀部分，如表 2-9 所示。无符号整数系列类型 unsigned char、unsigned short int 和 unsigned int 的字面常量的后缀部分是 u 或 U。有符号整数系列类型 long int 字面常量的后缀部分是 L 或 l（L 的小写字母）。有符号整数系列类型 long long int 字面常量的后缀部分是 LL 或 ll（这里 l 是 L 的小写字母）。对于无符号整数系列类型 unsigned long int 的字面常量，其后缀部分是在字母 u 或 U 之后添加字母 L 或 l（L 的小写字母）。对于无符号整数系列类型 unsigned long long int 的字面常量，其后缀部分是在字母 u 或 U 之后添加字母 LL 或 ll（这里 l 是 L 的小写字母）。表 2-9 总结了上面介绍的后缀部分与数据类型的对应关系，并给出相应的程序代码示例。

> ◊ **小甜点** ◊
>
> 　　因为一般不容易区分字母 l 与数字 1，所以如果在上面后缀部分中需要出现字母 L 或 l，则一般推荐采用大写字母 L。

表 2-9　整数字面常量后缀部分及其对应的数据类型

后缀部分	数据类型	示　例

无须后缀部分	char、signed char、short int 或 int	char t1 = 4;
		char t2 = 123;
		signed char t3 = 5;
		short int t4 = 012;
		int t5 = −0x12a;

字母 u 或 U	char、unsigned char、unsigned short int 或 unsigned int	unsigned char ut1 = 5u;
		unsigned short int ut2 = 012U;
		unsigned int ut3 = 0x12au;

字母 L 或 l	long int	long int nt = 0x12abL;
字母 u 或 U 与字母 L 或 l 的组合	unsigned long int	unsigned long int unt = 1234UL;
字母 LL 或 ll	long long int	long long int nnt = −123456LL;
字母 u 或 U 与字母 LL 或 ll 的组合	unsigned long long int	unsigned long long int uunt = 1234ULL;

　　表 2-9 同时也适用于**字符类型 char 字面常量**。字符类型 char 字面常量的表示形式之一可以采用这种有符号整数系列类型或者无符号整数系列类型字面常量的程序代码格式，它通常采用字母 u 或 U 作为其后缀部分，也可能不需要任何后缀部分，这取决于具体的开发环境。VC 平台同时支持这两种模式，分别遵循类型 signed char（无后缀部分）和 unsigned char（后缀部分为字母 u 或 U）字面常量的写法。例如，语句"char ch1 = −128;""char ch2 = 127;""char ch3 = 200u;"在 VC 平台下都是正确的。当然，字符类型 char 字面常量还有其他的字面常量表示形式，参见下一小节。

　📐**注意事项**📐

　　在编写代码表示字符类型 char 字面常量、有符号整数系列类型和无符号整数系列类型字面常量时，一定不要超过相应数据类型数据的数值范围（参见 2.2.1 节的表 2-6）。例如，单字节 signed char 数据的数值范围是 −128～127，则语句"signed char ch=200;"是错误的；4 字节 int 数据的数值范围是 −2147483648～2147483647，则语句"int count=9876543210;"是错误的。

2.3.3　字符类型字面常量

　　因为字符类型 char、signed char 和 unsigned char 同时具有整数系列类型和字符类型两种属性，所以**字符类型的字面常量的第 1 种表示形式**就是采用 2.3.2 节有符号整数系列类型和无符号整数系列类型字面常量的程序代码格式，即用整数表示字符。这时，表示字符的整数实际上通常就是该字符的 ASCII 码，整数数值从 0～127 的共 128 个字符所对应的 ASCII 码请参见 2.1 节的**基本 ASCII 码表 2-1**。字符类型所允许的其他整数数值隶属于**扩展 ASCII 码**，扩展 ASCII 码与字符之间的关系依赖选用的字符集。默认的字符集通常是由操作系统及其设置确定的，应用程序也可以自行设置所选用的字符集。

　📐**注意事项**📐

　　在采用整数系列类型字面常量表示字符类型字面常量时，一般不要超过相应数据类型数据的数值范

围（见表 2-10）。例如，单字节 char 数据的数值范围是−128～127，因此这时语句"char ch = 200;"是错误的。不过，这条语句能否通过编译，在不同编译器或编译器的不同设置下可能会有所不同。有些编译器在某些设置下直接不允许通过编译。有些编译器只是给出警告提示。如果通过编译，则编译器实际上是将这条语句直接将超出范围的部分进行截断并转换成为合法的语句"char ch = -56;"。

表 2-10 采用整数表示的单字节字符类型字面常量数值范围

	signed char 十进制	unsigned char 十进制	signed char 八进制	unsigned char 八进制	signed char 十六进制	unsigned char 十六进制
最小值	−128	0	−0200	0	−0x80	0x0
最大值	127	255	0177	0377	0x7f	0xff

第 2 种表示字符类型字面常量的方式是采用一对单引号将单个字符括起来，例如：'a'和'b'等。基本的字符请参见 2.1 节的基本 ASCII 码表 2-1。这时，单引号成为字符字面常量的**分界符**。应当注意有没有单引号的区别。下面给出需要区分字符与变量的例句：

```
char a = '0';                    // 1
char ch0 = a; // 结果 ch0 == '0'。    // 2
char ch1 = 'a';                  // 3
```

在上面例句当中，第 2 行代码的 a 实际是变量名。它的值可以由程序代码自行设定，例如，在第 1 行代码中将变量 a 的值赋值为字符'0'，它的 ASCII 码是 48。第 3 行代码的'a'是一个字符，它的 ASCII 码是 97。

下面给出需要区分字符与数字的例句：

```
char a = 0;      // 1
char b = '0';    // 2
```

在上面例句当中，第 1 行代码的 0，直接就是 ASCII 码 0。ASCII 码为 0 的字符在 C 语言当中常常是字符串的最后一个字符。这将在 5.3 节介绍。第 2 行代码的'0'是一个数字字符，它的 ASCII 码是 48，它不能作为 C 语言字符串的最后一个字符。如果这时我们采用语句"printf("%c", a);"和"printf("%c", b);"分别输出这两个字符，那么我们也会看到不同的输出。

在表示字符的时候，另外一个需要注意的是汉字字符。

⟳**注意事项**⟳：

汉字字符不是基本的 ASCII 字符，而且通常占用两字节的存储单元。但是 C 语言标准规定字符类型的存储单元通常只有 1 字节。因此，标准的字符类型无法采用单个字符表示汉字。因此，语句"char ch = '汉';"要么无法通常编译，要么会被编译器作字符截断处理，从而使得最终变量 ch 的值不等于汉字字符'汉'，要么编译器本身所支持的字符类型就不是标准的字符类型。我们可以通过语句"printf("sizeof(char)=%d", sizeof(char));"获取在当前 C 语言支撑平台下的字符类型存储单元的字节数。

第 3 种表示字符类型字面常量的方式是采用转义字符。**转义字符**由反斜杠（\）引导，共可以分成如下四类。

（1）表 2-11 给出第一类常见的转义字符及其说明。

（2）第二类转义字符是转义字符'\0'，对应的 ASCII 码是 0，在 C 语言当中常用作字符串的最后一个字符。

（3）第三类转义字符的格式是'\ddd'，其中 ddd 表示 1~3 位八进制无符号整数。例如，'\65'表示字符'5'，对应的 ASCII 码是 53=6×8+5；'\141'表示字符'a'，对应的 ASCII 码是 97=1×64+4×8+5。

（4）第四类转义字符的格式是'\xhh'，其中 hh 表示 1~2 位十六进制无符号整数。例如，'\x9'表示制表符，对应的 ASCII 码是 9；'\x61'表示字符'a'，对应的 ASCII 码是 97=6×16+1；'\x6e'表示字符'n'，对应的 ASCII 码是 110=6×16+14。

表 2-11　由转义字符（escape）表示的字符类型字面常量及其对应的字符和 ASCII 码

转义字符	'\''	'\"'	'\?'	'\\'	'\a'	'\b'	'\f'	'\n'	'\r'	'\t'	'\v'
对应的字符	单引号 (')	双引号 (")	?	\	响铃符	退格符	换页符	换行符	回车符	（水平）制表符	垂直制表符
对应的 ASCII 码	39	34	63	92	7	8	12	10	13	9	11

第 4 种表示字符类型字面常量的方式是采用三字母（trigraph）联符序列。三字母联符序列是 C 语言标准规定的字符类型字面常量表示方式之一，但在实际应用中很少用到，而且有些 C 语言支撑平台并不支持三字母联符序列。不过，我们在编写字符串时应当避免恰好出现三字母联符序列。因此，这里介绍**由三字母（trigraph）联符序列组成的字符类型字面常量**。如果 C 语言支撑平台支持三字母联符序列，那么连续的三个字符"??/"会自动被替换为单个字符"\"。这样，在第 3 种表示字符类型字面常量的方式当中，反斜杠（\）都可以用"??/"进行替换。C 语言标准规定的由三字母联符序列组成的字符类型字面常量及其含义如表 2-12 所示。

表 2-12　由三字母（trigraph）联符序列组成的字符类型字面常量及其对应的字符和 ASCII 码

三字母（trigraph）字符常量	'??/??/'	'??='	'??('	'??)'	'??"'	'??<'	'??!'	'??>'	'??-'
对应的字符	'\\'	'#'	'['	']'	'^'	'{'	'|'	'}'	'~'
对应的 ASCII 码	92	35	91	93	94	123	124	125	126

2.3.4　枚举类型字面常量

枚举类型用一些标识符来表示整数常量，从而提高程序的可读性。在枚举类型定义当中，那些表示整数常量的标识符就是**枚举类型字面常量**。枚举类型字面常量是枚举类型的组成元素，也称为枚举常量。

例如，设定义了如下的枚举类型 E Weekend

```
enum E_Weekend {em_Saturday=6, em_Sunday};
```

我们可以直接用其中的枚举常量 em_Saturday 和 em_Sunday，例如：

```
printf("星期六=%d, 星期日=%d\n", em_Saturday, em_Sunday);
```

在上面代码中，枚举常量 em_Saturday 和 em_Sunday 都是枚举类型字面常量。

2.3.5　浮点数类型字面常量

浮点数类型字面常量通常由十进制小数、指数和后缀三部分组成，其中十进制小数部分由正负号、小数点和数字 0~9 组成。其中指数部分不是必须的，但不能没有十进制小数部分。十进制小数部分可以不含正负号。指数部分以字母 e 或 E 引导并且后面必须紧跟十进制整数，它表示以 10 为底的指数。例如，浮点数类型字面常量"1.23e45"表示 1.23×10^{45}。单精度浮点数（float）的后缀是字母 f 或 F，双精度浮点数（double）没有任何后缀，长双精度浮点数（long double）的后缀是字母 l 或 L。由于很难区分字母 l 与数字 1，因此建议采用大小字母 L 作为长双精度浮点数（long double）的后缀。下面列举编写浮点数类型字面常量的 6 个注意事项。

╱╲╱╲ 注意事项 ╱╲╱╲

编写浮点数类型字面常量需要注意如下 6 个事项。

（1）如果十进制小数部分含有小数点，那么小数点前面或后面可以没有数字，但不能前后同时没有数字。例如，设定义了"double d;"，则语句"d = 1.;"和"d = .1;"均是合法的；但语句"d = .;"和"d= .e1;"都是不允许的。其中，"1."的完整写法是"1.0"，".1"的完整写法是"0.1"，它们均是合法的浮点数类型字面常量；"."和".e1"都不是合法的浮点数类型字面常量。

（2）如果浮点数类型字面常量不含指数部分，那么十进制小数部分必须含有小数点。否则，相应的代码有可能只是整数类型字面常量。例如，"0""1""-5""10"均是整数字面常量，而不是浮点数类型字面常量。

（3）如果浮点数类型字面常量含有指数部分，那么十进制小数部分可以不含小数点。但这时，如果不含小数点，那么十进制小数部分必须是一个十进制整数。例如，"1e2"和"1e-2"均是合法的浮点数类型字面常量，"e3"和"+e4"都不是合法的浮点数类型字面常量。其实"e3"和"e4"是合法的标识符，可以用来作为变量的名称。

（4）组成浮点数类型字面常量的各部分之间不能被空格或其他字符隔开。例如，"3e␣1"和"3␣e1"都不是合法的浮点数类型字面常量。

（5）如果浮点数类型字面常量含有指数部分，那么引导字母 e 或 E 后面的十进制整数不能加上圆括号。例如，"1e(2)"和"1e(-2)"都不是合法的浮点数类型字面常量。

（6）对于单精度浮点数（float）、双精度浮点数（double）和长双精度浮点数（long double）的字面常量，都不应超出它们所能表示的常规范围。例如，根据 2.2.4 节表 2-8，4 字节单精度浮点数（float）的常规数范围是大于 -3.40283×10^{38} 并且小于 3.40283×10^{38}，因此"5.6e40f"不是合法的浮点数类型字面常量。

下面列举一些浮点数类型字面常量。

（1）"0.1f"、".1f"、"-.05e3f"、"5.e3f"和"5.e-010f"都是单精度浮点数（float）的字面常量。不过，".1f"通常建议写成"0.1f"，"-.05e3f"通常建议写成"-0.05e3f"，"5.e3f"通常建议写成"5.0e3f"，"5.e-010f"通常建议写成"5.0e-010f"。

（2）"0.1"、"100.0"、"-5.e3"和"5.0e-1"都是双精度浮点数（double）的字面常量。不过，"-5.e3"通常建议写成"-5.0e3"。

（3）"0.123L"、"156.008L"、"-5.8e30L"和"5.678e-13L"都是长双精度浮点数（long double）的字面常量。

　　下面给出代码示例。下面代码的前三行分别定义了单精度浮点数、双精度浮点数和长双精度浮点数变量，并给它们赋值；后三行输出这三个变量的值，其中"%g"可以用于输出单精度浮点数和双精度浮点数，"%Lg"用于输出长双精度浮点数。

```
float f =0.25f;                                      // 1
double d = 1.0;                                      // 2
long double g = 1e1L;                                // 3
                                                     // 4
printf("f=%g\n", f);     // 结果输出：f=0.25         // 5
printf("d=%g\n", d);     // 结果输出：d=1            // 6
printf("g=%Lg\n", g);    // 结果输出：g=10           // 7
```

❀警告❀

　　123f 既不是整数字面常量，也不是浮点数类型字面常量。123 是整数字面常量，123.0f 是单精度浮点数类型字面常量。

2.4　数据的输入和输出

　　一个实用的程序通常拥有输入和输出数据的功能。这里介绍数据输入函数 scanf、数据输出函数 printf、字符输入函数 getchar 和字符输出函数 putchar。通过数据输入函数 scanf 可以获取通过键盘等输入的各种类型的数据，并向程序提供这些数据。通过数据输出函数 printf 可以将各种类型的数据转换成字符串，并在控制台窗口中输出这些字符串。字符输入函数 getchar 和字符输出函数 putchar 是针对字符的输入和输出函数。

2.4.1　函数 printf

　　在前面的一些章节中已经用到了数据输出函数 printf。函数 printf 是一种 **格式输出函数**，其说明如下。

函数名	函数 5　`printf`
声明	`int printf(const char * format,…);`
说明	格式输出函数，用来在控制台窗口中输出字符串，该字符串由格式字符串及后续参数的数值确定
参数	`format`：格式字符串 后续参数：后续参数的个数一般与在格式字符串中的格式说明域个数相同，每个参数为在格式字符串中的格式说明域指定数值，参数的类型应当与相应的格式说明域相匹配
返回值	最终输出的字符个数
头文件	`stdio.h`　// 程序代码：`#include <stdio.h>`

　　函数 printf 的第一个函数参数 format 指定格式字符串，后续的函数参数指定在格式字符串中对应的具体数据。**格式字符串**，也称为格式控制字符串，是嵌有若干格式说明域（Format Specification Fields）的字符串，其中**格式说明域**以字符%引导，其基本形式为

```
%[flags][width][.precision][modifier]type
```

在上面的格式说明域中，中括号"[ ]"表示其内部的内容是可选项，即在实际的格式说明域中也可以不含有这些部分的内容。可选项 flags 部分可以由符号"–""+""0"组合而成，用来指定字符填充的方式、需要填充的字符以及需要输出的参数符号，具体参见表 2-14。可选项 width 部分应当是一个正整数，用来指定输出数据的最小字符个数。如果该输出数据所需要的实际字符个数大于或等于 width，则全部输出这些字符。如果该输出数据所需要的实际字符个数小于 width，则需要填充一些字符，使得最终输出的字符个数为 width。具体的字符填充方式以及所需要填充的字符由可选项 flags 部分指定。如果在格式说明域中不含可选项 flags 部分，则在数据左侧填充空格。可选项".precision"部分主要用于浮点数和字符串数据。如果数据是一个字符串，则输出该字符串的前 precision 个字符（如果该字符串所包含的字符小于 precision，则输出该字符串的所有字符）。如果数据是一个浮点数并且 type 部分是 a、A、e、E、f 或 F，则输出 precision 位小数。如果数据是一个浮点数并且 type 部分是 g 或 G，则输出小数部分的位数不超过 precision。可选项 modifier 和必选项 type 部分共同用来指定具体的数据类型，具体参见表 2-13 和表 2-15。

> ⋈注意事项⋈
>
> 如果输出数据是浮点数，在格式说明域中的 precision 只是用来指定输出数据的小数部分位数，并不意味输出的结果可以达到相应的精度。例如，设在计算机中 64 位双精度浮点数 a 的精确值为 1.2299999999999998223643160599749535322189331054687 5，而语句"printf("%.50f", a);"在 VC 等 C 语言支撑平台下输出的结果为 1.23000000000000000000000000000000000000000000000000，即它并不具有小数点后 50 位的精度。

在格式说明域中，必选项 type 部分用来指定数据的具体类型。必选项 type 部分通常是字符 a、A、c、d、i、o、u、x、X、e、E、f、g、G、p 或 s。它们的具体含义和示例参见表 2-13。

表 2-13 在格式说明域中用来表示 *type* 的字符

type	含 义	示 例
a	以 0x*h.hh*p±*dd*（对于正数和 0.0）或−0x*h.hh*p±*dd*（对于负数）的形式输出给定的浮点数，其中 *h.hh* 是用十六进制小数表示的尾数，±*dd* 是用十进制表示的指数，即给定的浮点数等于(*h.hh*)$_{16}$×2$^{±dd}$。在表示十六进制的尾数时，采用小写字母 a~f 表示 10～15 注意：VC 6.0 不支持这种类型	示例: printf("%a", 0.375); 输出: 0x1.800000p-2 示例: printf("%a", 75.0); 输出: 0x1.2c0000p+6
A	类似表示 *type* 的字符为 a 的情形，只不过将其中的小写字母变为采用大写字母 注意：VC 6.0 不支持这种类型	示例: printf("%A", -0.78); 输出: -0X1.8F5C29P-1
c	将字符类型的数据以字符的形式输出	示例: printf("%c", 'a'); 输出: a
d 或 i	以十进制的形式输出有符号整数	示例: printf("%d", 123); 输出: 123

续表

type	含　义	示　例
o 或 u 或 x 或 X	用来输出无符号整数，其中 o 采用八进制的形式，u 采用十进制的形式，x 采用十六进制的形式并在表示 10~15 时采用小写字母 a~f，X 采用十六进制的形式并在表示 10~15 时采用大写字母 A~F	示例: printf("%o", 123); 输出: 173 示例: printf("%u", 123); 输出: 123 示例: printf("%x", 123); 输出: 7b 示例: printf("%X", 123); 输出: 7B
e	以 *d.ddd*e±*dd*（对于正数和 0.0）或−*d.ddd*e±*dd*（对于负数）的形式输出给定的浮点数，其中 *d.ddd* 是用以小数形式表示的尾数，±*dd* 表示指数，即给定的浮点数等于 $d.ddd \times 10^{\pm dd}$	示例: printf("%e", 123.0); 输出: 1.230000e+002 示例: printf("%e", 1.23); 输出: 1.230000e+000
E	类似表示 *type* 的字符为 e 的情形，只不过将其中的小写字母变为采用大写字母	示例: printf("%E", -0.123); 输出: -1.230000E-001
f	采用小数的形式输出给定的浮点数	示例: printf("%f", -123.0); 输出: -123.000000
g	在小数（类似表示 *type* 的字符为 f 的情形）或指数（类似表示 *type* 的字符为 e 的情形）中选取较紧凑的形式输出给定的浮点数	示例: printf("%g", -123.0); 输出: -123
G	类似表示 *type* 的字符为 g 的情形，只不过将其中的小写字母变为采用大写字母	示例: printf("%G", 123456789.0); 输出: 1.23457E+008
p	输出地址或指针类型的数据（一般采用十六进制的格式）	示例: int a; printf("%p", &a); 输出: 0013FF38 注意: 输出内容与运行环境等相关
s	输出给定的字符串	示例: printf("%s", "abcd"); 输出: abcd

　　在格式说明域中，可选项 flags 部分可以由符号"−""+""0"组合而成，用来指定字符填充的方式、需要填充的字符以及需要输出的参数符号。表 2-14 给出了组成可选项 flags 部分的各个字符的含义和示例。

表 2-14　在格式说明域中用来表示 flags 的字符

flags	含　义	示　例
−	如果在组成 *flags* 的字符中含有字符−，则在本字段中采用左对齐的方式输出字符，即如果指定的数据宽度大于实际所需要输出的字符个数，则从本字段左侧开始输出字符，并在右侧用空格填充该字段。如果在组成 *flags* 的字符中不含字符−，则在本字段中采用右对齐的方式输出字符，即如果需要，则在左侧填充空格或指定的填充字符	示例: printf("[%-6d]", 123); 输出: [123 ⊔⊔⊔] 示例: printf("[%-3d]", 123); 输出: [123]

续表

flags	含　义	示　例
+	根据给定参数的符号，输出带有前缀+或−的数据。正数和零的输出前缀为+，负数的输出前缀为-	示例: printf("%+d", 123); 输出: +123 示例: printf("%+d", 0); 输出: +0 示例: printf("%+d", -123); 输出: -123
0	如果在组成 flags 的字符中含有数字 0，则当需要在本字段左侧填充字符（例如，指定的数据宽度大于实际所需要输出的字符个数，而且在组成 flags 的字符中不含字符−）时，采用数字 0 进行填充。如果需要输出的数据是负数，则所填充的数字 0 一般在负号的后面 注意：语句 "printf("[%06s]", "abc");" 在 VC 和有些 UNIX 平台下输出 "[000abc]"，在有些 Linux 平台下输出 "[⊔⊔⊔abc]"	示例: printf("[%06d]", 123); 输出: [000123] 示例: printf("[%06d]", 0); 输出: [000000] 示例: printf("[%06d]", -123); 输出: [-00123]

在格式说明域中，可选项 modifier 和必选项 type 部分共同用来指定具体的数据类型。组成可选项 modifier 部分的字符参见表 2-15。表 2-15 同时给出了这些符号的含义和示例。

表 2-15　在格式说明域中用来表示 modifier 的字符

modifier	含　义	示　例
hh	其后表示 type 的字符可以是 d、i、o、u、x 或 X。用来输出类型为 char、signed char 或 unsigned char 的数据，其中表示 type 的字符 d 和 i 适用于类型 char 和 signed char，表示 type 的字符 o、u、x 和 X 适用于类型 unsigned char	示例: printf("%hhd", 'a'); 输出: 97 示例: printf("%hhx", (unsigned char)97); 输出: 61
h	其后表示 type 的字符可以是 d、i、o、u、x 或 X。用来输出类型为 short int 或 unsigned short int 的数据，其中表示 type 的字符 d 和 i 适用于类型 short int，表示 type 的字符 o、u、x 和 X 适用于类型 unsigned short int	示例: printf("%hd", (short int)-1); 输出: -1 示例: printf("%hx", (unsigned short int)-1); 输出: ffff
l	字母 L 的小写形式。其后表示 type 的字符可以是 d、i、o、u、x 或 X。用来输出类型为 long int 或 unsigned long int 的数据，其中表示 type 的字符 d 和 i 适用于类型 long int，表示 type 的字符 o、u、x 和 X 适用于类型 unsigned long int	示例: printf("%ld", -123L); 输出: -123 示例: printf("%lx", 123UL); 输出: 7b
ll	两个字母 ll 均为字母 L 的小写形式。其后表示 type 的字符可以是 d、i、o、u、x 或 X。用来输出类型为 long long int 或 unsigned long long int 的数据，其中表示 type 的字符 d 和 i 适用于类型 long long int，表示 type 的字符 o、u、x 和 X 适用于类型 unsigned long long int 注意：VC 6.0 不支持这种类型	示例: printf("%lld", -123LL); 输出: -123 示例: printf("%llx", 123ULL); 输出: 7b
L	其后表示 type 的字符可以是 a、A、e、E、f、F、g 或 G。用来输出类型为 long double 的数据	示例: printf("%Lg", 0.01L); 输出: 0.01 示例: printf("%Lf", -0.01L); 输出: -0.010000

为了方便应用函数 printf，表 2-16 给出各种数据类型在格式说明域中所对应的可选项 modifier 和必选项 type 组合及其示例。

表 2-16　各种数据类型在格式说明域中所对应的 *modifier* 和 *type* 组合

数据类型	[*modifier*]type	示　　例	输　　出
char 、 signed char 、 unsigned char	c、hhd、hhi、hho、hhu、hhx 或 hhX，其中 c、hhd 和 hhi 适用于类型 char 和 signed char，c、hho、hhu、hhx 和 hhX 适用于类型 unsigned char	signed char c = (signed char)97; printf("%c", c);	a
short int	hd 或 hi	short int i = (short int)0x12; printf("%hd", i);	18
unsigned short int	ho、hu、hx 或 hX	unsigned short int ui = (unsigned short int)0xffff; printf("ui=%hu", ui);	ui=65535
int 或枚举类型	d 或 i	printf("[%d]", 123);	[123]
unsigned int	o、u、x 或 X	printf("[%u]", 0x11u);	[17]
long int	ld 或 li，这两个组合的首字母 l 均为字母 L 所对应的小写	printf("[%ld]", -1L);	[-1]
unsigned long int	lo、lu、lx 或 lX，这四个组合的首字母 l 均为字母 L 所对应的小写	printf("[%lu]", 0x12L);	[18]
long long int	lld 或 lli，这两个组合的头两个字母 ll 均为字母 L 所对应的小写 注意：VC 6.0 不支持类型 long long int	printf("[%lld]", -123LL);	[-123]
unsigned long long int	llo、llu、llx 或 llX，这四个组合的头两个字母 ll 均为字母 L 所对应的小写 注意：VC 6.0 不支持类型 unsigned long long int	printf("[%llx]", 123ULL);	[7b]
float	a、A、e、E、f、F、g 或 G 注意：VC6.0 不支持 a 和 A	printf("[%g]", -12.3f);	[-12.3]
double	a、A、e、E、f、F、g 或 G 注意：VC6.0 不支持 a 和 A	printf("[%g]", 12.3);	[12.3]
long double	La、LA、Le、LE、Lf、LF、Lg 或 LG	printf("[%Lg]", 12345.6L);	[12345.6]
字符串	s	printf("[%s]", "abcd");	[abcd]

续表

数据类型	[*modifier*]type	示　　例	输　　出
指针类型	p	int a=10; printf("[%p]", &a);	[0013FE00] 注意：输出内容 与运行环境等相 关，这里只是一 个示例

这里需要注意的是在格式说明域中指定的数据类型通常一定要与对应数据的类型相匹配。如果这两者之间不匹配，则不仅代码难以理解，而且输出结果也可能非常难以理解，甚至每次输出的结果也有可能不完全一样。例如，表 2-17 给出格式说明域与对应数据的类型不匹配的一些程序片段示例。表 2-17 给出的输出只是示例性输出，在不同版本的 VC 平台或不同版本的 Linux 或 UNIX 操作系统下，输出的结果也有可能不同。

表 2-17　格式说明域与对应数据的类型不匹配的程序片段示例

序号	示　　例	说　　明	VC 输出	UNIX 输出	Linux 输出
1	unsigned char uc = (unsigned char)255; printf("uc=%hhd", uc);	格式说明域 hhd 适用于类型 char 和 signed char	uc=255	uc=-1	uc=-1
2	signed char c = (signed char)-1; printf("c=%hhx", c);	格式说明域 hhx 适用于类型 unsigned char	c=ffff	c=ff	c=ff
3	double d = -1.0; printf("d=%d", d);	格式说明域 d 适用于类型 int 或枚举类型	d=0	d=0	d=99405824 注意：每次运行结果可能会不完全一样

⊛小甜点⊛

（1）在函数 printf 的格式字符串中，可以用"%%"来表示单个字符%。例如，语句"printf("%%");"输出字符%。

（2）与语句"printf(name);"相比，通过语句"printf("%s", name);"输出字符串 name 的内容可以减小出现非预期结果的风险。如果 name 是一个可能含有（或不能确认是否会含有）格式说明域的字符串变量，则通常不要通过语句"printf(name);"输出字符串内容，而应当通过语句"printf("%s", name);"输出字符串内容。实际上，语句"printf(name);"是有风险的，因为如果字符串变量 name 所对应的字符串含有诸如"%s"等格式说明域，则有可能会引起一些非预期的结果。

这里给出语句"printf("%s", name);"与"printf(name);"具有不同输出结果的示例。下面代码第 1 行定义了字符串 name，并赋值为"%%"；第 2 行代码将输出"%%"；第 3 行代码将输出"%"，因为在这一行当中 name 是函数 printf 的格式字符串，所以需要对 name 进行解析，于是"%%"被解析为字符"%"。

```
char name [ ] = "%%";                          // 1
printf( "%s", name );   // 输出: %%            // 2
printf( name );         // 输出: %             // 3
```

例程 2-3　输出小明出生日期的例程。

例程功能描述： 该例程在控制台窗口中输出小明的姓名和出生年月日。

例程解题思路： 为了使得程序具有较好的扩展性，用一个字符串存储小明的姓名，用三个 int 类型的数据分别存储小明的出生年月日。最后通过函数 printf 输出小明的出生日期。例程由一个源程序文件 "C_PrintBirthday.c" 组成，具体的程序代码如下。

// 文件名：`C_PrintBirthday.c`；开发者：雍俊海	行号
| ```
#include <stdio.h>

int main(int argc, char* args[ ])
{
   char name[ ] = "小明";
   int  year = 2008;
   int  month = 8;
   int  day = 8;

   printf("%s 的出生日期是%d 年%d 月%d 日。\n", name, year, month, day);
   return 0;
} // main 函数结束
``` | // 1<br>// 2<br>// 3<br>// 4<br>// 5<br>// 6<br>// 7<br>// 8<br>// 9<br>// 10<br>// 11<br>// 12 |

可以参照第 1 章的内容编辑、编译、链接和运行上面的程序。最终**运行的结果**是在控制台窗口中输出

小明的出生日期是 2008 年 8 月 8 日。

上面例程第 5 行定义了字符数组，用来存放"小明"这个字符串，其中"char [ ]"表明字符数组类型，"name"是字符数组变量名。第 6～8 行，分别定义了用来保存年、月和日的值的三个变量。第 10 行通过函数 printf 输出指定的信息。

2.4.2　函数 scanf 和 scanf_s

大部分程序都会有输入。函数 scanf 是 C 语言标准规定的函数。VC 平台建议用相对更加安全的函数 scanf_s 替代函数 scanf。但函数 scanf_s 不是 C 语言标准规定的函数。因此，有些 C 语言支撑平台并不提供函数 scanf_s。不管怎样，函数 scanf 和 scanf_s 基本上非常相似。这里首先介绍**格式输入函数 scanf**，它可以用来给程序输入数据，其具体说明如下。

函数名	函数 6　`scanf`
声明	`int scanf(const char * format, ...);`
说明	格式输入函数，用来在控制台窗口中接收数据的输入，并将这些数据赋值给指定的变量
参数	`format`：格式字符串
	后续参数：后续参数的个数一般与由格式字符串指定的需要赋值的变量个数相同，这些参数指定这些变量的地址，变量的类型应当与相应的格式说明域相匹配
返回值	如果该函数运行成功，则返回在数据输入过程中将输入数据赋值给变量的个数；否则，返回 EOF。注意：EOF 是系统定义的一个宏，它所对应的值目前一般是-1
头文件	`stdio.h`　// 程序代码：`#include <stdio.h>`
```

函数 scanf 的第一个函数参数 format 指定格式字符串，后续的函数参数指定用来接收输入数据的变量的地址。**格式字符串**，也称为格式控制字符串，是嵌有若干格式说明域（Format Specification Fields）的字符串，其中**格式说明域**以字符%引导，其基本形式为

```
%[*][width][modifier]type
```

在上面的格式说明域中，中括号"[ ]"表示其内部的内容是可选项，即在实际的格式说明域中也可以不含有这些部分的内容。

每个格式说明域通常对应一个输入数据。可选项星号"*"表示读取数据时忽略该格式说明域所对应的数据，即不将该数据赋值给任何变量。例如，如果运行下面的程序片段

```
int a, b;                          // 1
scanf("%d␣%*d␣%d", &a, &b);        // 2
```

这时需要用户输入三个整数，整数与整数之间用空格分开。例如，如果这时用户输入

```
11 ␣ 22 ␣ 33↙
```

则系统将输入的第 1 个整数 11 赋值给变量 a，将输入的第 3 个整数 33 赋值给变量 b，而忽略输入的第 2 个整数 22。

> 📖 **说明** 📖：
>
> 在上面的 scanf 函数调用中，格式字符串含有三个格式说明域"%d""%*d""%d"，它们要求输入三个整数。因为其中第 2 个格式说明域含有可选项星号"*"，所以输入的第 2 个整数不会赋值给任何变量，从而在格式字符串之后的后续参数当中只要两个变量的地址就可以了。

> ▷ **注意事项** ▷：
>
> （1）在 scanf 函数调用中，格式字符串之后的各个后续参数应当是用来存放相应数据的**变量的地址**，而不是变量本身。例如，如果将上面的 scanf 调用语句写成
>
> ```
> scanf("%d␣%*d␣%d", a, b);
> ```
>
> 是不对的。这里变量 a 和 b 的前面均少了**符号"&"**，该符号表示取对应变量的地址。
>
> （2）在 scanf 函数调用中，格式字符串之后的**后续参数个数**应当等于在格式字符串中规定的需要赋值的变量个数。

在格式说明域中，可选项 width 部分应当是一个正整数，用来指定输入数据所对应的最大字符个数。可选项 modifier 和必选项 type 部分共同用来指定具体的输入数据类型，具体参见表 2-18 和表 2-19。

表 2-18　在格式说明域中用来表示 *type* 的字符

type	含　　义	示　　例
d	接收以十进制的形式输入有符号整数	示例:int i; scanf("%d", &i); 输入:12↙ 结果: 变量 i=12

续表

type	含 义	示 例
i	接收以十进制的形式输入有符号整数。在不计符号位前提条件下，如果输入的整数以"0x"或"0X"开头，则输入的整数是以十六进制的形式表示的；如果输入的整数以"0"开头并且其后面没有紧接着字符"x"或"X"，则输入的整数是以八进制的形式表示的；否则，输入的整数是以十进制的形式表示的	示例:int i; scanf("%i", &i); 输入: -0x12✓ 结果: 变量 i=-18 输入: -012✓ 结果: 变量 i=-10 输入: -12✓ 结果: 变量 i=-12
o	接收以八进制的形式输入无符号整数	示例:unsigned int i; scanf("%o", &i); 输入: 12✓ 结果: 变量 i=10
u	接收以十进制的形式输入无符号整数	示例:unsigned int i; scanf("%u", &i); 输入: 12✓ 结果: 变量 i=12
x	接收以十六进制的形式输入无符号整数	示例:unsigned int i; scanf("%x", &i); 输入: 12✓ 结果: 变量 i=18
a、A、e、E、f、F、g、G	接收输入浮点数。输入的浮点数可以含有以字母'e'或'E'引导的指数部分 注意:有些版本的 VC 平台不支持用字母 a 和 A 作为类型说明符。例如，语句 "scanf("%a", &f);" 在这些平台下并不能接收浮点数的输入	示例:float f; scanf("%f", &f); 输入: 1.2e3✓ 结果: 变量 f=1200
c	接收输入字符	示例:char c; scanf("%c", &c); 输入: a✓ 结果: 变量 c='a'
s	接收输入不含空白符的字符串 这里 需要注意：输入的字符个数应小于用来存放该字符串的空间大小。例如，在右边的示例中，字符数组 str 的元素个数是 21，则输入的字符个数不能超过 20。在将输入的字符存储到字符数组 str 中时，系统会自动在这些字符的后面添加 0，表示字符串的结束 小甜点 · 可以在类型 s 前面添加整数，即设置当前格式说明域可选项 width 的数值，指定组成字符串的最大字符个数，从而避开由于输入字符个数太大而造成超出存储空间（如字符数组越界）的问题。例如，可以将右边示例的函数 scanf 调用改为 "scanf("%20s", str);"，其中 20 一定不能改为 21 或大于 21 的数	示例:char str[21]; scanf("%s", str); 输入: abcd✓ 结果: 字符串 str="abcd"

续表

type	含　义	示　　例

[ ]	接收输入字符串，组成该字符串的字符集由方括号[ ]内部的内容指定。如果在方括号内的字符序列以抑扬字符('^, circumflex）开头，则表示允许组成该字符串的字符必须不出现在抑扬字符之后的字符序列中；否则，允许组成该字符串的字符集由在方括号内的字符序列组成
	注意 1：在应用表示 *type* 的字符 s 时应当注意的问题，这里同样需要注意
	注意 2：在采用表示 *type* 的这种字符"[ ]"时，可以允许在输入的字符串中出现空白符（参见右边的示例）
		示例:char str[21];
		　　　scanf("%[012345]", str);
		输入: 1234✓
		结果: 字符串 str="1234"
		示例:char str[21];
		　　　scanf("%[^\n]", str);
		输入: ab␣cd✓
		结果: 字符串 str="ab␣cd"

p	接收输入十六进制格式的地址或者指针类型的数据	示例:void* p; 　　　scanf("%p", &p); 输入: 1a2✓ 结果: 指针 p=0x1a2
n	用来统计在当前的函数 scanf 调用中读入当前位置之前已经接收输入字符的个数，并将其赋值给对应的整数变量。这里应当注意"%n"并不会增加函数 scanf 调用将输入数据赋值给变量的个数，即不会影响函数 scanf 调用的返回值。例如，在右边的示例中，在读取输入数据并解析到第 1 个"%n"时，已经读入"12␣345"共 6 个字符，因此，c=6。在第 1 个"%n"和第 2 个"%n"之间并没有读取新的数据，即已经读入的字符没有变，因此，d=6。最终读入的数据共有 3 个，分别为 12、345 和 6789。因此，i=3，即右边示例的函数 scanf 调用返回 3	示例:int a, b, c, d, e, i; 　　　i=scanf("%d%d%n%n%d", 　　　&a, &b, &c, &d, &e); 输入: 12␣345␣6789✓ 结果: a=12, b=345, c=6, d=6, e=6789, i=3

表 2-19　在格式说明域中用来表示 *modifier* 的字符

modifier	含　义	示　　例
hh	其后表示 *type* 的字符可以是 d、i、o、u、x、X 或 n。用来接收输入类型为 char、signed char 或 unsigned char 的数据，其中表示 *type* 的字符 d 和 i 适用于类型 char 和 signed char，表示 *type* 的字符 o、u、x 和 X 适用于类型 unsigned char。表示 *type* 的字符 n 适用于类型 char、signed char 和 unsigned char 注意: 有些版本的 VC 平台不支持采用 modifier 字符 hh 来接收字符并赋值给 char、signed char 或 unsigned char 类型的变量	示例:char c; 　　　scanf("%hhd", &c); 输入: 97✓ 结果: 变量 c='a'，它的 ASCII 码是 97
h	其后表示 *type* 的字符可以是 d、i、o、u、x、X 或 n。用来接收输入类型为 short int 或 unsigned short int 的数据，其中表示 *type* 的字符 d 和 i 适用于类型 short int，表示 *type* 的字符 o、u、x 和 X 适用于类型 unsigned short int。表示 *type* 的字符 n 适用于类型 short int 和 unsigned short int	示例:short int a; 　　　scanf("%hd", &a); 输入: -5✓ 结果: 变量 a=-5

modifier	含　义	示　　例

l	字母 L 的小写形式。其后表示 *type* 的字符可以分成为两类
	（1）如果其后表示 *type* 的字符是 d、i、o、u、x、X 或 n，则表示用来接收输入类型为 long int 或 unsigned long int 的数据，其中表示 *type* 的字符 d 和 i 适用于类型 long int，表示 *type* 的字符 o、u、x 和 X 适用于类型 unsigned long int。表示 *type* 的字符 n 适用于类型 long int 和 unsigned long int
	（2）如果其后表示 *type* 的字符是 a、A、e、E、f、F、g 或 G，则表示用来接收输入类型为 double 的数据。注意：有些版本的 VC 平台不支持用字母 a 和 A 作为表示 *type* 的字符
		示例:long int a;
		　　　scanf("%ld", &a);
		输入: 12✓
		结果: 变量 a=12L
		示例:double d;
		　　　scanf("%lf", &d);
		输入: 1.2✓
		结果: 变量 d=1.2

ll	两个字母 ll 均为字母 L 的小写形式。其后表示 *type* 的字符可以是 d、i、o、u、x、X 或 n。用来接收输入类型为 long long int 或 unsigned long long int 的数据，其中表示 *type* 的字符 d 和 i 适用于类型 long long int，表示 *type* 的字符 o、u、x 和 X 适用于类型 unsigned long long int。表示 *type* 的字符 n 适用于类型 long long int 和 unsigned long long int 注意：VC 6.0 不支持类型 long long int 和 unsigned long long int	示例:long long int a; 　　　scanf("%lld", &a); 输入: 12✓ 结果: 变量 a=12LL
L	其后表示 *type* 的字符可以是 a、A、e、E、f、F、g 或 G，用来接收输入类型为 long double 的数据。注意：有些版本的 VC 平台不支持用字母 a 和 A 作为表示 *type* 的字符	示例:long double d; 　　　scanf("%Lf", &d); 输入: 12345.6✓ 结果: 变量 d=12345.6L

为了方便应用函数 scanf，表 2-20 给出各种数据类型在格式说明域中所对应的可选项 modifier 和必选项 type 组合及其示例。

表 2-20　各种数据类型在格式说明域中所对应的 *modifier* 和 *type* 组合

数据类型	[*modifier*]type	示　　例

char、signed char、unsigned char	c、hhd、hhi、hho、hhu、hhx 或 hhX，其中 c、hhd 和 hhi 适用于类型 char 和 signed char，c、hho、hhu、hhx 和 hhX 适用于类型 unsigned char。另外，hhn 适用于类型 char、signed char 和 unsigned char，用来记录已经读取的字符个数
	注意：有些版本的 VC 平台不支持采用 modifier 字符 hh 来接收字符并赋值给 char、signed char 或 unsigned char 类型的变量
		示例:char c;
		　　　scanf("%c", &c);
		输入: b✓
		结果: 变量 c='b'
		示例:char c;
		　　　scanf("%hhd", &c);
		输入: 98✓
		结果: 变量 c='b'，它的 ASCII 码是 98

short int	hd 或 hi。另外，hn 用来记录已经读取的字符个数	示例:short int a; 　　　scanf("%hi", &a); 输入: 0x12✓ 结果: 变量 a=(short int)18
unsigned short int	ho、hu、hx 或 hX。另外，hn 用来记录已经读取的字符个数	示例:unsigned short int a; 　　　scanf("%hu", &a); 输入: 12✓ 结果: 变量 a=(unsigned short int)12

数据类型	[*modifier*]*type*	示　　例
int 或枚举类型	d 或 i。另外，类型 n 用来记录已经读取的字符个数	示例: int i; 　　　scanf("%d", &i); 输入: 123✓ 结果: 变量 i=123
unsigned int	o、u、x 或 X。另外，类型 n 用来记录已经读取的字符个数	示例: unsigned int a; 　　　scanf("%u", &a); 输入: 1234✓ 结果: 变量 a=1234
long int	ld 或 li, 这两个组合的首字母 l 均为字母 L 所对应的小写字母。另外，类型 ln 用来记录已经读取的字符个数，其中首字母 l 是字母 L 所对应的小写字母	示例: long int a; 　　　scanf("%ld", &a); 输入: 12345✓ 结果: 变量 a=12345L
unsigned long int	lo、lu、lx 或 lX, 这四个组合的首字母 l 均为字母 L 所对应的小写字母。另外，类型 ln 用来记录已经读取的字符个数，其中首字母 l 是字母 L 所对应的小写字母	示例: unsigned long int a; 　　　scanf("%lu", &a); 输入: 18✓ 结果: 变量 a=18L
long long int	lld 或 lli, 这两个组合的头两个字母 ll 均为字母 L 所对应的小写字母。另外，类型 lln 用来记录已经读取的字符个数，其中前两个字母 ll 均是字母 L 所对应的小写字母 注意: VC 6.0 不支持类型 long long int	示例: long long int a; 　　　scanf("%lld", &a); 输入: -123✓ 结果: 变量 a=-123LL
unsigned long long int	llo、llu、llx 或 llX, 这四个组合的头两个字母 ll 均为字母 L 所对应的小写字母。另外，类型 lln 用来记录已经读取的字符个数，其中前两个字母 ll 均是字母 L 所对应的小写字母 注意: VC 6.0 不支持类型 unsigned long long int	示例: unsigned long long int a; 　　　scanf("%llu", &a); 输入: 1234✓ 结果: 变量 a=1234ULL
float	a、A、e、E、f、F、g 或 G 注意: VC 6.0 不支持 a 和 A	示例: float f; 　　　scanf("%f", &f); 输入: 12.3✓ 结果: 变量 a=12.3f
double	la、lA、le、lE、lf、lF、lg 或 lG, 这八个组合的首字母 l 均为字母 L 所对应的小写字母 注意: 有些版本的 VC 平台不支持用字母 a 和 A 作为表示 *type* 的字符	示例: double d; 　　　scanf("%lf", &d); 输入: -12.3✓ 结果: 变量 d=-12.3
long double	La、LA、Le、LE、Lf、LF、Lg 或 LG	示例: long double d; 　　　scanf("%Lf", &d); 输入: -12.34✓ 结果: 变量 d=-12.34L

续表

数据类型	[*modifier*]*type*	示　　例
字符串	s 或[ ]	示例:char s[21]; 　　　scanf("%20s", s); 输入: abcd✓ 结果: 字符串 s 的内容为"abcd"
指针类型	p 这里 **需要注意** ：接收输入的数据是采用十六进制格式的	示例:void* p; 　　　scanf("%p", &p); 输入: 1abc996✓ 结果: 变量 p=0x01ABC996

在运行函数 scanf 时，可以输入多个数据。**数据之间常用空白符分隔开**。在格式字符串中，除了格式说明域之外，还可以含有其他要求用户输入的字符。这样数据之间还可以用其他字符分隔开。例如，下面程序片段：

```
int a, b;                              // 1
scanf("a=%i, b=%i", &a, &b);           // 2
```

在运行时，要求用户在输入两个整数的同时输入"a="和", b="等内容。下面给出正常的输入示例，其中带下画线斜体部分表示用户输入。

a=12, b=23

注意事项

函数 scanf 要求用户输入除格式说明域之外在格式字符串中的字符。这时一定要注意字符半角和全角以及大小写。大小写或半全角不同的字符会被认为是不同的字符。例如，在上面程序片段示例中，如果输入"*a=12, B=23*"，则出现一些非预期的结果，这时变量 b 的值通常不再是 23。

小甜点

在函数 scanf 的格式字符串中，可以用"%%"来表示需要用户输入的单个字符%。例如，运行语句"scanf("%d%%", &a);"所对应的输入示例可以是: *12%*。

例程 2-4　从输入的三个整数中选取并输出最大整数的例程。

例程功能描述 ：该例程等待并接收从控制台窗口中输入的三个整数；然后，计算其中最大的整数；最后，输出最大的整数。

例程解题思路 ：计算最大整数的思路是：先比较头两个整数的大小，再将其中较大的整数与第三个整数比较。每次将较大的整数赋值给变量 a，从而最终变量 a 存储的是最大的整数。例程由一个源程序文件"C_CalculateMax3.c"组成，具体的程序代码如下。

// 文件名: **C_CalculateMax3.c** ；开发者：雍俊海	行号

```
#include <stdio.h>                     // 1
#include <stdlib.h>                    // 2
                                       // 3
int main(int argc, char* args[ ])      // 4
```

```
{                                                                      // 5
    int  a, b, c;                                                      // 6
                                                                       // 7
    printf("请输入 3 个整数（采用空格分隔）:\n");                        // 8
    scanf("%i %i %i", &a, &b, &c); // 接收输入                          // 9
    printf("得到输入: a=%d, b=%d, c=%d\n", a, b, c);                   // 10
                                                                       // 11
    // 计算 a、b 和 c 当中最大的整数，并赋值给 a                         // 12
    if (b>a) // 取 a 和 b 较大的整数，并赋值给 a                        // 13
        a=b;                                                           // 14
    if (c>a) // 取 a 和 c 较大的整数，并赋值给 a                        // 15
        a=c;                                                           // 16
                                                                       // 17
    printf("其中最大的整数是%d。\n", a);                               // 18
    system("pause"); // 暂停住控制台窗口                               // 19
    return 0; // 返回 0 表明程序运行成功                               // 20
} // main 函数结束                                                     // 21
```

可以参照第 1 章的内容编辑、编译、链接和运行上面的程序。下面给出最终运行的结果的示例，其中带下画线斜体部分是输入部分。当输入不同的数据时，通常将得到不同的输出结果。

```
请输入 3 个整数（采用空格分隔）:
12 34 54↙
得到输入: a=12, b=34, c=54
其中最大的整数是 54。
请按任意键继续. . .
```

❀小甜点❀

如上面程序示例所示，在输入语句前面添加一些输出语句，提示用户输入数据，并告知输入数据的格式，这可以提高程序的交互友好性。交互友好性是衡量程序质量的重要因素之一。

这里介绍函数 scanf 接收数据输入的时机。由于现在操作系统基本上对输入和输出都采用缓冲区机制，因此只有当用户输入回车符时函数 scanf 才能接收到输入的数据。如果用户在输入回车符之前已经输入了多个数据，而且输入数据的个数超出当前函数 scanf 所能接收的数据个数，则超出的部分将直接作为下一个函数 scanf 调用的输入数据。例如，将上面示例程序的第 8 行和第 9 行代码改为下面 6 行代码。

```
printf("请输入第 1 个整数:\n");                                        // 1
scanf("%i", &a); // 接收输入第 1 个整数                               // 2
printf("请输入第 2 个整数:\n");                                        // 3
scanf("%i", &b); // 接收输入第 2 个整数                               // 4
printf("请输入第 3 个整数:\n");                                        // 5
scanf("%i", &c); // 接收输入第 3 个整数                               // 6
```

可以参照第 1 章的内容编辑、编译、链接和运行修改后的程序。下面给出修改后程序的运行的结果示例，其中带下画线斜体部分是输入部分。当输入不同的数据时，通常将得到不同的输出结果。

请输入第 1 个整数：
12 34 56↙
请输入第 2 个整数：
请输入第 3 个整数：
得到输入：a=12, b=34, c=56
其中最大的整数是 56。
请按任意键继续．．．

从上面的运行结果可以看出在第 1 次运行函数 scanf 时用户就输入了 3 个整数，即在运行第 2 个和第 3 个函数 printf 提示"请输入第 2 个整数:"和"请输入第 3 个整数:"之前，用户已经输入所需要的 3 个数据。因此，在运行结果中，在提示"请输入第 2 个整数:"和"请输入第 3 个整数:"之后，系统并不等待用户输入新的数据，而直接输出得到的数据"a=12, b=34, c=56"并计算出其中最大的整数。

如果在格式说明域中存在可选项 width 部分，则可能出现与上面类似的情况。前面已经指出可选项 width 部分用来指定输入数据所对应的最大字符个数。如果输入数据的字符个数超出可选项 width 部分的值，则超出的部分通常将作为下一个数据的输入。例如，将上面示例程序的第 9 行代码改为下面 1 行代码。

```
scanf("%2i%2i%2i", &a, &b, &c); // 接收输入                              // 1
```

可以参照第 1 章的内容编辑、编译、链接和运行修改后的程序。下面给出修改后程序的运行的结果示例，其中带下画线斜体部分是输入部分。当输入不同的数据时，通常将得到不同的输出结果。

请输入 3 个整数（采用空格分隔）：
123456789↙
得到输入：a=12, b=34, c=56
其中最大的整数是 56。

在上面的运行结果中，函数 scanf 依次读取输入数据的 2 个字符，并转换为所对应的整数，然后依次赋值给变量 a、b 和 c。如果在函数 scanf 调用的格式说明域不含可选项 width 部分，则输入"123456789"只会被当作 1 个数据，即这时变量 a=123456789，同时还需要输入另外两个整数。

📖说明📖

VC 平台感觉自己实现的函数 scanf 不够安全，建议采用相对更加安全的函数 scanf_s 替代函数 scanf。不过函数 scanf_s 不是 C 语言标准规定的函数。因此，在 Linux 和 UNIX 中，C 语言支撑系统一般没有提供函数 scanf_s。

函数 scanf_s 的具体说明如下。

函数名	函数 7　**scanf_s**
声明	`int scanf_s(const char * format, ...);`
说明	格式输入函数，用来在控制台窗口中接收数据的输入，并将这些数据赋值给指定的变量。本函数仅适用于 VC 平台
参数	`format`：格式字符串
	后续参数：后续参数的个数由格式字符串的内容指定，这些后续参数指定需要赋值的变量的地址以及存储单元大小等格式字符串需要的数据
返回值	如果该函数运行成功，则返回在数据输入过程中将输入数据赋值给变量的个数；否则，返回 EOF。注意：EOF 是系统定义的一个宏，它所对应的值目前一般是-1
头文件	`stdio.h`　　// 程序代码：#include <stdio.h>

除了字符和字符串的输入，前面关于函数 scanf 的各种结论都适合于函数 scanf_s。如果表示类型的格式说明符是 "s" "[ ]" 和 "c"，在紧接着给定用来接收字符或字符串的内存地址之后，函数 scanf_s 要求必须给定这些内存空间的有效大小。如果需要接收输入的字符或字符串长度超过了有效内存空间范围，函数 scanf_s 将会触发非法参数处理函数，这有可能会导致程序运行被中止。用来接收输入字符串的经典语句如下：

```
char buf[5];                        // 1
scanf_s("%4s", buf, 5);             // 2
```

在上面的函数 scanf_s 调用中，在表示类型的格式说明符 "s" 前面有一个正整数，这个正整数的有效范围是从 1 到（用来接收输入的字符数组的元素个数−1），其中最常用的就是（用来接收输入的字符数组的元素个数−1），如在上面第 2 行语句当中的 4。在上面的函数 scanf_s 调用中，在紧接着字符数组 buf 之后多了一个参数 5，这个参数的值通常就是用来接收输入的字符数组的元素个数。这里设在表示类型的格式说明符 "s" 前面的正整数为 n。如果用户输入的字符串长度不超过 n，那么接收到的字符串就是用户输入的字符串。例如，对于上面的案例，如果用户输入：

123✓

那么结果字符数组 buf 前几个元素的值分别是'1' '2' '3' '\0'。如果用户输入的字符串长度超过 n，那么接收到的字符串就是由用户输入字符串的前 n 个字符组成。例如，对于上面的案例，如果用户输入：

1234567✓

那么结果字符数组 buf 前几个元素的值分别是'1' '2' '3'、'4' '\0'。同时，后面的字符串"567" 仍然会留在输入缓冲区中。那如何跳过这些多余的字符？下面的语句可以自动跳过所有没有处理的输入字符：

```
fseek(stdin, 0L, SEEK_END);
```

其中，stdin 是 C 语言标准规定标准输入流，0L 表示移动的偏移量为 0，SEEK_END 表示从数据流的末尾开始移动。因此，调用函数 fseek 的结果是将标准输入流移动到输入缓冲区的末尾。这样，前面的所有输入都直接被跳过了。后续接收输入的语句只接收在这之后输入的内容。

用来 接收输入单个字符 的经典语句示例如下：

```
char c;                        // 1
scanf_s("%c", &c, 1);          // 2
```

用来 接收输入多个字符 的经典语句示例如下：

```
char c[4];                     // 1
scanf_s("%4c", &c, 4);         // 2
```

上面的语句接收输入 4 个字符。它与前面接收输入字符串不同的是接收输入多个字符并不会在字符数组末尾自动添加字符串的结束标志 0。因此，在上面语句中，接收输入 4 个字符只需要 4 个元素的字符数组就可以了。

> ╦注意事项╦
>
> 如果在格式说明域中用来表示类型（type）的字符是 s，那么无论是采用函数 scanf，还是采用函数 scanf_s，都 无法读取到回车或换行符。因此，仅仅采用这种方式，我们无法判断读取了多少行的数据。

下面给出示例性的程序片段。

```
char buffer[30] = {'\0'};                    // 1
do                                           // 2
{                                            // 3
    scanf_s("%29s", buffer, 30);             // 4
    printf("输入的是: %s\n", buffer);         // 5
}                                            // 6
while (buffer[0]!='q');                      // 7
```

下面给出上面代码的一个 运行的结果 示例。

```
ab cd↙
输入的是: ab
输入的是: cd
fg hi qt↙
输入的是: fg
输入的是: hi
输入的是: qt
```

从上面运行结果示例可以看出，读入 buffer 当中的字符并不包含回车符或换行符；否则，在输出时应当会出现更多的行。对于在上面第 4 行代码中的 scanf_s 函数调用，它会自动在空白符处分割输入的字符序列，并接收分割后的字符序列，形成字符串。然而，其中的空白符并不被包含在结果字符串当中。因此，采用这种方式，我们无法区分用来分割的空白符是回车符、换行符或其他空白符。因此，如果需要通过行数来控制是否结束数据的读入，我们就无法采用这种方式，即通过函数 scanf 或 scanf_s 调用并且在格式说明域中用来表示类型（type）的字符是 s 的方式。这时，我们可以将在格式说明域中用来表示类型（type）

的字符换成为 c，逐个读取字符并判断读入的字符是否是回车或换行符，从而准确地对行数进行计数。逐个读取字符还可以通过调用函数 getchar 来实现，具体介绍请见下一小节。

2.4.3 字符输入函数 getchar 和字符输出函数 putchar

函数 getchar 用来接收字符的输入，函数 putchar 用来输出字符。这两个函数的具体说明如下。

函数名	函数 8 **getchar**
声明	`int getchar(void);`
说明	接收来自控制台窗口输入的字符
返回值	如果正常输入，则返回输入字符所对应的无符号整数值。如果在输入时出错，则返回 EOF 注意：EOF 是系统定义的一个宏，它所对应的值目前一般是-1
头文件	`stdio.h    // 程序代码: #include <stdio.h>`

函数名	函数 9 **putchar**
声明	`int putchar(int c);`
说明	用来在控制台窗口中输出给定的字符 c
参数	c: 给定的用来输出的字符
返回值	如果正常输出，则返回输出字符所对应的无符号整数值。如果在输出时出错，则返回 EOF 注意：EOF 是系统定义的一个宏，它所对应的值目前一般是-1
头文件	`stdio.h    // 程序代码: #include <stdio.h>`

▷ **注意事项** ◁

函数 getchar 和函数 putchar 都采用整数类型（**int**）表示字符。

例程 2-5 从控制台窗口接收汉字的输入并输出该汉字内码的例程。

例程功能描述：该例程等待并接收从控制台窗口中输入的一个汉字；然后，输出这个汉字字符以及相应的十六进制和十进制 ASCII 码。

例程解题思路：由于汉字字符不是基本的 ASCII 字符，而且通常占用两字节的存储单元。但是 C 语言标准规定字符类型的存储单元通常只有 1 字节。因此，通常需要两个字符变量来存储一个汉字，同时调用两次 getchar 函数，分别读取汉字的高位内码和低位内码。在输出汉字时，共需调用两次 putchar 函数来输出汉字的高位内码和低位内码，从而输出一个汉字。输出十六进制和十进制的汉字内码只需采用不同的格式参数调用函数 printf 就可以了。例程由一个源程序文件 "C_ChineseChar.c" 组成，具体的程序代码如下。

// 文件名: **C_ChineseChar.c**；开发者：雍俊海	行号
`#include <stdio.h>`	`// 1`
`#include <stdlib.h>`	`// 2`
	`// 3`
`int main(int argc, char* args[ ])`	`// 4`
`{`	`// 5`
`    int ChineseChar_high; // 汉字字符的高位`	`// 6`
`    int ChineseChar_low;  // 汉字字符的低位`	`// 7`

```
                                                              // 8
    printf("请输入汉字字符:\n");                              // 9
    ChineseChar_high = getchar( );                            // 10
    ChineseChar_low  = getchar( );                            // 11
                                                              // 12
    printf("汉字字符\"");                                     // 13
    putchar(ChineseChar_high);                                // 14
    putchar(ChineseChar_low);                                 // 15
    printf("\"的内码是 0x%02x%02x(%d, %d)\n",                  // 16
        ChineseChar_high, ChineseChar_low,                    // 17
        ChineseChar_high, ChineseChar_low);                   // 18
    system("pause"); // 暂停住控制台窗口                        // 19
    return 0; // 返回 0 表明程序运行成功                        // 20
} // main 函数结束                                             // 21
```

可以参照第 1 章的内容编辑、编译、链接和运行上面程序。下面给出上面程序运行的结果示例,其中带下画线斜体部分是输入部分。当输入不同的数据时,通常将得到不同的输出结果。

```
请输入汉字字符:
字↙
汉字字符"字"的内码是 0xd7d6(215, 214)
请按任意键继续. . .
```

程序分析:从上面例程的运行结果可以看出每个汉字采用了扩展 ASCII 码,占用两字节,分别对应汉字的高位内码和低位内码,其中每字节的值的范围是 128~255。上面输出结果的 ASCII 码正好也应验了这一结论。

2.5　运　　算

运算广泛应用于 C 语言程序代码当中,它由运算符与操作数组成。表示运算类型的符号称为运算符,参与运算的数据称为操作数。C 语言的所有运算符如表 2-21 所示,其中:op、op1、op2 和 op3 均表示操作数。

表 2-21　运算符列表

描述	运算符	用法	描述	运算符	用法
正值	+	+op	负值	–	–op
加法	+	op1 + op2	减法	–	op1 – op2
乘法	*	op1 * op2	除法	/	op1 / op2
前自增	++	++op	前自减	– –	— op
后自增	++	op++	后自减	– –	op—
取模	%	op1 % op2	优先	( )	(op)
小于	<	op1 < op2	不大于	<=	op1 <= op2
大于	>	op1 > op2	不小于	>=	op1 >= op2

描述	运算符	用法	描述	运算符	用法
等于	==	op1 == op2	不等于	!=	op1 != op2
逻辑与	&&	op1 && op2	逻辑或	||	op1 || op2
逻辑非	!	!op	按位与	&	op1 & op2
按位或	|	op1 | op2	按位取反	~	~op
按位异或	^	op1 ^ op2	左移	<<	op1 << op2
右移	>>	op1 >> op2	赋值	=	op1 = op2
赋值加	+=	op1 += op2	赋值减	−=	op1 −= op2
赋值乘	*=	op1 *=op2	赋值除	/=	op1 /= op2
赋值与	&=	op1 &= op2	赋值或	|=	op1 |= op2
赋值模	%=	op1 %= op2	赋值左移	<<=	op1 <<= op2
赋值右移	>>=	op1 >>=op2	条件	? :	op1 ? op2 : op3
逗号	,	op1, op2	强制类型转换	(类型)	(类型)op
指针取值	*	*op	取地址	&	& op
指针分量	->	op1->op2	计算长度	sizeof( )	sizeof(op)
分量	.	op1.op2	下标	[ ]	op1[op2]

根据每个运算的操作数个数，运算符基本上可以分成三类：一元运算符、二元运算符和三元运算符，如表 2-22 所示。

表 2-22　按对应操作数个数划分运算符

一元运算符	+(正值), −(负值), ++(前自增), ++(后自增), −−(前自减), −−(后自减), !, ~, (优先), (强制类型转换), *(指针取值), &(取地址), sizeof( )
二元运算符	+, −, *, /, %, <, <=, >, >=, ==, !=, &&, ||, |, ^, <<, >>, =, +=, −=, *=, /=, &=, |=, %=, <<=, >>=, (逗号), −>, ., [下标]
三元运算符	? :

按运算功能划分，运算符可以分成七类，如表 2-23 所示。下面各个小节的介绍将按照这七类展开。

表 2-23　按功能划分运算符

算术运算符	+(正值), −(负值), ++(前自增), ++(后自增), −−(前自减), −−(后自减), +, −, *, /, %
关系运算符	<, <=, >, >=, ==, !=
逻辑运算符	&&, ||, !
位运算符	&, |, ~, ^, >>, <<
赋值类运算符	=, +=, −=, *=, /=, &=, |=, %=, <<=, >>=
条件运算符	? :
其他运算符	(优先), (强制类型转换), (逗号), −>, ., [下标], *(指针取值), &(取地址), sizeof( )

运算之间具有优先级顺序：一般先计算级别高的，后计算级别低的。因为优先运算符"( )"具有最高级别的优先级，所以可以通过"( )"改变运算顺序。在算术运算中，先进行

自增（++）和自减（−−）运算，然后进行乘法（*）与除法（/）运算，最后进行加法（+）与减法（−）运算；在逻辑和关系的混合运算中，先进行逻辑非（!）运算，再进行关系运算，接着进行条件与（&&）运算，最后进行条件或（||）运算。在位运算中，先进行按位取反（~）运算，再进行移位（>>和<<）运算，接着进行按位与（&）运算，然后进行按位异或（^）运算，最后进行按位或（|）运算。对于同级别的运算，则根据具体运算符的规定从左到右或从右到左进行运算，具体参见表 2-24。一般建议通过优先运算符"( )"来指定运算优先顺序。这样可以提高表达式的可读性，因为要记住所有运算符的优先顺序并不是一件容易的事情。

表 2-24　运算顺序

从左到右运算的运算符	+, −, *, /, %, <, <=, >, >=, ==, !=, &&, &, ||, |, ^, >>, <<
从右到左运算的运算符	=, +=, −=, *=, /=, &=, |=, %=, <<=, >>=, ~, !, +(正值), −(负值)

2.5.1　算术运算

算术运算符包括：+（正值）、−（负值）、++（前自增）、++（后自增）、−−（前自减）−−（后自减）、+、−、*、/和%。在通常情况下，操作数要求是基本数据类型，包括定点数类型和浮点数类型；取模(%)运算的操作数要求是定点数类型，即浮点数不能进行取模(%)运算。指针的算术运算比较特殊，将在 7.3 节介绍。

符号"+"包括正值和加法两个含义。当"+"表示正值时，其操作数只有一个，运算结果是操作数本身。当表示加法时，其运算与普通加法一致。符号"−"包括负值和减法两个含义。当"−"表示负值时，其操作数只有一个，运算结果是返回该操作数的相反数。例如：

```
int i = 5;          // 定义变量 i，并赋初值 5
int k = -i;         // 定义变量 k，并将 k 初始化为变量 i 的相反数，结果 k=-5
```

> ▷注意事项◁
>
> 我们应当注意整数系列类型正数与负数的有效数值范围并不对称，具体请参见表 2-6。因此，负值运算有可能会出现运算溢出，即出现与传统数学不同的结果。下面给出相应的示例。

根据表 2-6，绝对值最大的 4 字节负整数（int）是−2147483648。对它进行取负值运算，结果仍然是−2147483648。

```
int i = 0x80000000;       // 绝对值对大的负整数              // 1
printf("i=%d\n", i);      // 输出: i=-2147483648✓           // 2
printf("-i=%d\n", -i);    // 输出: -i=-2147483648✓          // 3
```

这里对这一现象进行分析。绝对值最大的 4 字节负整数（int）的二进制数是

1 0 0 0 0 0 0 0　0 0 0 0 0 0 0 0　0 0 0 0 0 0 0 0　0 0 0 0 0 0 0 0

它的十进制数是−2147483648。它的相反数是 2147483648。而 2147483648 的原码也是

1 0 0 0 0 0 0 0　0 0 0 0 0 0 0 0　0 0 0 0 0 0 0 0　0 0 0 0 0 0 0 0

即它的最高位已经占据了符号位，这与规则"正整数的符号位应当为 0"相冲突。如果按照正常的整数（int）来解析上面的二进制整数，那么它的值就是–2147483648。这就解释了这一现象。这就是一种 运算结果溢出 的案例。从这个案例，我们可以得到如下结论。

> 📖说明📖
>
> 对于有符号整数系列类型的数值，绝对值最大的负数进行采用 C 语言的负值运算之后仍然是它本身。这实际上是计算溢出的结果。

自增（++）和自减（––） 运算符要求操作数必须是变量。自增的作用是将该变量的变量值增加 1，自减的作用是将该变量的变量值减少 1。例如：

```
double d = 3.1;     // 定义变量 d，并赋初值 3.1
d++;                // 进行自增运算，结果 d=4.1
d--;                // 进行自减运算，结果 d 从 4.1 变回 3.1
```

> ⊛小甜点⊛
>
> 请参见上面的例句，除了整数系列类型的变量可以进行自增和自减运算之外，浮点数变量也可以进行自增和自减运算。下面给出另外一组例句。

```
double d = 1.5;
printf("d=%g\n", d);  // 输出：d=1.5
++d;
printf("d=%g\n", d);  // 输出：d=2.5
```

自增（++）和自减（––）运算均含有前置和后置两种运算，即自增包括前自增与后自增两种，自减包括前自减与后自减两种。前自增和前自减属于前置运算，后自增和后自减属于后置运算。自增和自减运算的前置和后置对操作数变量的作用是一样的，只是在复合运算中有所区别。 前置运算 是先进行自增或自减运算，再使用操作数变量值； 后置运算 是先使用操作数变量值，再进行自增或自减运算。例如：

```
int n = 3;        // 定义变量 n，并赋初值 3
int i = n++;      // 先定义变量 i，再将 n 的值赋给 i，然后让 n 自增 1；最终 i=3，n=4
int k = ++n;      // 先定义变量 k，再让 n 自增 1，然后给 k 赋初值 n；最终 k=5，n=5
```

> ⚐注意事项⚐
>
> 使用自增（++）和自减（––）两种运算符时应当注意，两个加号之间或两个减号之间不能有空格或其他符号。否则将出现编译错误或得到其他结果。具体请参见下面的例句。

```
d=d+⊔+; // 两加号间的空格导致编译错误：表达式不合法，其中符号"⊔"表示空格
d=+⊔+d; // 因为两加号间有空格，所以实际效果是对 d 进行两次正值运算，结果 d 的值不变
```

> ⚐注意事项⚐
>
> C 语言标准规定在同一个表达式中，不允许在改变一个变量值的同时在该表达式的其他部分又使用

> 这个变量；否则，依据 C 语言标准，最终表达式的值是不确定的。下面给出具体的例句。

```
int a = 10;                                              // 1
int b = (a++) + a; // 表达式"(a++) + a"不符合 C 语言标准规定    // 2
```

在上面第 2 行代码中，表达式"(a++) + a"不符合 C 语言标准规定。在该表达式中，"a++"改变了变量 a 的值，但在该表达式的最后又用变量 a 作为加数。这时变量 a 的值是不确定的，即这时变量 a 的值在不同的 C 语言支撑平台中很有可能会不相同，从而导致整个表达式的值也是不确定的。

> **⊩注意事项⊩**
>
> C 语言标准规定在同一条语句中，同一个变量最多只能改变一次值；否则，依据 C 语言标准，这个变量最终的值是不确定的。下面给出具体的例句。

```
int i = 10;                                     // 1
i = (++i) + 2; // 这是不符合 C 语言标准规定的语句    // 2
```

上面第 2 行代码是不符合 C 语言标准规定的语句：在同一条语句中，两次改变了变量 i 的值。首先，在表达式"(++i) + 2"中，通过"++i"改变了变量 i 的值；最后，又通过赋值运算，给变量 i 赋值。这种不符合 C 语言标准规定的语句实际上是非常难以理解的。然而，这样的语句通常会通过编译并运行，只是最终变量 i 的值在不同的 C 语言支撑平台中很有可能会不相同。因此，建议不要写这样不符合 C 语言标准的语句。

下面的例句是符合 C 语言标准规定的语句。

```
int i = 10;                                          // 1
i = i + 2; // 这是符合 C 语言标准规定的语句，运行结果 i = 12    // 2
```

在上面第 2 行的语句中，先计算表达式"i + 2"，再将其赋值给变量 i。下面的例句也是符合 C 语言标准规定的语句。

```
int a = 10;                                               // 1
int b = ++a; // 这是符合 C 语言标准规定的语句，运行结果 a = 11, b = 11    // 2
```

在上面第 2 行的语句中，先计算表达式"++a"的值，将变量 a 的值变为 11，并返回 11。在这个表达式中改变了变量 a 的值，但是变量 a 在表达式"++a"当中只出现一次。因此，这是符合 C 语言标准的。在上面第 2 行语句的最后，再将表达式"++a"的值 11 赋值给变量 b，使得变量 b 的值变为 11。整条语句"int b = ++a;"没有两次改变同一个变量的值，因此，这条语句也是符合 C 语言标准的。

对于+、−、*、/和%等运算，其运算规则基本上与传统数学上规定的相同。但应当注意 C 语言基本数据类型的数据所能表示的范围，因此应当根据实际的应用情况确定是否需要考虑运算的溢出和精度问题。下面结合一些运算示例说明这些运算的规则和注意事项。

例 2-23：在没有溢出情况下的整数加法。相应的代码如下。由于运算过程均没有超出 C 语言整数的数值范围，因此运算结果与传统数学的计算结果相同。

```
int a = 10;                                              // 1
int b = 20;                                              // 2
int c = a + b; // 结果: c=30                             // 3
printf("c=%d\n", c); // 输出: c=30✓                      // 4
```

例 2-24：出现溢出的 **4 字节整数乘法**。这个案例的具体代码如下。

```
int i = 123456;       // 定义变量 i，并赋初值 123456                        // 1
i = i*i;              // 进行乘操作，但结果溢出，变量 i 的值为-1938485248    // 2
```

这里假设整数（int）占用 4 字节，则运行结果如上面代码当中的注释部分所示，出现了运算溢出。在刚运行完上面第 1 行代码之后，变量 i 的十进制值为 123456，对应的存储单元的二进制值如下：

0 0 0 0 0 0 0 0   0 0 0 0 0 0 0 1   1 1 1 0 0 0 1 0   0 1 0 0 0 0 0 0

现在运行上面第 2 行代码。假设整数(int)存储单元足够大，那么运算 i*i 的结果是十进制的 15241383936，它对应的存储单元的二进制值如下

0 0 0 0 0 0 1 1   1 0 0 0 1 1 0 0   0 1 1 1 0 1 0 1   0 0 0 1 0 0 0 0   0 0 0 0 0 0 0 0

然而很不幸，4 字节整数（int）的存储单元没有这么大，因此在计算机内存中 4 字节整数（int）的存储单元只能存储 4 字节的数据，超出 4 字节的数据只能全部舍弃。这样，只保留了低位 4 字节的数据作为整数 i 的值，因此，最终整数 i 在存储单元当中记录的二进制值为

1 0 0 0 1 1 0 0   0 1 1 1 0 1 0 1   0 0 0 1 0 0 0 0   0 0 0 0 0 0 0 0

它所对应的十进制值为-1938485248。这样，也就出现了正整数与正整数相乘得到负整数的情况。

例 2-25：出现溢出的 **4 字节整数加法**。这个案例的具体代码如下。

```
int a = 1234567890;                                     // 1
int b = 987654321;                                      // 2
int c = a + b;        // 结果: c= -2072745085           // 3
```

这里对这个案例进行分析。在刚运行完上面第 1 行代码之后，4 字节整数变量 a 的十进制值为 1234567890，对应的存储单元的二进制值如下：

0 1 0 0 1 0 0 1   1 0 0 1 0 1 1 0   0 0 0 0 0 0 1 0   1 1 0 1 0 0 1 0

在运行完上面第 2 行代码之后，4 字节整数变量 b 的十进制值为 987654321，对应的存储单元的二进制值如下：

0 0 1 1 1 0 1 0   1 1 0 1 1 1 1 0   0 1 1 0 1 0 0 0   1 0 1 1 0 0 0 1

现在运行上面第 3 行代码，将变量 a 和 b 相加，得到 2222222211=1234567890+987654321。它的二进制原码是：

1 0 0 0 0 0 1 0 0   0 1 1 1 0 1 0 0   0 1 1 0 1 0 1 1   1 0 0 0 0 0 1 1

它已经占满了 4 字节，即没有给符号位留下空间。这样，在运行完上面第 3 行代码之后，4 字节整数变量 c 的存储单元的二进制值如上面所示。按正常 4 字节整数解析，就得到变量 c 的值为-2072745085。

> **注意事项**
>
> 　　整数系列数值的除法需要特别小心，其结果直接舍弃所有的小数部分，而不是采用四舍五入。具体请参见下面的案例。

　　例 2-26：4 字节整数除法。案例的具体代码如下。

```
int a = 5 / 2; // 结果：a=2                                      // 1
int b = 3/6*12; // 因为 3/6=0，接下去的运算 0*12=0，所以结果 b=0      // 2
```

5 除以 2 的精确结果是 2.5。然而，在整数的存储单元当中并没有存储小数部分的位置，因此小数部分将直接被丢弃。这样，变量 c 的结果是 2。同样，3 除以 6 的精确结果是 0.5。因为在整数除法中，小数部分将直接被丢弃，所以 3 除以 6 的计算结果是 0。接下来计算 0 乘以 12，最终得到 0。**这个结果不同于传统数学**。在传统数学当中，$\frac{3}{6} \times 12 = 6$。

> **注意事项**
>
> 　　采用整数系列类型数据进行算术运算，**不允许除数为 0**，否则，通常会中断运算，并抛出除数为 0 的异常。

> **注意事项**
>
> 　　运用浮点数的算术运算需要注意表示误差与运算误差。采用浮点数表示在传统数学意义下的实数，这两者之间有可能存在误差，它们之间差的绝对值就称为**表示误差**。采用浮点数进行算术运算，运算结果与在传统数学意义下的实数运算结果也有可能存在误差，两种运算结果之间差的绝对值就称为**运算误差**。下面分别给出案例进行说明。

　　例 2-27：浮点数的表示误差。案例的具体代码如下。

```
double d = 0.1; // 结果变量 d 的值并不精确等于 0.1
```

虽然上面代码将 0.1 赋值给变量 d，但是变量 d 的精确值却不可能是 0.1。这是因为 0.1 的二进制数是无限循环小数 $1.[1001] \times 2^{-100}$，其中 1001 是循环节，将会无限循环。这里**循环节用中括号表示**。**采用浮点数表示，对于超出存储单元位数的部分通常采用二进制的零舍一入原则**。设 double 是 8 字节，则变量 d 的二进制值是 $1.1001100110011001100110011001100110011001100110011010 \times 2^{-100}$。所舍弃部分的最高位是 1，因此产生了进位，从而导致变量 d 二进制值小数部分的最后四位是 1010=1001+1。这样，变量 d 存储单元的内码是

| 00111111 | 10111001 | 10011001 | 10011001 | 10011001 | 10011001 | 10011001 | 10011010 |

这 是 最 接 近 0.1 的 8 字 节 双 精 度 浮 点 数 。 它 的 十 进 制 精 确 值 是 0.1000000000000000055511151231257827021181583404541015625。它 和 0.1 之 间 的 差 为

5.5511151231257827021181583404541015625×10^{-18}。

例 2-28：**浮点数的运算误差**。案例的具体代码如下。

```
double a = 1e13;                                                    // 1
double b = 0.12646484375;                                          // 2
double c = a - b;                                                  // 3
```

这里设 double 是 8 字节。在运行完上面前 2 行代码之后，变量 a 的精确值是 10^{13}，变量 b 的精确值是 0.12646484375。变量 a 减去变量 b 的精确值是 9.99999999999987353515625×10^{12}，它所对应的二进制值是 1.00100011000010011001110010100111111111111111011111101×2^{101011}。其小数部分的有效数字超出了 8 字节双精度浮点数所能容纳的存储单元 2 位。**采用浮点数运算**，对于超出存储单元位数的部分通常采用二进制的零舍一入原则。因为超出是 01，其开头是 0，不是 1，所以无法进位，从而在运行完上面第 3 行代码之后，最终变量 c 的二进制值是 1.00100011000010011001110010100111111111111111110111111×2^{101011}。这样，变量 c 的内码为

01000010 10100010 00110000 10011100 11100101 00111111 11111111 10111111

变量 c 的十进制精确值是 9.99999999999873046875×10^{12}。变量 a 减去变量 b 的精确值与变量 c 的精确值之间的差为 4.8828125×10^{-4}。

❀小甜点❀：

相邻浮点数之间的间距有可能不同，相邻浮点数之间的间距依赖浮点数本身的大小。下面给出具体的案例。

例 2-29：**8 字节双精度浮点数 1000.0 和它的下一个浮点数**。8 字节双精度浮点数 1000.0 的二进制值是 1.111101×2^{1001}，它的内码是

01000000 10001111 01000000 00000000 00000000 00000000 00000000 00000000

它的下一个浮点数（即比 1000.0 大的最小 8 字节双精度浮点数）的内码是

01000000 10001111 01000000 00000000 00000000 00000000 00000000 00000001

这个浮点数的二进制值是 1.11110100000000000000000000000000000000000000000000001×2^{1001}，十进制值是 1.0000000000000001136868377216160297393798828125×10^3。这两个相邻浮点数的差是 1.136868377216160297393798828125×10^{-13}。

例 2-30：**8 字节双精度浮点数 1.0 和它的下一个浮点数**。8 字节双精度浮点数 1.0 的二进制值是 1，它的内码是

00111111 11110000 00000000 00000000 00000000 00000000 00000000 00000000

它的下一个浮点数（即比 1.0 大的最小 8 字节双精度浮点数）的内码是

| 00111111 | 11110000 | 00000000 | 00000000 | 00000000 | 00000000 | 00000000 | 00000001 |

这个浮点数的二进制值是 1.000000000000000000000000000000000000000000000000001，十进制值是 1.0000000000000002220446049250313080847263336181640625。这两个相邻浮点数的差是 2.220446049250313080847263336181640625×10^{-16}。

例 2-31：**4 字节单精度浮点数 1000.0f 和它的下一个浮点数**。4 字节单精度浮点数 1000.0f 的二进制值是 1.111101×2^{1001}，它的内码是

| 01000100 | 01111010 | 00000000 | 00000000 |

它的下一个浮点数（即比 1000.0f 大的最小 4 字节单精度浮点数）的内码是

| 01000100 | 01111010 | 00000000 | 00000001 |

这个浮点数的二进制值是 1.11110100000000000000001×2^{1001}，十进制值是 1.00000006103515625×10^3。这两个相邻浮点数的差是 6.103515625×10^{-5}。

例 2-32：**4 字节单精度浮点数 1.0f 和它的下一个浮点数**。4 字节单精度浮点数 1.0f 的二进制值是 1，它的内码是

| 00111111 | 10000000 | 00000000 | 00000000 |

它的下一个浮点数（即比 1.0f 大的最小 4 字节单精度浮点数）的内码是

| 00111111 | 10000000 | 00000000 | 00000001 |

这个浮点数的二进制值是 1.00000000000000000000001，十进制值是 1.00000011920928955078125。这两个相邻浮点数的差是 1.1920928955078125×10^{-7}。

与通常的算术表达式一样，在 C 语言中定义的这些算术运算也可以进行混合运算。在算术运算符中，优先级最高是自增和自减运算，然后是乘法、除法与取模运算，最后是加法与减法运算。同级的运算采取从左到右的优先顺序。这与通常表达式的运算顺序是一致的。下面给出一些混合运算示例，代码的注释部分给出运算的结果。

```
int a = 12*3/6;             // 运算结果：变量a=6
double b = 3.0/6.0*12.0;    // 运算结果：变量b=6.0
int c = 1+2*3/6;            // 运算结果：变量c=2
float d = 1.0f+2.0f+3.0f/6.0f; // 运算结果：变量d=3.5f
```

这里介绍不同数据类型之间的算术运算。这时，在进行运算时，不同类型的数据先要转换成为同一种数据类型，然后进行相应的算术运算。具体的转换规则如下。

（1）如果两个操作数都是定点数类型，则字节数少的数据类型的数据转换成为字节数多的那种数据类型的数据。这里给出部分转换顺序示例：signed char→short→int→long。

（2）如果两个操作数都是浮点数类型，则字节数少的数据类型的数据转换成为字节数多的那种数据类型的数据。这里给出部分转换顺序示例：float→double。

（3）如果 1 个操作数是定点数类型，另 1 个操作数是浮点数类型，则定点数类型的数据转换成为浮点数类型的数据。

下面给出一些运算示例，代码的注释部分给出运算结果的数据类型。

```
int a = 1;
long long b = 2;
double d = 3.0;
float f = 4.0f;
a + b     // 运算结果的数据类型是 long long
d - a     // 运算结果的数据类型是 double
b + f     // 运算结果的数据类型是 float
f * d     // 运算结果的数据类型是 double
a + b + d * f     // 运算结果的数据类型是 double
```

在上面的示例中，虽然变量 b 存储单元占用的字节数有可能比变量 f 存储单元占用的字节数大，但在进行 b+f 运算时 b 的值会转换成为 float 类型的值，因此结果也是 float 类型。这里分析在上面示例当中"a + b + d * f"的运算过程如下。

（1）按运算的优先级顺序，先进行"d * f"的运算。这时 f 的值会转换成为 double 类型的值，然后再进行乘法运算，运算结果是 double 类型的数据。

（2）接着进行加法运算"a+b"。这时变量 a 的值会转换成为 long long 类型的值，再和变量 b 的值相加，相加的结果是 long long 类型的数据。

（3）最后，将"a+b"的结果与"d * f"的结果相加。这时，"a+b"的结果会从 long long 类型转换成为 double 类型的值，再与"d * f"的结果相加，因此运算结果的数据类型是 double。

2.5.2 关系运算

关系运算符包括：<、<=、>、>=、== 和!=。它们可以用来比较两个数值类型数据的大小，运算结果是整数。当关系不成立时，返回 0；当关系成立时，返回一个非零的整数。C 语言标准并没有规定这个非零的整数具体是多少。不过，VC 等大多数的 C 语言支撑平台将这个非零的整数设置为 1。这些关系运算都比较直观。

> ┍┑注意事项┍┑
>
> 在进行浮点数的关系运算时，应当考虑浮点数的表示误差与运算误差。因此，通常不直接判断两个浮点数 d1 和 d2 是否相等，即对于浮点数 d1 和 d2，一般建议避免采用下面的方式：
>
> d1==d2   // 应当慎重对浮点数作等于或不等于判断
>
> 常用的比较两个浮点数 d1 与 d2 是否相等的方法如下：
>
> (((d2−epsilon) < d1) && (d1 < (d2+epsilon)))   //比较 d1 与 d2 是否相等
>
> 其中，epsilon 是大于 0 并且适当小的浮点数，称为浮点数的容差。至于 epsilon 的值取多大较为合适，在计算机领域中一直是个难题，要根据实际的应用要求进行确定。

例 2-33：直接判断两个浮点数是否相等。这个案例的代码如下：

```
double a = 6.25;
double b = 2.5;
printf("(a/b==b)的结果是%d\n", (a/b==b)); // 输出：(a/b==b)的结果是 1✓
```

在这个案例中，浮点数的表示误差与运算误差均为 0，因此比较的结果是"=="关系式成立，结果返回 1。

例 2-34：直接判断两个浮点数是否相等，但存在表示误差与运算误差。这个案例的代码如下：

```
double a = 1;                                                        // 1
double b = 0.3;                                                      // 2
double c = a-b*3;                                                    // 3
double d = 0.1;                                                      // 4
printf("(c==d)的结果是%d\n", (c==d)); // 输出：(c==d)的结果是0✓     // 5
```

这里设 double 是 8 字节。在这个案例的运行结果中，变量 a 的值是 1，不存在表示误差。变量 b 的值是 0.29999999999999998889776975374843459576368331909179687 5，存在表示误差。变量 c 的值是 0.1000000000000000088817841970012523233890533447265625，存在运算误差。变量 d 的值是 0.1000000000000000055511151231257827021181583404541015625，存在表示误差。最后综合的结果，变量 c 与变量 d 刚好不相等，两者之间的差为 8.326672684688674053177237510681152343 75×10^{-17}。

> ┌╌ **注意事项** ╌┐
>
> （1）在书写关系运算符时，要特别关注 "=="运算符。在实际的代码编写过程，常常有人将 "=="运算符写成 "="赋值运算。
>
> （2）判断三个整数 a、b 和 c 是否相等的表达式不应当是 "a==b==c"。表达式 "a==b==c" 等价于 "(a==b)==c"。判断三个整数 a, b 和 c 是否相等的正确表达式应当是 "(a==b) && (b==c)"，其中 && 是与运算符，将在下一小节介绍。这里的运算符 && 表示只有当 (a==b) 和 (b==c) 都成立时，整个表达式 "(a==b) && (b==c)"才会成立。例如，在定义 "int a = 10; int b = 5; int c = 0;"之后，表达式 "a==b==c" 对应 "10==5==0"等价于 "(10==5)==0"。因为 (10==5) 的运算结果是 0，所以 "(10==5)==0"等价于 "0==0"，其结果是一个非零的整数，即表达式 "10==5==0"的运算结果是一个非零的整数。这反映了表达式 "a==b==c"无法用来判断三个整数 a、b 和 c 是否相等。而将 a、b 和 c 代入表达式 "(a==b) && (b==c)"，得到 "(10==5) && (5==0)"。因为 (10==5) 和 (5==0) 的运算结果都是 0，所以表达式 "(10==5) && (5==0)"等价于 "0 && 0"，其运算结果仍然为 0。这反映了 10、5 和 0 并不相等，与预期相吻合。

2.5.3　逻辑运算

逻辑运算符包括：&&、|| 和 !。操作数要求是整数系列类型。逻辑运算的结果通常是整数 0 或者 1。采用枚举的方法列出逻辑运算所有可能输入和输出结果的表格称为真值表，如表 2-25 所示。在逻辑运算当中，整数 1 或其他非零的数表示逻辑真；整数 0 表示逻辑假。对于与（&&）运算，只有当两个操作数均为逻辑真，结果才会为真。对于或（||）运算，只要有一个操作数为逻辑真，结果就为真。对于非（!）运算，只有一个操作数，结果是逻辑真变为逻辑假，逻辑假变为逻辑真。具体真值表如表 2-25 所示。

对于逻辑与（&&）和逻辑或（||）运算，它们的运算过程是从左到右进行运算。先根据第一个操作数进行判断。如果从第一个操作数就可以推断出结果，那么就不会去计算第二个操作数的值。

表 2-25　逻辑运算真值表（其中 *a* 和 *b* 表示操作数）

a	*b*	*a* && *b*	*a* || *b*	! *a*	! *b*
0	0	0	0	1	1
0	非零的数	0	1	1	0
非零的数	0	0	1	0	1
非零的数	非零的数	1	1	0	0

这里给出逻辑运算的示例。具体的代码如下：

```
int a = 10;                                                    // 1
int b = 0;                                                     // 2
printf("%d&&%d=%d\n", a, b, (a&&b)); // 输出: 10&&0=0↙          // 3
printf("%d||%d=%d\n", a, b, (a||b)); // 输出: 10||0=1↙          // 4
printf("!%d=%d\n", a, (!a)); // 输出: !10=0↙                    // 5
printf("!%d=%d\n", b, (!b)); // 输出: !0=1↙                     // 6
```

2.5.4　位运算

位运算符包括：&、|、~、^、>>和<<。位运算的操作数要求是定点数类型数据。位运算顾名思义指的是对定点数的每一个二进制位分别进行运算。

位运算&、|、~和^也称为按位逻辑运算。它们对定点数的每一个二进制位分别进行运算，其中数字 1 表示逻辑真，数字 0 表示逻辑假。对于按位与（&）运算，只有当两个操作数均为逻辑真，结果才会为真。对于按位或（|）运算，只要有一个操作数为逻辑真，结果就为真。对于按位异或（^）运算，只有当两个操作数不同时，结果才为真；当两个操作数相同时，结果就为假。对于按位非（~）运算，只有一个操作数，结果是逻辑真变为逻辑假，逻辑假变为逻辑真。具体位运算真值表如表 2-26 所示。

表 2-26　位运算真值表（其中：*a*[*i*]和 *b*[*i*]分别表示操作数 *a* 和 *b* 的第 *i* 个二进制位）

a[*i*]	*b*[*i*]	*a*[*i*] & *b*[*i*]	*a*[*i*] | *b*[*i*]	*a*[*i*] ^ *b*[*i*]	~ *a*[*i*]
0	0	0	0	0	1
0	1	0	1	1	1
1	0	0	1	1	0
1	1	1	1	0	0

下面给出八个按位逻辑运算的示例，分别如图 2-8~图 2-15 所示。在这些示例中，假设整数的二进制位数都是 32。

运算	二进制补码				十进制数
	00000000	00000000	00000000	00001001	9
&	00000000	00000000	00000000	00010111	23
结果	00000000	00000000	00000000	00000001	1

图 2-8　按位逻辑运算示例 1: 9&23=1

运算	二进制补码				十进制数
	1 1 1 1 1 1 1 1	1 1 1 1 1 1 1 1	1 1 1 1 1 1 1 1	1 1 1 1 0 1 1 1	-9
&	1 1 1 1 1 1 1 1	1 1 1 1 1 1 1 1	1 1 1 1 1 1 1 1	1 1 1 0 1 0 0 1	-23
结果	1 1 1 1 1 1 1 1	1 1 1 1 1 1 1 1	1 1 1 1 1 1 1 1	1 1 1 0 0 0 0 1	-31

图 2-9　按位逻辑运算示例 2: (-9)&(-23)=-31

运算	二进制补码				十进制数
	0 0 0 0 0 0 0 0	0 0 0 0 0 0 0 0	0 0 0 0 0 0 0 0	0 0 0 0 1 0 0 1	9
|	0 0 0 0 0 0 0 0	0 0 0 0 0 0 0 0	0 0 0 0 0 0 0 0	0 0 0 1 0 1 1 1	23
结果	0 0 0 0 0 0 0 0	0 0 0 0 0 0 0 0	0 0 0 0 0 0 0 0	0 0 0 1 1 1 1 1	31

图 2-10　按位逻辑运算示例 3: 9|23=31

运算	二进制补码				十进制数
	1 1 1 1 1 1 1 1	1 1 1 1 1 1 1 1	1 1 1 1 1 1 1 1	1 1 1 1 0 1 1 1	-9
|	1 1 1 1 1 1 1 1	1 1 1 1 1 1 1 1	1 1 1 1 1 1 1 1	1 1 1 0 1 0 0 1	-23
结果	1 1 1 1 1 1 1 1	1 1 1 1 1 1 1 1	1 1 1 1 1 1 1 1	1 1 1 1 1 1 1 1	-1

图 2-11　按位逻辑运算示例 4: (-9)|(-23)= -1

运算	二进制补码				十进制数
	0 0 0 0 0 0 0 0	0 0 0 0 0 0 0 0	0 0 0 0 0 0 0 0	0 0 0 0 1 0 0 1	9
^	0 0 0 0 0 0 0 0	0 0 0 0 0 0 0 0	0 0 0 0 0 0 0 0	0 0 0 1 0 1 1 1	23
结果	0 0 0 0 0 0 0 0	0 0 0 0 0 0 0 0	0 0 0 0 0 0 0 0	0 0 0 1 1 1 1 0	30

图 2-12　按位逻辑运算示例 5: 9^23=30

运算	二进制补码				十进制数
	1 1 1 1 1 1 1 1	1 1 1 1 1 1 1 1	1 1 1 1 1 1 1 1	1 1 1 1 0 1 1 1	-9
^	1 1 1 1 1 1 1 1	1 1 1 1 1 1 1 1	1 1 1 1 1 1 1 1	1 1 1 0 1 0 0 1	-23
结果	0 0 0 0 0 0 0 0	0 0 0 0 0 0 0 0	0 0 0 0 0 0 0 0	0 0 0 1 1 1 1 0	30

图 2-13　按位逻辑运算示例 6: (-9)^(23)= 30

运算	二进制补码				十进制数
~	0 0 0 0 0 0 0 0	0 0 0 0 0 0 0 0	0 0 0 0 0 0 0 0	0 0 0 0 1 0 0 1	9
结果	1 1 1 1 1 1 1 1	1 1 1 1 1 1 1 1	1 1 1 1 1 1 1 1	1 1 1 1 0 1 1 0	-10

图 2-14　按位逻辑运算示例 7: ~9=-10

运算	二进制补码				十进制数
~	1 1 1 1 1 1 1 1	1 1 1 1 1 1 1 1	1 1 1 1 1 1 1 1	1 1 1 1 0 1 1 1	-9
结果	0 0 0 0 0 0 0 0	0 0 0 0 0 0 0 0	0 0 0 0 0 0 0 0	0 0 0 0 1 0 0 0	8

图 2-15　按位逻辑运算示例 8: ~(-9)=8

※小甜点※

对于两个定点数 a 和 b，按位异或（^）具有如下三个性质：

（1）a ^ b = b ^ a。

（2）(a ^ b) ^ b = b ^ (a ^ b) =a。

（3）(a ^ b) ^ a = a ^ (a ^ b) =b。

例程 2-6 不借助第三个变量交换两个整数变量的值。

例程功能描述：该例程交换了两个整数变量的值，而且没有借助第三个变量。

例程解题思路：这里给出一种实现方案，它利用了前面介绍的按位异或（^）的性质"(a ^ b) ^ b = a"以及"a ^ (a ^ b) =b"。这个例程的源程序代码由一个源程序文件"C_IntSwap.c"组成，其内容如下。

```
// 文件名：C_IntSwap.c；开发者：雍俊海                          行号
#include <stdio.h>                                            // 1
#include <stdlib.h>                                           // 2
                                                             // 3
int main(int argc, char* args[ ])                            // 4
{                                                            // 5
    int a = 123;                                             // 6
    int b = 321;                                             // 7
    printf("交换前：a=%d, b=%d。\n", a, b);                   // 8
    a = a ^ b;                                               // 9
    b = a ^ b;                                               // 10
    a = b ^ a;                                               // 11
    printf("交换后：a=%d, b=%d。\n", a, b);                   // 12
    system("pause"); // 暂停住控制台窗口                      // 13
    return 0; // 返回 0 表明程序运行成功                       // 14
} // main 函数结束                                            // 15
```

上面代码第 6 行定义了整数类型的变量 a，并将其赋值为 123。为了方便描述，记这时变量 a 的值为 a 的初始值。上面代码第 7 行定义了整数类型的变量 b，并将其赋值为 321。为了方便描述，记这时变量 b 的值为 b 的初始值。在运行完上面代码第 9 行之后，变量 a 的值变为 "a 的初始值 ^ b 的初始值"。这样代入上面第 10 行代码，得到：

变量 b 的新值 =(a 的初始值 ^ b 的初始值) ^ b 的初始值

这样，根据前面按位异或（^）的性质，这时可以得到 "变量 b 的新值 =a 的初始值"。

在运行上面第 11 行代码之前，变量 a 的值已经是 "a 的初始值 ^ b 的初始值"，而且 "变量 b 的新值 =a 的初始值"。将这两个值代入第 11 行的表达式中，可以得到

变量 a 的新值 =a 的初始值 ^ (a 的初始值 ^ b 的初始值)

这样，在运行完上面代码第 11 行之后，根据前面按位异或（^）的性质，这时可以得到 "变量 a 的新值 =b 的初始值"。这样，就实现了两个整数变量互相交换值的功能。具体的运行结果示例如下。

```
交换前：a=123，b=321。
交换后：a=321，b=123。
请按任意键继续...
```

位运算>>和<<也称为**移位运算符**。**右移(>>)运算**是将第一个操作数表示成二进制补码形式，然后将二进制补码位序列右移第二个操作数指定的位数。右端移出的低位将自动被舍弃，左端高位依次移入的是第一个操作数最高位的值。**左移(<<)运算**是将第一个操作数的二进制补码位序列依次左移第二个操作数指定的位数，舍弃移出的高位，并在右端低位处补 0。下面给出四个按位逻辑运算的示例，分别如图 2-16~图 2-19 所示。在这些示例中，假设整数的二进制位数都是 32。

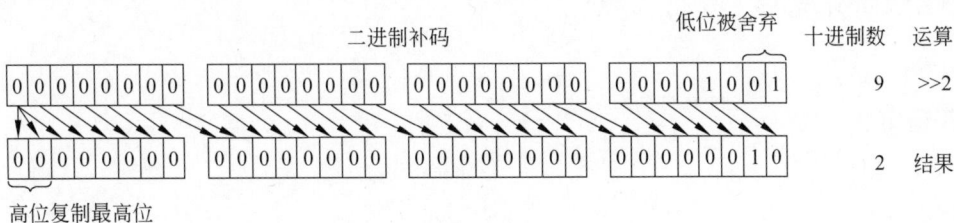

图 2-16 移位运算示例 1：9>>2=2

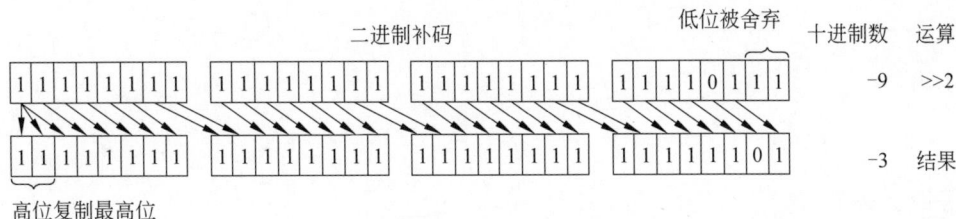

图 2-17 移位运算示例 2：(−9)>>2=−3

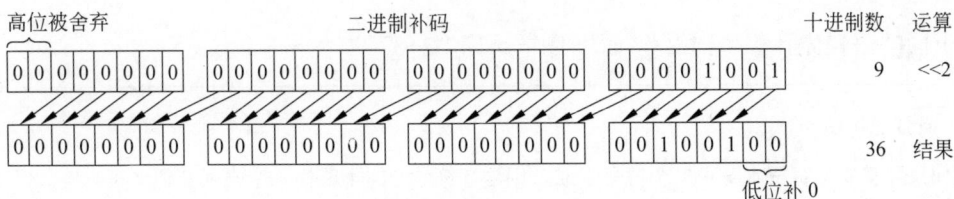

图 2-18 移位运算示例 3：9<<2=36

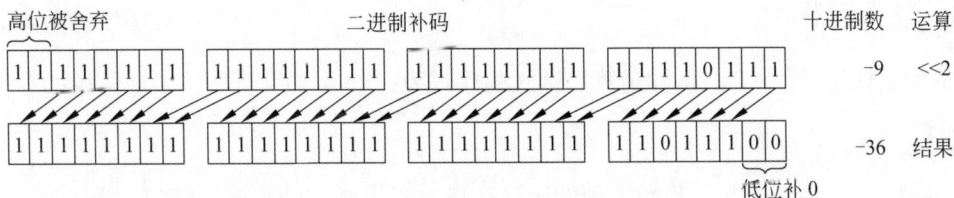

图 2-19 移位运算示例 4：(−9)<<2=−36

2.5.5 赋值类运算

赋值类运算符包括：=、+=、−=、*=、/=、&=、|=、%=、<<=和>>=。其中第一个运算是赋值运算。在赋值运算中，**赋值运算符"="**的左边是变量，右边是表达式。**赋值运**

算的运算顺序是先计算右边表达式的值，然后再将计算所得的值转换成左边变量数据类型所对应的值，最后再将转换后的值赋给该变量。其他赋值类运算可以认为是相应二元运算与赋值运算的组合，即：

$$variable \ 二元运算符 = expression;$$

等价于

$$variable = variable \ 二元运算符 \ (expression);$$

其中，*variable* 表示一个变量，*expression* 代表一个表达式。这里的二元运算符指的是在+、−、*、/、&、|、%、<<和>>当中的任何一个二元运算符。这里的运算顺序是先计算出表达式 *expression* 的值，再计算 "*variable* 二元运算符（*expression*）" 的值，最后再将运算的结果值赋给变量 *variable*。例如，语句

```
i+=5;
```

等价于语句

```
i= i+(5);
```

又如，语句

```
i *= 2+3;
```

等价于语句

```
i = i * (2+3);
```

但不等价于语句

```
i = i * 2+3;
```

因为上面的语句先计算 "i * 2"，而不是先计算 "2+3"。

> ⬭注意事项⬭
>
> 如果赋值类运算符本身由多个符号组成，则这些符号之间不能插入空格或其他字符。例如，赋值类运算符 "+=" 不能写成 "+⊔="；否则，通常会出现编译错误。

2.5.6　条件运算

条件运算符是 "? :"。条件运算表达式的格式为：

```
op1 ? op2 : op3
```

其中，*op*1、*op*2 和 *op*3 是操作数。条件运算符是 C 语言唯一的三元运算符。为了增加程序的可读性，一般建议在条件运算的外面添加圆括号，即采用如下的条件运算表达式格式：

```
(op1 ? op2 : op3)
```

条件运算要求 *op*1 是一个数。当 *op*1 的值不等于 0 时，条件运算的结果为表达式 *op*2 的值；否则，条件运算的结果为表达式 *op*3 的值。例如：

```
int i = 5;                                              // 1
int k = (i ? 1 : 0);                                    // 2
printf("k=%d", k);       // 结果输出：k=1               // 3
```

在上面示例第 2 行代码中，因为变量 i 的值为 5，即 i 的值不等于 0，所以表达式 "(i ?
1 : 0)" 的值为 1。因此，变量 k 的值为 1。上面示例第 3 行代码输出的结果验证了这一
结论。

2.5.7　其他运算

其他运算符包括：(优先)、(强制类型转换)、逗号、->、.、[下标]、*（指针取值）、
&（取地址）和 sizeof( )。这里，**圆括号运算**包括优先运算和强制类型转换两种运算。**优先
运算符 "( )"** 用来改变表达式的运算顺序，也常常用来界定表达式的各个子项使得表达式
含义更为清楚，即增强表达式的可读性。在运算过程中一般会优先计算在运算符 "( )" 内
部的表达式。这种优先运算与传统数学的圆括号优先运算基本上是一样的。例如，设定义
了 "int a = 2; int b = 3; int c = 4;"，则

（1）表达式 "(a+b)*c" 的值是 20。这里加上圆括号，因此先计算 "a+b" 得到 5，再计
算 "5*c"，得到最终结果 20。

（2）表达式 "a+b*c" 的值是 14。作为对比，这里没有圆括号，因此先计算 "b*c" 得
到 12，再计算 "a+12"，得到最终结果 14。

强制类型转换运算符 "( )" 用来进行强制类型转换。**强制类型转换的格式**是

> *(类型名称) 变量名称*

或者

> *(类型名称) (表达式)*

如果需要进行数据类型转换的表达式只是由一个变量组成，则可以不给该表达式加上
圆括号；否则，一定要给该表达式加上圆括号。当然，如果需要进行数据类型转换的表达
式只是由一个变量组成，也可以给该表达式加上圆括号。下面给出代码示例。

```
float f = 1.6f;                                                   // 1
int a = (int)f; // 也可以写成 "int a = (int)(f);"，结果 a = 1      // 2
a = (int)(f + 1.5f); // 正确写法，结果 a = 3                      // 3
a = (int)f + 1.5f; // 会出现编译警告，结果 a = 2                  // 4
```

对于上面代码示例的第 2 行，由于需要进行数据类型转换的表达式是 "f"，只是一个
变量，因此，在进行强制类型转换时，可以写成 "(int)f"，也可以写成 "(int)(f)"。对于上
面代码示例的第 3 行，由于需要进行数据类型转换的表达式是 "f + 1.5f"，因此，必须加上
圆括号。因为表达式 "f+1.5f" 的值是 3.1f，所以结果变量 "a = 3 = (int)(3.1f)"。对于上面
代码示例的第 4 行，"(int)f + 1.5f" 只是将 f 的值强制类型转换为整数，得到整数 1，再进
行 "1+ 1.5f" 的运算。在进行 "1+ 1.5f" 运算时，整数 1 又会转换成为单精度浮点数，然

后与"1.5f"相加，得到"2.5f"。这时，要将"2.5f"赋值给变量 a。实际上不允许直接进行这样的转换，而应当采用强制类型转换，因此出现了编译警告，结果 a = 2。在这个示例代码当中，常数 1.5 和 1.6 后面的字母 f 是单精度浮点数的后缀，表明这些常数是单精度浮点数。

※ 小甜点 ※

　　对某个变量进行类型转换时，该变量自身的值自始至终都不会发生变化。例如，在上面示例"int a = (int)f"中，变量 f 的值一直保持不变，即对于上面示例代码，变量 f 的值一直等于 1.6f。

　　进行类型转换不一定需要强制类型转换运算符。没有采用强制类型转换运算符的类型转换称为隐式类型转换。下面介绍一些必须采用的强制类型转换情况。

　　（1）如果要将一种定点数类型转换成为另外一种定点数类型，则字节数多的数据类型的数据转换成为字节数少的那种数据类型的数据要求必须采用的强制类型转换。这里给出部分需要强制类型转换的转换顺序示例：long→int→short→signed char。

　　（2）如果要将一种浮点数类型转换成为另外一种浮点数类型，则字节数多的数据类型的数据转换成为字节数少的那种数据类型的数据要求必须采用的强制类型转换。这里给出部分需要强制类型转换的转换顺序示例：double→float。

　　（3）如果要将浮点数类型数据转换成为定点数类型数据，则必须采用的强制类型转换。

　　下面给出隐式类型转换的示例。

```
int a = 3;                                              // 1
double d = a;  // 这也可以写成 double d = (double)a;    // 2
```

　　逗号运算是用逗号连接若干表达式。在运行时会按从左到右的顺序依次计算这些表达式的值，最终整个逗号运算的值是最后一个表达式的值。下面给出逗号运算的代码示例。

```
int a, b;                                              // 1
a = 1, b = 2;                                          // 2
```

不过，在实际应用中，一般不这么写，而通常写成：

```
int a = 1;                                             // 1
int b = 2;                                             // 2
```

即不采用逗号运算。逗号运算常用于 for 循环语句，for 循环语句将在后面章节介绍。

　　运算"–>"通过地址获取成员，运算"."直接获取成员，运算"[下标]"获取数组的元素，运算"*"获取指针所指向的存储单元的值，运算"&"获取变量的地址。这些运算将在后面的章节进行介绍。2.2.4 节已经介绍了"sizeof( )"运算，它计算并返回指定存储单元的长度。

2.6　本　章　小　结

本章介绍了 C 语言程序的组成元素：数据和运算。这些都是 C 语言非常重要的内容，应当耐心学习并熟练掌握。要理解 C 语言数据，就必须掌握 C 语言的数据类型和变量的定义与应用方式。在学习的过程当中，自己还可以进行编程实践，并通过数据的输入和输出函数让自己直观感受到 C 语言数据和运算。C 语言数据和运算与传统数学很像，但又不完全一样，因为 C 语言程序受到计算机本身的限制。C 语言数据和运算在一定程度上都具有有限性，因此，必须掌握 C 语言数据和运算的有效范围及其特点，从而保证程序的正确性。如果无法正确理解或掌握这些知识，那么很有可能会编写出含有错误的程序代码，而且非常难以发现这些可能出现的错误，甚至有可能会误导生活或者工作。

2.7　本　章　习　题

习题 2.1　请判断下面各个结论的对错。

（1）标识符和关键字都是 C 语言的基本组成部分。

（2）假设在输入的一行字符序列当中字符的个数（包括回车符和换行符）不超过 29 个，那么语句"char buffer[30] = {'\0'};scanf_s("%29s", buffer, 30);"一定会读入完整的这一行字符序列。

（3）浮点数只是近似地表示在数学意义上的实数，浮点数的四则运算结果是随机的。

（4）关键字 extern 和 static 常常配对使用，前者常用于变量的声明，后者常用于变量的定义。

习题 2.2　什么是合法的标识符。

习题 2.3　下面哪些标识符是合法的标识符，哪些是不合法的标识符？

①counter；　　②a$$b；　　③$100；　　④like；　　⑤_day；　　⑥test_；

⑦case_1；　　⑧case-1；　　⑨f( )；　　⑩_Bool；　　⑪auto；　　⑫10d。

习题 2.4　如何定义"好"的标识符，有什么原则需要遵循。

习题 2.5　请写出 C 语言的关键字。

习题 2.6　请简述 C 语言各个关键字的基本含义。

习题 2.7　请简述标准 C 语言包含哪些常用的数据类型。

习题 2.8　请写出最大和最小的 32 位 int 类型的整数。

习题 2.9　在 C 语言中，32 位 int 类型存储单元的编码方式是什么？

习题 2.10　请简述整数的二进制补码表示方案。

习题 2.11　请写出下列整数的 32 位二进制补码。

7、8、9、10、11、12、33、105、−7、−8、−9、−10、−11、−12、−111、−28、−65

习题 2.12　对于定义"int a = 0123; int b = 0x0123;"，如果该定义含有语法错误，则请指出错误原因；否则，请写出 a 和 b 所对应的十进制的值。

习题 2.13　简述枚举类型的作用。

习题 2.14　设定义了"int a, b;"，则 a+b 出现整数运算溢出的充要条件是什么？

习题 2.15 设定义了"int a, b;"，则 a−b 出现整数运算溢出的充要条件是什么？

习题 2.16 设定义了"int a, b;"，则 a*b 出现整数运算溢出的充要条件是什么？

习题 2.17 设定义了"int a, b;"，则 a/b 出现整数运算溢出的充要条件是什么？

习题 2.18 对于定义"double a = 5.F; double b = 1e6;"，如果该定义含有语法错误，则请指出错误原因；否则，请写出 a 和 b 所对应的十进制的值。

习题 2.19 请详细描述 IEEE 754 标准规定的浮点数表示方案。

习题 2.20 请准确写出 0.25 所对应的 8 字节双精度浮点数的二进制内码。

习题 2.21 请准确写出 0.1 所对应的 8 字节双精度浮点数的二进制内码。

习题 2.22 简述 sizeof 的用法。

习题 2.23 变量的四大基本属性分别是什么？

习题 2.24 简述变量与变量的值之间的区别。

习题 2.25 关键字 extern 的作用是什么？

习题 2.26 关键字 static 的作用是什么？

习题 2.27 在 C 语言程序代码中，为什么必须先定义或声明变量，才能使用该变量？

习题 2.28 在 C 语言中，为什么不能使用没有定义的变量？

习题 2.29 在 C 语言中，什么是字面常量？

习题 2.30 在 C 语言中，整数字面常量有哪些书写格式？

习题 2.31 在 C 语言中，字符字面常量有哪些书写格式？

习题 2.32 请列举出常用的转义字符。

习题 2.33 在 C 语言中，单精度浮点数字面常量有哪些书写格式？

习题 2.34 在 C 语言中，双精度浮点数字面常量有哪些书写格式？

习题 2.35 请编写程序，接收用户输入一个整数，并以二进制补码的形式输出该整数。

习题 2.36 请简述调用函数 printf 的注意事项。

习题 2.37 请指出下面语句的错误之处，并叙述产生错误的原因。然后，请修正相应的语句，使得最终语句不再包含错误。

（1）printf("%d", 1.0);

（2）printf("%%s", "Hello.");

（3）printf("%s", 'A');

（4）printf("%c", "A");

（5）char ch = 'D'; scanf("%2c", &ch);

习题 2.38 请简述调用函数 scanf 或 scanf_s 的注意事项。

习题 2.39 请简述函数 scanf 或 scanf_s 的相同点与不同点。

习题 2.40 请编写程序，接收一个十六进制整数的输入，并输出这个整数的十进制值。

习题 2.41 请编写程序，接收一个十进制整数的输入，并输出这个整数的十六进制值。

习题 2.42 请给出下面各个表达式的数据类型及其十进制值。设字母'A'所对应的 ASCII 码是 65。

①3*4/5−2.5+ 'A';　②6 | 9;　　　③10 ^ (−10);　　　④11 & (−111);

⑤2 / 8 * 16;　　⑥1/2.0*8+5;　　⑦111 >> 2;　　　⑧111 << 2;

⑨ $-111 >> 2$；　　⑩ $-111 << 2$；　　⑪ $4/5+(int)5.2/2.5$；　　⑫ $1.0+4/5$。

习题 2.43 请编写程序，接收一个实数的输入。设该实数表示华氏温度，要求计算并输出摄氏温度。华氏温度与摄氏温度的计算公式是：$C=(F-32)×5/9$，其中，C 是摄氏温度，F 是华氏温度。

习题 2.44 请编写程序，接收一个直角三角形两条直角边的长度的输入，计算并输出这个直角三角形的斜边长、周长和面积。要求边长、周长和面积采用双精度浮点数表示。

第 3 章 控 制 结 构

C 语言的控制结构有三类：顺序结构、选择结构和循环结构。顺序结构是最简单的程序结构。在顺序结构中，程序从前到后按顺序依次执行各条语句或语句块，不跳过也不重复任何语句或语句块。在 C 语言中，不含语句块的每条语句通常以分号";"作为结束标志。最简单的语句可以只包含一个分号，该语句称为空语句。空语句不执行任何的操作。有时采用空语句来延长程序的运行时间。被大括号"{ }"括起来的一条或多条语句通常称为语句块。下面给出顺序结构代码示例。

```
double a = 5.1;
double b = 7.2;
double c = (a+b)/2;
printf("%g 和%g 的平均值是%g。\n", a, b, c);  //输出：5.1 和 7.2 的平均值是 6.15。✓
```

本章将依次介绍选择结构和循环结构。在选择结构中，程序依据条件选择相应的分支执行语句或语句块。选择结构包括 if 语句、if-else 语句和 switch 语句，这些语句也可以统称为选择语句。在循环结构中，程序不断重复执行指定的语句或语句块，直到循环结束。循环结构包括 for 语句、while 语句和 do-while 语句。组成循环结构的 for 语句、while 语句和 do-while 语句也可以统称为循环语句。选择语句和循环语句实际上都是复合语句，即在这些语句的组成部分当中还会包含语句、语句块或语句组，其中语句组也是由一条或多条语句组成。语句块与语句组的区别在于是否被一对大括号"{ }"括起来。在选择结构和循环结构中，还可能包含 break 语句和 continue 语句，其中 break 语句用来中断执行 switch 语句或循环结构，continue 语句只能用于循环结构并使得程序直接进入下一轮的循环。

3.1 选 择 结 构

选择结构的特点是根据不同的条件选择执行不同的程序代码。选择结构包括 if 语句、if-else 语句和 switch 语句。其中 if 语句只有一个分支，当且仅当在满足 if 条件时，才执行在 if 语句中的语句或语句块。if-else 语句包含两个分支。如果满足 if 条件，则执行 if 分支的语句或语句块；否则，执行 else 分支的语句或语句块。switch 语句可以包含多个分支。switch 语句根据一个整数系列类型表达式的值选择执行相应的分支。

3.1.1 if 语句和 if-else 语句

if 语句和 if-else 语句统称为条件语句。if 语句的格式是：

```
if (表达式)
    语句或语句块
```

其中，表达式必须是数值类型的表达式，可以是定点数，也可以是浮点数，称为 **if 条件表达式**。在 if 语句当中的语句或语句块只能是单条语句或一个语句块，称为 **if 分支语句或语句块**。如图 3-1(a)所示，只有当 if 条件表达式不等于 0 时，才会执行 if 分支语句或语句块。

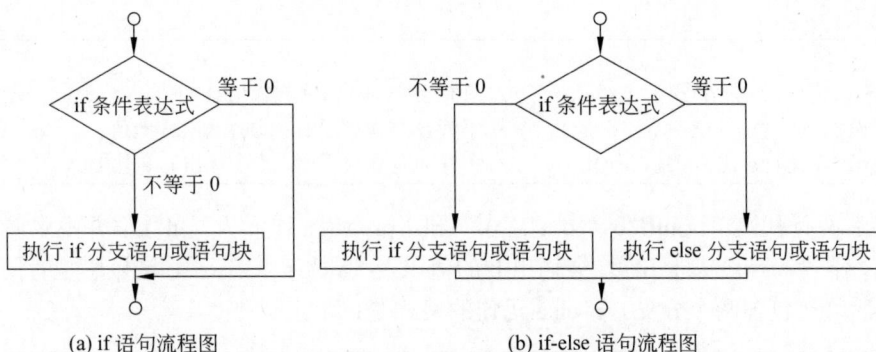

(a) if 语句流程图　　　　　　(b) if-else 语句流程图

图 3-1　if 语句和 if-else 语句流程图

在流程图中，小圆圈表示流程图片段的连接点，即上面流程图接入其他流程图组成更大流程图的连接点；菱形表示条件判断，而且将依据判断结果执行不同的分支；矩形表示正常的代码执行；箭头表示程序运行的路径。

下面给出 if 语句代码示例。

```
int studentScore = 95;                                      // 1
if (studentScore>90)                                        // 2
    printf("成绩优秀!\n"); // 结果输出：成绩优秀!✓           // 3
```

在上面第 2 行代码中，因为 studentScore = 95，所以 if 条件表达式 "studentScore>90" 成立。这样，上面第 3 行代码 if 分支语句 "printf("成绩优秀!\n");" 就会被执行，结果输出 "成绩优秀!✓"。如果将上面第 1 行代码换为 "int studentScore = 85;"，那么 if 条件表达式 "studentScore>90" 不成立，这样上面第 3 行代码就不会被执行，结果什么也没有被输出。

下面给出另外一个 if 语句代码示例。

```
int a = 10;                                                 // 1
int b = 5;                                                  // 2
if (a>b)                                                    // 3
{                                                           // 4
    printf("a=%d\n", a); // 结果输出：a=10✓                 // 5
    printf("b=%d\n", b); // 结果输出：b=5✓                  // 6
    printf("a 比 b 大。\n");    // 结果输出：a 比 b 大。✓    // 7
} // if 结束                                                // 8
```

在这个示例当中，if 分支部分是一个语句块。通过语句块使得 if 分支部分可以包含多条语句。

> ⚑注意事项⚑
>
> 在 if 分支语句块当中，作为语句块标志的一对大括号 "{ }" 是不能去掉的。如果去掉，则 if 分支

语句块就变为 if 分支语句，而且这条 if 分支语句就是原语句块的第一条语句。

例如，在上面代码示例中，如果去掉其中第 4 行和第 8 行代码，则在第 3 行之后的代码变为

```
if (a>b)
    printf("a=%d\n", a);        // 只有当(a>b)，才会输出 a 的值。
    printf("b=%d\n", b);        // 不管 a 是否大于 b，均会输出 b 的值。
    printf("a 比 b 大。\n");      // 不管 a 是否大于 b，均会输出：a 比 b 大。✓
```

这时，最后两行代码 "printf("b=%d\n", b);" 和 "printf("a 比 b 大。\n");" 并不隶属于 if 语句。因此，不管 a 是否大于 b，均会输出 b 的值以及 "a 比 b 大。✓"。这显然是有问题的。

if-else 语句包含两个分支。**if-else 语句的格式**是：

```
if (表达式)
    语句 1 或语句块 1
else
    语句 2 或语句块 2
```

其中，表达式称为 **if 条件表达式**，必须是数值类型的表达式，可以是定点数，也可以是浮点数。if 下方的语句 1 或语句块 1 称为 **if 分支语句或语句块**，else 下方的语句 2 或语句块 2 称为 **else 分支语句或语句块**。这里的语句 1 和语句 2 均只能是单条语句，语句块 1 和语句块 2 也只能是一个语句块。如图 3-1(b) 所示，只有当 if 条件表达式不等于 0 时，才会执行 if 分支语句或语句块；否则，执行 else 分支语句或语句块。下面给出 if-else 语句代码示例。

```
int studentScore = 85;                               // 1
if (studentScore>=60)                                // 2
    printf("通过考试!\n");                             // 3
else                                                 // 4
    printf("考试没通过，请继续努力!\n");                // 5
```

上面代码示例将输出 "通过考试!✓"。

在 if 语句和 if-else 语句当中的分支语句仍然可以是 if 语句或 if-else 语句。但这时，需要注意 if 和 else 在同一个语句块中的最近配对原则。

> ⌂ **注意事项** ⌂
>
> **if 和 else 的最近配对原则**：在同一个语句块中，else 部分总是按照 if-else 语句格式与最近的未配对的 if 部分配对，构成 if-else 语句。如果 else 部分无法与 if 部分配对构成符合 if-else 语句格式的语句，那么将出现编译错误。根据这一原则，如果在 if-else 语句当中的 if 分支语句或语句块仍然是一条 if 语句，那么该 if 语句代码的编写应当采用语句块的形式；否则，该 if 语句将与 else 部分配对成为 if-else 语句。下面给出具体的示例代码进行说明。

这里给出示例代码说明 if 和 else 最近配对原则可能出现的问题以及如何避免可能出现的错误。具体的代码如下。

```
int month = 12;                                           // 1
int day = 30;                                             // 2
if (month==12)                                            // 3
{                                                         // 4
    if (day==31)                                          // 5
        printf("这是一年的最后一天!\n");                    // 6
}                                                         // 7
else                                                      // 8
    printf("这不是一年的最后一个月!\n");                     // 9
```

虽然第 5 行的 if 比第 3 行的 if 离第 8 行的 else 更近一些,但第 5 行的 if 与第 8 行的 else 不在同一个语句块中。因此,上面代码第 8 行的 else 只会与第 3 行的 if 相配对,而不会与第 5 行的 if 相配对。上面代码第 4~7 行是一个语句块,只包含一条 if 语句。在 if-else 语句的格式中,允许其中的 if 分支语句或语句块是一条语句。那么,能否去掉第 4 行和第 7 行代码,即去掉作为语句块标志的一对大括号"{ }"?在去掉这两行代码之后,语法仍然是正确的。这时,上面的代码变为

```
int month = 12;                                           // 1
int day = 30;                                             // 2
if (month==12)                                            // 3
    if (day==31)                                          // 5
        printf("这是一年的最后一天!\n");                    // 6
else                                                      // 8
    printf("这不是一年的最后一个月!\n");                     // 9
```

运行上面的代码,将会输出"这不是一年的最后一个月!↙"。为什么会是这样的?为什么 12 月会不是一年的最后一个月?我们分析一下修改之后的代码,根据 if 和 else 最近配对原则,在修改之后的代码中,上面代码第 8 行的 else 会与第 5 行的 if 相配对。这样,修改之后的代码实际上等价于

```
int month = 12;                                           // 1
int day = 30;                                             // 2
if (month==12)                                            // 3
{                                                         // 4
    if (day--31)                                          // 5
        printf("这是一年的最后一天!\n");                    // 6
    else                                                  // 7
        printf("这不是一年的最后一个月!\n");                 // 8
}                                                         // 9
```

这样,对于 12 月,只要日期不是 31,就会输出"这不是一年的最后一个月!↙"。对于其他月份,反而什么都不会输出。将"if (day==31) printf("这是一年的最后一天!\n");"部分按语句块的形式编写,就不会出现这种与预期不相符的逻辑。总之,在 if-else 语句当中的 if 分支语句或语句块仍然是一条 if 语句的正确语句格式是:

```
if (表达式 1)
{
    if (表达式 2)
        语句 1 或语句块 1
}
else
    语句 2 或语句块 2
```

如果 if-else 语句的 else 分支语句仍然是一条 if-else 语句，则通常写成

```
if (表达式 1)
    语句 1 或语句块 1
else if (表达式 2)
    语句 2 或语句块 2
else
    语句 3 或语句块 3
```

这个过程可以有限次重复下去，这样形成如下的语句格式：

```
if (表达式 1)
    语句 1 或语句块 1
else if (表达式 2)
    语句 2 或语句块 2
…
else if (表达式 n)
    语句 n 或语句块 n
else
    语句 (n+1) 或语句块 (n+1)
```

下面给出代码示例。

```
int studentScore = 85;                          // 1
if (studentScore>=90)                           // 2
    printf("成绩优秀!\n");                        // 3
else if (studentScore>=80)                      // 4
    printf("成绩良好!\n");                        // 5
else if (studentScore>=70)                      // 6
    printf("成绩中等!\n");                        // 7
else if (studentScore>=60)                      // 8
    printf("成绩合格!\n");                        // 9
else                                            // 10
    printf("考试没通过，请继续努力!\n");           // 11
```

上面的代码对成绩进行分类。如果分数大于或等于 90 分，则成绩优秀；如果分数介于 80 和 89 之间，则成绩良好；如果分数介于 70 和 79 之间，则成绩中等；如果分数介于 60 和 69 之间，则成绩合格；如果分数低于 60，则考试没通过，请继续努力。

3.1.2 switch 语句

switch 语句也常称为**分支语句**。switch 语句的格式如下：

```
switch (表达式)
{
case 常数1:
    语句组1
case 常数2:
    语句组2
…
case 常数n:
    语句组n
default:
    语句组(n+1)
}
```

上面 switch 语句第一行的表达式称为 **switch 表达式**，它必须是整数系列类型的表达式。在 switch 语句的一对大括号"{ }"内是一系列的 case 分支和一个 default 分支。每个 **case 分支**在关键字 case 和空格之后紧接着一个常数，这个常数的数据类型必须与 switch 表达式相匹配，称为 **case 常数**。在同一条 switch 语句当中，各个 case 常数必须各不相等；否则，无法通过编译。在 case 常数之后是冒号，然后是 **case 分支语句组**。**default 分支**在同一条 switch 语句中最多出现一次，也可以不出现。在 default 分支中的语句组称为 **default 分支语句组**。case 分支语句组和 default 分支语句组均由一条或多条语句组成，而且每个 case 分支语句组和 default 分支语句组的最后一条语句通常是 **break 语句**。如果在这些分支语句组的中间出现 break 语句，那么在 break 语句之后的语句实际上将不会起作用。当然，这些分支语句组也可以不含 break 语句。

如图 3-2 所示，在执行 switch 语句时，首先计算 switch 表达式的值，然后依次将该表

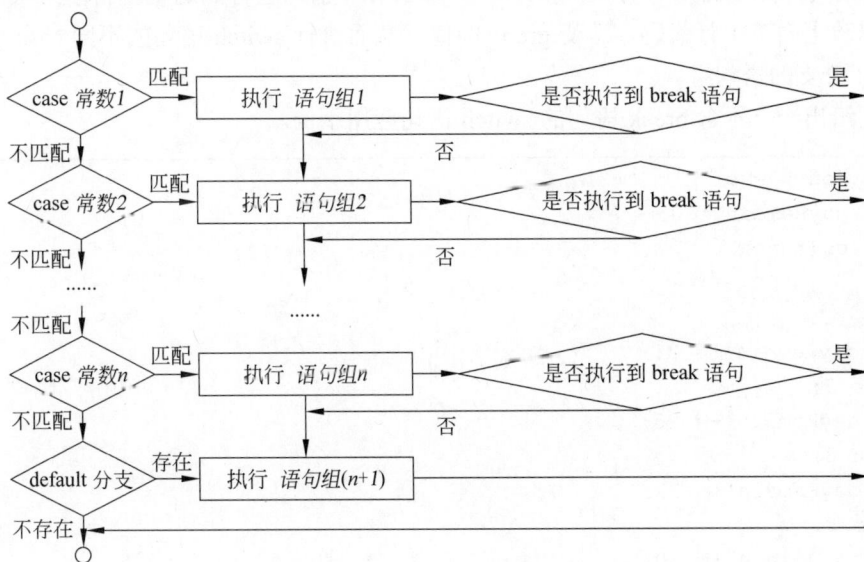

图 3-2　switch 语句流程图

达式的值与各个 case 常数进行匹配。如果该表达式的值刚好等于某个 case 常数，则进入该 case 分支，执行相应的 case 分支语句组。如果该 case 分支语句组不含 break 语句，则会继续执行下一个 case 分支或 default 分支的语句组，直到执行到 break 语句或整个 switch 语句结束。如果 switch 表达式的值与任何一个 case 常数都不相等，并且 switch 语句含有 default 分支，则执行 default 分支语句组。

下面给出一个 switch 语句示例。

```
char grade = 'A';                                    // 1
switch(grade)                                        // 2
{                                                    // 3
case 'A':                                            // 4
    printf("百分制成绩：90~100。\n");                // 5
    break;                                           // 6
case 'B':                                            // 7
    printf("百分制成绩：80~89。\n");                 // 8
    break;                                           // 9
case 'C':                                            // 10
    printf("百分制成绩：60~79。\n");                 // 11
    break;                                           // 12
case 'D':                                            // 13
    printf("百分制成绩：0~59。\n");                  // 14
    break;                                           // 15
default:                                             // 16
    printf("无效成绩。\n");                          // 17
} // switch 结束                                     // 18
```

在这个示例中，因为变量 grade 的值是'A'，所以程序会进入 case 'A'分支，执行该 case 分支语句组，输出"百分制成绩：90~100。✓"。因为该 case 分支语句组的最后一条语句是 break 语句，如上面第 6 行代码所示，所以 switch 语句运行到这里就自动结束了。我们还可以修改上面第 1 行代码，改变 grade 的值，从而执行 switch 语句的不同 case 分支或执行 default 分支的语句组。

下面给出一个不含 break 语句的 switch 语句应用示例。

```
int month = 5;                                       // 1
int dayRemain = 0;                                   // 2
switch(month)                                        // 3
{                                                    // 4
case 1:                                              // 5
    dayRemain += 31;                                 // 6
case 2:                                              // 7
    dayRemain += 28;                                 // 8
case 3:                                              // 9
    dayRemain += 31;                                 // 10
case 4:                                              // 11
    dayRemain += 30;                                 // 12
```

```
    case 5:                                                   // 13
        dayRemain += 31;                                      // 14
    case 6:                                                   // 15
        dayRemain += 30;                                      // 16
    case 7:                                                   // 17
        dayRemain += 31;                                      // 18
    case 8:                                                   // 19
        dayRemain += 31;                                      // 20
    case 9:                                                   // 21
        dayRemain += 30;                                      // 22
    case 10:                                                  // 23
        dayRemain += 31;                                      // 24
    case 11:                                                  // 25
        dayRemain += 30;                                      // 26
    case 12:                                                  // 27
        dayRemain += 31;                                      // 28
    } // switch 结束                                           // 29
    printf("距离年终还剩余%d天。\n", dayRemain);                // 30
```

这个示例假设某年的 2 月总共是 28 天,这个示例希望统计从 month 这个月开始到年终还剩余多少天。在这个示例中,因为变量 month 的值是 5,所以程序会进入 case 5 分支,执行该 case 分支语句组,统计 5 月的天数,使得 dayRemain= 31。因为该 case 分支语句组不含 break 语句,所以程序会进入该 switch 语句的下一个 case 分支,即 case 6 分支,继续统计 6 月的天数,使得 dayRemain=31+30=61。这个过程不断继续下去,直到最后一个 case 分支,即 case 12 分支,程序统计了最后一个月的天数,该 switch 语句才执行结束。这时,程序已经统计了从 5 月到 12 月的总天数,得到 dayRemain=245。因此,运行上面第 30 行代码将输出"距离年终还剩余 245 天。"

〶 **注意事项** 〶

(1) 在 switch 语句中,**switch 表达式**必须是定点数类型的表达式。

(2) 在 switch 语句中,**case 常数**必须是定点数类型的常数,不能是浮点数类型的常数。

(3) 在同一条 switch 语句当中,**所允许的 case 分支的总个数**总是有限的。C 语言标准规定,在同一条 switch 语句中,case 分支的个数不能超过 1023。不过,实际所允许的 case 分支个数依赖 C 语言支撑平台。

3.2 循 环 结 构

循环结构非常适合发挥计算机的强大运算能力。循环结构的特点是不断重复执行位于循环体内的程序代码,直到不满足循环条件。有限性是正常计算机程序的基本特点。因此,对于正常的循环结构,应当设计合理的循环条件使得循环最终能够在有限的步骤之后结束。循环结构包括 for 语句、while 语句和 do-while 语句。下面分别介绍这些循环语句。

3.2.1　for 语句

for 语句是 C 语言的三种循环语句之一。for 语句的格式是：

```
for (初始化表达式；条件表达式；更新表达式)
    循环体
```

其中，循环体一般是一条语句或一个语句块。

如图 3-3 所示，在执行 for 语句时，初始化表达式只会被计算一次。初始化表达式通常用来初始化循环所需要的变量，因此通常由 1 个或多个赋值运算表达式组成。如果是多个赋值运算表达式，则采用逗号分隔开。

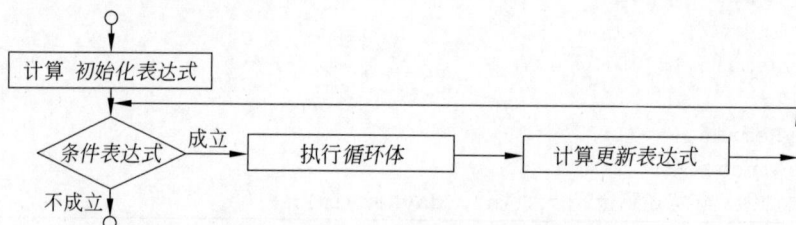

图 3-3　for 语句流程图

下面给出采用 for 语句实现计算从 1 到 100 之和的示例。

```
int i, n, sum;                                          // 1
for (i=1, n=100, sum=0; i<=n; i++)                      // 2
    sum+=i;                                             // 3
printf("sum=%d. \n", sum); // 结果输出：sum=5050。       // 4
```

在上面的示例中，初始化表达式是"i=1, n=100, sum=0"，由三个赋值运算表达式组成，相邻的赋值运算表达式采用逗号分隔。因此，这个初始化表达式实际上就一个逗号运算表达式。

> ⊛小甜点⊛
>
> 初始化表达式还可以为空。下面给出相应的代码示例。

```
int n = 100;                                            // 1
int sum = 0;                                            // 2
int i = 1;                                              // 3
for ( ; i<=n; i++)                                      // 4
    sum+=i;                                             // 5
printf("sum=%d. \n", sum); // 结果输出：sum=5050。       // 6
```

在上面的示例中，初始化 for 循环所需要的各个变量的工作已经由第 1~3 行代码完成。因此，for 语句的初始化表达式为空。

▷注意事项▷

在 C 语言的 for 语句中，通常不允许在初始化表达式中定义变量。下面给出相应的代码示例。

```
int n = 100;                                    // 1
int sum = 0;                                    // 2
for (int i=1; i<=n; i++) // 其中"int i=1"无法通过编译    // 3
    sum+=i;                                     // 4
printf("sum=%d。\n", sum);                       // 5
```

上面第 3 行代码通常无法通过编译，因为不能在初始化表达式中定义变量 i。

📖说明📖

不过，有些 C 语言支撑平台遵循 C++语法规则，可以编译通过上面的代码。但是，为了保证 C 语言代码的通用性或者说可移植性，仍然不建议在 for 语句的初始化表达式中定义变量。

如图 3-3 所示，在计算初始化表达式之后，开始计算并判断 for 语句的条件表达式。如果条件表达式不等于 0，则表明条件表达式成立，这时就会执行 for 语句的循环体。如果条件表达式等于 0，则表明条件表达式不成立，这时就会结束 for 语句的执行。

在执行完一遍 for 语句的循环体之后，就会计算更新表达式。更新表达式通常用来更新循环涉及的变量。因此，更新表达式通常是自增或自减或赋值类运算表达式。如果需要在更新表达式中改变多个变量的值，则通常采用逗号运算表达式，即用逗号分隔多个自增或自减或赋值类运算表达式。

✾小甜点✾

允许更新表达式为空。如果需要更新循环涉及的变量的值，还可以将更新表达式改写为语句放入循环体内部。下面给出相应的代码示例。

```
int i, n, sum;                                          // 1
for (i=1, n=100, sum=0; i<=n; )  // 更新表达式为空           // 2
{ // for 循环体开始                                       // 3
    sum+=i;                                             // 4
    i++; // 更新表达式变成为在循环体中的更新语句                // 5
} // for 循环体结束                                        // 6
printf("sum=%d。\n", sum); // 结果输出：sum=5050。✓         // 7
```

在上面代码中，第 2 行 for 语句的更新表达式为空。变量 i 的更新是循环体的最后一条语句，位于上面代码的第 5 行。这种写法是允许的，只是没有原来的简洁。不过，当更新表达式比较复杂时，可以考虑采用这种方式编写代码。

如图 3-3 所示，在计算更新表达式之后，又会重新开始计算并判断 for 语句的条件表达式。如果条件表达式成立，则会继续执行 for 语句的循环体；否则，就会结束 for 语句的执行。这个过程会不断重复下去，直到条件表达式不成立或者在执行循环体时遇到了 break 语句。break 语句和 continue 语句将在后面的章节进行讲解。

> ⚑注意事项⚑
>
> 编写循环语句的常见两个问题如下。
>
> （1）整个循环是否得到正确的初始化。因为 for 语句具有显式的初始化表达式，所以采用 for 语句出现这种问题的情况比较少。
>
> （2）对于 for 语句，应当注意更新表达式与条件表达式，既要保证循环体的正常执行，又要保证最终会终止循环。

采用 for 语句的常见场景是要求重复执行循环体 n 遍。下面给出实现这一目标的两种常见写法。第一种写法如下。

```
int n = 100;                                                      // 1
int i;                                                            // 2
for (i=1; i<=n; i++)                                              // 3
    循环体 // 这里的循环体需要换成实际可行的代码才可以通过编译        // 4
```

如上面第 3 行代码所示，这种写法变量 i 从 1 开始计数，因此条件表达式采用 "<=" 运算。上面计算从 1 到 100 之和的示例非常适合于这种写法。另外一种写法如下。

```
int n = 100;                                                      // 1
int i;                                                            // 2
for (i=0; i<n; i++)                                               // 3
    循环体 // 这里的循环体需要换成实际可行的代码才可以通过编译        // 4
```

如上面第 3 行代码所示，这种写法变量 i 从 0 开始计数，因此条件表达式采用 "<" 运算。因为 C 语言代码更习惯于从 0 开始计数，例如以后会学到的数组的下标就是从 0 开始计数，所以这种写法更为常见，只是一定要注意这时的条件表达式采用 "<" 运算。

3.2.2　while 语句

while 语句是 C 语言的三种循环语句之一。while 语句的格式是：

```
while (条件表达式)
    循环体
```

其中，循环体一般是一条语句或一个语句块。

> ⚑注意事项⚑
>
> 在 while 语句当中，"while (条件表达式)" 的后面没有分号，除非循环体是空语句。如果 "while (条件表达式)" 的后面紧跟着分号，则 while 语句的循环体是空语句。这通常不是一种正常的情况，因为一个正常的循环至少应当具有可以引起循环结束的语句。

如图 3-4 所示，在执行 while 语句时，先计算并判断条件表达式。如果条件表达式不等于 0，则表明条件表达式成立，这时就会执行 while 语句的循环体。如果条件表达式等于 0，则表明条件表达式不成立，这时就会结束 while 语句的执行。在执行 while 语句的循环体之后，又会重新开始计算并判断 while 语句的条件表达式。如果条件表达式成立，则会继续执行 while 语句的循环体；否则，就会结束 while 语句的执行。这个过程会不断重复下去，直到条件表达式不成立或者在执行循环体时遇到了 break 语句。break 语句和 continue 语句将在后面的章节进行讲解。

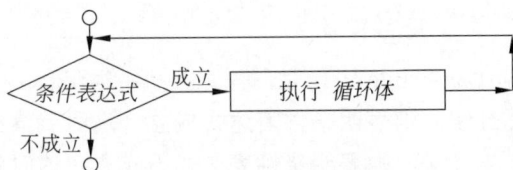

图 3-4　while 语句流程图

从 while 语句的执行过程可以看出，通常应当在 while 语句之前完成 while 语句的循环初始化。而对循环变量的更新则应当在 while 语句的循环体中完成，从而保证最终会终止循环。可以根据这个思想，将 for 语句改写成为 while 语句。

下面给出采用 while 语句实现计算从 1 到 100 之和的示例。

```
int sum = 0;                                          // 1
int n = 100;                                          // 2
int i = 1;                                            // 3
while (i<=n)                                          // 4
{                                                     // 5
    sum+=i;                                           // 6
    i++;                                              // 7
} // while 结束                                        // 8
printf("sum=%d. \n", sum); // 结果输出: sum=5050。      // 9
```

在上面的示例中，对 while 语句循环的初始化在 while 语句之前的第 1~3 行就已经完成。在 while 语句的循环体中，也就是第 7 行代码处，实现对 while 语句的循环变量的更新。可以自行比较上面的代码与上一小节采用 for 语句实现的示例代码。

> ☞注意事项：
>
> 在上面示例代码中，第 5 行和第 8 行作为语句块标志的一对大括号 "{ }" 是不能去掉的。如果去掉第 5 行和第 8 行的代码，则 while 语句的循环体从一个语句块变为一条语句 "sum+=i;"。这样，在执行 while 语句时，变量 i 的值一直都不会发生变化，从而造成 while 条件表达式 "i<=n" 永远成立，程序进入死循环，即无法正常终止 while 语句的运行。因为 while 语句的运行无法正常结束，所以无法正常运行到第 7 行代码 "i++;"。

3.2.3　do-while 语句

do-while 语句是 C 语言的二种循环语句之一。do-while 语句的格式是：

```
do
    循环体
while (条件表达式);
```

其中，循环体一般是一条语句或一个语句块。

▷注意事项◁

在 do-while 语句当中，"while (*条件表达式*)"的后面紧跟着分号，表明 do-while 语句结束。在关键字 do 的后面没有分号，除非循环体是空语句。在常规情况下，do-while 语句的循环体不会是空语句，因为一个正常的循环通常至少应当具有可以引起循环结束的语句。

如图 3-5 所示，在执行 do-while 语句时，先直接执行循环体，再计算并判断条件表达式。如果条件表达式不等于 0，则表明条件表达式成立，这时就继续执行 do-while 语句的循环体。如果条件表达式等于 0，则表明条件表达式不成立，这时就会结束 do-while 语句的执行。在执行 do-while 语句的循环体之后，又会重新开始计算并判断 do-while 语句的条件表达式。如果条件表达式成立，则会继续执行 do-while 语句的循环体；否则，就会结束 do-while 语句的执行。这个过程会不断重复下去，直到条件表达式不成立或者在执行循环体时遇到了 break 语句。break 语句和 continue 语句将在后面的章节进行讲解。

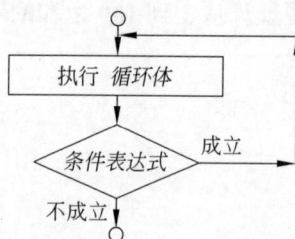

图 3-5　do-while 语句流程图

❋小甜点❋

如图 3-5 所示，在执行 do-while 语句时，循环体至少会被执行一遍。

从 do-while 语句的执行过程可以看出，通常应当在 do-while 语句之前完成 do-while 语句的循环初始化。而对循环变量的更新则通常应当在 do-while 语句的循环体中完成，从而保证最终会终止循环。可以根据这个思想，将 for 语句改写成为 do-while 语句。

下面给出采用 do-while 语句实现计算从 1 到 100 之和的示例。

```
int sum = 0;                                      // 1
int n = 100;                                      // 2
int i = 1;                                        // 3
do                                                // 4
{                                                 // 5
    sum+=i;                                       // 6
    i++;                                          // 7
}                                                 // 8
while (i<=n);                                     // 9
printf("sum=%d。\n", sum); // 结果输出: sum=5050。✓   // 10
```

在上面的示例中，对 do-while 语句循环的初始化在 do-while 语句之前的第 1~3 行就已经完成。在 do-while 语句的循环体中，也就是第 7 行代码处，实现对 do-while 语句的循环变量的更新。可以自行比较上面的代码与上一小节采用 while 语句和 3.2.1 小节采用 for 语句实现的示例代码。

3.2.4　continue 语句

C 语言标准规定 continue 语句只能用在循环语句中。continue 语句的写法如下：

```
continue;
```

如图 3-6 所示，当执行循环语句遇到 continue 语句时，程序会自动结束循环体剩余代码的运行。然后，对于 for 语句，则会立即计算更新表达式，并依据条件表达式决定是否重新继续执行一遍循环体还是结束循环语句；对于 while 语句和 do-while 语句，则会立即计算并判断条件表达式，决定是否重新继续执行一遍循环体还是结束循环语句。这个过程可以不断地重复下去，直到循环语句运行结束。

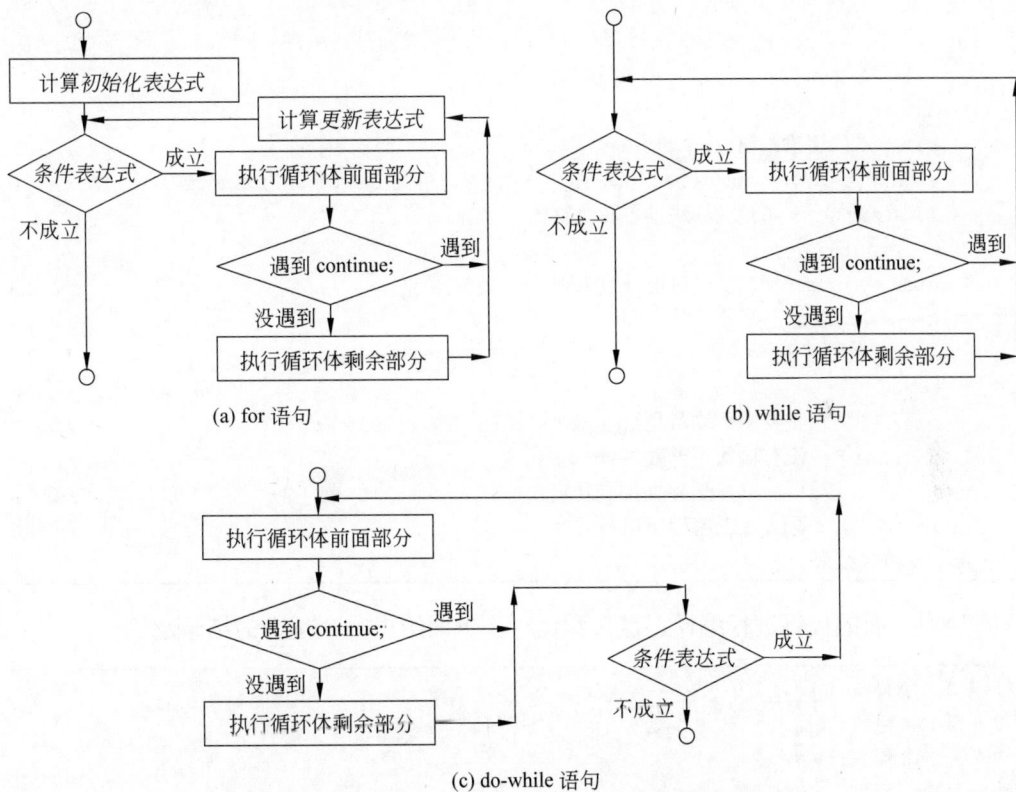

(a) for 语句　　　　　　　　　　　　　　(b) while 语句

(c) do-while 语句

图 3-6　包含 continue 语句的循环语句流程图

❋小甜点❋

continue 语句通常作为条件语句 if 语句或 if-else 语句的一部分出现在循环语句的循环体中。如果直接将 continue 语句作为一条独立的语句放入循环语句的循环体中，则在 continue 语句之后的循环体语句将都不起作用。

例程 3-1　接收输入 5 个整数并计算其中正整数的平均值。

例程功能描述：该例程依次接收这 5 个整数的输入，统计并输出其中正整数的平均值。

例程解题思路：设计整数类型的变量 i 和 n，用来控制输入整数的个数以及循环运行的总次数。设计整数类型的变量 number，用来保存输入的整数。设计整数类型的变量 sum，用来保存正整数之和；并用整数类型的变量 k 统计正整数的个数。利用 continue 语句，跳过对负整数和零的统计。最后输出正整数的平均值。在计算平均值时，将整数运算转换为双精度浮点数运算，提高计算精度。例程由一个源程序文件 "C_PositiveNumberAverage.c" 组成，具体的程序代码如下。

```
// 文件名：C_PositiveNumberAverage.c；开发者：雍俊海                行号

#include <stdio.h>                                              // 1
#include <stdlib.h>                                             // 2
                                                               // 3
int main(int argc, char* args[ ])                              // 4
{                                                              // 5
    int i, k, number, sum, n;                                  // 6
    for (i=1, k=0, sum=0, n=5; i<=n; i++)                      // 7
    {                                                          // 8
        printf("请输入第%d 个整数: ", i);                        // 9
        scanf("%d", &number); // 在 VC 平台中，应将 scanf 改为 scanf_s  // 10
        if (number<=0) // 跳过零和负整数                         // 11
            continue;                                          // 12
        sum += number; // 对正整数求和                          // 13
        k++; // 统计正整数个数                                   // 14
    } // for 循环结束                                           // 15
    if (k>0)                                                   // 16
        printf("正整数的平均值是%g。\n", sum/(double)k);         // 17
    else printf("没有输入正整数。\n");                           // 18
    system("pause"); // 暂停住控制台窗口                         // 19
    return 0; // 返回 0 表明程序运行成功                         // 20
} // main 函数结束                                              // 21
```

可以对上面的代码进行编译、链接和运行。下面给出一个运行的结果示例。

```
请输入第 1 个整数：12↙
请输入第 2 个整数：-1↙
请输入第 3 个整数：13↙
请输入第 4 个整数：-2↙
请输入第 5 个整数：14↙
正整数的平均值是 13。
请按任意键继续...
```

例程进一步说明：如果去掉第 11 行代码，则上面第 13 行和第 14 行的代码将都不会起作用。上面第 11 行和第 12 行代码的共同作用，使得零和负整数不会进入统计，即当输入的是零或负整数时，上面第 13 行和第 14 行的代码都不会被执行。上面第 16 行代码通过 "if (k>0)" 使得第 17 行的运算 "sum/(double)k" 不会出现除数为零的情况。

3.2.5　break 语句

C 语言标准规定 break 语句只能用在 switch 语句和循环语句中。break 语句的写法如下：

```
break;
```

3.1.2 节已经介绍了在 switch 语句中的 break 语句。因此，这里只介绍在循环语句中的 break 语句。如图 3-7 所示，当执行循环语句遇到 break 语句时，程序会立即自动结束整个循环语句的运行。

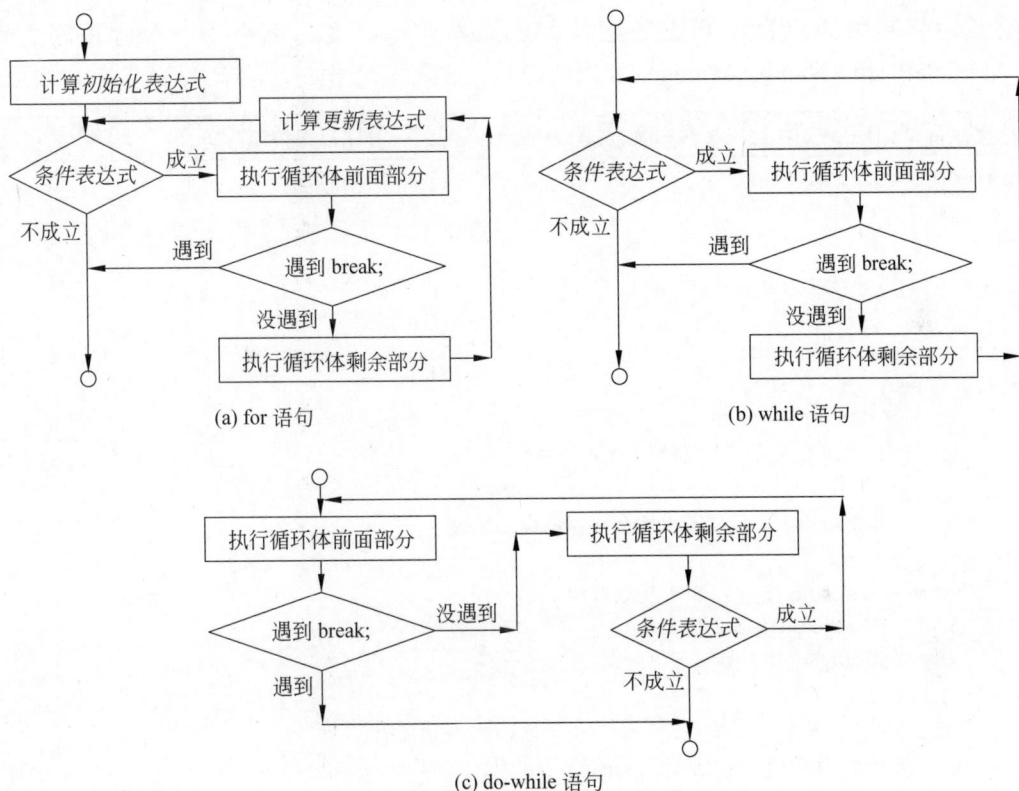

(a) for 语句

(b) while 语句

(c) do-while 语句

图 3-7　包含 break 语句的循环语句流程图

> ❀小甜点❀
>
> break 语句通常作为条件语句 if 语句或 if-else 语句的一部分出现在循环语句的循环体中。如果直接将 break 语句作为一条独立的语句放入循环语句的循环体中，则在 break 语句之后的循环体语句将都不起作用。

例程 3-2　接收以零或负整数为结束标志的多个正整数输入并计算其中正整数的平均值。

例程功能描述：该例程依次接收整数的输入。若输入的是正整数，则继续输入；若输入的是零或负整数，则表示输入结束。对于输入的所有正整数，统计并输出这些正整数的平均值。

例程解题思路：设计整数类型的变量 n，用来统计输入的正整数的总个数。设计整数类型的变量 number，用来保存输入的整数。设计整数类型的变量 sum，用来保存正整数之和。因为需要接收多个整数的输入，所以需要采用循环语句。这里采用 for 循环语句。因为无法提前知道输入的正整数的总个数，所以 for 语句的条件表达式为 1，即这个 for 语句并不通过 for 语句条件表达式来结束循环，而是利用 break 语句结束循环。在 for 语句的循环体内，接收整数的输入。如果输入的是正整数，则统计已经输入的正整数的总个数，并计算已经输入的正整数的和。一旦发现输入的是零或负整数，则调用 break 语句立即结束 for 循环语句。在结束 for 语句之后，变量 n 的值已经是输入的正整数的总个数，变量 sum 已经是输入的所有正整数之和。因此，这时可以计算平均值。在计算平均值时，可以考虑将整数运算转换为双精度浮点数运算，以提高计算精度。例程由一个源程序文件 "C_MultiplePositiveNumberAverage.c" 组成，具体的程序代码如下。

// 文件名：C_MultiplePositiveNumberAverage.c；开发者：雍俊海	行号
| ```
#include <stdio.h>
#include <stdlib.h>

int main(int argc, char* args[ ])
{
    int n, sum, number;
    for (n=0, sum=0; 1; )
    {
        printf("请输入第%d 个整数：", (n+1));
        scanf_s("%d", &number);
        if (number<=0) // 零或负整数表示输入结束
            break;
        sum += number; // 对正整数求和
        n++; // 统计正整数个数
    } // for 循环结束
    if (n>0)
        printf("正整数的平均值是%g。\n", sum/(double)n);
    else printf("没有输入正整数。\n");
    system("pause"); // 暂停住控制台窗口
    return 0; // 返回 0 表明程序运行成功
} // main 函数结束
``` | // 1<br>// 2<br>// 3<br>// 4<br>// 5<br>// 6<br>// 7<br>// 8<br>// 9<br>// 10<br>// 11<br>// 12<br>// 13<br>// 14<br>// 15<br>// 16<br>// 17<br>// 18<br>// 19<br>// 20<br>// 21 |

可以对上面的代码进行编译、链接和运行。下面给出一个运行的结果示例。

```
请输入第 1 个整数：5↙
请输入第 2 个整数：6↙
请输入第 3 个整数：7↙
请输入第 4 个整数：8↙
请输入第 5 个整数：-1↙
正整数的平均值是 6.5。
请按任意键继续. . .
```

例程进一步说明：如果去掉第 11 行代码，则上面第 13 行和第 14 行代码将都不会起作
```

用。上面第 11 行和第 12 行代码的共同作用，使得一旦发现输入的是零或负整数，则立即结束 for 循环语句。上面第 16 行代码通过 "if (n>0)" 使得第 17 行的运算 "sum/(double)n" 不会出现除数为零的情况。

> **▷注意事项◁**
>
> 如果出现多重嵌套的循环语句，即在循环语句的循环体内仍然含有循环语句，则当遇到 break 语句时，只是立即结束该 break 语句所在的那一层的循环语句，而不会结束其外层的循环语句（当然，这个前提是存在外层的循环语句）。图 3-8 给出 break 语句在两重嵌套循环语句中的运行示例。

如图 3-8 所示，在两重嵌套循环语句中，如果 break 语句出现在外层循环语句中，一旦运行到这条 break 语句，则会立即结束这两重嵌套循环语句的运行；如果 break 语句出现在内层循环语句中，一旦运行到这条 break 语句，则只是结束内层循环语句的运行，然后继续执行在外层循环体内并且在内层循环语句之后的语句，即整个外层的循环语句仍然会继续运行。下面给出程序片段示例。

```
int i, k;                          // 1
for (i=0; i<3; i++)                // 2
{                                  // 3
    for (k=0; k<5; k++)            // 4
    {                              // 5
        printf("%d", k);           // 6
        if (k==1)                  // 7
            break;                 // 8
    } // 内层 for 循环结束           // 9
} // 外层 for 循环结束               // 10
```

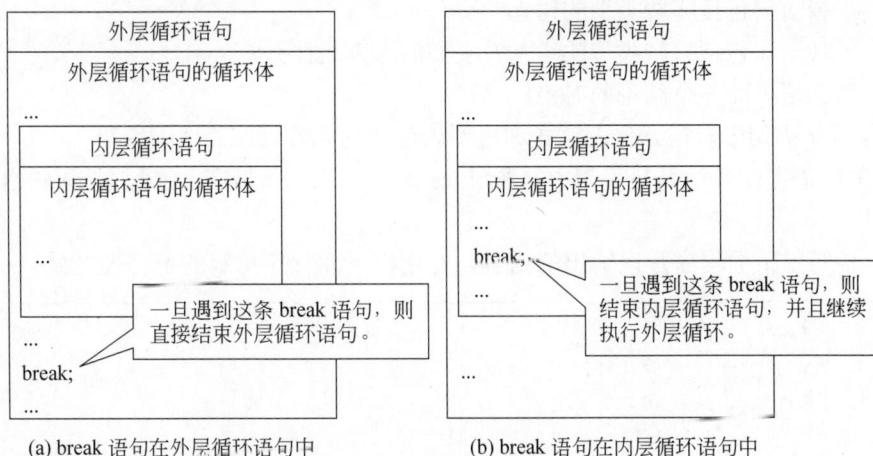

图 3-8　包含 break 语句的两重嵌套循环语句

这个程序片段的运行结果是：

```
010101
```

在上面的程序片段中，因为 break 语句在内层 for 循环语句中，所以这条 break 语句不会影响外层的 for 循环语句。因此，对于以变量 i 为计数器的外层的 for 循环语句，它的循环体将会执行 3 次。这样，从第 4 行到第 9 行的内层 for 循环语句也就会执行 3 次。对于内层 for 循环语句，当 k 为 0 和 k 为 1 时均会输出 k 的值；而且当 k 为 1 时，在输出 k 的值之后会运行 break 语句，从而造成立即结束内层 for 循环语句的运行。因此，每次执行内层 for 循环语句实际上只是输出 "01"。因为内层 for 循环语句执行 3 遍，所以最终的输出是 "010101"。

3.3　本章小结

C 语言的三类控制结构各有特点。选择语句包括 if 语句、if-else 语句和 switch 语句。这些语句使得程序可以根据不同的条件执行不同的语句。循环语句包括 for 语句、while 语句和 do-while 语句，这三者之间可以互相转换。通常采用哪种语句编写代码简洁就采用哪种。其中，最常用的是 for 语句，因为它在形式上最符合循环的特征。continue 语句和 break 语句在一定程度上起到辅助的作用。通常要慎重使用 continue 语句和 break 语句。

> ❀小甜点❀:
> C 语言语句的结束标志有可能是分号 "；"，也有可能是语句块。

3.4　本章习题

习题 3.1　简述 C 语言有哪些控制结构。

习题 3.2　选择语句包括哪些类型的语句？

习题 3.3　循环语句包括哪些类型的语句？它们的区别是什么？

习题 3.4　请判断下面各个结论的对错。

（1）在 for 语句中，初始化表达式和更新表达式均允许为空。

（2）在 C 语言的各种循环语句中，采用 for 语句运行效率最高，因此 for 语句也是最常用的。

习题 3.5　请写出下面程序片段输出的内容，并指出下面程序排版的不合理之处。

```
int x=-1;                                              // 1
int y=0;                                               // 2
if  (x >= 0)                                           // 3
    if (x>0) y = 1;                                    // 4
else  y = -1;                                          // 5
printf("x=%d, y=%d", x, y);                            // 6
```

习题 3.6　下面程序片段是否含有语法错误？如果没有，请写出其运行结果的输出内容。

```
char ch = 'B';                                         // 1
switch (ch)                                            // 2
```

```
{                                                  // 3
case 'A':                                          // 4
case 'a':                                          // 5
   printf("优秀");                                 // 6
   break;                                          // 7
case 'B':                                          // 8
case 'b':                                          // 9
   printf("良");                                   // 10
default:                                           // 11
   printf("再接再厉");                             // 12
}                                                  // 13
```

习题 3.7　下面程序片段是否含有错误？如果没有，请写出其运行结果的输出内容。

```
double a = 6;                                      // 1
switch(a)                                          // 2
{                                                  // 3
case 6:                                            // 4
   printf("Saturday。\n");                         // 5
   break;                                          // 6
case 7:                                            // 7
   printf("Sunday。\n");                           // 8
   break;                                          // 9
default:                                           // 10
   printf("Unknown。\n");                          // 11
   break;                                          // 12
} // switch 语句结束                               // 13
```

习题 3.8　下面程序片段是否含有错误？如果没有，请写出其运行结果的输出内容。

```
int a = 6;                                         // 1
switch(a)                                          // 2
{                                                  // 3
case 6.0:                                          // 4
   printf("Saturday。\n");                         // 5
   break;                                          // 6
case 7.0:                                          // 7
   printf("Sunday。\n");                           // 8
   break;                                          // 9
default:                                           // 10
   printf("Unknown。\n");                          // 11
   break;                                          // 12
} // switch 语句结束                               // 13
```

习题 3.9　请找出并更正下面程序片段的错误。

```
char ch = 0;                                       // 1
```

```
    char sum = 0;                                          // 2
                                                           // 3
    while (ch<5);                                          // 4
    {                                                      // 5
        ch++;                                              // 6
        sum += ch;                                         // 7
    }                                                      // 8
    printf("sum=%d", sum);                                 // 9
```

习题 3.10 请总结 break 语句的用法。

习题 3.11 请总结 continue 语句的用法。

习题 3.12 能否写出不含分号的 C 语言语句？

习题 3.13 能否写出不以分号结尾的 C 语言语句？

习题 3.14 请编写程序，接收输入 10 个整数，计算并输出其平均数。

习题 3.15 请编写程序，接收输入 1 个正整数，计算并输出不超过这个正整数的所有"水仙花数"。这里"水仙花数"是一个正整数，它的各个十进制位的立方和等于它本身。例如，1 是"水仙花数"，因为 $1=1^3$。再如，153 是"水仙花数"，因为 $153=1^3+5^3+3^3$。

习题 3.16 请编写程序，接收一系列整数的输入，其中输入的最后一个整数是 0。要求计算并输出除了整数 0 之外输入的其他整数的最大值和最小值。

习题 3.17 请编写程序，接收三个正整数 y、m 和 d 的输入。请判断 y 年 m 月 d 日是否为一个合法日期。如果是一个合法的日期，则输出这一天是星期几；否则，请输出字符串"这是一个无效的日期"。

第 4 章　结构化程序设计

早期，由于受硬件条件的限制，只有少数科学家掌握编程的技巧。那时，计算机的内存和硬盘空间都非常小。要通过计算机编程来解决问题，需要非常高超的技巧，因此 goto 语句被广泛应用。随着计算机软硬件发展，计算机内存和硬盘空间越来越大，编写程序的模式越来越规范化，很多人都可以掌握编写程序的基本规则，程序编写便成为一种大众化的行为。随着程序的规模变得越来越大，编写程序的瓶颈焦点逐渐发生了变化。程序的稳定性和可信性正成为越来越突出的问题。正是在这种背景下，结构化程序设计逐渐走上了历史舞台。一些容易引发错误或不易维护的语法或技巧通常不再建议使用。例如，goto 语句几乎不再使用，甚至被禁止使用。编程技巧关注的重点发生了根本的变化。新的编程技巧难度大为降低，更多的人都可以学会并参与到编程之中。与最初的程序编写相比，采用结构化程序设计，程序编写更加规范，程序变得更好理解和调试了，计算机软件开始以非常迅猛的速度增长。目前，很多行业都已经离不开计算机软件了。本章介绍如何进行结构化程序设计。结构化程序设计方法是目前最基本的程序设计方法。这种程序设计方法思路简单，设计出来的程序可读性强，容易理解，便于维护。

4.1　函　数　基　础

4.1.1　函数定义与调用

C 语言结构化程序设计的基本单位是函数。因此，C 语言结构化程序设计的关键是如何定义和调用函数。C 语言的函数通常分为库函数、自定义函数和主函数 main。库函数通常是 C 语言支撑平台提供的现成的函数，可以供我们直接调用；自定义函数需要我们自己设计、编写和调用；主函数 main 的函数首部已经有明确的规定，而函数体则需要由我们自己设计与编写。主函数 main 是程序的入口，通常由操作系统自动调用。编写函数的目的主要有如下两点。

（1）可以将一个大程序分解成为若干模块，同时每个模块还可以进一步分解为更小的模块。这个过程可以不断进行下去，直到每个模块足够小。这些不再分解的模块通常也称为叶子模块。通常要求每个叶子模块实现特定的功能，而且最好只实现一个单一的特定功能。在程序代码中，每个叶子模块将对应一个函数。这种分解的核心思想是将规模大的问题分解为规模小的问题，对于不再分解的问题则由叶子模块解决。通过这种方式，虽然需要求解的问题变多了，但每个问题的难度变小。在理想情况下，每个叶子模块通常只解决其中一个问题。这种分解会降低编写程序的难度。在编写叶子模块时，通常只需要考虑特定的功能就可以了。

（2）方便程序的复用。当不同的程序或者程序的不同部分都需要实现某个特定的功能时，就可以将实现这个功能的代码写成函数，然后共享这个函数。为了提高代码的复用率，通常让每个函数只实现某一个特定的功能。我们可以将函数进行分类，将它编写在不同的源程序代码文件中。因为每个程序通常只能包含一个主函数 main，所以主函数 main 不能被不同的程序所共享。因此，主函数 main 通常单独占用一个源文件。

下面通过一个例程进一步阐释函数。

例程 4-1 **接收输入 3 个实数并输出其中最大的实数。**

例程功能描述：该例程依次接收 3 个实数的输入，并输出其中最大的实数。

例程解题思路：要输出其中最大的实数，就需要计算其中最大的实数。因此，本例程的整体思路是接收输入，然后计算其中最大值，最后输出。这里，我们采用 double 类型的变量来存储输入的实数。我们采用自定义的函数实现计算 3 个双精度浮点数最大值的功能，因为这个函数以后也有可能被其他程序所调用。例程由 3 个源程序代码文件"C_GetMax.h"、"C_GetMax.c"和"C_GetMaxMain.c"组成，具体的程序代码如下。

// 文件名：**C_GetMax.h**；开发者：雍俊海	行号
`#ifndef C_GETMAX_H`	// 1
`#define C_GETMAX_H`	// 2
	// 3
`extern double gb_getMax(double a, double b, double c);`	// 4
	// 5
`#endif`	// 6

// 文件名：**C_GetMax.c**；开发者：雍俊海	行号
`double gb_getMax(double a, double b, double c)` // 函数首部	// 1
`{` // 函数体开始	// 2
`    double result = (a>b ? a : b);`	// 3
`    if (result < c)`	// 4
`        result = c;`	// 5
`    return result;`	// 6
`}` // 函数体结束，同时函数 qb_getMax 结束	// 7

// 文件名：**C_GetMaxMain.c**；开发者：雍俊海	行号
`#include <stdio.h>`	// 1
`#include <stdlib.h>`	// 2
`#include "C_GetMax.h"`	// 3
	// 4
`int main(int argc, char* args[ ])`	// 5
`{`	// 6
`    double a, b, c, m;`	// 7
`    printf("请输入三个实数:\n");`	// 8
`    scanf_s("%lf", &a);` //在 C 语言标准中，需要将 scanf_s 改为 scanf。下同	// 9
`    scanf_s("%lf", &b);`	// 10
`    scanf_s("%lf", &c);`	// 11
`    m = gb_getMax(a, b, c);`	// 12

```
    printf("这三个实数的最大值是%g。\n", m);                              // 13
    system("pause"); // 暂停住控制台窗口                                  // 14
    return 0; // 返回 0 表明程序运行成功                                   // 15
} // main 函数结束                                                        // 16
```

可以对上面的代码进行编译、链接和运行。下面给出一个运行的结果示例。

```
请输入三个实数：
1.1 3 7.2↙
这三个实数的最大值是 7.2。
请按任意键继续. . .
```

这里结合上面例程介绍函数定义与调用。函数定义的格式是：

> [*函数修饰词*] *返回类型 函数名（形式参数列表)*
> 　*函数体*

函数定义由函数首部和函数体两部分组成。在上面的格式中，第一行就是函数首部，其中函数修饰词只能是 extern、static 或者为空。如果函数修饰词为空，则表明函数修饰词采用默认值 extern，即如果不写函数修饰词，那么该函数的属性也是 extern。具有 extern 属性的函数称为外部函数。外部函数是指对外公开的函数，即在各个源程序代码文件中均可以调用该函数。在实际应用中，在定义外部函数时，通常不写函数修饰词 extern；这样，可以与下面的函数声明区分开。具有 static 属性的函数称为静态函数。如果其他函数要调用静态函数，那么它必须与该静态函数位于相同的源程序代码文件当中。因此，静态函数通常用来定义不对外公开的局部函数。

在例程 4-1 中，文件"C_GetMax.c"定义了函数 gb_getMax，文件"C_GetMaxMain.c"定义了主函数 main。如表 4-1 所示，这两个函数均没有写函数修饰词，因此它们都是外部函数。当然，它们都不能改为静态函数。C 语言标准规定主函数 main 不能是静态函数。如果将函数 gb_getMax 改为静态函数，那么在文件"C_GetMaxMain.c"第 12 行处对函数 gb_getMax 的调用将不会成功，因为文件"C_GetMaxMain.c"与定义函数 gb_getMax 的文件"C_GetMax.c"不是同一个文件。如果一定要将函数 gb_getMax 改为静态函数，那么需要将函数 gb_getMax 的定义放在文件"C_GetMaxMain.c"中。

表 4-1　例程 4-1 的函数首部分析

函数修饰词	返回类型	函数名	形式参数列表
空	double	gb_getMax	double a, double b, double c
空	int	main	int argc, char* args[ ]

函数的返回类型指定了该函数所要返回的数据的数据类型。除了数组类型和函数类型之外，C 语言的其他数据类型均可以作为函数的返回类型。如果该函数不需要返回任何数据，则应当在返回类型处写上关键字 void。在例程 4-1 中，函数 gb_getMax 的返回类型是 double，主函数 main 的返回类型是 int。

> ▷ 注意事项 ◁
>
> （1）函数的<u>返回类型</u>不允许是数组类型。
>
> （2）函数的<u>返回类型</u>不允许是函数类型，但允许是函数指针类型，具体将在 7.6 节进行介绍。
>
> （3）函数的返回类型不能超过 1 个。如果函数需要返回多个数据，那么可以考虑采用结构体或指针。
>
> （4）即使一个函数不需要返回任何数据，也不允许在函数返回类型的位置处不写任何字符。这时，**函数的返回类型为空**，应当在返回类型处写上关键字 void。

在函数定义的格式中，**函数名**要求是一个合法的标识符。在函数的**形式参数列表**中的参数称为**形式参数**。函数的**形式参数列表**可以包含 0 个或 1 个或多个形式参数。当在形式参数列表处除了空白符之外不含任何字符时，表明该函数不含任何形式参数。在形式参数列表处写上关键字 void，同样也表明该函数不含任何形式参数。这两种方式在 C 语言中都是允许的。虽然 C 语言标准明确规定这两种方式是兼容的，但是有些 C 语言支撑平台依然认为采用这两种方式的函数属于不同类型的函数。

如果形式参数列表不为空，则每个形式参数的格式是：

> *数据类型 形式参数变量名*

如果形式参数列表包含多个形式参数，则在形式参数之间采用逗号分隔开，其示例如表 4-1 所示。

在上面的函数定义格式中，第一行的代码也称为**函数首部**。函数首部实际上规范了函数的输入和输出。在函数的形式参数列表当中，如果形式参数的数据类型不是指针或数组，那么它通常就是函数的**输入参数**。如果形式参数的数据类型是指针或数组，那么它有可能是函数的**输入参数**，也有可能是函数的**输出参数**，甚至有可能**同时是输入参数和输出参数**。这取决于函数本身的设计与实现。函数的返回值只能是函数的**输出参数**。

> ▷ 注意事项 ◁
>
> 如果函数的形式参数的数据类型是**数组**，则该形式参数的数据类型会自动转换为相应的指针类型。

函数体实际上是一个语句块，是用一对大括号"{ }"括起来的语句组合。应当注意在函数体内部的语句顺序具有如下的要求。

> ▷ 注意事项 ◁
>
> 在函数体当中**最前面的语句通常是定义变量的语句**，然后才是其他语句。将定义变量的语句放在其他语句的后面通常是不允许的。不过，有些 C 语言支撑平台允许将定义变量的语句放在其他语句的后面。

因此，如果将文件"C_GetMaxMain.c"第 7 行的代码改为"double a, b, c;"，并将第 12 行的代码改为"double m = gb_getMax(a, b, c);"，那么有可能通不过编译。

如果函数的返回类型不是 void，那么在函数体内一定要有<u>返回语句</u>。返回语句也称为<u>**return** 语句</u>。<u>返回语句的格式</u>是：

```
return 表达式;
```

在返回语句中，表达式的数据类型一定要与函数的返回类型相匹配；而且在任何结束函数体运行的位置之前应当都有返回语句。例如，上面例程 4-1 文件"C_GetMax.c"第 6 行的代码"return result;"是函数 gb_getMax 的返回语句；变量 result 的数据类型与函数 gb_getMax 的返回类型一样，都是 double。文件"C_GetMaxMain.c"第 15 行的代码"return 0;"是主函数 main 的返回语句；常数 0 的数据类型与主函数 main 的返回类型一样，都是 int。

如果函数的返回类型是 void，那么在函数体内可以没有返回语句，也可以含有返回语句。这时，返回语句的格式是：

```
return;
```

其含义是结束函数体的运行，而且没有任何返回值。

在程序当中，使用一个函数，也称为调用该函数或函数调用。在调用函数之前，必须先声明或定义该函数。函数声明的格式是：

```
[函数修饰词] 返回类型 函数名 (形式参数列表);
```

对比函数声明的格式和上面函数定义的格式，我们可以看出函数声明实际上就是上面函数定义的第一行，不过多了一个分号。在语法上，函数声明各部分的含义与函数定义相应部分的含义完全相同。不过，在实际应用中，通常让在函数声明中的函数修饰词为关键字 extern，表明该函数的定义不在这里，即在程序代码的其他位置。而且通常将函数声明放在文件扩展名为 h 的头文件中，并将函数定义放在文件扩展名为 c 的源文件中。例如，例程 4-1 的文件"C_GetMax.h"第 4 行对函数 gb_getMax 进行了声明。然后，通过文件"C_GetMaxMain.c"第 3 行的代码"#include "C_GetMax.h""将这条函数声明加载到文件"C_GetMaxMain.c"当中。因为代码"#include "C_GetMax.h""在主函数 main 的前面，所以这条函数声明也就位于主函数 main 的前面，从而主函数 main 可以正常调用函数 gb_getMax。通过这个例程，我们可以看到对于主函数 main 而言，它只要知道函数 gb_getMax 的声明及其所实现的功能就可以了，而不必知道函数 gb_getMax 的函数体，即不必知道功能是如何实现的。其实，我们对 printf 等库函数的调用也是如此。我们通常都没有看到这些库函数的函数体。这些函数的声明有时也称为接口或函数接口。另外，采用这种方式，如果我们想替换函数 gb_getMax 的实现方式，也只要更改函数 gb_getMax 的函数体就可以了。这种将接口与具体实现相分离的方式通常会提高程序编写、理解和调试的效率。

在进行函数调用时，我们需要用实际的参数列表替换在函数声明或定义中的形式参数列表。在实际参数列表中的参数称为实际参数。实际参数列表与形式参数列表的参数个数必须相等，而且各个参数的数据类型也必须相匹配。这里的相匹配并不要求参数的数据类型完全相同。如果实际参数的数据类型可以直接转换为对应形式参数的数据类型，那么这种情况也可以认为这两个参数是相匹配的。例如，如果形式参数的数据类型是 double，实际参数的数据类型是 float 或 int，这都是允许的。实际参数列表不必指定各个参数的数据类型，但必须给定各个参数的具体表达式。如果形式参数列表为空，那么实际参数列表也应当为空，即在实际参数列表处除了空白符之外不含任何字符。

> ▷注意事项▷
>
> 如果**实际参数列表为空**，也不应该在实际参数列表处写上关键字 void。

如果被调用函数的返回数据类型不为 void，那么还可以将函数调用的结果赋值给变量，或者用函数调用的结果组成一个新的表达式。例如，例程 4-1 文件"C_GetMaxMain.c"第 12 行的代码"m = gb_getMax(a, b, c);"将函数 gb_getMax 返回的值赋值给变量 m，而且这条语句调用函数 gb_getMax 的实际参数分别是 a、b 和 c。它们与文件"C_GetMax.c"第 1 行的代码"double gb_getMax(double a, double b, double c)"规定的形式参数 double a、double b 和 double c 的数据类型完全一样。

在 C 语言的函数调用中，从实际参数到形式参数的数据传递采用**值传递方式**。实际参数与形式参数通常分别占用不同的内存空间。在发生函数调用时，将实际参数的值赋值给形式参数，即用实际参数的值替换位于形式参数内存空间的值。因为内存空间不同，所以在函数体内部改变形式参数的值通常并不会改变实际参数的值。例如，对于例程 4-1，设输入的 3 个实数分别是 1.1、3 和 7.2，那么在文件"C_GetMaxMain.c"第 12 行处对函数 gb_getMax 调用时，变量 a=1.1，变量 b=3，变量 c=7.2。这时，从实际参数到形式参数的值传递方式如图 4-1 所示。

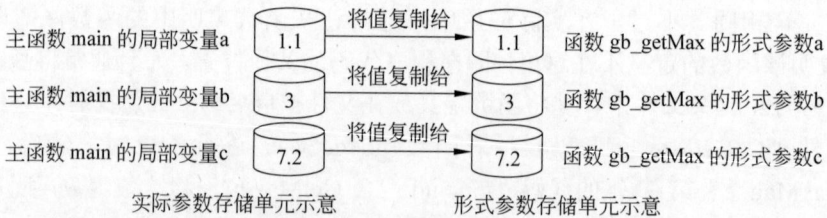

图 4-1　在 C 语言函数调用中，从实际参数到形式参数的值传递方式示例

图 4-1 给出函数局部变量与形式参数的存储单元示意图。实际上，函数的局部变量、形式参数和返回值等都存放在**函数栈**内。函数栈是操作系统为程序的函数调用开辟的内存空间。每当进行函数调用时，就需要增大函数栈占用内存空间，用来存储函数的局部变量、形式参数、返回值以及该函数在运行结束时需要返回的代码地址等内容。如果在该函数内部继续进行函数调用，那么函数栈占用的内存空间就会继续增大。这个过程不能无限制重复下去，因为操作系统给函数栈分配的内存空间不可能无限制地增大。当函数栈需要占用的内存空间超过了操作系统能够为该函数栈分配的最大内存空间时，这时就称为**函数栈溢出**。当发生函数栈溢出时，程序是无法继续运行下去的，只能中止程序的运行。因此，**函数调用深度**也是有限的。这里简单解释一下什么是函数调用深度。设主函数 main 调用了函数 f_1，则函数调用深度为 1；在函数 f_1 内部继续调用函数 f_2，则函数调用深度为 2。这个过程，如果不断继续下去，在函数 f_i 内部继续调用函数 f_{i+1}，则函数调用深度变为 $i+1$。反过来，在函数运行结束并返回后，函数栈占用的内存空间就会变小，并且在正常情况下应当变回该函数被调用之前的大小。因此，应当注意函数调用深度有可能不等于**函数调用次数**。

例如，设主函数 main 调用了函数 f_1，则函数调用深度和函数调用次数均为 1；然后，主函数 main 等函数 f_1 返回后，继续调用函数 f_2，则函数调用深度仍然为 1，而函数调用次数变为 2。

4.1.2 形式参数个数可变的函数

C 语言允许存在形式参数个数可变的函数，例如，我们常用的 printf 函数。那么，是否允许我们自定义形式参数个数可变的函数？有什么要求或限制？下面我们通过一个例程进行说明。

例程 4-2 形式参数个数可变的求和函数。

例程功能描述：实现一个形式参数个数可变的求和函数。

例程解题思路：求和函数的形式参数个数可变，这意味着加数的个数是可变的。为了保证求和能够正常结束，我们约定最后一个加数一定是 0。这样从第一个加数开始，只要它不等于 0，我们就继续进行相加运算。当遇到加数为 0 时，意味着这是最后一个加数，我们就结束整个求和运算。

下面给出按照上面思路编写的代码。例程代码由 5 个源程序代码文件"C_SumVaArg.h" "C_SumVaArg.c" "C_SumVaArgTest.h" "C_SumVaArgTest.c" 和 "C_SumVaArgTestMain.c" 组成，具体的程序代码如下。

```
// 文件名：C_SumVaArg.h；开发者：雍俊海                                行号
#ifndef C_SUMVAARG_H                                                  // 1
#define C_SUMVAARG_H                                                  // 2
                                                                     // 3
extern int gb_sumVaArg(int a, ...);                                  // 4
                                                                     // 5
#endif                                                               // 6
```

```
// 文件名：C_SumVaArg.c；开发者：雍俊海                                行号
#include <stdio.h>                                                    // 1
#include <stdlib.h>                                                   // 2
#include <stdarg.h>                                                   // 3
                                                                     // 4
#include "C_SumVaArg.h"                                               // 5
                                                                     // 6
int gb_sumVaArg(int a, ...)                                           // 7
{                                                                    // 8
   int sum = 0;                                                       // 9
   va_list ap;                                                        // 10
   int va = a;                                                        // 11
   va_start(ap, a);                                                   // 12
   while (va!=0)                                                      // 13
   {                                                                 // 14
       sum += va;                                                     // 15
       va = va_arg(ap, int);                                          // 16
```

```
    } // 循环 while 结束                                           // 17
    va_end(ap);                                                   // 18
    return sum;                                                   // 19
} // 函数 gb_sumVaArg 结束                                         // 20
```

// 文件名：**C_SumVaArgTest.h**；开发者：雍俊海	行号

```
#ifndef C_SUMVAARGTEST_H                                          // 1
#define C_SUMVAARGTEST_H                                          // 2
                                                                 // 3
#include "C_SumVaArg.h"                                           // 4
                                                                 // 5
extern void gb_sumVaArgtest( );                                  // 6
                                                                 // 7
#endif                                                           // 8
```

// 文件名：**C_SumVaArgTest.c**；开发者：雍俊海	行号

```
#include <stdio.h>                                                // 1
#include <stdlib.h>                                               // 2
#include "C_SumVaArgTest.h"                                       // 3
                                                                 // 4
void gb_sumVaArgtest( )                                           // 5
{                                                                // 6
    printf("Sum(1, 2, 3, 0)=%d。\n", gb_sumVaArg(1, 2, 3, 0));   // 7
    printf("Sum(4, 5, 0)=%d。\n", gb_sumVaArg(4, 5, 0));         // 8
    printf("Sum(0)=%d。\n", gb_sumVaArg(0));                     // 9
} // 函数 gb_sumVaArgtest 结束                                     // 10
```

// 文件名：**C_SumVaArgTestMain.c**；开发者：雍俊海	行号

```
#include <stdio.h>                                                // 1
#include <stdlib.h>                                               // 2
#include "C_SumVaArgTest.h"                                       // 3
                                                                 // 4
int main(int argc, char* args[ ])                                 // 5
{                                                                // 6
    gb_sumVaArgtest( );                                          // 7
    system("pause"); // 暂停住控制台窗口                            // 8
    return 0; // 返回 0 表明程序运行成功                            // 9
} // main 函数结束                                                 // 10
```

可以对上面的代码进行编译、链接和运行。下面给出一个 运行的结果 示例。

```
Sum(1, 2, 3, 0)=6。
Sum(4, 5, 0)=9。
Sum(0)=0。
请按任意键继续...
```

在上面这个例程中，我们在源文件"C_SumVaArg.c"定义了形式参数个数可变的求和函数 gb_sumVaArg。C 语言允许在函数的形式参数列表当中的最后用三个句点表示不确定的形式参数。

◁▷注意事项◁▷

形式参数个数可变的函数的一些要求与注意事项如下。

（1）采用三个句点表示的省略号只能出现在形式参数列表的最后，而且每个函数的形式参数列表最多出现一个省略号。

（2）在省略号之前，至少存在一个数据类型已知的形式参数。例如，函数 printf 的第一个形式参数是格式字符串，在上面例程中的求和函数 gb_sumVaArg 的第一个形式参数是 int 类型的加数 a。

（3）应当有规则可以从前到后依次推断出省略号所代表的所有形式参数的数据类型，其推断依据可以是在省略号之前的形式参数的数据类型或实际参数的值，也可以是已经推断出来的形式参数的数据类型或实际参数的值。从前到后的推断顺序非常重要，因为我们只能从前到后依次读取各个实际参数的值。例如，对于函数 printf，我们可以从它的第一个参数即格式字符串的值推断出后续的参数个数以及各个参数的数据类型。

数据类型 va_list 是一种非常特殊的数据类型。可以借助这种数据类型的变量来获取省略号所代表的参数信息。因此，上面例程源文件"C_SumVaArg.c"第 10 行定义了 va_list 数据类型的变量 ap。数据类型为 **va_list** 的变量 **ap** 的初始化要通过宏 **va_start**。宏 va_start 的具体说明如下。

宏名:	宏 10　va_start
声明	void va_start(va_list ap, parmN);
说明	请注意这是一个宏，而不是函数。这个宏要求 parmN 一定是在省略号之前的形式参数变量。这样，这个宏可以从该形式参数变量的地址提取出省略号所代表的形式参数列表地址
参数	ap: 参数列表
	parmN: 在省略号之前的形式参数变量
头文件	stdarg.h　// 程序代码: #include <stdarg.h>

数据类型为 va_list 的变量 ap 在正确初始化之后，就可以通过宏 **va_arg** 从前到后依次获取省略号所代表的参数的值。宏 va_arg 的具体说明如下。

宏名:	宏 11　va_arg
声明	type va_arg(va_list ap, type);
说明	返回数据类型为 type 的当前参数的值。该参数的数据类型是 type。在返回该参数的值之后，ap 的值会发生变化，移向下一个参数
参数	ap: 参数列表
	type: 形式参数的数据类型
返回值	数据类型为 type 的当前参数的值
头文件	stdarg.h　// 程序代码: #include <stdarg.h>

通过循环运行上面例程源文件"C_SumVaArg.c"的第 16 行代码"va = va_arg(ap, int);"可以依次读取各个加数的值，并赋值给变量 va。在宏 **va_arg** 当中指定的数据类型 type 一

定要与实际参数的数据类型相一致。例如，在上面例程中，在宏 va_arg 当中的数据类型是 int，实际参数的数据类型也是 int；否则，有可能会出现内存指针错误，甚至中止程序的运行。在读取完省略号所代表的各个参数的值之后，可以通过宏 **va_end** 对数据类型为 **va_list** 变量 **ap** 进行结束处理。宏 va_end 的具体说明如下。

宏名：	宏 12 va_end
声明	void va_end(va_list ap);
说明	对参数列表 ap 进行结束处理
参数	ap：参数列表
头文件	stdarg.h // 程序代码：#include <stdarg.h>

在应用宏 va_end 之后，宏 va_arg 就不能再用了，除非重新通过宏 va_start 进行初始化。因此，宏 va_arg 的正确应用总是夹在一对宏 va_start 和宏 va_end 之间，而且宏 va_arg 的应用次数一般等于由省略号所代表的实际参数的个数。

上面例程通过在源文件"C_SumVaArgTest.c"当中定义的函数 gb_sumVaArgtest 共 3 次调用了函数 gb_sumVaArg，其每次调用的参数个数依次是 4 个、3 个和 1 个。从程序运行的结果上看，在这个例程中，函数 gb_sumVaArg 应当是正确地读取了实际参数的值，并获得了正确的求和运算。

4.1.3 主函数 main

主函数 main 通常是 C 语言程序的运行入口。每个 C 语言程序通常有且仅有一个主函数 main。不过，根据 C 语言标准，主函数 main 有且仅有两种标准函数首部格式，具体如下：

```
int main(void) // 其中关键字 void 可以不写                          // 第 1 种格式
int main(int argc, char* args[ ])                                  // 第 2 种格式
```

这两种格式都是可以的。其他任何不符合这两种格式的主函数 main 首部都是不规范的。在第 1 种格式中，主函数 main 不含形式参数。在第 2 种格式中，主函数 main 包含两个形式参数，其中第 2 个形式参数是一个字符串数组 args，该数组元素的个数存放在第 1 个形式参数 argc 当中。对于这两种格式，主函数 main 的返回类型均为 int。因此，要求主函数 main 的函数体一定要有返回语句。如果主函数 main 返回 0，则表明程序正常退出；否则，表明程序非正常退出。

下面给出例程说明采用第 2 种格式的主函数 main 的两个形式参数的具体含义与作用。

例程 4-3 输出程序的参数个数及各个参数。

例程功能描述：该例程输出程序参数的总个数，并依次输出各个参数。

例程解题思路：因为主函数 main 的第一个参数存放的就是程序参数的总个数，所以只要输出这个参数的值就可以输出程序参数的总个数。主函数 main 的第二个参数是一个字符串数组，它的每个元素是一个字符串，其内容是程序的各个参数。因此，只要输出这些元素的内容，就是输出程序的各个参数。这个例程的源程序代码文件是"C_MainArguments.c"，具体的程序代码如下。

```
// 文件名：C_MainArguments.c；开发者：雍俊海                                      行号
#include <stdio.h>                                                            // 1
#include <stdlib.h>                                                           // 2
                                                                             // 3
int main(int argc, char* args[ ])                                            // 4
{                                                                            // 5
    int i;                                                                   // 6
    printf("本程序共有%d 个参数。\n", argc);                                    // 7
    for (i=0; i<argc; i++)                                                    // 8
        printf("第%d 个参数是%s。\n", i+1, args[i]);                           // 9
    system("pause"); // 暂停住控制台窗口                                       // 10
    return 0; // 返回 0 表明程序运行成功                                       // 11
} // main 函数结束                                                            // 12
```

可以对上面的代码进行编译、链接和运行。为了更方便地输入程序的参数，我们可以在控制台窗口中运行上面的程序。控制台窗口有很多种，例如，Microsoft Windows 系列操作系统的 DOS 窗口或命令行窗口以及 Linux 或 UNIX 操作系统的 Shell 窗口或 XTerm 窗口都是控制台窗口。在 Microsoft Windows 系列操作系统下，首先通常用鼠标的左键依次单击桌面菜单"开始"→"运行"，可以进入"运行"对话框；或者通过按下快捷键 Win+R 进入"运行"对话框，其中 Win 键也称为 Windows 键，其图案通常是 Microsoft Windows 的视窗徽标。然后，在"运行"对话框中，通过运行"cmd"命令通常可以进入控制台窗口。对于 Windows XP 之后的诸如 Windows 10 等操作系统，在"开始搜索"文本框或者"文件资源管理器"的搜索文本框等可以输入命令的文本框中输入"cmd"并按下回车键，进入控制台窗口。对于 Microsoft Windows 系列操作系统 98 或之前的早期版本，通常是在"运行"对话框中输入命令"command"进入控制台窗口。下面给出在控制台窗口下的运行结果示例。

```
C:\Documents and Settings\Administrator>D:↙
D:\>cd␣/D:\Examples\MainArguments\x64\Debug↙
D:\Examples\MainArguments\x64\Debug>MainArguments␣/1␣/2␣/3↙
本程序共有 4 个参数。
第 1 个参数是 MainArguments。
第 2 个参数是 1。
第 3 个参数是 2。
第 4 个参数是 3。
请按任意键继续. . .
D:\Examples\MainArguments\x64\Debug>MainArguments␣/"1␣/2␣/3"↙
本程序共有 2 个参数。
第 1 个参数是 MainArguments。
第 2 个参数是 1 2 3。
请按任意键继续. . .
D:\Examples\MainArguments\x64\Debug>
```

在上面运行结果示例中，带有下画线的部分是用户的输入，字符"␣"表示空格。首先，需要进入程序所在的驱动盘。如果程序所在的驱动盘不是 D 盘，而需要用实际的盘符替换上面在"D:↙"命令当中的 D 字母。然后，通过"cd"命令进入程序所在的路径。同样，需要用程序所在的实际路径替换上面的 "D:\Examples\MainArguments\x64\Debug"。最后，我们就可以运行上面的程序。这里假设该程序的程序名是 MainArguments。从运行 "MainArguments␣1␣2␣3✓" 的结果可以看出，程序名本身就是程序的第 1 个参数，后续的每个字符串依次是程序的一个参数，每个参数以空格分隔开。如果程序的参数含有空格，那么我们可以用一对双引号将该参数括起来。例如，在上面的命令 "MainArguments ␣"1␣2␣3"✓" 当中，第 2 个参数就含有空格。

༄ 注意事项 ༄

在输入程序的运行参数时，如果参数含有空格，则需要采用双引号将参数括起来。将参数括起来的双引号应当是英文半角的双引号。

这里介绍主函数 main 返回值的含义。下面给出具体的例程。

例程 4-4　主函数 main 返回值的含义。

例程功能描述：该例程可以通过程序的参数接收整数的输入，并将其作为主函数 main 的返回值。

例程解题思路：因为程序的第 1 个参数就是程序名，所以这里我们用程序的第 2 个参数来接收整数的输入。虽然输入的是整数，但主函数 main 的参数 args[1] 是以字符串的形式存储该整数。因此，我们需要将其转换为整数，再返回。这个例程的源程序代码文件是 "C_MainInputOutput.c"，具体的程序代码如下。

```
// 文件名：C_MainInputOutput.c；开发者：雍俊海                    行号
#include <stdio.h>                                            // 1
#include <stdlib.h>                                           // 2
                                                             // 3
int main(int argc, char* args[ ])                            // 4
{                                                            // 5
    int r = 0;                                               // 6
    printf("argc=%d。\n", argc);                              // 7
    if (argc>1)                                              // 8
    {                                                        // 9
        r = atoi(args[1]);                                   // 10
        printf("args[1]=%s。\n", args[1]);                    // 11
    } // if 结束                                             // 12
    printf("return %d。\n", r);                               // 13
    system("pause"); // 暂停住控制台窗口                       // 14
    return r;  // 如果 r=0，则表明程序运行成功                  // 15
} // main 函数结束                                           // 16
```

可以对上面的代码进行编译、链接和运行。下面给出在控制台窗口下的运行结果示例。

```
C:\Documents and Settings\Administrator>D:✓
D:\>cd␣/D:\Examples\MainInputOutput\x64\Debug✓
D:\Examples\MainInputOutput\x64\Debug>MainInputOutput␣/␣0✓
argc=2。
```

```
args[1]=0。
return 0。
请按任意键继续. . .
D:\Examples\MainInputOutput\x64\Debug>echo ⌴%ERRORLEVEL%↙
0
D:\Examples\MainInputOutput\x64\Debug>MainInputOutput ⌴1↙
argc=2。
args[1]=1。
return 1。
请按任意键继续. . .
D:\Examples\MainInputOutput\x64\Debug>echo ⌴%ERRORLEVEL%↙
1
D:\Examples\MainInputOutput\x64\Debug>MainInputOutput ⌴2↙
argc=2。
args[1]=2。
return 2。
请按任意键继续. . .
D:\Examples\MainInputOutput\x64\Debug>echo ⌴%ERRORLEVEL%↙
2
D:\Examples\MainInputOutput\x64\Debug>
```

在上面例程中，第 8 行的代码判断程序的参数个数是否不小于 2。这样保证在访问 args[1]时不会出字符串数组 args 下标越界的情况。第 6 行的代码"int r = 0;"定义了变量 r，并将其赋初值 0。如果程序至少含有两个参数，那么就用输入的整数值替代变量 r 的值；否则，变量 r 的值仍然保留为 0。主函数 main 返回变量 r 最终的值。这个例程输出了程序的参数个数（即 argc 的值）。如果存在第 2 个程序参数，那么同时输出 args[1]。这个例程也输出了主函数 main 最终返回的值（即变量 r 最终的值）。这个例程是通过函数 atoi 将字符串 args[1]转换为整数。函数 atoi 的具体说明如下。

函数名	函数 13 atoi
声明	`int atoi(const char *str);`
说明	计算并返回字符串 str 所对应的整数值
参数	str：给定的字符串
返回值	字符串 str 所对应的整数值。如果字符串 str 实际上是无法转换成整数的，那么返回 0
头文件	`stdlib.h` // 程序代码：`#include <stdlib.h>`

通过上面运行的结果示例，我们可以看到程序的返回值会改变操作系统的状态。在每次运行完程序之后，我们可以通过"echo %ERRORLEVEL%"命令来查看操作系统状态变量 ERRORLEVEL 的值。如果 ERRORLEVEL 的值是 0，则表示程序正常运行；否则，表示程序出现了一些异常的情况。对于不同的操作系统或不同的程序，这些异常情况所对应的整数值有可能会不相同。各个程序可以自行进行定义。例如，对于"dir ⌴a"命令，如果返回值是 1，则表明不存在路径或文件 a。因为程序的返回值会影响操作系统的状态变量，进而有可能影响操作系统的行为，所以程序的返回值非常重要，它为程序与操作系统之间提供了一种交互手段。另外，有些项目需要调用多个程序完成特定的任务。这时，利用程

序的返回值有可能使得程序之间的配合更加顺利。例如，在控制台窗口下，我们可以按照脚本语言的语法将多个程序或命令组合在一起，形成批处理文件，完成特定的任务。程序的返回值在这时有可能会起到非常重要的作用。在 Microsoft Windows 系列操作系统中的批处理文件通常是文本文件，而且扩展名通常是"bat"。下面给出在 Microsoft Windows 系列操作系统下的一个批处理文件示例，其文件名为"MainInputOutputEcho.bat"，具体内容如下。

```
// 文件名：MainInputOutputEcho.bat；开发者：雍俊海 （注：这一行不在文件的内容之中。）
echo off
MainInputOutput %1
echo ERRORLEVEL=%ERRORLEVEL%
if %ERRORLEVEL% == 0 (echo 程序正常运行。) else (echo 程序出现了异常。)
echo on
```

上面批处理文件的第 1 行命令"echo off"是用来关闭回显的。这样，在运行批处理文件时，在批处理文件中自身的内容就不会显示出来了。最后一行"echo on"打开回显，恢复控制台窗口的回显功能。上面批处理文件的第 2 行是用来运行程序 MainInputOutput 的，其中"%1"是该批处理文件的输入参数，它将传递给程序 MainInputOutput。第 3 行将输出 ERRORLEVEL 的值。第 4 行根据 ERRORLEVEL 的值，执行不同的命令。如果 ERRORLEVEL 等于 0，则输出"程序正常运行。"否则，输出"程序出现了异常。"

下面给出在控制台窗口下的运行结果示例。通过这个运行结果示例，我们可以看出这个批处理文件能够识别出程序运行返回值不等于 0，并正确输出"程序出现了异常。"

```
D:\Examples\MainInputOutput\x64\Debug>MainInputOutputEcho␣1↙
D:\Examples\MainInputOutput\x64\Debug>echo off
argc=2。
args[1]=1。
return 1。
请按任意键继续. . .
ERRORLEVEL=1
程序出现了异常。
D:\Examples\MainInputOutput\x64\Debug>
```

下面给出在控制台窗口下的另一个运行结果示例。通过这个运行结果示例，我们可以看出这个批处理文件能够识别出程序运行返回值等于 0，并正确输出"程序正常运行。"

```
D:\Examples\MainInputOutput\x64\Debug>MainInputOutputEcho␣0↙
D:\Examples\MainInputOutput\x64\Debug>echo off
argc=2。
args[1]=0。
return 0。
请按任意键继续. . .
ERRORLEVEL=0
程序正常运行。
D:\Examples\MainInputOutput\x64\Debug>
```

主函数 main 既然是一种函数，它不仅可以被自己调用，也可以被其他函数调用。因为主函数 main 是程序的入口，所以如果在运行程序的过程中又出现了主函数 main 被调用的情况，那么这些调用通常都是递归调用。与其他形式的递归调用一样，这时都应当设法避开出现死循环。下面给出主函数 main 调用自己的例程。

例程 4-5　主函数 main 调用自己。

这个例程的源程序代码文件是 "C_MainRecursion.c"，具体的程序代码如下。

// 文件名：C_MainRecursion.c；开发者：雍俊海	行号
| ```c
#include <stdio.h>
#include <stdlib.h>

int main(void)
{
    static int i = 0;
    i++;
    if (i<4)
    {
        printf("%d*%d=%d。\n", i, i, i*i);
        main( );
        return 0; // 返回 0 表明程序运行成功
    } // if 结束
    system("pause"); // 暂停住控制台窗口
    return 0; // 返回 0 表明程序运行成功
} // main 函数结束
``` | // 1<br>// 2<br>// 3<br>// 4<br>// 5<br>// 6<br>// 7<br>// 8<br>// 9<br>// 10<br>// 11<br>// 12<br>// 13<br>// 14<br>// 15<br>// 16 |

可以对上面的代码进行编译、链接和运行。下面给出运行结果示例。

```
1*1=1。
2*2=4。
3*3=9。
请按任意键继续. . .
```

在上面例程中，只有变量 i 小于 4 才会调用主函数 main 自己，而每次调用主函数 main 都会使得变量 i 自增 1。因此，这种递归调用不会陷入死循环当中。运行结果也验证了这一点。图 4-2 给出了例程 4-5 的运行大致流程。

> ⚑**注意事项**⚑：
> 虽然主函数 main 可以被自己或其他函数调用，但通常建议不要去调用主函数 main，除非迫不得已。因为不同的程序通常是无法共享主函数 main 的，所以调用主函数 main 通常会降低程序代码的复用率。
```

i=0;		i++; // 结果 i=2		i++; // 结果 i=3		i++; // 结果 i=4
i++; // 结果 i=1		输出：2*2=4。		输出：3*3=9。		输出：请按任意键继续…
输出：1*1=1。		调用 main();		调用 main();		等待输入任何字符。
调用 main();		return 0;		return 0;		return 0;
return 0;						

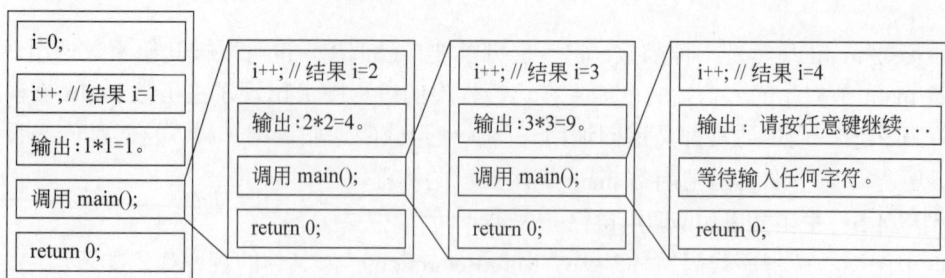

图 4-2　例程 4-5 的运行流程图示

4.2　多个源程序文件

如果采用结构化程序设计，并且希望能够直接复用程序代码文件，那么采用多个源程序代码文件就变成一件自然而然的事。因为每个程序只能包含一个主函数 main，所以含有主函数 main 的源程序代码文件几乎是无法直接复用的。因此，我们通常会把主函数 main 单独放在一个程序代码文件中。同时，把有可能可以复用的程序代码放在其他程序代码文件之中。另外，采用多个程序代码文件也是 C 语言编译器和大规模程序的要求。随着计算机程序在各行各业的应用越来越深入，程序代码的规模越来越大，我们不可能把所有的代码都放在同一个程序代码文件之中。实际上，任何一个 C 语言编译器对单个程序代码文件的最大长度都是有限制的。因此，所需的源程序代码文件通常也会越来越多。

我们可以将编写程序看作是实现一项工程或项目，并且通过编写工程文件或项目文件将多个源程序代码文件组织起来，共同生成一个可执行文件。下面分别针对在 Microsoft Windows 系列操作系统中的 VC 平台以及 Linux 或 UNIX 系列操作系统介绍相应的工程文件或项目文件制作过程。下面通过一个具体的例程进行介绍。

例程 4-6　计算并输出 100 以内的完全平方数。

例程功能描述：如果一个正整数的平方根仍然是整数，那么这个正整数就称为完全平方数。本例程要求从 1 到 100 的整数中找出并输出其中的完全平方数。

例程解题思路：我们没有必要对从 1 到 100 的整数逐个判断每个整数是否为完全平方数。我们可以从"平方根是整数"这个特点入手求解完全平方数。我们从 1 开始，逐个计算整数的平方数，直到这个平方数超过 100。这样计算出来的平方数一定是完全平方数，而且不会遗漏任何一个需要输出的完全平方数。

下面给出按照上面思路编写的代码。例程代码由 3 个源程序代码文件"C_Square100.h"、"C_Square100.c"和"C_Square100Main.c"组成，具体的程序代码如下。

```
// 文件名：C_Square100.h；开发者：雍俊海                           行号
#ifndef C_SQUARE100_H                                           // 1
#define C_SQUARE100_H                                           // 2
                                                                // 3
extern void gb_getSquare100( );                                 // 4
                                                                // 5
#endif                                                          // 6
```

// 文件名：C_Square100.c；开发者：雍俊海	行号
| ```
#include <stdio.h>
#include <stdlib.h>

void gb_getSquare100( )
{
    int i = 1;
    int s;
    char c;
    printf("100 以内的平方数分别是");
    do
    {
        s = i * i;
        if (s<=100)
        {
            c = ( i==1 ? ':' : ',');
            printf("%c %d", c, s);
        } // if 结束
        i++;
    }
    while (s<=100); // do-while 循环结束
    printf("。\n");
} // 函数 gb_getSquare100 结束
``` | // 1<br>// 2<br>// 3<br>// 4<br>// 5<br>// 6<br>// 7<br>// 8<br>// 9<br>// 10<br>// 11<br>// 12<br>// 13<br>// 14<br>// 15<br>// 16<br>// 17<br>// 18<br>// 19<br>// 20<br>// 21<br>// 22 |

// 文件名：C_Square100Main.c；开发者：雍俊海	行号
| ```
#include <stdio.h>
#include <stdlib.h>
#include "C_Square100.h"

int main(int argc, char* args[ ])
{
    gb_getSquare100( );
    printf("请按任意键继续...");
    getchar( ); // 暂停住控制台窗口
    return 0; // 返回 0 表明程序运行成功
} // main 函数结束
``` | // 1<br>// 2<br>// 3<br>// 4<br>// 5<br>// 6<br>// 7<br>// 8<br>// 9<br>// 10<br>// 11 |

　　这里介绍如何**在 VC 平台中**建立上面这 3 个源程序代码文件，并加入同一个**项目**之中。我们可以参照 1.2.2 节介绍的方法，创建一个 Win32 控制台应用程序项目。设项目名称为 C_Square100，其所在路径为 "D:\Examples\"。下面分两种情况介绍如何将上面的 3 个源程序代码文件加入项目 C_Square100 当中。

　　第一种情况是这 3 个源程序代码文件都不存在。在项目 C_Square100 创建成功或者在 VC 平台中重新打开项目 C_Square100 之后，我们先要打开或找到该项目的解决方案资源管理器，具体的方法同样参照 1.2.2 节的内容。在解决方案资源管理器中，我们可以看到项目

C_Square100。我们把鼠标移动到项目名称 C_Square100 上方或者移动到该项目的头文件上方，并单击鼠标右键。这时，会弹出右键菜单。我们用鼠标左键依次单击该右键菜单的"添加"→"新建项"。在新弹出的对话框中，我们选择"头文件"，选取将要放置头文件"C_Square100.h"的路径"D:\Examples\C_Square100\"，并输入源文件名"C_Square100.h"。最后，用鼠标左键单击对话框当中的"添加"按钮，完成了给项目添加头文件"C_Square100.h"的工作。这时，我们应当可以在解决方案资源管理器中看到在项目 C_Square100 的子项"头文件"下方出现了头文件名"C_Square100.h"。我们用鼠标双击这个头文件名，就可以打开这个头文件"C_Square100.h"。接着，我们可以编辑和保存头文件"C_Square100.h"，使其内容与上面相应的代码完全一致。在解决方案资源管理器中，我们可以继续创建源文件"C_Square100.c"和"C_Square100Main.c"。其步骤与前面创建头文件"C_Square100.h"的过程基本上类似，这时需要将其中的"头文件"改为"源文件"，而且文件名也不相同。

第二种情况是已经存在这 3 个源程序代码。我们需要将文件"C_Square100.h"添加到项目 C_Square100 的头文件当中，将文件"C_Square100.c"和"C_Square100Main.c"添加到项目 C_Square100 的源文件当中。这里介绍添加现存的头文件的方法。我们在项目 C_Square100 的解决方案资源管理器中，将鼠标移动到项目名称"C_Square100"上方或者移动到项目的头文件分项上方，并单击鼠标右键。这时，会弹出右键菜单。我们用鼠标左键依次单击该右键菜单的"添加"→"现有项"。然后，在弹出的对话框中，选取头文件"C_Square100.h"所在路径以及头文件"C_Square100.h"本身，就可以将头文件"C_Square100.h"加入项目 C_Square100 之中。这里介绍添加现存的源文件的方法。我们在项目 C_Square100 的解决方案资源管理器中，将鼠标移动到项目名称"C_Square100"上方或者移动到项目的源文件分项上方，并单击鼠标右键。这时，会弹出右键菜单。我们用鼠标左键依次单击该右键菜单的"添加"→"现有项"。然后，在弹出的对话框中，选取源文件"C_Square100.c"所在路径以及源文件"C_Square100.c"本身，就可以将源文件"C_Square100.c"加入项目 C_Square100 之中。类似地，我们可以将源文件"C_Square100Main.c"添加到项目 C_Square100 之中。

在项目创建完成并且代码输入完毕之后，我们就可以参照 1.2.2 节介绍的方法对上面的代码进行编译、链接和运行。下面给出一个运行的结果示例。

```
100 以内的平方数分别是: 1, 4, 9, 16, 25, 36, 49, 64, 81, 100。
请按任意键继续...
```

这里介绍如何在 Linux 或 UNIX 系列操作系统中建立上面这 3 个源程序代码文件，并加入同一个项目之中。我们可以参照 1.2.3 节介绍的方法，采用 vi 或 vim 编辑器或其他编辑器创建和编辑文件"C_Square100.h""C_Square100.c"和"C_Square100Main.c"，并且使内容与上面代码完全一致。在 Linux 或 UNIX 系列操作系统中，组织与管理代码的工程文件通常是 make 文件。常用的默认的 make 文件的文件名通常是"Makefile"和"makefile"。我们可以自定义 make 文件的文件名。它们都是一些文本文件。下面介绍编写工程文件的两种方式。

第一种工程文件借助中间目标文件再生成可执行文件。本例程的第一个工程文件命名为"C_Square100.mak"，其具体内容如下：

```
# C_Square100.mak；开发者：雍俊海
Cc        = gcc
Program = C_Square100

Src01    = C_Square100.c
Obj01    = C_Square100.o
D01      = C_Square100.c C_Square100.h

Src02    = C_Square100Main.c
Obj02    = C_Square100Main.o
D02      = C_Square100Main.c C_Square100.h

Srcs     = $(Src01) $(Src02)
Objs     = $(Obj01) $(Obj02)

all:    $(Objs)
    $(Cc) $(Objs) -o $(Program)
    @echo Done: build main program.

$(Obj01):    $(D01)
    $(Cc) -c $(Src01) -o $(Obj01)
    @echo Done: build branch 01.

$(Obj02):    $(D02)
    $(Cc) -c $(Src02) -o $(Obj02)
    @echo Done: build branch 02.

clean:
    rm $(Objs)
```

　　上面的工程文件"C_Square100.mak"包含四种非空白行：注释行、宏定义行、目标行和命令行。

　　注释行以字符"#"开头，为工程文件添加一些注释，但不是工程文件所必需的。

　　宏定义行的格式是：

> 宏名称 = 宏的值

定义宏通常是为了简化目标行和命令行，使其更加清晰明了或更加规范。使用宏的格式是：

> $(宏名称)

其中，"宏名称"就是上面已经定义了的宏。例如，文件"C_Square100.mak"定义了宏 Cc、Program、Src01、Obj01、D01、Src02、Obj02、D02、Srcs 和 Objs。在宏定义时，宏的值还可以包含其他已经定义了的宏。例如，在定义宏 Srcs 时就用了宏 Src01 和 Src02。

　　目标行的格式是：

> 目标名称：该目标的依赖项列表

其中依赖项列表可以为空，表示该目标没有依赖项。例如，在上面文件"C_Square100.mak"中，目标 clean 就没有依赖项。如果存在 2 个或 2 个以上的依赖项，则相邻依赖项之间采用空格分开。**目标的依赖项**有两层含义。第一层含义是该目标的实现依赖了该依赖项，即先要实现依赖项才能实现该目标。第二层含义是一旦该依赖项发生了变化，就应当重新实现该目标；反过来，如果该目标的所有依赖项都没有发生变化，而且该目标比其所有的依赖项都新，则不需要重新生成该目标。利用这种机制，可以加速编译和链接的过程。

在目标行的下方是若干条**命令行**。命令行的格式是：

> [@] *命令*

命令行的开头一定是一个水平制表符（TAB），而且这个水平制表符不能用空格等其他空白符替代。接下来是命令或者以字符"@"引导的命令，即字符"@"不是必须的。如果是以字符"@"引导的命令，则不会在控制台窗口中输出该命令本身，但会输出该命令的运行结果。其中在控制台窗口中输出该命令本身，也称为**命令回显**。下面分别介绍在文件"C_Square100.mak"中用到的命令。

命令"$(Cc) -c $(Src01) -o $(Obj01)"在宏展开之后，是：

```
gcc -c C_Square100.c -o C_Square100.o
```

其功能是编译源文件"C_Square100.c"，并生成中间目标文件"C_Square100.o"，其中扩展名为英文小写字母"o"。**中间目标文件**是编译器生成的中间结果，可以提供给链接器生成可执行文件。

与上面命令相类似，命令"$(Cc) -c $(Src02) -o $(Obj02)"在宏展开之后，是：

```
gcc -c C_Square100Main.c -o C_Square100Main.o
```

其功能是编译源文件"C_Square100Main.c"，并生成中间目标文件"C_Square100Main.o"。

命令"$(Cc) $(Objs) -o $(Program)"在宏展开之后，是：

```
gcc C_Square100.o C_Square100Main.o -o C_Square100
```

其功能是链接中间目标文件"C_Square100.o"和"C_Square100Main.o"，生成可执行文件"C_Square100"。这个命令对应的命令格式是：

> gcc *所依赖的所有中间目标文件列表* -o *可执行文件名称*

其中，如果存在 2 个或 2 个以上的中间目标文件，相邻的中间目标文件之间采用空格分开。这个命令的功能是将相应的由编译器生成的中间目标文件链接起来，并生成最终的**可执行文件**。

工程文件"C_Square100.mak"按照逆序书写这些命令。目标 all 依赖中间目标文件生成可执行文件。后面，才是这些中间目标文件可以依次生成。

以字符"@"引导的命令"echo Done: build main program."将在控制台窗口中输出"Done: build main program."，命令"echo Done: build branch 01."输出"Done: build branch 01."；

命令"echo Done: build branch 02."输出"Done: build branch 02."。

最后一条命令"rm $(Objs)"将删除由编译器生成的中间目标文件"C_Square100.o"和"C_Square100Main.o"。

下面给出在控制台窗口中编辑、编译、链接和运行上面例程的命令示例，其中斜体部分的内容及其回车符是手工输入的内容，字符"$"是命令行提示符，是由操作系统自动生成的。

```
$ vi C_Square100.h↙
$ vi C_Square100.c↙
$ vi C_Square100Main.c↙
$ vi C_Square100.mak↙
$ make all -f C_Square100.mak↙
gcc -c C_Square100.c -o C_Square100.o
Done: build branch 01.
gcc -c C_Square100Main.c -o C_Square100Main.o
Done: build branch 02.
gcc C_Square100.o C_Square100Main.o -o C_Square100
Done: build main program.
$ ls↙
C_Square100    C_Square100.h      C_Square100Main.o  C_Square100.o
C_Square100.c  C_Square100Main.c  C_Square100.mak
$ C_Square100↙
100 以内的平方数分别是: 1, 4, 9, 16, 25, 36, 49, 64, 81, 100。
请按任意键继续... ↙
$
```

在上面输出中，"gcc -c C_Square100.c -o C_Square100.o""gcc -c C_Square100Main.c -o C_Square100Main.o""gcc C_Square100.o C_Square100Main.o -o C_Square100"就是命令回显的结果。上面运行示例也展示了如何运行工程文件"C_Square100.mak"。命令是：

```
make all -f C_Square100.mak
```

对应的命令格式是：

```
make [目标名称]  -f 工程文件名称
```

其中，目标名称是在工程文件当中定义的目标名称。在 make 命令中，目标名称是可选项。如果没有输入目标名称，则执行的目标是在工程文件当中的第一个目标。

在上面运行示例中，我们还运行了命令"ls"，其中第一个字母是英文小写字母"l"。这是 Linux 或 UNIX 系列操作系统的一个命令，表示列出在当前路径下的所有下一级子路径和文件。我们从中可以看到在当前路径下确实产生了工程文件、头文件、源文件、中间目标文件和可执行文件。最后，运行可执行文件，其结果与在 VC 平台下的运行结果完全一样。

我们还可以按照 make 命令的格式继续运行在工程文件"C_Square100.mak"当中的另外一个目标"clean"。具体的运行示例如下：

```
$ make clean -f C_Square100.mak↙
rm C_Square100.o C_Square100Main.o
$ ls↙
C_Square100  C_Square100.c  C_Square100.h  C_Square100Main.c  C_Square100.mak
$
```

从上面运行示例中，我们可以看到运行"make clean -f C_Square100.mak"确实删除了中间目标文件，因为在通过"ls"命令展示的文件列表中已经没有这些中间目标文件。

第二种工程文件直接由源程序代码文件生成可执行文件。本例程的第二个工程文件命名为"C_Square100.mk"，其扩展名"mk"比第一个工程文件的扩展名"mak"少了一个字母"a"。第二种工程文件的具体内容如下：

```
# C_Square100.mk；开发者：雍俊海
Program = C_Square100

Src01   = C_Square100.c
Src02   = C_Square100Main.c

Srcs    = $(Src01) $(Src02)

all:
    gcc $(Srcs) -o $(Program)
    @echo Done: build main program.
```

上面的工程文件"C_Square100.mk"非常简洁。它只有一个目标"all"。采用 gcc 命令，直接从源文件生成可执行文件。所采用的 gcc 命令格式是：

```
gcc 所需要的所有源文件列表 -o 可执行文件名称
```

其中，如果在源文件列表中存在 2 个或 2 个以上的源文件，则相邻的源文件之间采用空格分开。这个命令的功能是从源文件直接生成可执行文件。

下面给出在控制台窗口中编译、链接和运行上面例程的命令示例，其中斜体部分的内容及其回车符是手工输入的内容，字符"$"是命令行提示符，是由操作系统自动生成的。

```
$ make all -f C_Square100.mk↙
gcc C_Square100.c C_Square100Main.c -o C_Square100
Done: build main program.
$ ls↙
C_Square100  C_Square100.c  C_Square100.h  C_Square100Main.c  C_Square100.mk
$ C_Square100↙
100 以内的平方数分别是：1, 4, 9, 16, 25, 36, 49, 64, 81, 100。
请按任意键继续...↙
$
```

从上面运行示例中，我们可以看到运行"make all -f C_Square100.mk"确实没有在当前路径下生成中间目标文件，而直接生成了可执行文件"C_Square100"。运行"C_Square100"的结果与前面的运行结果也完全相同。

因为采用这种方式，不会在当前路径下生成中间目标文件，所以我们也没有必要在工程文件"C_Square100.mk"当中添加"clean"的目标。因为同样的原因，所以只要有一个源程序代码文件发生变化，就要全部重新编译和链接。采用这种方式，对于大规模程序而言，有可能会需要更多的编译和链接时间。因此，第二种方式适合于规模较小的程序。

第一种方式的工程文件会稍微长一些。但是，工程文件不需要每次都重新编写。而且，采用这两种方式，运行工程文件的命令几乎是一样的。因此，第一种方式的工程文件的适应范围可能会更广一些。

如果我们把工程文件直接命名为"Makefile"或"makefile"，则可以用下面的命令运行工程文件：

```
make
```

或者

```
make all
```

前者执行在工程文件"Makefile"或"makefile"当中的第一个目标，后者要求在工程文件"Makefile"或"makefile"当中存在目标"all"。

4.3 函数递归调用

一个函数直接或间接地调用它自己就称为函数递归调用。设 f 是一个函数，如果在 f 的函数体内调用了 f 自己，那么称函数 f 直接调用自己。设 n 是一个大于 1 的整数，f_1、f_2、…、f_n 是 n 个不同的函数。设对于每个 i=1、2、…、(n-1)，在 f_i 的函数体内调用了 f_{i+1}，并且设在 f_n 的函数体内调用了函数 f_1，则称函数 f 间接调用自己。这两种方式都是函数递归调用。

函数递归调用实际上也是一种函数调用，因此它也遵循函数调用的各种规则。合理地利用递归有可能会增加程序代码的可读性并提高程序逻辑的清晰性。有些实际问题非常适合于采用函数递归调用进行解决，甚至对于其中的某些实际问题，如果不采用函数递归调用进行解决，将会变得非常困难。只不过，在函数递归调用中，函数会直接或间接地调用自己。如果这种调用不加任何限制，那么就会形成调用死循环。图 4-3 给出了函数 f 无条件直接调用自己的运行示例，它将进入函数调用死循环。它最终将会导致函数栈的溢出而中止程序的运行。

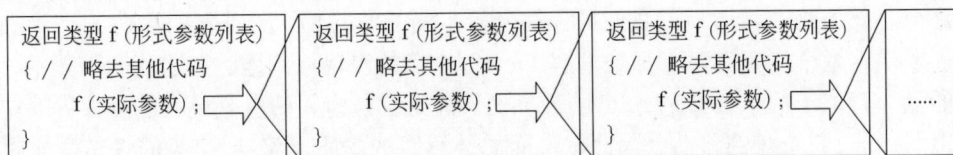

图 4-3 函数 f 无条件直接调用自己，导致进入函数调用死循环

因此，函数递归调用的关键是如何在利用函数递归调用的优点时，设法避开出现函数

调用死循环。避开这个死循环的两个必要条件是：

（1）调用变化条件：在每次调用到函数自己时，都应当有所变化，从而避开相同的场景不断重现。

（2）递归中止条件：要设计函数递归调用中止条件，当满足中止条件时，函数不再直接或间接地调用自己。

另外，与其他函数调用一样，函数递归调用的深度也是有限的。我们也要想办法避免函数递归调用的深度值过大。下面通过一个例程来说明函数递归调用。

例程 4-7　汉诺塔（Tower of Hanoi）问题。

例程功能描述：汉诺塔问题是一个古老的问题。如图 4-4 初始状态所示，有三根柱子 A、B 和 C。设 n 是一个大于 0 的整数，在柱子 A 上套着 n 个大小均不相同的盘。这 n 个盘已经按从小到大排好序，小的在上面，大的在下面。具体要求和目标如下：

（1）每次只能移动一个盘，而且只能从一根柱子的最上面移动到另一根柱子的最上面。

（2）大盘不允许放在小盘的上面。

（3）所有的盘只能套在这三根柱子上，即不能放在其他地方。

（4）汉诺塔问题的目标是遵循上面的要求将 n 个盘从柱子 A 移动到柱子 C。

（5）输出实现上述目标的移动过程。

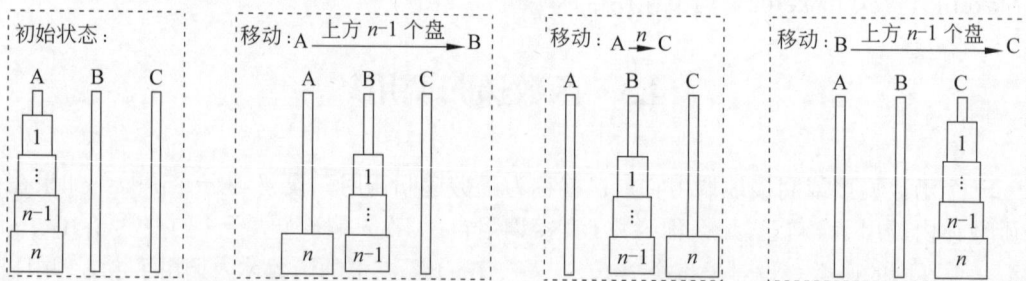

图 4-4　n 个盘的汉诺塔（Tower of Hanoi）问题求解思路

例程解题思路：为了更加清晰地描述汉诺塔问题求解过程，我们给每个盘编一个号。在图 4-4 所示的初始状态中，从上到下，从小到大，依次给每个盘标上从 1 到 n 的一个整数，作为它的编号。盘的编号在移动的过程中将一直保持不变。如果 n 大于 1，那么可以采用如图 4-4 所示的总体思路：

（1）首先，将编号从 1 到 $n-1$ 的盘从柱子 A 移动到柱子 B；

（2）然后，将编号为 n 的盘从柱子 A 直接移动到柱子 C；

（3）最后，将编号从 1 到 $n-1$ 的盘从柱子 B 移动到柱子 C。

这个总体思路非常清晰。我们再仔细分析上面的第（1）个步骤和第（3）个步骤。我们可以发现这两个步骤实际上都是求解（$n-1$）个盘的汉诺塔问题。在这两个步骤中，编号为 n 的盘一直位于柱子 A 或柱子 C 的最下面。因为编号为 n 的盘是最大的盘，所以它影响不到上面（$n-1$）个盘的移动。因此，上面总体思路的本质是将 n 个盘的汉诺塔问题转换为（$n-1$）个盘的汉诺塔问题。不断重复这个过程，需要求解的汉诺塔问题所涉及的盘数就会越来越少。如果 n 等于 1，那么只要将这个盘直接从柱子 A 移动到柱子 C 就完成了任务。

图 4-5 给出按照这个总体思路对 3 个盘的汉诺塔问题进行求解的过程。

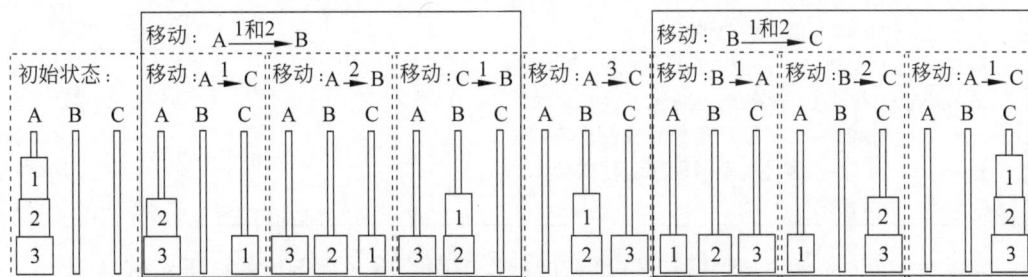

图 4-5　3 个盘的汉诺塔（Tower of Hanoi）问题求解过程

下面给出按照上面总体思路编写的代码。例程代码由 3 个源程序代码文件"C_Hanoi.h""C_Hanoi.c"和"C_HanoiMain.c"组成，具体的程序代码如下。

// 文件名：**C_Hanoi.h**；开发者：雍俊海	行号
`#ifndef C_HANOI_H`	// 1
`#define C_HANOI_H`	// 2
	// 3
`extern void gb_solveHanoi(int discNumber,`	// 4
`                     char start, char temp, char end);`	// 5
	// 6
`#endif`	// 7

// 文件名：**C_Hanoi.c**；开发者：雍俊海	行号
`#include <stdio.h>`	// 1
`#include <stdlib.h>`	// 2
	// 3
`void gb_solveHanoi(int discNumber, char start, char temp, char end)`	// 4
`{`	// 5
`    if (discNumber<=1)`	// 6
`        printf("将 1 号盘从柱子%c 移到柱子%c。\n", start, end);`	// 7
`    else`	// 8
`    {`	// 9
`        gb_solveHanoi(discNumber-1, start, end, temp);`	// 10
`        printf("将%d 号盘从柱子%c 移到柱子%c。\n",discNumber,start,end);`	// 11
`        gb_solveHanoi(discNumber-1, temp, start, end);`	// 12
`    } // if-else 结构结束`	// 13
`} // 函数 gb_SolveHanoi 结束`	// 14

// 文件名：**C_HanoiMain.c**；开发者：雍俊海	行号
`#include <stdio.h>`	// 1
`#include <stdlib.h>`	// 2
`#include "C_Hanoi.h"`	// 3
	// 4
`int main(int argc, char* args[ ])`	// 5

```
{                                                            // 6
    int discNumber;                                         // 7
    printf("请输入盘子的总数： ");                            // 8
    scanf_s("%d", &discNumber);                             // 9
    gb_solveHanoi(discNumber, 'A', 'B', 'C');              // 10
    system("pause"); // 暂停住控制台窗口                     // 11
    return 0; // 返回 0 表明程序运行成功                      // 12
} // main 函数结束                                           // 13
```

可以对上面的代码进行编译、链接和运行。下面给出一个 运行的结果 示例。

```
请输入盘子的总数： 3↙
将 1 号盘从柱子 A 移到柱子 C。
将 2 号盘从柱子 A 移到柱子 B。
将 1 号盘从柱子 C 移到柱子 B。
将 3 号盘从柱子 A 移到柱子 C。
将 1 号盘从柱子 B 移到柱子 A。
将 2 号盘从柱子 B 移到柱子 C。
将 1 号盘从柱子 A 移到柱子 C。
请按任意键继续 . . .
```

这个求解过程与图 4-5 的求解过程完全一致。通过文件"C_Hanoi.c"的代码，我们可以看到函数 gb_solveHanoi 在其函数体内部调用了自己。这就是函数递归调用。同时，我们也可以看到其第一个调用参数从 discNumber 变为 discNumber-1。这符合函数递归调用的 调用变化条件 。另外，在文件"C_Hanoi.c"的第 6 行和第 7 行代码中，我们可以看到函数 gb_solveHanoi 在"if (discNumber<=1)"分支中并没有调用自己。这符合函数递归调用的 递归中止条件 。函数 gb_solveHanoi 递归调用的第 1 个参数从大变小，每次减小 1，直到最后变为 1，这时也就结束了递归调用。

4.4 结构化程序设计实现

1968 年前后，荷兰人 E. W. Dijkstra 等一大批学者几乎同时提出了结构化程序设计方法。结构化程序设计方法的提出被认为是 程序设计方法的"革命性"变化 ，它将少数顶尖科学家才能掌握的"艺术创作"变为大量程序员均可以开展的"工艺制作"，将不规范的程序设计变为可以在一定程度上按部就班的规范化程序设计。从此，计算机软件的产量剧增，并使得计算机软件迅速渗透到各行各业成为可能和现实。不仅如此，计算机软件的稳定性和可维护性也得到了空前的提高。现在，结构化程序设计方法得到了广泛应用，并且也在不断地进一步发展。结构化程序设计方法也是面向对象程序设计方法的基础。

这里介绍 结构化程序设计的基本原理 。结构化程序设计要求对程序进行分解。当然，这种分解不可能是任意的。结构化程序设计要求采用三种基本控制结构来进行程序分解。如图 4-6（b）~图 4-6（h）所示，这三种控制结构包括：顺序结构、选择结构和循环结构。具体的程序分解规则如下：

（1）如图 4-6(a)所示，任何一个程序的 初始流程图 都可以由"开始"和"结束"的 2 个弧形框和中间的 1 个矩形框表示。其中"开始"弧形框表示程序最开始的初始化操作，例如申请内存和对变量赋初值等操作。"结束"弧形框表示程序的结束处理操作，例如释放所获得的内存、将程序的一些统计信息保存到程序日志文件当中以及返回程序是否正常运行等操作。当然，初始化操作和结束处理操作也可以不执行任何操作。中间矩形框表示问题求解，这是程序的核心部分。

（2）流程图中的任何一个矩形框都可以替换为如图 4-6(b)~图 4-6(h)所示的顺序结构、选择结构和循环结构的流程图。在这些图中的小圆圈表示这些流程图的对外连接关系。也就是说，用来替换的那个控制结构的流程图的两个小圆圈所在的进入方向和出去方向两个箭头与被替换的矩形框的进入方向和出去方向两个箭头要求完全重合。这样，我们就会很清楚在替换时如何将这些控制结构的流程图无歧义地接入原来的流程图中。

（3）可以不停地应用规则（2），直到在流程图中的每个矩形框对应 1 条语句。这时程序设计结束。

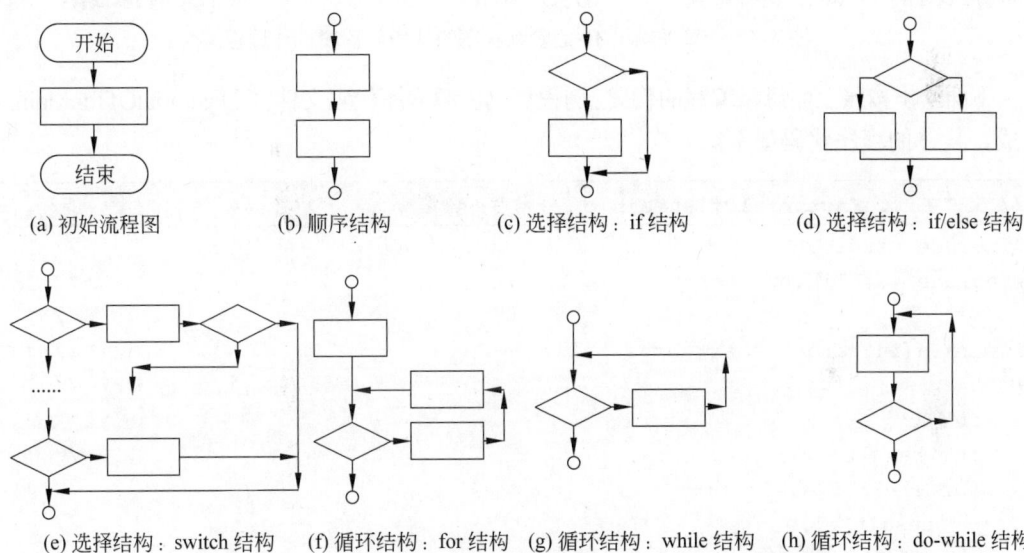

(a) 初始流程图　　(b) 顺序结构　　(c) 选择结构：if 结构　　(d) 选择结构：if/else 结构

(e) 选择结构：switch 结构　　(f) 循环结构：for 结构　　(g) 循环结构：while 结构　　(h) 循环结构：do-while 结构

图 4-6　结构化程序设计的基本流程图和三种基本控制结构

按照这些规则构造出来的程序就是一种 结构化的程序；否则，就是一种 非结构化的程序。当然，对于同样的程序，通常有可能存在多种分解结果。下面给出一个例程说明这种分解过程。

例程 4-8　计算并输出 10 的阶乘。

例程解题思路：在这个例程中，需要解决的问题是：计算并输出 10 的阶乘。如图 4-7 所示，这里 按照结构化程序设计的基本原理进行求解。首先把整个程序的核心求解部分用一个矩形框表面，并在前面加上"开始"、在后面加上"结束"的弧形框。这样得到如图 4-7(a) 所示的程序初始流程图。"求解 10!"矩形框可以分解成两个串行矩形框：一个是"计算 10!"，另一个是"输出 10!"。这样根据规则(2)，将"求解 10!"矩形框用两个顺序结构的矩形框替换，得到如图 4-7(b)所示的流程图。进一步细化"计算 10!"矩形框，并运用规则(2)，继续代入顺序结构，将该矩形框进一步分解为两个矩形框，得到如图 4-7(c)所示的流程图。

最后运用规则(2)，将"通过连乘,计算 10!"的矩形框用一个 for 循环结构来替代，得到如图 4-7(d)所示的最终流程图。该流程图与上面例程的源程序互相对应。

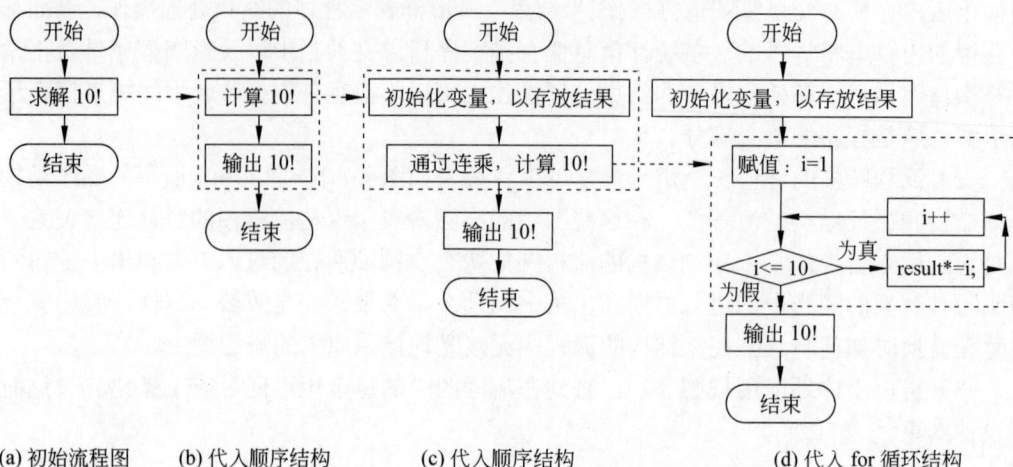

(a) 初始流程图　　　(b) 代入顺序结构　　　(c) 代入顺序结构　　　(d) 代入 for 循环结构

图 4-7　计算并输出 10 的阶乘程序的结构化程序设计过程

下面给出按照上面思路编写的代码。例程代码由源程序代码文件"C_FactorialOfTenMain.c"组成，具体的程序代码如下。

// 文件名：**C_FactorialOfTenMain.c**；开发者：雍俊海	行号
```#include <stdio.h>```	// 1
```#include <stdlib.h>```	// 2
	// 3
```int main(int argc, char* args[ ])```	// 4
```{```	// 5
``` int i;```	// 6
``` int result = 1;```	// 7
``` for (i=1; i<= 10; i++)```	// 8
``` result*=i;```	// 9
``` printf("10 的阶乘等于%d。\n", result);```	// 10
``` system("pause"); // 暂停住控制台窗口```	// 11
``` return 0; // 返回 0 表明程序运行成功```	// 12
```} // main 函数结束```	// 13

可以对上面的代码进行编译、链接和运行。下面给出一个运行的结果示例。

```
10 的阶乘等于 3628800。
请按任意键继续...
```

上面介绍的结构化程序设计基本原理给出了程序分解的形式，保证了分解出来的程序具有结构化的特征。例如，如图 4-8 所示的流程图无法通过结构化分解规则获得，因此它是一种非结构化程序的流程图。根据结构化程序设计基本原理，不断地进行结构化分解，直到无法分解为止。在最终得到的流程图中，每个矩形框对应一条语句。因此，这是一种语句级别的分解方式。这不是结构化程序设计的核心思想。

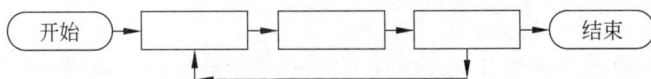

图 4-8　非结构化程序流程图示例

结构化程序设计的核心思想是把一个程序分解为若干模块，同时每个模块还可以进一步分解为更小的模块。这个过程可以不断进行下去，直到每个模块足够小。这些不再分解的模块通常也称为叶子模块。通常要求每个叶子模块实现特定的功能，而且最好只实现一个单一的特定功能。在程序代码中，每个叶子模块将对应一个函数。当然，还可以对叶子模块继续进行分解，最终得到语句级别的流程图，它对应的是函数的函数体。在将程序分解为模块或者将大模块分解为小模块时，这些中间产生的模块也可以定义为函数。如图 4-6(a)所示的结构化程序设计的初始流程图在 C 语言中实际上通常对应主函数 main。函数是 C 语言程序设计的基本单位。在进行程序分解时，我们会把其中部分模块定义为函数。这些被定义为函数的模块，在程序流程图中通常都是矩形框，在实际的程序代码中表现为函数调用。如果要对这些矩形框进一步进行分解，通常不会在原图上进行，而是另外再画一个子图。这种方式使得程序流程图可以分解为多个子图，而且各个子图通常不会很大。这也保证了可以采用结构化程序设计来实现对大规模程序的设计。

▷ 注意事项 ◁

　　在结构化程序设计的核心思想中，无论是将程序分解为模块，大模块分解为小模块，还是将叶子模块分解为语句级别的流程图，分解规则都必须遵循结构化程序设计基本原理；否则，得到的程序不是结构化程序。

　　按模块进行分解是结构化程序设计的核心思想。但这并不意味着在进行模块分解时，要求在程序流程图中的每个矩形框都只能对应着模块。这些矩形框也可以对应着语句。例如，在前面的例程中，主函数 main 的各个语句并不全是函数调用。按模块进行分解也并不意味着随意将一些语句组合成为模块。在结构化程序设计的核心思想中，按模块进行分解的核心目标是提高程序编写与维护的效率。因此，提高代码的复用率和降低复用代码的难度是进行模块分解和设计的重要评价指标。频繁出现的模块可以定义为函数；然后，在需要时只要进行函数调用就可以了。这样，通常意味着程序总代码量的减少，也意味着程序编写与维护的效率通常都会得到提高。下面给出一些模块分解和设计的原则。

　　（1）已有模块原则：应当尽量利用已有的模块，例如，系统提供的库函数或者自己以前写过的自定义函数。这不仅可以少写代码，而且这些代码通常很有可能已经通过测试或反复使用，出现错误的概率通常也会比较小。

　　（2）功能划分原则：可以按照功能划分模块，功能定义尽可能合乎常规。能够被人们理解的模块通常是这些模块得到复用或调用的前提。容易理解通常是这些模块得到广泛应用的前提条件。

　　（3）变与不变分离原则：基本上不变与容易发生变化的部分应当分开，各自构成模块。根据这个原则，通常将输入和输出等交互设计与计算等分开，因为输入和输出等交互设计通常是非常容易发生变化的。需求已经确定的部分与需求还未确定的部分要尽量分开。容易随着版本升级而发生变化的部分与其他部分要尽量分开。这样通常可以大幅度降低程序维护的代价。

（4）**功能单一原则**：通常让每个叶子模块完成一种单一的功能。如果需要完成多个功能，则可以进一步细分为多个叶子模块，除非这些功能紧密耦合无法分割开。

（5）**功能完整原则**：可以进行复用的模块，通常要求实现一个完整的功能。如果功能实现不完整，那么通常会让人感到非常困惑，容易引发程序出现错误。

（6）**信息屏蔽原则**：有时也称为**接口定义原则**，即对模块的调用形式及其前提条件应当在接口当中说明清楚。在进行模块调用时不需要了解模块内部细节，即模块内部实现不应当使用在接口定义或说明当中没有出现的前提条件。

（7）**可验证性原则**：每个可以进行复用的模块都应当可以单独验证其正确性。对单个模块进行测试也称为**单元测试**。这个要求基本上是研发商业软件产品的基本要求，甚至被认为是程序可维护性的基本保证。

（8）**模块独立原则**：有时也称为**低耦合性原则**，即模块之间的关联程度尽可能低。模块之间保持相对独立性至关重要，为团队编写大型程序分工协作创造了条件。这同时也是提高程序可维护性的重要原则。

在 C 语言中，有时不使用全局变量，就会使函数的参数个数变得很庞大。这会影响到程序的编写和执行效率。但是，在上面模块分解和设计原则中，**模块独立原则与程序使用全局变量**存在着明显的冲突。如果两个不同的模块都使用了相同的全局变量，那么这两个模块之间就发生了**耦合关系**。也就是说，这两个模块互相不独立。如果程序使用了全局变量，那么要断定不同的模块是否使用相同的全局变量，比较快速的方法基本上只能通过直接检查这些模块的实现代码。这实际上通常就会增加程序维护的代价。因此，为了提高模块的独立性和降低程序的维护代价，应当尽量减少甚至不用全局变量。这有时需要在模块独立原则与程序编写和执行效率之间作出一种平衡。

根据结构化程序设计的基本原理，按照结构化程序设计的核心思想进行程序设计就是**结构化程序设计**。通过这种方式，程序的编写变为模块的编写。具体到 C 语言，实际上就是编写函数。这种分解方式，通常可以使需要求解的原始问题被分解为很多规模较小的问题。虽然需要求解的问题变多了，但每个问题规模也变小了，从而在总体上难度通常也变小。因此，这种分解通常会降低编写程序的难度，并且提高程序的编写与维护效率。

具体的结构化程序设计实现方法又可以分为从上到下的结构化程序设计方法、自底向上的结构化程序设计方法以及这两种相混合的方法。其中**从上到下的结构化程序设计方法**从原理上显得最为自然。它与结构化程序设计的基本原理基本上完全一致。具体过程是从初始流程图出发，逐步求精。在求精的过程中，结合结构化程序设计的核心思想以及模块分解和设计的原则，寻找并建立程序模块。**自底向上的结构化程序设计方法**在程序构造上首先直接分析出有可能分解出来的模块，尤其是叶子模块。然后，按照搭积木的方法，沿着结构化程序设计基本原理逆向的过程，通过函数调用和模块组装，自底向上堆积出可以求解原始问题的程序。**结构化程序设计的混合方法**可能是一种最为实用的结构化程序设计方法。采用这种方法，我们首先可以直接分析出有可能分解出来的模块，尤其是叶子模块。但是，这种分析不必很全面，只是先分解出那些容易分解出来的模块。然后，从上到下进行程序和模块的分解或者从自底向上进行模块的组合，在这个过程中还有可能进行新模块的定义。其基本原则通常是先易后难，直至最终完成程序设计。

　　例程 4-8 的结构化程序设计解题思路：我们已经介绍了结构化程序设计的基本原理、核心思想、模块分解和设计原则以及结构化程序设计具体实现方法。我们可以重新对例程 4-8 进行结构化程序设计。我们发现可以将阶乘的计算定义为一个函数。它符合模块分解和设计原则，而且很容易被其他程序复用。这样，与前面的解题思路相比，这里增加了对模块复用的思考。具体的代码由 3 个源程序代码文件"C_Factorial.h""C_Factorial.c"和"C_FactorialMain.c"组成，分别如下。

// 文件名：**C_Factorial.h**；开发者：雍俊海	行号
```#ifndef C_FACTORIAL_H```	// 1
```#define C_FACTORIAL_H```	// 2
	// 3
```extern int gb_getFactorial(int n);```	// 4
	// 5
```#endif```	// 6

// 文件名：**C_Factorial.c**；开发者：雍俊海	行号
```#include <stdio.h>```	// 1
```#include <stdlib.h>```	// 2
	// 3
```int gb_getFactorial(int n)```	// 4
```{```	// 5
``` int i;```	// 6
``` int result = 1;```	// 7
	// 8
``` for (i=1; i<= n; i++)```	// 9
``` result*=i;```	// 10
``` return result;```	// 11
```} // 函数 gb_getFactorial 结束```	// 12

// 文件名：**C_FactorialMain.c**；开发者：雍俊海	行号
```#include <stdio.h>```	// 1
```#include <stdlib.h>```	// 2
```#include "C_Factorial.h"```	// 3
	// 4
```int main(int argc, char* args[ ])```	// 5
```{```	// 6
``` int result = gb_getFactorial(10);```	// 7
``` printf("10 的阶乘等于%d。\n", result);```	// 8
``` system("pause"); // 暂停住控制台窗口```	// 9
``` return 0; // 返回 0 表明程序运行成功```	// 10
```} // main 函数结束```	// 11

　　可以对上面的代码进行编译、链接和运行。运行结果与前面完全一样。不过，通过这种程序设计，我们增加了一个可以复用的函数 gb_getFactorial。

4.5　本 章 小 结

本章介绍了如何实现 C 语言结构化程序设计。这是本书的核心章节。在以后的学习和编程过程中需要不断地理解并实践本章的内容，运用好结构化程序设计的基本原理、核心思想、模块分解和设计原则以及结构化程序设计具体实现方法，定义和调用好函数，从而编写出高质量并且易于维护的 C 语言程序。在 C 语言的函数调用中，本章介绍了从实际参数到形式参数的值传递方式。在 7.1 节中，我们还会介绍从实际参数到形式参数的指针传递方式。不过，这种指针传递方式本质上仍然是一种值传递方式。

4.6　本 章 习 题

习题 4.1　简述结构化程序设计产生的原因。

习题 4.2　列举 goto 语句可能引发的问题。

习题 4.3　简述编写自定义函数的原因。

习题 4.4　简述自定义函数的格式。

习题 4.5　什么是外部函数？

习题 4.6　简述静态函数的定义和作用。

习题 4.7　思考并总结使用函数形式参数与实际参数的注意事项。

习题 4.8　思考并总结函数的返回值的数据类型与返回语句之间的关系。

习题 4.9　思考并总结函数的定义与声明之间的相同点与不同点。

习题 4.10　简述函数声明的作用。

习题 4.11　简述函数从实际参数到形式参数的值传递方式。

习题 4.12　简述如何定义形式参数个数可变的函数。

习题 4.13　简述主函数的编写格式。

习题 4.14　简述主函数的形式参数的含义。

习题 4.15　简述函数递归调用的定义与作用。

习题 4.16　简述函数递归调用的注意事项。

习题 4.17　简述结构化程序设计的基本原理。

习题 4.18　简述结构化程序设计模块分解和设计的原则。

习题 4.19　请采用结构化程序设计的方法编写程序，接收正整数 n 的输入，计算并输出 f(n)，其中函数 f 的定义为：f(1)=f(2)=1，对于 i∈{3, 4, 5, …}，f(i)=f(i−1)+f(i−2)。

习题 4.20　请采用结构化程序设计的方法编写程序，要求可以接收输入两个正整数 m 和 n，然后计算并输出 m 与 n 之间（含 m 与 n）的所有素数。

习题 4.21　请采用结构化程序设计的方法编写程序，接收正实数 t 的输入。设小明与一条小狗在一条 400 米的环形跑道上跑步。小明绕跑道跑一圈的时间是 2 分钟。如果小狗一直绕着跑道跑，跑一圈的时间是 3 分钟。不过，跑道在距出发点处 200 米有一个小洞，小狗每经过这个小洞时都要躲入这个小洞 1 分钟。现在，小明和这条小狗同时从跑道的出发点处出发，计算并输出在 t 分钟之后，小明和这条小狗在跑道上的具体位置，以及小明在跑道上超过这条小狗的次数。在计算超过的次数时，请不要将出发统计在内。

习题 4.22　请采用结构化程序设计的方法编写程序，接收凸四边形的四个顶点坐标的输入，计算并输出该凸四边形的周长与面积。请注意输入四个顶点坐标的顺序是不确定的。

习题 4.23　请采用结构化程序设计的方法编写程序，接收正整数 n 和正实数 r 的输入，其中 n 一定大于 2。计算并输出正 n 边形的各个顶点的坐标，要求该正 n 边形的中心点在坐标原点处，一个顶点位于 x 轴的正半轴上，而且该正 n 边形的内切圆半径等于 r。

第5章 静态数组

数组的存在提高了大规模数据处理的编程效率。例如，假设一个学校有 3 万个学生，现在我们需要分析和统计这些学生的成绩。如果不采用数组，那么我们可能需要定义 3 万个整数或浮点数类型的变量用来存储这些成绩。由这 3 万个变量的名称所形成的代码量可是一个不小的数字。如果采用数组，我们只需要一个数组变量就可以存储这些成绩，而且我们通过数组元素就可以获取每个学生的成绩。数组是由具有相同数据类型的元素按顺序排列组成的。数组元素在内存上占据连续的内存地址空间。每个数组元素相当于一个变量。数组元素的个数在数组定义时指定，而且不能改变。数组元素由数组变量名和数组下标指定，其中数组下标是大于或等于 0 的整数。使用数组需要注意数组的下标不能超过指定的范围。另外，还有下面两个注意事项。

> ◻ **注意事项** ◻
>
> （1）**函数的返回类型**不能是数组类型。
>
> （2）如果**函数某个参数的数据类型**是数组类型，那么这个参数的数据类型在编译时自动会被转换为相应的指针类型。

从严格上讲，数组分为静态数组和动态数组。**静态数组**在定义静态数组变量时直接就可以获得相应内存的空间，静态数组的内存空间由系统自动回收。**动态数组**则需要通过 malloc 等函数进行动态分配；在动态数组使用完毕之后，需要通过显式调用 free 等函数释放所占用的内存。系统不会自动回收动态数组所占用的内存。如果不回收动态数组所占用的内存，那么就称程序含有**内存泄露**错误。操作系统给每个程序的内存分配了不同的区域。静态数组通常与**函数栈**占用的是相同区域的内存。动态数组占用的内存不在这个区域。动态数组内存所在的区域称为**堆**。因此，如果静态数组占用的内存空间越大，那么通常就会使函数调用深度越小，因为函数调用深度越大，通常所需要的函数栈空间也会越大。如果需要较大的数组空间，通常采用动态数组。动态数组将在第 7 章进行讲解。本章主要介绍静态数组。

> ◻ **注意事项** ◻
>
> （1）静态数组在各类 C 语言程序相关文档中又被**简称为数组**。因此，在很多场合下，**所谓的数组指的就是静态数组**。在本章后续的内容中，基本上也直接用数组来代替静态数组。
>
> （2）这里的静态数组是相对于动态数组而言的。因此，在静态数组中"静态"的含义与在静态变量中"静态"的含义不同。不过，静态数组变量同样可以是静态变量，也可以不是静态变量。只有被关键字 static 修饰的静态数组变量才是静态变量，通常称为**具有静态属性的静态数组变量**。不被关键字 static 修饰的静态数组变量不是静态变量，通常称为**不具有静态属性的静态数组变量**。

5.1　一　维　数　组

本节介绍的一维数组实际上是一种静态数组。一旦定义了一维数组变量，系统就会直接分配相应的数组内存空间。<u>不带初始化的单个一维数组变量定义格式</u>如下：

> 数组元素的数据类型　变量名[数组元素的个数] ;

其中，数组元素的个数必须是一个大于 0 的整数类型常数，不能是变量，甚至连具有 const 属性的变量也不可以。下面给出一些合法的数组变量定义示例：

```
       int a[3];                                               // 1
       int b[3];                                               // 2
#define D_N 10                                                  // 3
       int c[D_N];                                             // 4
```

下面给出一些不合法的数组变量定义示例：

```
int n=10;                                                      // 1
int a[n]; // 数组元素的个数不能是变量                              // 2
int b[0]; // 数组元素的个数必须大于 0                              // 3
const int DC_n = 10;                                           // 4
int c[DC_n]; // 数组元素的个数不能是具有 const 属性的变量           // 5
int d(10); // 界定数组元素个数的括号应当是方括号，不能是圆括号        // 6
int e{10}; // 界定数组元素个数的括号应当是方括号，不能是大括号        // 7
```

如果需要在一条语句中<u>定义多个一维数组变量</u>，相邻的变量之间用逗号分开。例如：

```
       int a[3], b[4];
```

这时，这些数组的元素数据类型完全相同。如果需要定义不同元素数据类型的数组变量，那么应当采用多条语句分别定义这些数组变量。

数组元素在使用上有点类似变量，即可以获取数组元素的值或者给数组元素赋值。使用数组元素也称为<u>访问数组元素</u>。<u>访问一维数组元素的格式</u>如下：

> 数组变量名[数组元素下标]

其中，数组元素下标是一个整数表达式，其有效范围是从 0 开始到（数组元素的个数-1）。如果数组元素下标的值不在其有效范围内，则称为<u>数组元素下标越界</u>。例如，假设定义了数组变量"int a[3]"，那么有效的数组元素分别是 a[0]、a[1]和 a[2]。这三个元素相当于三个整数类型的变量。这里给出无效的数组元素示例: a[-2]、a[-1]、a[3]和 a[4]。在正常情况下，都不应当使用这些无效的数组元素。

⚑注意事项⚑:

（1）数组元素下标是从 0 开始的。

（2）在编写程序时，在正常情况下应当保证不要出现数组元素下标越界。如果出现数组元素下标越界并且因此修改了非预期的内存空间，就会出一些非预期的错误。在 C 语言中，编译和运行都有可能不检查数组元素下标是否越界。因为这种错误通常比较难以调试，所以在编写程序使用数组元素下标时要特别小心。

下面给出数组元素的使用示例：

```
int a[3];                                          // 1
a[0] = 1;                                          // 2
a[1] = 2;                                          // 3
a[2] = a[0]+a[1];                                  // 4
printf("a[2]=%d, *(a+2)=%d。\n", a[2], *(a+2));    // 5
```

通过上面的示例可以看出每个数组元素相当于一个变量，可以获取它的值，也可以给它赋值。上面示例第 5 行 "*(a+2)" 给出 另外一种访问一维数组元素方式，其具体格式为：

`* (数组变量名+整数表达式)`

其中，整数表达式的值就是数组元素下标。数组变量名与该整数表达式相加，得到的是相应数组元素的地址；然后，通过*运算符就可以访问该数组元素。在上面示例第 5 行中，"*(a+2)" 与 "a[2]" 实际上是等价的，其中 "a+2" 是数组元素 a[2] 的地址。因此，在上面示例第 4 行的代码 "a[2] = a[0]+a[1];" 也可以写成

```
*(a+2) = a[0]+a[1];
```

这两者在功能上是等价的。

注意事项

在 C 语言中，地址是以字节为单位进行计数的，但每个数组元素占用的内存大小不一定就是一字节。因此，虽然数组元素在内存当中是连续的，但是相邻数组元素之间地址不一定相差 1 字节。例如，设定义了数组 "int a[3]"，并且设 sizeof(int)=4，那么 a[2] 的地址比 a[1] 的地址大 4 字节。

下面给出示例进一步介绍数组元素的地址。

```
int a[3];                                                      // 1
printf("&(a[0])=%p, &(a[1])=%p, &(a[2])=%p。\n",               // 2
    &(a[0]), &(a[1]), &(a[2]));                                // 3
printf("a=%p, a+1=%p, a+2=%p。\n", a, a+1, a+2);               // 4
printf("((a+2)-(a+1))=%d。\n", ((a+2)-(a+1)));                 // 5
printf("((int)(a+2)-(int)(a+1))=%d。\n",                       // 6
    ((int)(a+2)-(int)(a+1)));                                  // 7
```

下面给出这个示例的一个 运行的结果。在不同的运行环境下，具体结果可能会有所不同。

```
&(a[0])=0012FF54, &(a[1])=0012FF58, &(a[2])=0012FF5C。
a=0012FF54, a+1=0012FF58, a+2=0012FF5C。
```

```
((a+2)-(a+1))=1。
((int)(a+2)-(int)(a+1))=4。
```

通过上面的示例，我们可以看到通过取地址运算符&也可以 获取数组元素的地址 。"&(a[0])"与"a"获取的地址是相同的，"&(a[1])"与"a+1"获取的地址是相同的，"&(a[2])"与"a+2"获取的地址是相同的。在上面运行环境中，sizeof(int)=4。如果把 a+1 和 a 的地址当作整数，那么它们在数值上相差 4=0x0012FF58-0x0012FF54。如果把 a+2 和 a+1 的地址当作整数，那么它们在数值上相差 4=0x0012FF5C-0x0012FF58。从运行结果"((a+2)-(a+1))=1"上，我们可以看出 数组元素的地址之间可以做减法运算 ，但它们不是转换为整数进行运算，运算结果是数组元素下标之差。如果先将这两个地址转换为整数，再进行减法运算，那么应当写成"((int)(a+2)-(int)(a+1))"。从上面运算结果上看，其结果等于 4。

> **注意事项**
>
> 在 C 语言中，在定义数组变量之后，就不能给数组变量赋值。例如下面的代码是非法的。

```
int a[3];                                           // 1
int b[3];                                           // 2
a = b;         // 非法的赋值操作                     // 3
```

我们还可以通过 sizeof 运算获取数组变量占用的内存空间大小、数组元素占用的内存空间大小以及数组元素个数。下面给出代码示例。

```
int a[3];                                               // 1
printf("sizeof(a)=%d。\n", (int)(sizeof(a)));           // 2
printf("sizeof(a[0])=%d。\n", (int)(sizeof(a[0])));     // 3
printf("sizeof(a)/sizeof(a[0])=%d。\n",                 // 4
    (int)(sizeof(a)/sizeof(a[0])));                     // 5
printf("sizeof(a)/sizeof(int)=%d。\n",                  // 6
    (int)(sizeof(a)/sizeof(int)));                      // 7
```

下面给出这个示例的一个 运行的结果 。在不同的运行环境下，具体结果可能会有所不同。

```
sizeof(a)=12。
sizeof(a[0])=4。
sizeof(a)/sizeof(a[0])=3。
sizeof(a)/sizeof(int)=3。
```

从上面的运行结果可以看出， 数组变量占用的内存空间大小 =数组元素占用的内存空间大小×数组元素个数，即数组变量占用的内存空间是其数组元素占用的内存空间的总和。反过来， 数组元素个数 =sizeof(数组变量)/sizeof(任意一个数组元素)=sizeof(数组变量)/sizeof(数组元素的数据类型)。

在定义数组变量的同时还可以给数组元素赋初值。这又称为 通过初始化定义数组变量 。这有两种形式，其中第一种是 不显式地指定数组元素个数的初始化形式 ，具体格式如下：

> *数组元素的数据类型 变量名*[　]={*由各个数组元素的初值表达式组成的列表*}；

其中，初值表达式的个数不能小于 1，初值表达式一定要与数组元素的数据类型相匹配，在初值表达式中可以包含变量，在相邻的初值表达式之间用逗号分开，最终数组元素个数就是这些初值表达式的个数。下面给出一些定义示例：

```
int a[ ] = {1, 2}; // 结果：元素个数=2; a[0]=1; a[1]=2                    // 1
int n = 10;                                                              // 2
int b[ ] = {n, n*2, n*3}; // 结果：元素个数=3; b[0]=10; b[1]=20; b[2]=30   // 3
```

第二种通过初始化定义数组变量的形式是 指定数组元素个数的初始化形式，具体格式如下：

数组元素的数据类型 变量名 [数组元素的个数] = { 由各个数组元素的初值表达式组成的列表 };

第二种形式比第一种形式多了指定数组元素个数。这两种形式在其他部分的格式上都一样。数组元素的个数必须是一个大于 0 的整数类型常数，不能是变量，甚至连具有 const 属性的变量也不可以。在上面定义中，指定的数组元素个数一定要大于或等于初值表达式的个数，并且初值表达式的个数不能小于 1；否则，通不过编译，即会出现编译错误。如果指定的数组元素个数大于初值表达式的个数，那么数组最后剩余的元素的值都会初始化为 0 或相当于 0 的值。下面给出一些合法的定义示例：

```
int a[2] = {1, 2}; // 结果：a[0]=1; a[1]=2                    // 1
int b[3] = {10, 20}; // 结果：b[0]=10; b[1]=20; b[2]=0         // 2
int c[3] = {0}; // 结果：c[0]=0; c[1]=0; c[2]=0               // 3
```

下面给出一些不合法的定义示例：

```
int a[2] = { }; // 初值表达式的个数为 0                        // 1
int b[2] = {10, 20, 30}; // 数组元素个数小于初值表达式的个数     // 2
```

例程 5-1　数组作为函数形式参数被自动转换为指针。

例程功能描述：验证数组作为函数形式参数被自动转换为指针。

例程解题思路：我们先定义一个函数，它包含一个形式参数。我们让该参数的数据类型是数组类型。然后，我们在主函数中定义一个数组。我们让它们在形式上具有相同的数组类型，并在主函数中调用前面的函数，其实际参数就是在主函数中定义的那个数组。要区分数组与指针，我们只要通过运算 sizeof 获取它们占用的内存空间大小就可以了。如果是完全相同类型的数组，它们占用的内存空间大小应当完全相同。

下面给出按照上面思路编写的代码。例程代码由源程序代码文件"C_ArrayToPointer.c"组成，具体的程序代码如下。

```
// 文件名：C_ArrayToPointer.c；开发者：雍俊海          行号
#include <stdio.h>                                    // 1
#include <stdlib.h>                                   // 2
                                                      // 3
void gb_arrayShowSize(int a[10])                      // 4
```

```
{                                                               // 5
    printf("在被调用函数中，sizeof(a)=%d, sizeof(a[0])=%d。\n",  // 6
        (int)(sizeof(a)), (int)(sizeof(a[0])));                 // 7
} // 函数 gb_arrayShowSize 结束                                   // 8
                                                                // 9
int main(int argc, char* args[ ])                               // 10
{                                                               // 11
    int a[10];                                                  // 12
    printf("在主函数中，sizeof(a)=%d, sizeof(a[0])=%d。\n",       // 13
        (int)(sizeof(a)), (int)(sizeof(a[0])));                 // 14
    gb_arrayShowSize(a);                                        // 15
    system("pause"); // 暂停住控制台窗口                          // 16
    return 0; // 返回 0 表明程序运行成功                          // 17
} // main 函数结束                                               // 18
```

可以对上面的代码进行编译、链接和运行。下面给出一个运行的结果示例。

```
在主函数中，sizeof(a)=40, sizeof(a[0])=4。
在被调用函数中，sizeof(a)=8, sizeof(a[0])=4。
请按任意键继续...
```

我们来分析上面的程序代码和运行结果。在上面代码第 12 行定义了数组变量 a。因为上面输出"sizeof(a[0])=4"，所以我们知道在该运行环境下 int 类型变量占用内存的字节数是 4，数组 a 的每个元素占用内存的字节数就是 4。因为数组 a 的元素个数是 10，所以数组 a 占用内存的字节数是 40=4×10。因此，上面输出 sizeof(a)=40。在函数 gb_arrayShowSize 的首部，虽然形式参数 a 的定义严格按照数组的定义格式，但变量 a 的实际数据类型是"int *"类型的指针，因为我们发现相应的输出是"sizeof(a)=8"。如果在函数 gb_arrayShowSize 中的变量 a 是数组类型，那么按照前面的分析，它占用的内存空间大小应当是 40。按照 C 语言标准，上面第 4 行代码与下面代码从编译结果的角度上看实际上是完全一样的。

```
void gb_arrayShowSize(int* a)
```

这里介绍上面代码第 15 行代码函数调用的参数传递过程。如图 5-1 所示，主函数的局部变量 a 与函数 gb_arrayShowSize 的形式参数变量 a 各自拥有不同的内存空间与不同的数据类型。因为函数 gb_arrayShowSize 的形式参数变量 a 的数据类型是指针，所以在进行参数传递时，将主函数的局部变量 a 的内存地址赋值给函数 gb_arrayShowSize 的形式参数变

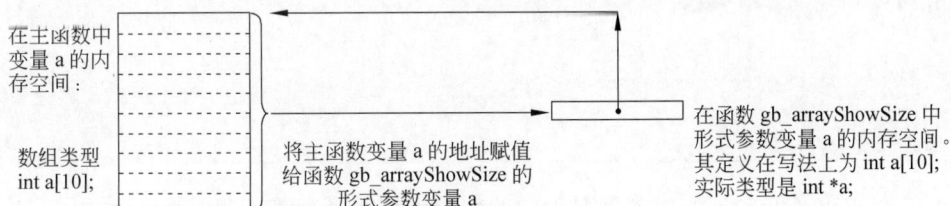

图 5-1 从数组类型实际参数到指针类型形式参数的函数调用参数传递过程示意图

量 a。这样，在函数 gb_arrayShowSize 内部，指针 a 指向了主函数变量 a 的内存空间。于是，在函数 gb_arrayShowSize 内部，我们也可以通过"a[下标]"或"*(a+下标)"等形式访问在主函数中数组 a 的数组元素。

例程 5-2　数组元素下标越界。

例程功能描述：对于含有变量的数组下标表达式，验证编译与运行都有可能不检查该下标的值是否会越界。

例程解题思路：我们定义一个数组，并访问下标越界的内存空间。为了防止因此而出现**程序崩溃**，我们让这个内存空间是一个已知变量的内存空间。下面给出按照这个思路编写的代码。例程代码由源程序代码文件"C_ArrayOutOfRangeMain.c"组成，具体的程序代码如下。

```
// 文件名：C_ArrayOutOfRangeMain.c；开发者：雍俊海          行号
#include <stdio.h>                                          // 1
#include <stdlib.h>                                         // 2
                                                            // 3
int main(int argc, char* args[ ])                           // 4
{                                                           // 5
    int a = 0;                                              // 6
    int b[ ] = {1, 2, 3, 4};                                // 7
    int n;                                                  // 8
    n = &a - b;                                             // 9
    printf("sizeof(int)=%d。\n", (int)(sizeof(int)));       // 10
    printf("&a=%p, b=%p, &(b[%d])=%p。\n", &a, b, n, &(b[n]));  // 11
    printf("(int)(&a)-(int)b=%d。\n", (int)(&a)-(int)b);    // 12
    printf("a=%d。\n", a);                                  // 13
    b[n] = 1000;                                            // 14
    printf("b[%d]=%d, b[0]=%d, b[3]=%d。\n", n, b[n], b[0], b[3]);  // 15
    printf("a=%d。\n", a);                                  // 16
    system("pause"); // 暂停住控制台窗口                    // 17
    return 0; // 返回 0 表明程序运行成功                     // 18
} // main 函数结束                                           // 19
```

可以在调试（Debug）模式下对上面的代码进行编译、链接和运行。下面给出在该模式下的一个运行的结果示例。

```
sizeof(int)=4。
&a=000000DF2475F4D4, b=000000DF2475F4F8, &(b[-9])=000000DF2475F4D4。
(int)(&a)-(int)b=-36。
a=0。
b[-9]=1000, b[0]=1, b[3]=4。
a=1000。
请按任意键继续...
```

可以在发布（Release）模式下对上面的代码进行编译、链接和运行。下面给出在该模式下的一个运行的结果示例。

```
sizeof(int)=4。
&a=000000CD6DCFFCC0, b=000000CD6DCFFCC8, &(b[-2])=000000CD6DCFFCC0。
(int)(&a)-(int)b=-8。
a=0。
b[-2]=1000, b[0]=1, b[3]=4。
a=1000。
请按任意键继续...
```

我们来分析上面的程序代码和运行结果。上面运行结果第 1 行"sizeof(int)=4"表明在这个运行环境下每个整数类型变量占用的内存空间大小是 4 字节。从上面调试模式和发布模式运行结果上看，运算"n = &a−b"的结果并不相同，前者 n=−9，后者 n=−2。因此，从运行结果上看，我们可以推出这样的结论：不能通过变量 a 和 b 在代码上的相对位置推断出变量 a 和 b 的相对地址关系。上面第 6~8 行代码依次定义了变量 a、b 和 n，这三个变量的内存地址也不一定会满足递增或递减的关系。在调试模式下，编译器需要在内存中插入一些数据从而方便程序调试；在发布模式下，编译器需要进行代码优化，从而提高代码的执行效率。

在调试模式下，运算结果"(int)(&a)−(int)b=−36"表明变量 a 和 b 的地址实际上相差 36 字节。而运算"n = &a−b"执行的不是整数运算，而是整数指针运算，其结果得到的是这两个地址相差多少个整数数组元素。因此，这时，n=(−36)/sizeof(int)=(−36)/4=−9。

同样，在发布模式下，运算结果"(int)(&a)−(int)b=−8"表明变量 b 和 a 的地址实际上相差 8 字节。运算"n = &a−b"的结果是 n=(−8)/sizeof(int)= (−8)/4=−2。

从上面的运行结果，我们还可以看出在第 11 行，变量 a 与 b[n]拥有相同的地址，不管是在调试模式下，还是在发布模式下。在调试模式下，上面结果显示 b[n]在这时实际上是 b[−9]；在发布模式下，上面结果显示 b[n]在这时实际上是 b[−2]。无论是 b[−9]还是 b[−2]，其下标都超出了数组 b 的下标有效范围。从上面的运行结果，我们可以看到程序并没有报错，甚至连警告也没有。这就验证了本例程的结论，对于含有变量的数组下标表达式，编译与运行都有可能不检查该下标的值是否会越界。不过，如果随意让下标越界，有可能会导致程序崩溃等破坏性事件。在上面第 14 行代码中，因为变量 a 与 b[n]拥有相同的地址和相同的数据类型，所以我们可以通过修改 b[n]的值来修改变量 a 的值。结果变量 a 的值被改为 1000。不过，这种通过修改 b[n]的值来修改变量 a 的值的做法是非常危险的，这不是正常的 C 语言程序。

┏┅注意事项┅┓

不要通过数组下标越界来修改其他变量的值。因为编译器在将 C 语言代码转换为可执行代码时存在着代码优化，而数组下标越界的行为是编译器的非预期行为，所以有可能会造成一些非常奇怪的非预期结果。在上面例程中，如果我们删去第 15 行的代码，那么第 16 行代码"printf("a=%d。\n", a);"都有可能比第 14 行代码"b[n] = 1000;"先执行，因为编译器会误认为变量 a 与 b[n]在内存空间上是不相关的，即编译器会误认为这两条语句的执行顺序不影响最终结果，而先执行第 16 行代码很有可能会提高代码运行效率。如果这种情况发生，我们会发现非预期的结果：第 16 行代码"printf("a=%d。\n", a);"输出"a=0"。

例程 5-3　给数组元素初始化和赋值并输出结果。

例程功能描述：比较初始化和不初始化数组元素的结果，给数组元素赋值，并输出数组元素的值。

例程解题思路：定义两个数组变量，对其中一个进行初始化，另一个不进行初始化。输出这两个数组的各个元素的值。对这两个数组的元素进行赋值，并输出赋值的结果。

下面给出按照上面思路编写的代码。例程代码由 3 个源程序代码文件 "C_ArrayDefineAndShow.h" "C_ArrayDefineAndShow.c" "C_ArrayDefineAndShowMain.c" 组成，具体的程序代码如下。

// 文件名：**C_ArrayDefineAndShow.h**；开发者：雍俊海	行号
`#ifndef C_ARRAYDEFINEANDSHOW_H`	// 1
`#define C_ARRAYDEFINEANDSHOW_H`	// 2
	// 3
`extern void gb_arraySetLinear(int a[ ], int n, int start, int step);`	// 4
`extern void gb_arrayShow(char c, int a[ ], int n);`	// 5
`extern void gb_arrayTest( );`	// 6
	// 7
`#endif`	// 8

// 文件名：**C_ArrayDefineAndShow.c**；开发者：雍俊海	行号
`#include <stdio.h>`	// 1
`#include <stdlib.h>`	// 2
`#include <malloc.h>`	// 3
	// 4
`void gb_arraySetLinear(int a[ ], int n, int start, int step)`	// 5
`{`	// 6
`   int i;`	// 7
`   if ((a==NULL) || (n<=0))`	// 8
`      return;`	// 9
`   a[0] = start;`	// 10
`   for (i=1; i<n; i++)`	// 11
`      a[i] = a[i-1] + step;`	// 12
`} // 函数 gb_arraySetLinear 结束`	// 13
	// 14
`void gb_arrayShow(char c, int a[ ], int n)`	// 15
`{`	// 16
`   int i;`	// 17
`   printf("%c 的地址是 0X%p。\n\t", c, a);`	// 18
`   for (i=0; i<n; i++)`	// 19
`      printf("%c[%d]=%d。", c, i, a[i]);`	// 20
`   printf("\n");`	// 21
`} // 函数 gb_arrayShow 结束`	// 22
	// 23
`void gb_arrayTest( )`	// 24

```
(                                                              // 25
    int a[3] = {0};                                           // 26
    int b[3];                                                 // 27
                                                              // 28
    printf("在调用 gb_arraySetLinear 之前:\n");                // 29
    gb_arrayShow('a', a, 3);                                  // 30
    gb_arrayShow('b', b, 3);                                  // 31
    gb_arraySetLinear(a, 3, 10, 1);                           // 32
    gb_arraySetLinear(b, 3, 20, 2);                           // 33
    printf("在调用 gb_arraySetLinear 之后:\n");                // 34
    gb_arrayShow('a', a, 3);                                  // 35
    gb_arrayShow('b', b, 3);                                  // 36
} // 函数 gb_arrayTest 结束                                    // 37
```

// 文件名：**C_ArrayDefineAndShowMain.c**；开发者：雍俊海	行号

```
#include <stdio.h>                                            // 1
#include <stdlib.h>                                           // 2
#include "C_ArrayDefineAndShow.h"                             // 3
                                                              // 4
int main(int argc, char* args[ ])                            // 5
{                                                             // 6
    gb_arrayTest( );                                          // 7
    gb_arrayTest( );                                          // 8
    system("pause"); // 暂停住控制台窗口                        // 9
    return 0; // 返回 0 表明程序运行成功                        // 10
} // main 函数结束                                             // 11
```

可以在调试（Debug）模式下对上面的代码进行编译、链接和运行。下面给出在该模式下的一个运行的结果示例。

```
在调用 gb_arraySetLinear 之前:
a 的地址是 0X000000C2A38FF958。
     a[0]=0。a[1]=0。a[2]=0。
b 的地址是 0X000000C2A38FF988。
     b[0]=-858993460。b[1]=-858993460。b[2]=-858993460。
在调用 gb_arraySetLinear 之后:
a 的地址是 0X000000C2A38FF958。
     a[0]=10。a[1]=11。a[2]=12。
b 的地址是 0X000000C2A38FF988。
     b[0]=20。b[1]=22。b[2]=24。
在调用 gb_arraySetLinear 之前:
a 的地址是 0X000000C2A38FF958。
     a[0]=0。a[1]=0。a[2]=0。
b 的地址是 0X000000C2A38FF988。
     b[0]=-858993460。b[1]=-858993460。b[2]=-858993460。
在调用 gb_arraySetLinear 之后:
```

```
a 的地址是 0X000000C2A38FF958。
      a[0]=10。a[1]=11。a[2]=12。
b 的地址是 0X000000C2A38FF988。
      b[0]=20。b[1]=22。b[2]=24。
请按任意键继续...
```

可以在发布（Release）模式下对上面的代码进行编译、链接和运行。下面给出在该模式下的一个 运行的结果 示例。

```
在调用 gb_arraySetLinear 之前：
a 的地址是 0X00000098F274FB70。
      a[0]=0。a[1]=0。a[2]=0。
b 的地址是 0X00000098F274FB80。
      b[0]=0。b[1]=0。b[2]=0。
在调用 gb_arraySetLinear 之后：
a 的地址是 0X00000098F274FB70。
      a[0]=10。a[1]=11。a[2]=12。
b 的地址是 0X00000098F274FB80。
      b[0]=20。b[1]=22。b[2]=24。
在调用 gb_arraySetLinear 之前：
a 的地址是 0X00000098F274FB70。
      a[0]=0。a[1]=0。a[2]=0。
b 的地址是 0X00000098F274FB80。
      b[0]=20。b[1]=22。b[2]=24。
在调用 gb_arraySetLinear 之后：
a 的地址是 0X00000098F274FB70。
      a[0]=10。a[1]=11。a[2]=12。
b 的地址是 0X00000098F274FB80。
      b[0]=20。b[1]=22。b[2]=24。
请按任意键继续...
```

我们来分析上面的程序代码和运行结果。首先，我们来分析在文件"C_ArrayDefineAndShow.c"中第 5～13 行的代码中的函数 gb_arraySetLinear。因为 C 语言标准规定，在传递函数参数时，数组会被转换为指针，所以在该函数形式参数中的变量 a 实际上是指针变量，我们无法通过指针变量来获取实际参数数组的元素个数。因此，我们需要在该函数的形式参数中增加指定元素个数的整数变量 n。函数 gb_arraySetLinear 的功能是给 a[0]、a[1]、…、a[n−1] 赋值，使得这些元素组成一个以 start 为起始值并且以 step 为步长的等差数列。

函数 gb_arrayShow 输出通过指针 a 传递进来的数组地址以及各个元素的值。同时，数组的元素个数需要通过形式参数 n 传递进来。输出的地址通常是采用十六进制的。

上面文件"C_ArrayDefineAndShow.c"的第 26 行代码"int a[3] = {0};"定义了含有 3 个元素的数组 a，并将数组 a 的每个元素都初始化为 0。在该定义中，指定的数组元素个数为 3，大于在"{ }"中的初始值个数。按照 C 语言标准规定，剩余的元素也会被初始化为 0 或相当于 0 的值。这可以通过第 30 行代码"gb_arrayShow('a', a, 3);"输出的结果得到验证。无论是在调试模式下，还是在发布模式下，输出的结果都是"a[0]=0。a[1]=0。a[2]=0。"

上面文件"C_ArrayDefineAndShow.c"的第 27 行代码"int b[3];"定义了含有 3 个元素的数组 b，但没有初始化数组的元素。通过第 31 行代码"gb_arrayShow('b', b, 3);"输出的结果可以看出在调试模式下与在发布模式下输出的结果不同，在发布模式下的两次输出结果也不同。这样，我们可以得到如下的注意事项。

> **☜注意事项☞**：
> 在正常情况下，在使用某个数组元素的值之前，应当先对该数组元素进行初始化或赋值。

在上面文件"C_ArrayDefineAndShow.c"中，第 32～36 行代码将数组 a 和 b 的元素分别赋值为两个不同的等差数列的数值，并输出这些值。从上面输出结果可以看出，这 5 行代码在调试模式下和在发布模式下的输出结果是相同的。

在上面文件"C_ArrayDefineAndShowMain.c"第 7～8 行代码中，我们调用两次函数 gb_arrayTest。从输出的地址上，我们可以看出在函数调用完毕之后，其释放的内存空间会被后面的函数调用继续使用。

例程 5-4　约瑟夫环问题(转圈圈问题)。

例程功能描述：约瑟夫环问题也称为转圈圈问题。设有 M 个人围成一个圈，每个人从 1 到 M 按顺序分配一个数字标号，标识这个人。从标识为 1 的人开始绕着圈从 1 依次计数，程序输出数到 N 的人的标识，而且这个人离开这个圈。计数从刚离开的人的下一个人继续从 1 开始，重复前面的过程，直到所有的人都离开这个圈。假设 M=10，N=3，要求按顺序输出离开的人的数字标号。

例程解题思路：我们用一个数组来模拟转圈圈的座位。如果座位上的人还没有离开，对应元素的值就为 0；如果离开了，就将对应元素的值修改为 1。最开始，所有座位上都有人，所以这时每个元素的值都为 0。随着游戏的进行，不断有人离开。我们定义两个计数器变量，其中一个记录离开座位的总人数，另一个记录有效的计数。这样，我们按顺序沿着座位不断计数。如果在座位上有人，那么有效的计数值增加 1；否则，有效的计数值不变。如果有效的计数值达到 N，那么在该座位上的人离开，对应的元素变为 1，输出这个人的数字标号，离开座位的总人数增加 1，有效的计数值清零。然后，接着下一轮的计数，直到离开的人数达到 M，即所有的人都离开了。

下面给出按照上面思路编写的代码。例程代码由源程序代码文件"C_RingMain.c"组成，具体的程序代码如下。

```
// 文件名：C_RingMain.c；开发者：雍俊海                              行号
#include <stdio.h>                                                // 1
#include <stdlib.h>                                               // 2
                                                                 // 3
#define M 10                                                      // 4
#define N 3                                                       // 5
                                                                 // 6
int main(void)                                                    // 7
```

```
{                                                                          // 8
    int outFlag[M]={0}; // 0 表示没有离开，1 表示离开                        // 9
    int outNumber = 0; //已经离开的总人数                                    // 10
    int i; // 当前数到的元素的下标                                           // 11
    int countValid=0; // 有效的计数                                         // 12
    for (i=0; outNumber<M; i++)                                            // 13
    {                                                                      // 14
        if (i>=M) // 如果数到尾，需要接着从头部开始计数                        // 15
            i=0;                                                           // 16
        if (outFlag[i]==0) // 有效的计数                                     // 17
        {                                                                  // 18
            countValid++;                                                  // 19
            if (countValid==N)                                             // 20
            {                                                              // 21
                outFlag[i] = 1;                                            // 22
                outNumber++;                                               // 23
                if (outNumber<M)                                          // 24
                    printf("%d, ", i+1);                                   // 25
                else printf("%d", i+1);                                    // 26
                countValid=0;                                              // 27
            } // 内部 if 结束                                               // 28
        } // 外部 if 结束                                                   // 29
    } // for 结束                                                          // 30
    printf("\n");                                                          // 31
    system("pause"); // 暂停住控制台窗口                                    // 32
    return 0; // 返回 0 表明程序运行成功                                     // 33
} // main 函数结束                                                         // 34
```

可以对上面的代码进行编译、链接和运行。下面给出一个 运行的结果 示例。

```
3, 6, 9, 2, 7, 1, 8, 5, 10, 4
请按任意键继续...
```

上面代码第 4 行的"#define M 10"和第 5 行的"#define N 3"是宏定义，均由"#define"
引导。这样，对于下面的代码，一旦出现标识符 M，编译器就会将标识符 M 替换为 10；
一旦出现标识符 N，编译器就会将标识符 N 替换为 3。当然，如果字母 M 或 N 仅仅是在变
量名等标识符当中的组成字母，并且该标识符还含有其他字符，编译器不会进行这种替换，
因为这时字母 M 或 N 均没有构成完整的标识符。因此，第 9 行的代码"int outFlag[M]={0};"
会被编译器自动替换为"int outFlag[10]={0};"，即该语句定义了含有 10 个整数元素的数组，
并且将每个元素都初始化为 0。数组 outFlag 模拟了转圈圈的座位。通过这种宏定义的方式，
我们可以非常方便地修改转圈圈的总人数 M 和需要数到的数 N。

例如，我们可以将上面第 4 行和第 5 行的代码改为：

```
#define M 5                                                                // 1
```

```
#define N 4                                                          // 2
```

这时，编译、链接和运行的结果是：

```
4, 3, 5, 2, 1
请按任意键继续...
```

这个结果就是在转圈圈的总人数 M=5 和需要数到的数 N=4 情况下的结果。

如果需要由用户输入整数来指定转圈圈的总人数 M，即让 M 不是一个宏，而是一个可以变化的变量，例如，定义 "int M=10;"，那么定义 "int outFlag[M]={0};" 将无法通过编译。这时需要定义动态数组。如何定义动态数组将在后面第 7 章中介绍。

5.2　多　维　数　组

本节介绍的多维数组实际上是一种静态数组。在前面 5.1 节介绍的一维数组中，如果数组的元素仍然是一维数组，这样就构成了二维数组；如果这个过程继续下去就可以构成任意维的数组。设需要定义的数组的维数是整数 $d(>1)$，**不带初始化的单个多维数组变量定义格式**如下：

```
数据类型 变量名[n₁][n₂]…[n_d];
```

其中，n_1、n_2、$\cdots$、n_d 必须是大于 0 的整数类型常数，不能是变量，甚至连具有 const 属性的变量也不可以。多维数组可以看作元素仍然是数组的数组。作为多维数组元素的数组仍然有可能是多维数组，但维数会降低。如果我们不断地重复这个过程，作为数组元素的数组的维数将不断地降低，直到最终的元素将不再是数组。这些最终的元素通常称为多维数组的**基元素**。在上面多维数组定义中的数据类型实际上就是数组**基元素的数据类型**，**基元素的个数**总共是 $n_1 \times n_2 \times \cdots \times n_d$，即该多维数组变量相当于 $n_1 \times n_2 \times \cdots \times n_d$ 个基元素数据类型的变量。下面给出一些合法的多维数组变量定义示例：

```
    int a[2][3]; // 二维数组，基元素的总个数是 6=2×3              // 1
    int b[3][4][5]; // 三维数组，基元素的总个数是 60=3×4×5        // 2
#define N 10                                                       // 3
    int c[N][2]; // 二维数组，基元素的总个数是 20=10×2            // 4
```

如果需要在一条语句中**定义多个多维数组变量**，相邻的变量之间用逗号分开。例如：

```
    int a[2][3], b[3][4][5];
```

从一维数组推广而来，**访问多维数组的元素**也可以通过数组变量名、中括号和数组元素下标来实现。设定义了多维数组变量 "int a[2][3];"，则

（1）数组 a 的元素是 a[0] 和 a[1]。

（2）a[0] 的元素是 a[0][0]、a[0][1] 和 a[0][2]。

（3）a[1] 的元素是 a[1][0]、a[1][1] 和 a[1][2]。

（4）其中 a[0][0]、a[0][1]、a[0][2]、a[1][0]、a[1][1] 和 a[1][2] 称为数组 a 的**基元素**，它

们的数据类型都是 int。

（5）数组 a 的**基元素的总个数**是 6=2×3。数组 a 相当于 6 个整数变量。

设定义了多维数组变量 "int c[2][2][2];"，则

（1）数组 c 的元素是 c[0]和 c[1]。

（2）c[0]的元素是 c[0][0]和 c[0][1]。

（3）c[1]的元素是 c[1][0]和 c[1][1]。

（4）c[0][0]的元素是 c[0][0][0]和 c[0][0][1]。

（5）c[0][1]的元素是 c[0][1][0]和 c[0][1][1]。

（6）c[1][0]的元素是 c[1][0][0]和 c[1][0][1]。

（7）c[1][1]的元素是 c[1][1][0]和 c[1][1][1]。

（8）其中 c[0][0][0]、c[0][0][1]、c[0][1][0]、c[0][1][1]、c[1][0][0]、c[1][0][1]、c[1][1][0] 和 c[1][1][1]称为数组 c 的**基元素**，它们的数据类型都是 int。

（9）数组 c 的**基元素的总个数**是 8=2×2×2。数组 c 相当于 8 个整数变量。

与一维数组类似，在使用多维数组时，每个维度的下标都应当在其有效范围之内，而且同时需要注意各个下标均从 0 开始计数。如果下标超出了其有效范围，则称为**数组元素下标越界**。

在定义数组变量的同时还可以给数组元素赋初值，这又称为**通过初始化定义数组变量**。这有两种形式，其中第一种是**不显式地指定数组元素个数的初始化形式**，具体格式如下：

> *数据类型 变量名*[ ] [n_2] [n_3] … [n_d]=*多维数组初始值;*

其中，整数 $d(>1)$ 是数组的维数，n_2、n_3、…、n_d 必须是大于 0 的整数类型常数，不能是变量。在不显式地指定数组元素个数的数组定义中，只有最高维的元素个数可以不指定，后续各维的元素个数都必须指定，即 n_2、n_3、…、n_d 都必须存在。

第二种通过初始化定义数组变量的形式是**指定数组元素个数的初始化形式**，具体格式如下：

> *数据类型 变量名*[n_1] [n_2] … [n_d]=*多维数组初始值;*

这种定义格式与前面不带初始化的定义格式相比，只是多了等号与多维数组初始值部分。

多维数组初始值的定义格式有两种形式，其中**第一种是由各个数组基元素的初值表达式组成的列表**，同时该列表位于一对大括号 "{ }" 的内部，其具体格式如下：

> *{由各个数组基元素的初值表达式组成的列表}*

设在上面列表中初值表达式的个数为 m，其中 m 的值必须大于 0。如果多维数组的定义不显式地指定数组元素个数，则该数组最高维的元素个数 n_1 是满足 $n_1 \times n_2 \times \cdots \times n_d \geq m$ 的最小正整数。对于采用这种多维数组初始值定义格式，无论在数组定义中是否显式指定数组元素个数，如果 $m < n_1 \times n_2 \times \cdots \times n_d$，那么数组最后剩余的基元素的值都会初始化为 0 或相当于 0 的值。如果 $m > n_1 \times n_2 \times \cdots \times n_d$，那么通不过编译，即会出现编译错误。下面给出一些采用这种多维数组初始值定义格式的多维数组的合法定义示例：

```
int a[ ][2] = {1}; // 结果: n₁=1; a[0][0]=1; a[0][1]=0。           // 1
int b[2][2] = {10, 20}; // 结果: b[0][0]=10; b[0][1]=20;          // 2
                     //         b[1][0]=0; b[1][1]=0。             // 3
int c[2][2] = {1, 2, 3, 4}; // 结果: c[0][0]=1; c[0][1]=2;        // 4
                     //         c[1][0]=3; c[1][1]=4。             // 5
int d[ ][2] = {1, 2, 3, 4}; // 结果: n₁=2;                        // 6
                     //         d[0][0]=1; d[0][1]=2;             // 7
                     //         d[1][0]=3; d[1][1]=4。             // 8
```

> 📌注意事项📌
>
> **通常建议不要采用上面介绍的采用基元素表达式列表的多维数组初始化方式**。虽然 C 语言标准允许使用这种方式，但是，在实际编程中它很容易引发错误。**通常推荐采用下面介绍的逐维初始化的方式**，从而清晰展现数组元素的层次结构。

第二种多维数组初始值的定义格式是逐维进行初始化，其中最高维部分的定义格式为：

> *{由 m_1 个 (d-1) 维数组的初始值组成的列表}*

其中，m_1 必须大于 0。如果没有显式指定数组元素个数，则 $n_1 = m_1$。如果显式指定数组元素个数，则要求 m_1 必须不大于 n_1。如果 $m_1 < n_1$，则缺少的基元素的值为 0 或相当于 0 的值。如果在上面定义中存在多个 (d-1) 维数组的初始值，则相邻初始值之间用逗号分隔开。这 m_1 个 (d-1) 维数组的初始值又可以采用第一种或第二种多维数组初始值的定义格式进行定义。例如，如果第二维部分采用第二种形式，则其定义格式为：

> *{由 m_2 个 (d-2) 维数组的初始值组成的列表}*

其中，m_2 必须大于 0 并且不大于 n_2。如果 $m_2 < n_2$，则缺少的基元素的值为 0 或相当于 0 的值。如果在上面定义中存在多个 (d-2) 维数组的初始值，则相邻初始值之间用逗号分隔开。这个过程，不断继续下去，直到采用第一种形式或采用第二种形式到达最低维。对于最低维，第一种和第二种形式的定义格式是相同的。下面给出一些采用这种多维数组初始值定义格式的多维数组的合法定义示例：

```
int a[][2][3]={{{1,2,3},{4,5,6}}, {{7,0,9}, {10,11,12}}};      // 1
    // 结果: n₁=2;                                             // 2
    // a[0][0][0]=1; a[0][0][1]=2; a[0][0][2]=3;               // 3
    // a[0][1][0]=4; a[0][1][1]=5; a[0][1][2]=6;               // 4
    // a[1][0][0]=7; a[1][0][1]=8; a[1][0][2]=9;               // 5
    // a[1][1][0]=10; a[1][1][1]=11; a[1][1][2]=12;            // 6
int b[2][3]={{1}, {2}};// 结果: b[0][0]=1; b[0][1]=0; b[0][2]=0;  // 7
                     //        b[1][0]=2; b[1][1]=0;b[1][2]=0。  // 8
int c[2][3]={{1}}; // 结果: c[0][0]=1; c[0][1]=0; c[0][2]=0;    // 9
                 //        c[1][0]=0; c[1][1]=0; c[1][2]=0。     // 10
int d[2][3]={{1, 2, 3}, {4, 5, 6}};                            // 11
// 结果: d[0][0]=1; d[0][1]=2; d[0][2]=3;                       // 12
//       d[1][0]=4; d[1][1]=5; d[1][2]=6。                      // 13
```

```
int e[3][2][2]={{1, 2, 3}, {{7, 8}, {10}}};                          // 14
// 结果：e[0][0][0]=1; e[0][0][1]=2; e[0][1][0]=3; e[0][1][1]=0;     // 15
//      e[1][0][0]=7; e[1][0][1]=8; e[1][1][0]=10;e[1][1][1]=0;      // 16
//      e[2][0][0]=0; e[2][0][1]=0; e[2][1][0]=0; e[2][1][1]=0。    // 17
int f[3][2][2]={{4}, {7, 8, 9}};                                     // 18
// 结果：f[0][0][0]=4; f[0][0][1]=0; f[0][1][0]=0; f[0][1][1]=0;     // 19
//      f[1][0][0]=7; f[1][0][1]=8; f[1][1][0]=9; f[1][1][1]=0;      // 20
//      f[2][0][0]=0; f[2][0][1]=0; f[2][1][0]=0; f[2][1][1]=0。    // 21
```

下面给出一些不合法的多维数组定义示例。

```
int a[ ][2]; // 不指定最高维元素个数，则必须带有数组的初始化部分          // 1
int b[ ][ ]={{4, 5, 6}, {7, 8, 9}};                                  // 2
    // 只能在最高维部分不指定数组元素个数                               // 3
int c[3][3]={{1, 2, 3, 4}}; // 赋值给 c[0]各个元素的初始值个数太多了     // 4
int d[3][3]={ }; // 初值表达式的个数不允许为 0                          // 5
int e[2][2]={1, 2, 3, 4, 5}; // 初值表达式的个数超过了基元素总个数      // 6
```

例程 5-5　多维数组作为函数形式参数被自动转换为数组指针。

例程功能描述：验证多维数组在作为函数形式参数时被自动转换为数组指针。

例程解题思路：我们先定义一个函数，它包含一个形式参数。我们让该参数的数据类型是多维数组类型。然后，我们在主函数中定义一个多维数组。我们让它们在形式上具有相同的多维数组类型，并在主函数中调用前面的函数，其实际参数就是在主函数中定义的那个数组。要区分数组与指针，我们只要通过运算 sizeof 获取它们占用的内存空间大小就可以了。如果是完全相同类型的数组，它们占用的内存空间大小应当完全相同。

下面给出按照上面思路编写的代码。例程代码由源程序代码文件"C_MultiDimensionArrayToPointer.c"组成，具体的程序代码如下。

```
// 文件名：C_MultiDimensionArrayToPointer.c；开发者：雍俊海              行号
#include <stdio.h>                                                   // 1
#include <stdlib.h>                                                  // 2
                                                                     // 3
void gb_multiDimensionArrayShowSize(int a[3][4][5])                  // 4
{                                                                    // 5
    printf("在被调用函数中，\n");                                      // 6
    printf("\ta=%p。\n", a);                                          // 7
    printf("\tsizeof(a)=%d。\n", (int)(sizeof(a)));                   // 8
    printf("\tsizeof(a[0])=%d。\n", (int)(sizeof(a[0])));             // 9
    printf("\tsizeof(a[0][0])=%d。\n", (int)(sizeof(a[0][0])));       // 10
    printf("\tsizeof(a[0][0][0])=%d。\n",(int)(sizeof(a[0][0][0]))); // 11
    printf("\t 最高维：%d。\n", (int)(sizeof(a)/sizeof(a[0])));        // 12
    printf("\t 第二维=%d。\n", (int)(sizeof(a[0])/sizeof(a[0][0])));  // 13
    printf("\t 最低维=%d。\n",                                        // 14
        (int)(sizeof(a[0][0])/sizeof(a[0][0][0])));                  // 15
} // 函数 gb_multiDimensionArrayShowSize 结束                          // 16
```

```
                                                                    // 17
int main(int argc, char* args[ ])                                   // 18
{                                                                   // 19
    int a[3][4][5];                                                 // 20
    printf("在主函数中，\n");                                       // 21
    printf("\ta=%p。\n", a);                                        // 22
    printf("\tsizeof(a)=%d。\n", (int)(sizeof(a)));                 // 23
    printf("\tsizeof(a[0])=%d。\n", (int)(sizeof(a[0])));           // 24
    printf("\tsizeof(a[0][0])=%d。\n", (int)(sizeof(a[0][0])));     // 25
    printf("\tsizeof(a[0][0][0])=%d。\n",(int)(sizeof(a[0][0][0]))); // 26
    printf("\t 最高维=%d。\n", (int)(sizeof(a)/sizeof(a[0])));       // 27
    printf("\t 第二维=%d。\n", (int)(sizeof(a[0])/sizeof(a[0][0]))); // 28
    printf("\t 最低维=%d。\n",                                       // 29
        (int)(sizeof(a[0][0])/sizeof(a[0][0][0])));                 // 30
    gb_multiDimensionArrayShowSize(a);                              // 31
    system("pause"); // 暂停住控制台窗口                            // 32
    return 0; // 返回 0 表明程序运行成功                            // 33
} // main 函数结束                                                  // 34
```

可以对上面的代码进行编译、链接和运行。下面给出一个运行的结果示例。

```
在主函数中，
    a=000000BA3015FBC0。
    sizeof(a)=240。
    sizeof(a[0])=80。
    sizeof(a[0][0])=20。
    sizeof(a[0][0][0])=4。
    最高维=3。
    第二维=4。
    最低维=5。
在被调用函数中，
    a=000000BA3015FBC0。
    sizeof(a)=8。
    sizeof(a[0])=80。
    sizeof(a[0][0])=20。
    sizeof(a[0][0][0])=4。
    最高维: 0。
    第二维=4。
    最低维=5。
请按任意键继续. . .
```

我们来分析上面的程序代码和运行结果。上面代码第 20 行定义了多维数组变量 a。因为上面输出"sizeof(a[0][0][0])=4"，所以我们知道在该运行环境下 int 类型变量占用内存的字节数是 4。因为多维数组 a 的基元素个数是 60=3×4×5，所以多维数组 a 占用内存的字节数是 240=60×4。因此，上面输出的第 3 行是"sizeof(a)=240。"

在主函数中，多维数组 a 含有 3 个元素，分别是 a[0]、a[1]和 a[2]。这 3 个元素都是二维数组，其中每个元素拥有 20(=4×5) 个基元素。因此，a[0]占用内存的字节数是 80=20×4，对应上面的输出"sizeof(a[0])=80"。

在主函数中，a[0]含有 4 个元素，分别是 a[0][0]、a[0][1]、a[0][2]和 a[0][3]。这 4 个元素都是一维数组，其中每个元素拥有 5 个基元素。因此，a[0][0]占用内存的字节数是 20=5×4，对应上面的输出"sizeof(a[0][0])=20"。

在主函数中，a[0][0]含有 5 个元素，分别是 a[0][0][0]、a[0][0][1]、a[0][0][2]、a[0][0][3]和 a[0][0][4]。这 5 个元素都已经是基元素，它们的数据类型是 int。因此，a[0][0][0]占用内存的字节数是 4，对应上面的输出"sizeof(a[0][0][0])=4"。

在函数 gb_multiDimensionArrayShowSize 的首部，虽然形式参数 a 的定义严格按照数组的定义格式，但变量 a 的实际数据类型是指针，因为我们发现相应的输出是"sizeof(a)=8"。我们根据后续的输出"sizeof(a[0])=80"和"sizeof(a[0][0])=20"，可以推断出变量 a 的数据类型不是"int ***"，而是一种数组指针，其中 a[0]和 a[0][0]均为数组。被转换后的形式参数 a 的实际数据类型是"int (*a)[4][5]"。因此，函数 gb_multiDimensionArrayShowSize 的首部实际上还可以写成如下形式：

```
void gb_multiDimensionArrayShowSize(int (*a)[4][5])
```

这种函数首部的写法与原来的写法从编译结果上看完全等价。

例程 5-6 给多维数组元素初始化并输出基元素的值。

例程功能描述：通过初始化定义多维数组变量，并输出基元素的值。

例程解题思路：在主函数中，通过初始化定义多维数组变量。然后，通过函数调用输出这些多维数组变量的基元素的值。例程代码由源程序代码文件"C_MultiDimensionArrayDefineAndShowMain.c"组成，具体的程序代码如下。

```
// 文件名：C_MultiDimensionArrayDefineAndShowMain.c；开发者：雍俊海        行号
#include <stdio.h>                                                    // 1
#include <stdlib.h>                                                   // 2
                                                                      // 3
void gb_multiDimensionArrayShow(char c, int(*a)[3], int m)           // 4
{                                                                     // 5
    int i, j;                                                         // 6
    int n = 3;                                                        // 7
    printf("%c=%p。\n", c, a);                                        // 8
    for (i=0; i<m; i++)                                               // 9
    {                                                                 // 10
        printf("\t");                                                 // 11
        for (j=0; j<n; j++)                                           // 12
            printf("%c[%d][%d]=%d, ", c, i, j, a[i][j]);             // 13
        printf("\n");                                                 // 14
    } // 外部 for 结束                                                // 15
} // 函数 gb_multiDimensionArrayShow 结束                             // 16
                                                                      // 17
```

```
int main(int argc, char* args[ ])                        // 18
{                                                         // 19
    int a[ ][3]={1, 2, 3, 4, 5, 6, 7};                   // 20
    int b[2][3]={{1}, {2, 3}};                           // 21
    int c[2][3]={{1}};                                   // 22
    int d[2][3]={{1, 2, 3}, {4, 5, 6}};                  // 23
    gb_multiDimensionArrayShow('a', a,                   // 24
        (int)(sizeof(a)/sizeof(a[0])));                  // 25
    gb_multiDimensionArrayShow('b', b,                   // 26
        (int)(sizeof(b)/sizeof(b[0])));                  // 27
    gb_multiDimensionArrayShow('c', c,                   // 28
        (int)(sizeof(c)/sizeof(c[0])));                  // 29
    gb_multiDimensionArrayShow('d', d,                   // 30
        (int)(sizeof(d)/sizeof(d[0])));                  // 31
    system("pause"); // 暂停住控制台窗口                   // 32
    return 0; // 返回 0 表明程序运行成功                    // 33
} // main 函数结束                                        // 34
```

可以对上面的代码进行编译、链接和运行。下面给出一个 运行的结果 示例。

```
a=0000001BD5DBF938。
        a[0][0]=1, a[0][1]=2, a[0][2]=3,
        a[1][0]=4, a[1][1]=5, a[1][2]=6,
        a[2][0]=7, a[2][1]=0, a[2][2]=0,
b=0000001BD5DBF978。
        b[0][0]=1, b[0][1]=0, b[0][2]=0,
        b[1][0]=2, b[1][1]=3, b[1][2]=0,
c=0000001BD5DBF9A8。
        c[0][0]=1, c[0][1]=0, c[0][2]=0,
        c[1][0]=0, c[1][1]=0, c[1][2]=0,
d=0000001BD5DBF9D8。
        d[0][0]=1, d[0][1]=2, d[0][2]=3,
        d[1][0]=4, d[1][1]=5, d[1][2]=6,
请按任意键继续. . .
```

在上面代码第 20 行 "int a[ ][3]={1, 2, 3, 4, 5, 6, 7};" 中，初值表达式的个数是 7。因为 $2 \times 3 < 7 < 3 \times 3$，所以数组 a 的元素个数是 3，基元素个数是 9=3×3。通过对照上面代码并观察相应的输出，我们可以看到剩余的基元素的值都被初始化为 0 或相当于 0 的值。在上面函数 gb_multiDimensionArrayShow 中，因为形式变量 a 是指针，所以我们需要提供变量 a 的元素个数 m。

例程 5-7　九宫格游戏。

例程功能描述：九宫格游戏要求将从 1 到 9 的九个数不重复地填入 3×3 棋盘的方格子中，使得各行、各列以及每条对角线上的三个数之和均为 15。要求输出所有符合条件的解。

例程解题思路：我们可以用一个 3×3 的二维数组来表示九宫格。数组的每个基元素记录相应格子的数字。我们让每个元素均从 1 变化到 9，枚举出所有的情况。然后，去除其中出现重复数字的情况以及行或列或对角线之和不等于 15 的情况。剩下的就是符合九宫格问题要求的解。

下面给出按照上面思路编写的代码。例程代码由 3 个源程序代码文件 "C_NineGrid.h" "C_NineGrid.c" 和 "C_NineGridMain.c" 组成，具体的程序代码如下。

// 文件名：**C_NineGrid.h**；开发者：雍俊海	行号
```#ifndef C_NINEGRID_H```	// 1
```#define C_NINEGRID_H```	// 2
	// 3
```extern int gb_isNineGridValid(int grid[3][3]);```	// 4
```extern void gb_printNineGridAnswer(int grid[3][3]);```	// 5
```extern void gb_solveNineGrid( );```	// 6
	// 7
```#endif```	// 8

// 文件名：**C_NineGrid.c**；开发者：雍俊海	行号
```#include <stdio.h>```	// 1
```#include <stdlib.h>```	// 2
```#include "C_NineGrid.h"```	// 3
	// 4
```int gb_isNineGridValid(int grid[3][3])```	// 5
```{```	// 6
``` int digit[9]={0};```	// 7
``` int i, j, sum;```	// 8
	// 9
``` // 首先，检查是否有重复的数字```	// 10
``` for (i=0; i<3; i++)```	// 11
``` for (j=0; j<3; j++)```	// 12
``` if (digit[grid[i][j]-1]==0)```	// 13
``` digit[grid[i][j]-1]=1;```	// 14
``` else return 0; // 发现了重复的数字```	// 15
	// 16
``` // 接着，检查每行之和是否为 15```	// 17
``` for (i=0; i<3; i++)```	// 18
``` {```	// 19
``` sum = 0;```	// 20
``` for (j=0; j<3; j++)```	// 21
``` sum+=grid[i][j];```	// 22
``` if (sum!=15)```	// 23
``` return 0;```	// 24
``` } // 外部 for 循环结束```	// 25
	// 26
``` // 然后，检查每列之和是否为 15```	// 27
``` for (i=0; i<3; i++)```	// 28
``` {```	// 29
``` sum = 0;```	// 30

```
        for (j=0; j<3; j++)                                        // 31
            sum+=grid[j][i];                                       // 32
        if (sum!=15)                                               // 33
            return 0;                                              // 34
    } // 外部 for 循环结束                                          // 35
                                                                   // 36
    // 最后，检查两条对角线                                         // 37
    if (grid[0][0]+grid[1][1]+grid[2][2]!=15)                      // 38
        return 0;                                                  // 39
    if (grid[0][2]+grid[1][1]+grid[2][0]!=15)                      // 40
        return 0;                                                  // 41
    return 1;                                                      // 42
} // 函数 gb_isNineGridValid 结束                                   // 43
                                                                   // 44
void gb_printNineGridAnswer(int grid[3][3])                        // 45
                                                                   // 46
{                                                                  // 47
    int i, j;                                                      // 47
    for (i=0; i<3; i++)                                            // 48
    {                                                              // 49
        printf("+-----+\n|");                                     // 50
        for (j=0; j<3; j++)                                        // 51
            printf("%d|", grid[i][j]);                             // 52
        printf("\n");                                              // 53
    } // 外部 for 循环结束                                          // 54
    printf("+-----+\n");                                           // 55
} // 函数 gb_printNineGridAnswer 结束                               // 56
                                                                   // 57
void gb_solveNineGrid( )                                           // 58
{                                                                  // 59
    int grid[3][3];                                                // 60
    int i = 0;                                                     // 61
    for (grid[0][0]=1; grid[0][0]<=9; grid[0][0]++)               // 62
    for (grid[0][1]=1; grid[0][1]<=9; grid[0][1]++)               // 63
    for (grid[0][2]=1; grid[0][2]<=9; grid[0][2]++)               // 64
    for (grid[1][0]=1; grid[1][0]<=9; grid[1][0]++)               // 65
    for (grid[1][1]=1; grid[1][1]<=9; grid[1][1]++)               // 66
    for (grid[1][2]=1; grid[1][2]<=9; grid[1][2]++)               // 67
    for (grid[2][0]=1; grid[2][0]<=9; grid[2][0]++)               // 68
    for (grid[2][1]=1; grid[2][1]<=9; grid[2][1]++)               // 69
    for (grid[2][2]=1; grid[2][2]<=9; grid[2][2]++)               // 70
        if (gb_isNineGridValid(grid))                              // 71
        {                                                          // 72
            i++;                                                   // 73
            printf("第%d 个解如下: \n", i);                        // 74
            gb_printNineGridAnswer(grid);                          // 75
        } // if 结束                                               // 76
} // 函数 gb_solveNineGrid 结束                                     // 77
```

// 文件名：**C_NineGridMain.c**；开发者：雍俊海	行号
`#include <stdio.h>`	// 1
`#include <stdlib.h>`	// 2
`#include "C_NineGrid.h"`	// 3
	// 4
`int main(int argc, char* args[ ])`	// 5
`{`	// 6
`    gb_solveNineGrid( );`	// 7
`    system("pause"); // 暂停住控制台窗口`	// 8
`    return 0; // 返回 0 表明程序运行成功`	// 9
`} // main 函数结束`	// 10

可以对上面的代码进行编译、链接和运行。运行的结果得到的九宫格游戏的所有解如图 5-2 所示。

```
+------+    +------+    +------+    +------+    +------+    +------+    +------+    +------+
|2|7|6|    |2|9|4|    |4|3|8|    |4|9|2|    |6|1|8|    |6|7|2|    |8|1|6|    |8|3|4|
+------+    +------+    +------+    +------+    +------+    +------+    +------+    +------+
|9|5|1|    |7|5|3|    |9|5|1|    |3|5|7|    |7|5|3|    |1|5|9|    |3|5|7|    |1|5|9|
+------+    +------+    +------+    +------+    +------+    +------+    +------+    +------+
|4|3|8|    |6|1|8|    |2|7|6|    |8|1|6|    |2|9|4|    |8|3|4|    |4|9|2|    |6|7|2|
+------+    +------+    +------+    +------+    +------+    +------+    +------+    +------+
  (a)         (b)         (c)         (d)         (e)         (f)         (g)         (h)
```

图 5-2　九宫格游戏的所有解

在上面代码中，函数 gb_solveNineGrid 通过九重循环列出了在九宫格的每个格子上填写从 1 到 9 的所有情况。然后，判断当前的情况是否符合九宫格问题的条件。如果符合，则输出结果。在函数 gb_isNineGridValid 中，首先检查在九宫格上是否存在重复的数字。这里用了一个小技巧。我们借助一个数组 digit 来进行判断。对于任意的从 1 到 9 的数字 i，如果 digit[i−1]=0，则表明在已经检查过的九宫格格子里没有出现数字 i。如果 digit[i−1]=1，则表明在已经检查过的九宫格格子里已经出现了数字 i。因此，上面代码文件"C_NineGrid.c"第 7 行首先将数组 digit 的每个元素都初始化为 0。然后，依次检查九宫格的每个格子。如果在格子里的数字 i 还没有出现过，则令 digit[i−1]=1；如果在格子里的数字 i 已经在前面出现过，则表明发现了重复的数字，即这种情况不符合条件。这时，我们不需要继续检查其他条件，我们直接返回 0 就可以了。如果没有出现重复的数字，我们就检查各行、各列以及每条对角线上的三个数之和是否等于 15。只要出现不等于 15 的情况，我们就可以中止对下一个条件的检查，直接返回 0，表明当前情况不符合条件。如果没有出现不等于 15 的情况，那么表明当前在九宫格上的数字满足给定的条件，我们将其输出。

5.3　字符数组与字符串

本节介绍的字符数组实际上是一种一维静态数组。前面介绍的一维静态数组的性质在这里仍然适用。不过，字符数组还有一些额外的独特的功能。本节主要介绍这些功能。

不带初始化的字符数组定义可以直接按照一维静态数组的格式，例如：

```
char name[20];                                        // 1
char word[20], sentence[80];                          // 2
```

通过初始化定义字符数组变量的格式增加了一种通过字符串字面常量给定初始值的方式。在 C 语言中，字符串是以 0 结尾的字符序列。在字符串中，在结尾 0 之前的字符总个数称为字符串的字符长度，简称字符串的长度。字符串字面常量则是以一对双引号括起来的字符序列。这些在代码中出现的被双引号括起来的字符序列称为字符串字面常量的显式字符序列。在字符串字面常量中的字符写法与在 2.3.3 节的字符类型字面常量中的字符写法相同，除了单引号和双引号。

因为单引号是字符类型字面常量的分界符，所以单引号在字符类型字面常量中通常通过转义字符进行表达。但是，单引号不是字符串字面常量的分界符。因此，单引号直接就可以出现在字符串字面常量中。当然，在字符串字面常量中，通过转义字符来表达单引号也是可以的。例如，只含有一个单引号的字符串字面常量可以写成"'"或者"\'"，这两种写法的结果是一样的。

因为双引号是字符串字面常量的分界符，所以双引号不能直接出现在字符串字面常量中，通常需要通过转义字符进行表达。例如，只含有一个双引号的字符串字面常量是"\""。同样，双引号不是字符类型字面常量的分界符。因此，双引号直接就可以出现在字符类型字面常量中。当然，在字符类型字面常量中，通过转义字符来表达双引号也是可以的。

字符串字面常量也是一种字符串。因此，字符串字面常量在存储上也是以 0 结尾，只是字符串字面常量结尾的 0 是由编译器自动添加上的，通常并不显式出现在代码中。下面给出一些字符串字面常量示例。

```
""; // 在存储上由字符 0 组成                                              // 1
"Hello"; // 在存储上由字符'H'、'e'、'l'、'l'、'o'和 0 组成                  // 2
"Love␣C."; // 在存储上由字符'L'、'o'、'v'、'e'、'␣'、'C'、'.'和 0 组成      // 3
```

在上面示例中，"␣"表示空格。

> **注意事项**
>
> 在编写字符串字面常量代码时，通常不要在字符串字面常量的字符序列中出现 ASCII 码值为 0 的字符，虽然这在语法规则上是允许的。因为 0 是字符串的结束标志，如果在字符串字面常量当中出现 ASCII 码值为 0 的字符，那么在输出字符串内容时，在 ASCII 码值为 0 的字符后面的所有字符将会被屏蔽。本书假定在本书涉及的所有的字符串字面常量当中都不会出现 ASCII 码值为 0 的字符。

> **小甜点**
>
> 在编写字符串字面常量代码时，可以将字符串字面常量分解成若干字符串字面常量的组合。在分解之后，相邻的字符串之间可以插入任意个空白符，包括回车符。编译器会自动将它们拼接成一个完整的字符串字面常量。例如，"I␣" "Love␣" "You."会自动拼接成为字符串字面常量"I␣Love␣You."。

通过字符串字面常量给定初始值定义字符数组变量的格式有两种形式，其中第一种是不显式地指定数组元素个数的初始化形式，具体格式如下：

```
char 变量名[ ]=字符串字面常量；
```

结果该字符数组的元素个数是字符串字面常量的字符长度加 1。组成该字符数组的字符序列与字符串字面常量在内存中的字符序列完全相等，包括在末尾的 0。下面给出一些示例：

```
char a[ ] = "";     // 元素个数=1, a[0]=0                                // 1
char b[ ] = "ab"; // 元素个数=3, b[0]='a', b[1]='b', b[2]=0              // 2
```

上面两条语句与下面两条语句在功能上是等价的。

```
char a[ ] = {0};            // 元素个数=1, a[0]=0                          // 1
char b[ ] = {'a', 'b', 0}; // 元素个数=3, b[0]='a', b[1]='b', b[2]=0  // 2
```

第二种是 指定数组元素个数的初始化形式，具体格式如下：

```
char 变量名[数组元素的个数]=字符串字面常量；
```

设数组元素的个数为 n，字符串字面常量的显式字符个数为 m，那么上面定义要求 $n>m$。如果 $n>m$，那么组成该字符数组的前$(m+1)$个字符与字符串字面常量在内存中的字符完全相等，包括在末尾的 0。如果不满足 $n>m$，那么有些 C 语言编译器会给出警告，而有些 C 语言编译器连警告也不会给。因此，这个需要我们自己认真检查，以免出现一些非预期的结果。下面给出一些示例：

```
char a[5] = "";     // 元素个数=5, 其中 a[0]=0                          // 1
char b[5] = "ab"; // 元素个数=5, 其中 b[0]='a', b[1]='b', b[2]=0    // 2
```

从上面，我们可以看出字符串可以通过字符数组进行存储，而且要求字符串的长度比字符数组的元素个数至少小 1，因为还需要存储末尾的 0。

我们还应当注意 下面定义的相同与不同之处。

```
char a[] = "ab"; // 元素个数=3, 其中 a[0]='a', a[1]='b', a[2]=0      // 1
char b[] = {'a', 'b', '\0'}; // 元素个数=3,                           // 2
                             // 其中 b[0]='a', b[1]='b', b[2]=0       // 3
char c[] = {'a', 'b'};         // 元素个数=2, 其中 c[0]='a', c[1]='b'  // 4
```

C 语言标准还规定了一系列关于字符串的函数。下面，我们分别来介绍这些函数。首先，我们可以通过函数 strlen 来获取字符串的长度，具体说明如下。

函数名	函数 14 strlen
声明	size_t strlen(const char *s);
说明	返回字符串 s 的长度
参数	s：字符串。要求 s 不能是 NULL
返回值	字符串 s 的长度
头文件	string.h // 程序代码：#include <string.h>

下面给出一些代码示例：

```
int result;                                                    // 1
result = strlen(""); // 结果: result=0, 即""的长度是 0        // 2
result = strlen("abc"); // 结果: result=3, 即"abc"的长度是 3  // 3
```

这里,我们需要区分""和 NULL。NULL 是空指针。如果一个指针的值是 NULL,那么说明这个指针并不指向任何一个已经分配的内存空间。而""至少含有 1 个字符的内存空间,这个字符的值是字符串末尾的 0。

C 语言标准还规定了字符串的复制函数 strcpy,具体说明如下。

函数名	函数 15 strcpy
声明	char *strcpy(char * s1, const char * s2);
说明	将字符串 s2 的内容复制给 s1,包括字符串末尾的 0 本函数要求 s1 和 s2 的内存空间不能发生重叠
参数	s1: 目标字符串。要求 s1 必须包含足够的内存空间,来容纳结果字符串 s2: 源字符串
返回值	s1
头文件	string.h // 程序代码: #include <string.h>

下面给出代码示例:

```
char s[10];                                                          // 1
strcpy(s, "abc"); // 结果: s[0]='a'、s[1]='b'、s[2]='c'、s[3]=0      // 2
```

VC 平台感觉自己实现的函数 strcpy 不够安全,建议采用相对更加安全的函数 strcpy_s 替代函数 strcpy。不过,函数 strcpy_s 不是 C 语言标准规定的函数。函数 strcpy_s 的具体说明如下。

函数名	函数 16 strcpy_s
声明	errno_t strcpy_s(char *strDestination, size_t numberOfElements, const char *strSource);
说明	将字符串 strSource 的内容复制给 strDestination,包括字符串末尾的 0。要求 numberOfElements 一定要大于字符串 strSource 的长度;否则,会抛出异常 本函数要求 strDestination 和 strSource 的内存空间不能发生重叠 本函数仅适用于 VC 平台
参数	strDestination: 目标字符串 numberOfElements: 目标字符串 strDestination 所拥有的内存空间大小,共 numberOfElements 个字符。要求 numberOfElements 一定要大于字符串 strSource 的长度;否则,会抛出异常 strSource: 源字符串
返回值	如果成功,则返回 0;否则,返回相应的错误代码
头文件	string.h // 程序代码: #include <string.h>

在目前的 VC 平台下,**errno_t 是 int 的别名**。下面给出调用函数 strcpy_s 的代码示例:

```
char s[10]; // 第 1 个代码片段开始                                    // 1
```

```
    strcpy_s(s, 10, "abc");                                          // 2
    // 上面结果：s[0]='a'、s[1]='b'、s[2]='c'、s[3]=0。                   // 3
    char t[3]; // 第 2 个代码片段开始                                    // 4
    strcpy_s(t, 3, "abc"); //结果：抛出异常                             // 5
```

如果限定最大的复制字符个数，则可以采用 C 语言标准规定的标准函数 strncpy。该函数的具体说明如下。

函数名	函数 17 **strncpy**
声明	char *strncpy(char * s1, const char * s2, size_t n);
说明	如果字符串 s2 的长度小于 n，则将字符串 s2 的内容复制给 s1，包括字符串末尾的 0。如果字符串 s2 的长度大于或等于 n，则将字符串 s2 的前 n 个字符复制给 s1；这时，有些 C 语言平台会将 s1[n] 赋值为 0，要求 s1 的内存空间至少为 n+1；但有些 C 语言平台不会将 s1[n] 赋值为 0 本函数要求 s1 和 s2 的内存空间不能发生重叠
参数	s1：目标字符串。要求 s1 必须包含足够的内存空间，来容纳结果字符串 s2：源字符串 n：除末尾 0 之外，计划复制的最大字符个数
返回值	s1
头文件	string.h // 程序代码：#include <string.h>

VC 平台感觉自己实现的函数 strncpy 不够安全，建议采用相对更加安全的函数 strncpy_s 替代函数 strncpy。不过，函数 strncpy_s 不是 C 语言标准规定的函数。函数 strncpy_s 的具体说明如下。

函数名	函数 18 **strncpy_s**
声明	errno_t strncpy_s(char *strDest, size_t numberOfElements, const char *strSource, size_t count);
说明	如果字符串 strSource 的长度小于或等于 count，则将字符串 strSource 的内容复制给 strDest，包括字符串末尾的 0。如果字符串 strSource 的长度大于 count，则将字符串 strSource 的前 count 个字符复制给 strDest，并将 strDest[count] 赋值为 0；这时，要求 strDest 的内存空间至少为 count+1。如果 strDest 的内存空间或 numberOfElements 不够大，该函数有可能会抛出异常 本函数要求 strDest 和 strSource 的内存空间不能发生重叠 本函数仅适用于 VC 平台
参数	strDest：目标字符串 numberOfElements：目标字符串 strDest 所拥有的内存空间大小，共 numberOfElements 个字符。要求 numberOfElements>count；否则，有可能会抛出异常 strSource：源字符串 count：除末尾 0 之外，计划复制的最大字符个数
返回值	如果成功，则返回 0 或 STRUNCATE，其中 STRUNCATE 表明有截断发生；否则，返回相应的错误代码。但是，该函数即使有截断发生，也有可能返回 0
头文件	string.h // 程序代码：#include <string.h>

我们还可以在一个字符串的后面追加另一个字符串的内容，具体的函数说明如下。

函数名	函数 19 strcat
声明	char *strcat(char * s1, const char * s2);
说明	将字符串 s2 的内容追加到 s1 的末尾。换句话说，将字符串 s2 的内容（包括字符串末尾的 0）复制给在 s1 中从第 1 个 0 开始的内存空间 本函数要求 s1 和 s2 的内存空间不能发生重叠
参数	s1：目标字符串。要求 s1 必须包含足够的内存空间，来容纳结果字符串 s2：源字符串
返回值	s1
头文件	string.h // 程序代码：#include <string.h>

下面给出代码示例：

```
char s[10]="abc";                                              // 1
strcat(s, "def"); // 结果：s[0]='a'、s[1]='b'、s[2]='c'、       // 2
                  //       s[3]='d'、s[4]='e'、s[5]='f'、s[6]=0  // 3
```

VC 平台感觉自己实现的函数 strcat 不够安全，建议采用相对更加安全的函数 strcat_s 替代函数 strcat。不过，函数 strcat_s 不是 C 语言标准规定的函数。函数 strcat_s 的具体说明如下。

函数名	函数 20 strcat_s
声明	errno_t strcat_s(char *strDestination, size_t numberOfElements, const char *strSource);
说明	将字符串 strSource 的内容追加到 strDestination 的末尾。换句话说，将字符串 strSource 的内容（包括字符串末尾的 0）复制给在 strDestination 中从第 1 个 0 开始的内存空间 本函数要求 strDestination 和 strSource 的内存空间不能发生重叠。本函数要求 numberOfElements 一定要大于 strSource 和原 strDestination 的字符串长度之和；否则，会抛出异常 本函数仅适用于 VC 平台
参数	strDestination：目标字符串。 numberOfElements：目标字符串 strDestination 所拥有的内存空间大小，共 numberOfElements 个字符。要求 numberOfElements 一定要大于在字符串追加之前的 strSource 和 strDestination 的字符串长度之和；否则，会抛出异常 strSource：源字符串
返回值	如果成功，则返回 0；否则，返回相应的错误代码
头文件	string.h // 程序代码：#include <string.h>

下面给出代码示例：

```
char s[10]="abc"; // 第 1 个代码片段开始                         // 1
strcat_s(s, 10, "def");// 结果：s[0]='a'、s[1]='b'、s[2]='c'、   // 2
                      // s[3]='d'、s[4]='e'、s[5]='f'、s[6]=0    // 3
```

```
char t[6]="abc"; // 第 2 个代码片段开始                          // 4
strcat_s(t, 6, "def"); //结果：抛出异常                         // 5
```

如果要求限制追加字符的个数，那么可以采用函数 strncat。该函数的具体说明如下。

函数名	函数 21 **strncat**
声明	char *strncat(char * s1, const char * s2, size_t n);
说明	令 d 等于在字符串 s2 的长度和 n 当中较小的数。本函数将字符串 s2 的前 d 个字符及末尾的 0 追加到 s1 的末尾。换句话说，将字符串 s2 的前 d 个字符及末尾的 0 复制给在 s1 中从第 1 个 0 开始的内存空间 本函数要求 s1 和 s2 的内存空间不能发生重叠
参数	s1：目标字符串。要求 s1 必须包含足够的内存空间，来容纳结果字符串 s2：源字符串 n：除末尾 0 之外，计划追加的最大字符个数
返回值	s1
头文件	string.h // 程序代码：#include <string.h>

下面给出代码示例：

```
char s[10]="abc";                                              // 1
strncat(s, "def", 2); // 结果：s[0]='a'、s[1]='b'、s[2]='c'、    // 2
                      // s[3]='d'、s[4]='e'、s[5]=0              // 3
```

VC 平台感觉自己实现的函数 strncat 不够安全，建议采用相对更加安全的函数 strncat_s 替代函数 strncat。不过，函数 strncat_s 不是 C 语言标准规定的函数。函数 strncat_s 的具体说明如下。

函数名	函数 22 **strncat_s**
声明	errno_t strncat_s(char *strDest, size_t numberOfElements, const char *strSource, size_t count);
说明	令 d 等于在字符串 strSource 的长度和 count 当中较小的数。本函数将字符串 strSource 的前 d 个字符及末尾的 0 追加到 strDest 的末尾。换句话说，将字符串 strSource 的前 d 个字符及末尾的 0 复制给在 strDest 中从第 1 个 0 开始的内存空间 本函数要求 strDest 和 strSource 的内存空间不能发生重叠。本函数要求 numberOfElements 一定要大于追加之后的字符串长度；否则，会抛出异常 本函数仅适用于 VC 平台
参数	strDest：目标字符串 numberOfElements：目标字符串 strDest 所拥有的内存空间大小，共 numberOfElements 个字符。要求 numberOfElements 大于追加之后的字符串长度；否则，会抛出异常 strSource：源字符串 count：除末尾 0 之外，计划追加的最大字符个数
返回值	如果成功，则返回 0；否则，返回相应的错误代码
头文件	string.h // 程序代码：#include <string.h>

下面给出代码示例：

```
char s[10]="abc"; // 第 1 个代码片段开始                              // 1
strncat_s(s, 10, "def", 2); //结果:s[0]='a'、s[1]='b'、s[2]='c'、    // 2
                            // s[3]='d'、s[4]='e'、s[5]=0            // 3
char t[6]="abc"; // 第 2 个代码片段开始                              // 4
strncat_s(t, 6, "def", 3); // 结果: 抛出异常                         // 5
```

字符串之间还可以比较大小，对应的函数是 strcmp，具体说明如下。

函数名	函数 23 `strcmp`
声明	`int strcmp(const char *s1, const char *s2);`
说明	比较字符串 s1 和 s2 的大小，其中 s1 和 s2 必须都是合法的字符串，不能是 NULL
参数	s1：待比较的第 1 个字符串 s2：待比较的第 2 个字符串
返回值	如果 s1 大于 s2，则返回一个大于 0 的整数；如果 s1 等于 s2，则返回 0；如果 s1 小于 s2，则返回一个小于 0 的整数
头文件	string.h　// 程序代码: #include \<string.h\>

但是，C 语言标准没有规定如何进行比较。不过，通常都是按照 ASCII 码的大小进行比较。从字符串的字符序列的第一个字符开始逐个进行比较。如果出现了不相同的字符，那么第一个不相同字符的 ASCII 码大的字符串比较大。如果两个字符串具有完全相同的字符序列，则这两个字符串相等。如果两个字符串的长度不同，并且其中一个字符串非零的字符序列刚好组成另一个字符串最前端的字符序列，则长度长的字符串比较大。因此，最小的字符串是""。这里给出一些比较示例："abc" < "def"，"def" > "abc"，"a" < "ab"，"a" == "a"，"" < "a"。

如果限定进行比较的最大字符个数，那么可以采用 strncmp。

函数名	函数 24 `strncmp`
声明	`int strncmp(const char *s1, const char *s2, size_t n);`
说明	比较字符串 s1 和 s2 不超过前 n 个字符的大小，其中 s1 和 s2 必须都是合法的字符串，不能是 NULL
参数	s1：待比较的第 1 个字符串 s2：待比较的第 2 个字符串 n：比较的最大字符个数
返回值	对于不超过前 n 个的字符序列当中，如果 s1 大于 s2，则返回一个大于 0 的整数；如果 s1 等于 s2，则返回 0；如果 s1 小于 s2，则返回一个小于 0 的整数
头文件	string.h　// 程序代码: #include \<string.h\>

但是，C 语言标准没有规定如何进行比较。不过，函数 strncmp 的比较方式通常类似函数 strcmp。这里不再重复。下面给出一些代码示例。

```
int result;                                                          // 1
result = strncmp("abc", "ABC", 3); // 结果: result>0                 // 2
```

```
result = strncmp("abc", "def", 2); // 结果: result<0          // 3
result = strncmp("ab", "a", 1);    // 结果: result=0          // 4
result = strncmp("ab", "a", 2);    // 结果: result>0          // 5
```

下面介绍一些字符串的查找函数，具体说明如下。

函数名	函数 25 **strchr**
声明	char *strchr(const char *s, int c);
说明	在字符串 s 中从前往后查找字符 c
参数	s: 待查找的字符串
	c: 要查找的字符
返回值	如果在 s 中从前往后找到字符 c，则返回在 s 中第一次出现该字符的地址；如果没有找到，则返回 NULL
头文件	string.h // 程序代码: #include <string.h>

下面给出一些代码示例。

```
char *s, *t;                                                  // 1
s="abc";                                                      // 2
t = strchr(s, 'a'); // 结果: t=s                              // 3
s="abc";                                                      // 4
t = strchr(s, 'A'); // 结果: t=NULL                           // 5
s="abcde";                                                    // 6
t = strchr(s, 'e'); // 结果: t=s+4                            // 7
s="abcde";                                                    // 8
t = strchr(s, 'c'); // 结果: t=s+2                            // 9
s="abc";                                                      // 10
t = strchr(s, 'd'); // 结果: t=NULL                           // 11
s="";                                                         // 12
t = strchr(s, 'a'); // 结果: t=NULL                           // 13
```

函数名	函数 26 **strrchr**
声明	char *strrchr(const char *s, int c);
说明	在字符串 s 中从末尾往前查找字符 c
参数	s: 待查找的字符串
	c: 要查找的字符
返回值	如果在 s 中从末尾往前找到字符 c，则返回在 s 中最靠近末尾出现该字符的地址；如果没有找到，则返回 NULL
头文件	string.h // 程序代码: #include <string.h>

下面给出一些代码示例。

```
char *s, *t;                                                  // 1
s="abca";                                                     // 2
t = strrchr(s, 'a'); // 结果: t=s+3                           // 3
s="abc";                                                      // 4
```

```
t = strrchr(s, 'A'); // 结果: t=NULL                          // 5
s="abcde";                                                      // 6
t = strrchr(s, 'e'); // 结果: t=s+4                            // 7
s="abcabcab";                                                   // 8
t = strrchr(s, 'c'); // 结果: t=s+5                            // 9
s="abc";                                                        // 10
t = strrchr(s, 'd'); // 结果: t=NULL                          // 11
s="";                                                           // 12
t = strrchr(s, 'a'); // 结果: t=NULL                          // 13
```

函数名	函数 27 strpbrk
声明	char *strpbrk(const char *s1, const char *s2);
说明	从字符串 s1 中查找位于字符串 s2 中的各个字符, 字符串末尾的 0 不在查找之列
参数	s1: 待查找的字符串
	s2: 由要查找的字符组成的字符串
返回值	如果在 s1 中找到在字符串 s2 中的字符, 则返回在 s1 中第一次出现该字符的地址; 如果没有找到, 则返回 NULL
头文件	string.h // 程序代码: #include <string.h>

下面给出一些代码示例。

```
char *s, *t;                                                    // 1
s="abc";                                                        // 2
t = strpbrk(s, "dea"); // 结果: t=s; t[0]='a'                 // 3
s="abc";                                                        // 4
t = strpbrk(s, "ABC"); // 结果: t=NULL                        // 5
s="abcde";                                                      // 6
t = strpbrk(s, "efg"); // 结果: t=s+4; t[0]='e'              // 7
s="abcde";                                                      // 8
t = strpbrk(s, "edc"); // 结果: t=s+2; t[0]='c'              // 9
s="abc";                                                        // 10
t = strpbrk(s, "d"); // 结果: t=NULL                          // 11
s="";                                                           // 12
t = strpbrk(s, "a"); // 结果: t=NULL                          // 13
```

函数名	函数 28 strstr
声明	char *strstr(const char *s1, const char *s2);
说明	在字符串 s1 中查找与字符串 s2 一样的子串
参数	s1: 待查找的字符串
	s2: 要查找的字符子串
返回值	如果在 s1 中找到与字符串 s2 一样的子串, 则返回在 s1 中第一次出现该子串的首地址; 如果没有找到, 则返回 NULL。如果 s2="", 则返回 s1
头文件	string.h // 程序代码: #include <string.h>

下面给出一些代码示例。

```
  char *s, *t;                                        // 1
  s="abc";                                            // 2
  t = strstr (s, "ab"); // 结果: t=s                  // 3
  s="abc";                                            // 4
  t = strstr(s, "ABC"); // 结果: t=NULL               // 5
  s="abcde";                                          // 6
  t = strstr(s, "cde"); // 结果: t=s+2                // 7
  s="abcde";                                          // 8
  t = strstr(s, "edc"); // 结果: t=NULL               // 9
  s="abc";                                            // 10
  t = strstr(s, "d"); // 结果: t=NULL                 // 11
  s="abc";                                            // 12
  t = strstr (s, ""); // 结果: t=s                    // 13
  s="";                                               // 14
  t = strstr(s, "a"); // 结果: t=NULL                 // 15
```

函数名	函数 29 **strcspn**
声明	`size_t strcspn(const char *s, const char *strSet);`
说明	计算并返回从字符串 s 的第一个字符开始的最长不同字符个数。这里的最长不同字符个数是从 s[0] 开始逐个字符进行计数，直到遇到位于字符串 strSet 当中的字符。如果 s[0] 等于 0 或者与在字符串 strSet 当中的某个字符相等，则最长不同字符个数是 0。如果字符串 strSet 的长度是 0，则最长不同字符个数为字符串 s 的长度。如果组成字符串 s 和字符串 strSet 的字符完全不同，则最长不同字符个数为字符串 s 的长度
参数	s: 待计数的字符串 strSet: 由需要避开的字符组成的字符串
返回值	字符串 s 的子串的长度。这个子串要求从字符串 s 开头开始并且由不在字符串 strSet 当中的字符组成，而且要求这个子串的长度是符合前一个条件要求的最长子串
头文件	string.h // 程序代码: #include <string.h>

下面给出代码示例。

```
void gb_testStrcspnUnit(const char * str, const char * strCharSet)  // 1
{                                                                   // 2
  int pos = strcspn(str, strCharSet);                               // 3
  printf("strcspn(\"%s\", \"%s\")=%d\n", str, strCharSet, pos);     // 4
} // 函数 gb_testStrcspnUnit 结束                                    // 5
                                                                    // 6
void gb_testStrcspn( )                                              // 7
{                                                                   // 8
  gb_testStrcspnUnit("xybx", "ab");//输出: strcspn("xybx", "ab")=2  // 9
  gb_testStrcspnUnit("xybz", "yx");//输出: strcspn("xybz", "yx")=0  // 10
  gb_testStrcspnUnit("xyz", "abc");//输出: strcspn("xyz", "abc")=3  // 11
  gb_testStrcspnUnit("xyz", ""); // 输出: strcspn("xyz", "")=3      // 12
  gb_testStrcspnUnit("", "abc"); // 输出: strcspn("", "abc")=0      // 13
  gb_testStrcspnUnit("", ""); // 输出: strcspn("", "")=0            // 14
} // 函数 gb_testStrcspn 结束                                        // 15
```

函数名	函数 30 **strspn**
声明	size_t strspn(const char *s, const char *strSet);
说明	计算并返回从字符串 s 的第一个字符开始的最长相同字符个数。这里的最长相同字符个数是从 s[0] 开始逐个字符进行计数，直到遇到不在字符串 strSet 当中的字符。如果 s[0] 等于 0 或者字符串 strSet 的长度是 0 或者字符 s[0] 不在字符串 strSet 当中，则最长相同字符个数是 0
参数	s：待计数的字符串 strSet：由需要包含的字符组成的字符串
返回值	字符串 s 的子串的长度。这个子串要求从字符串 s 开头开始并且由在字符串 strSet 当中的字符组成，而且要求这个子串的长度是符合前一个条件要求的最长子串
头文件	string.h　// 程序代码：#include <string.h>

下面给出代码示例。

```
void gb_testStrspnUnit(const char * str, const char * strCharSet)   // 1
{                                                                    // 2
   int pos = strspn(str, strCharSet);                                // 3
   printf("strspn(\"%s\", \"%s\") = %d\n", str, strCharSet, pos);    // 4
} // 函数 gb_testStrspnUnit 结束                                      // 5
                                                                     // 6
void gb_testStrspn( )                                                // 7
{                                                                    // 8
   gb_testStrspnUnit("xyyx", "xy");//输出: strspn("xyyx", "xy") = 4  // 9
   gb_testStrspnUnit("xyxb", "xy");//输出: strspn("xyxb", "xy") = 3  // 10
   gb_testStrspnUnit("xbyx", "xy");//输出: strspn("xbyx", "xy") = 1  // 11
   gb_testStrspnUnit("xy", "ab"); // 输出: strspn("xy", "ab") = 0    // 12
   gb_testStrspnUnit("xyab", "ab");//输出: strspn("xyab", "ab") = 0  // 13
   gb_testStrspnUnit("xy", "" ); // 输出: strspn("xy", "") = 0       // 14
   gb_testStrspnUnit("", "ab" ); // 输出: strspn("", "ab") = 0       // 15
   gb_testStrspnUnit("", "" ); // 输出: strspn("", "") = 0           // 16
} // 函数 gb_testStrspn 结束                                          // 17
```

如果一个字符串表达的是一个浮点数的值，我们可以通过函数 atof 将该字符串表达的双精度浮点数解析出来，具体的函数说明如下。

函数名	函数 31 **atof**
声明	double atof(const char *nptr);
说明	计算并返回字符串 nptr 所对应的双精度浮点数的值
参数	nptr：给定的字符串
返回值	字符串 nptr 所对应的双精度浮点数的值。如果字符串 nptr 实际上是无法转换成双精度浮点数的，那么返回 0
头文件	stdlib.h　// 程序代码：#include <stdlib.h>

下面给出一些代码示例。

```
double result;                                                       // 1
```

```
result = atof("1"); // 结果: result=1.0                                    // 2
result = atof("0.5"); // 结果: result=0.5                                  // 3
result = atof("1e2"); // 结果: result=100.0                                // 4
result = atof(""); // 结果: result=0.0                                     // 5
result = atof("ABC"); // 结果: result=0.0                                  // 6
```

函数 strtod 不仅能解析出双精度浮点数，而且能够返回剩余没有参与解析的字符，具体的函数说明如下。

函数名	函数 32 **strtod**
声明	double strtod(const char *nptr, char **endptr);
说明	本函数将字符串 nptr 分解为前后两部分，前面是表示一个双精度浮点数的部分，剩余的部分就是后一部分。剩余部分的首地址将赋值给 *endptr。如果字符串 nptr 刚好表示的就是一个双精度浮点数，则 *endptr 指向字符串 nptr 末尾的 0。如果字符串 nptr 最前面一部分字符表示的不是双精度浮点数，则 *endptr=nptr，并且本函数返回 0
参数	nptr: 给定的字符串 endptr: 用来接收剩余部分首地址的指针
返回值	如果字符串 nptr 最前面一部分的字符表达了一个双精度浮点数，则返回该双精度浮点数的值；否则，返回 0，并且 *endptr=nptr
头文件	stdlib.h // 程序代码: #include <stdlib.h>

下面给出一些代码示例。

```
double r;                                                                 // 1
char *t, *s;                                                              // 2
s="";                                                                     // 3
r = strtod(s, &t); // 结果: r=0.0; t=s                                     // 4
s="1";                                                                    // 5
r = strtod(s, &t); // 结果: r=1.0; t=s+1                                   // 6
s="0.5Abc";                                                               // 7
r = strtod(s, &t); // 结果: r=0.5; t=s+3                                   // 8
s="1.Abc";                                                                // 9
r = strtod(s, &t); // 结果: r=1.0; t=s+2                                   // 10
s="1e2";                                                                  // 11
r = strtod(s, &t); // 结果: r=100.0; t=s+3                                 // 12
s="ABC";                                                                  // 13
r = strtod(s, &t); // 结果: r=0.0; t=s                                     // 14
```

我们已经在 4.1.3 节介绍了将字符串转换为整数的 **函数 atoi**。这里介绍将字符串转换为长整数的函数 atol，具体说明如下：

函数名	函数 33 **atol**
声明	long atol(const char *nptr);
说明	计算并返回字符串 nptr 所对应的长整数
参数	nptr: 给定的字符串
返回值	字符串 nptr 所对应的长整数。如果字符串 nptr 实际上是无法转换成长整数的，那么返回 0
头文件	stdlib.h // 程序代码: #include <stdlib.h>

下面给出一些代码示例。

```
long result;                                                // 1
result = atol("1"); // 结果: result=1                        // 2
result = atol("123"); // 结果: result=123                    // 3
result = atol(""); // 结果: result=0                         // 4
result = atol("ABC"); // 结果: result=0                      // 5
```

函数 strtol 可以解析出长整数，而且能够返回剩余不参与解析的字符，具体的函数说明如下。

函数名	函数 34　strtol
声明	`long strtol(const char *nptr, char **endptr, int base);`
说明	本函数将字符串 nptr 分解为前后两部分，前面是表示一个长整数的部分，剩余的部分就是后一部分。剩余部分的首地址将赋值给*endptr。如果字符串 nptr 刚好表示的就是一个长整数，则*endptr 指向字符串 nptr 末尾的 0。如果字符串 nptr 最前面一部分字符表示的不是长整数，则*endptr=nptr，并且本函数返回 0。如何解析长整数与基数 base 密切相关。如果 base 等于 0，则长整数的进制由字符串 nptr 本身表达的格式进行确定。例如，如果这时字符串 nptr 以 0x 或-0x 开头，则表明采用十六进制表达长整数；如果这时字符串 nptr 以 0 或-0 开头，而且后面没有紧跟 x，则表明采用八进制表达长整数。如果 base 是 2～36 的整数，则字符串 nptr 前面部分是 base 进制的长整数。如果采用三十六进制，则字母从 a 到 z 或者从 A 到 Z 表示的数值分别是从 10 到 35
参数	nptr：给定的字符串 endptr：用来接收剩余部分首地址的指针 base：本函数要求 base 只能是 0 以及从 2 到 36 的整数。如果 base 不等于 0，则指定长整数是 base 进制；如果 base 等于 0，则长整数的进制由字符串 nptr 本身表达的格式确定
返回值	如果字符串 nptr 最前面一部分的字符表达了一个长整数，则返回该长整数的值；否则，返回 0，并且*endptr=nptr
头文件	`stdlib.h　　// 程序代码: #include <stdlib.h>`

下面给出一些代码示例。

```
long r;                                                     // 1
char *t, *s;                                                // 2
s="";                                                       // 3
r = strtol(s, &t, 2); // 结果: r=0; t=s                      // 4
s="-10";                                                    // 5
r = strtol(s, &t, 16); // 结果: r=-16; t=s+3                 // 6
s="-12Abc";                                                 // 7
r = strtol(s, &t, 2); // 结果: r=-1; t=s+2                   // 8
s="-12Abc";                                                 // 9
r = strtol(s, &t, 3); // 结果: r=-5; t=s+3                   // 10
s="1e2";                                                    // 11
r = strtol(s, &t, 2); // 结果: r=1; t=s+1                    // 12
s="0123";                                                   // 13
```

```
r = strtol(s, &t, 0);  // 结果：按八进制计算；r=83；t=s+4          // 14
s="0123";                                                      // 15
r = strtol(s, &t, 2);  // 结果：r=1；t=s+2                       // 16
s="0123";                                                      // 17
r = strtol(s, &t, 8);  // 结果：r=83=8×8+8×2+3；t=s+4            // 18
s="0123";                                                      // 19
r = strtol(s, &t, 10); // 结果：r=123；t=s+4                     // 20
s="0x1e2";                                                     // 21
r = strtol(s, &t, 0);  // 结果：按十六进制计算；r=482；t=s+5        // 22
s="-0x1e2";                                                    // 23
r = strtol(s, &t, 0);  // 结果：按十六进制计算；r=-482；t=s+6       // 24
s="0x1e2";                                                     // 25
r = strtol(s, &t, 2);  // 结果：r=0；t=s+1                       // 26
s="0x1e2";                                                     // 27
r = strtol(s, &t, 16); // 结果：r=482=16×16+16×14+2；t=s+5       // 28
s="0x1e2";                                                     // 29
r = strtol(s, &t, 36); // x 在三十六进制中对应的值是 33             // 30
// 上面结果：r=1541450=36×36×36×33+36×36+36×14+2；t=s+5          // 31
s="ABC";                                                       // 32
r = strtol(s, &t, 0);  // 结果：r=0；t=s                         // 33
s="ABC";                                                       // 34
r = strtol(s, &t, 16); // 结果：r=2748=16×16×10+16×11+12；t=s+3  // 35
```

将整数等各种数据转换为字符串，可以用 snprintf 和 sprintf 等函数，下面来介绍这些函数。

函数名	函数 35 snprintf
声明	int snprintf(char *s, size_t n, const char *format, ...);
说明	格式字符串转换函数，将指定字符串保存到数组 s 当中，该字符串由格式字符串及对应的数值确定。本函数要求 s 所指向的数组内存空间在调用本函数之前就已经分配好，而且其可用的内存空间至少为 n 字节。函数 snprintf 在 VC 平台下的名称被更改为 _snprintf
参数	s：指向已经分配好的数组内存空间 n：允许保存到内存空间 s 中的最大字节数，包括字符串的结束标志字符 '\0' format：格式字符串 后续参数：后续参数的个数一般由在格式字符串中的格式说明域确定，每个参数为在格式字符串中的格式说明域指定数值，参数的类型应当与相应的格式说明域相匹配
返回值	如果格式字符串转换成功，n 的值足够大，而且结果也成功保存到数组 s 当中，则返回保存到数组 s 当中的字符个数；否则，返回一个负整数
头文件	stdio.h // 程序代码：#include <stdio.h>

函数 snprintf 与 printf 的区别在于函数 snprintf 是将字符串保存到指定的数组当中，而函数 printf 则是在控制台窗口中输出字符串。函数 snprintf 的参数 format 及后续参数与函数 printf 的相应参数的含义完全相同，具体请见 2.4.1 节。这里不再重复。

函数 snprintf 在 VC 平台下的名称被更改为 _snprintf。而且 VC 平台感觉自己实现的函数 _snprintf 不够安全，建议采用相对更加安全的函数 _snprintf_s 替代函数 _snprintf。不过，

函数 _snprintf_s 不是 C 语言标准规定的函数。函数 _snprintf_s 的具体说明如下。

函数名	函数 36　_snprintf_s
声明	int _snprintf_s(char *buffer, size_t sizeOfBuffer, size_t count, const char *format, ...);
说明	格式字符串转换函数，将指定字符串保存到数组 buffer 当中，该字符串由格式字符串及对应的数值确定。本函数要求 buffer 所指向的数组内存空间在调用本函数之前就已经分配好，该内存空间的有效大小为 sizeOfBuffer 字节
参数	buffer：指向已经分配好的数组内存空间 sizeOfBuffer：内存空间 buffer 的最大可利用字节数，包括字符串的结束标志字符 '\0' count：允许保存到内存空间 buffer 中的最大字符数，不包括字符串的结束标志字符 '\0'。因此，count 应当不大于 sizeOfBuffer-1 format：格式字符串 后续参数：后续参数的个数一般由格式字符串中的格式说明域确定，每个参数为在格式字符串中的格式说明域指定数值，参数的类型应当与相应的格式说明域相匹配
返回值	如果格式字符串转换成功，count 的值足够大，而且结果也成功保存到数组 buffer 当中，则返回保存到数组当中的字符个数；否则，返回一个负整数
头文件	stdio.h　　// 程序代码：#include <stdio.h>

下面给出调用函数 _snprintf_s 的示例性代码。

```
#define n 100                                         // 1
   char buffer[n]={0};                                // 2
   int i = 10;                                        // 3
   int e = _snprintf_s(buffer, n, n-1, "i=%d", i);    // 4
```

上面代码片段运行的结果是 e=4，buffer="i=10"。在上面代码中，所允许的最小的 n 的值是 5。

函数名	函数 37　sprintf
声明	int sprintf(char *s, const char *format, ...);
说明	格式字符串转换函数，将指定字符串保存到数组 s 当中，该字符串由格式字符串及对应的数值确定。本函数要求 s 所指向的数组内存空间在调用本函数之前就已经分配好，而且应当保证该内存空间的足够大，至少可以容纳下结果字符串
参数	s：指向已经分配好的数组内存空间 format：格式字符串 后续参数：后续参数的个数一般由在格式字符串中的格式说明域确定，每个参数为在格式字符串中的格式说明域指定数值，参数的类型应当与相应的格式说明域相匹配
返回值	如果格式字符串转换成功，而且结果也成功保存到数组 s 当中，则返回保存到数组当中的字符个数；否则，返回一个负整数
头文件	stdio.h　　// 程序代码：#include <stdio.h>

函数 snprintf 与 sprintf 的区别在于函数 snprintf 多 1 个参数，该参数指定了用来保存结果字符串的数组大小。**函数 sprintf 与 printf 的区别**在于函数 sprintf 是将字符串保存到指

定的数组当中，而函数 printf 则是在控制台窗口中输出字符串。函数 sprintf 的参数 format 及后续参数与函数 printf 的相应参数的含义完全相同，具体请见 2.4.1 节。这里不再重复。

VC 平台感觉自己实现的函数 sprintf 不够安全，建议采用相对更加安全的函数 sprintf_s 替代函数 sprintf。不过，函数 sprintf_s 不是 C 语言标准规定的函数。函数 sprintf_s 的具体说明如下。

函数名	函数 38 `sprintf_s`
声明	`int sprintf_s(char *buffer, size_t sizeOfBuffer, const char *format, ...);`
说明	格式字符串转换函数，将指定字符串保存到数组 buffer 当中，该字符串由格式字符串及对应的数值确定。本函数要求 buffer 所指向的数组内存空间在调用本函数之前就已经分配好，该内存空间的有效大小为 sizeOfBuffer 字节。本函数要求 sizeOfBuffer 必须足够大，使得 buffer 所指向的数组能够容纳下结果字符串
参数	buffer: 指向已经分配好的数组内存空间 sizeOfBuffer: 内存空间 buffer 的最大可利用字节数,包括字符串的结束标志字符'\0' format: 格式字符串 后续参数: 后续参数的个数一般由在格式字符串中的格式说明域确定，每个参数为在格式字符串中的格式说明域指定数值，参数的类型应当与相应的格式说明域相匹配
返回值	如果格式字符串转换成功，sizeOfBuffer 的值足够大，而且结果也成功保存到数组 buffer 当中，则返回保存到数组当中的字符个数；否则，返回一个负整数
头文件	`stdio.h` // 程序代码: `#include <stdio.h>`

下面给出调用函数 sprintf_s 的示例性代码。

```
#define n 100                                    // 1
    char buffer[n]={0};                          // 2
    int i = 10;                                  // 3
    int e = sprintf_s(buffer, n, "i=%d", i);     // 4
```

上面代码片段运行的结果是 e=4，buffer="i=10"。在上面代码中，所允许的最小的 n 值是 5。

从字符串当中解析出整数和浮点数等各种数据还可以用函数 sscanf 等，下面来介绍这些函数。

函数名	函数 39 `sscanf`
声明	`int sscanf(const char *s, const char *format, ...);`
说明	格式输入函数，用来从字符串 s 当中读取数据，并将这些数据赋值给指定的变量
参数	s: 待解析的字符串 format: 格式字符串 后续参数: 后续参数的个数一般由格式字符串的格式说明域确定，这些参数指定这些变量的地址或长度等信息，变量的类型应当与相应的格式说明域要求相匹配
返回值	如果该函数运行成功，则返回将所提取的数据赋值给变量的个数；否则，返回 EOF。注意: EOF 是系统定义的一个宏，它所对应的值目前一般是 -1
头文件	`stdio.h` // 程序代码: `#include <stdio.h>`

函数 sscanf 与 scanf 的区别在于函数 sscanf 是从给定的字符串 s 当中读取数据，而函数 scanf 则是在控制台窗口中读取数据。函数 sscanf 的参数 format 及后续参数与函数 scanf 的相应参数的含义完全相同，具体请见 2.4.2 节。这里不再重复。

下面给出调用函数 sscanf 的示例性代码。

```
char buffer[100]="123";                        // 1
int i;                                         // 2
int e = sscanf(buffer, "%d", &i);              // 3
```

上面代码片段运行的结果是 e=1，i=123。

VC 平台感觉自己实现的函数 sscanf 不够安全，建议采用相对更加安全的函数 sscanf_s 替代函数 sscanf。不过，函数 sscanf_s 不是 C 语言标准规定的函数。函数 sscanf_s 的具体说明如下。

函数名	函数 40　sscanf_s
声明	int sscanf_s(const char *s, const char *format, ...);
说明	格式输入函数，用来从字符串 s 当中读取数据，并将这些数据赋值给指定的变量。本函数仅适用于 VC 平台
参数	s：待解析的字符串 format：格式字符串 后续参数：后续参数的个数一般与由格式字符串指定的需要赋值的变量个数相同，这些参数指定这些变量的地址，变量的类型应当与相应的格式说明域相匹配
返回值	如果该函数运行成功，则返回将所提取的数据赋值给变量的个数；否则，返回 EOF。注意：EOF 是系统定义的一个宏，它所对应的值目前一般是 -1
头文件	stdio.h　　// 程序代码：#include <stdio.h>

函数 sscanf_s 与 scanf_s 的区别在于函数 sscanf_s 是从给定的字符串 s 当中读取数据，而函数 scanf_s 则是在控制台窗口中读取数据。函数 sscanf_s 的参数 format 及后续参数与函数 scanf_s 的相应参数的含义完全相同，具体请见 2.4.2 节。这里不再重复。

下面给出调用函数 sscanf_s 的示例性代码。

```
char buffer[100]="123";                        // 1
int i;                                         // 2
int e = sscanf_s(buffer, "%d", &i);            // 3
```

上面代码片段运行的结果是 e=1，i=123。

这里顺便介绍一些判断字符类型的函数，具体说明如下。

函数名	函数 41　isalnum
声明	int isalnum(int c);
说明	判断字符 c 是否为字母或十进制数字。在 C 语言标准中定义的字母只有从 'a' 到 'z' 的 26 个小写字母和从 'A' 到 'Z' 的 26 个大写字母。在 C 语言标准中定义的十进制数字只有 '0'、'1'、'2'、'3'、'4'、'5'、'6'、'7'、'8' 和 '9'
参数	c：给定的字符

返回值	如果字符 c 是字母或十进制数字，则返回一个非零的整数；否则，返回 0
头文件	ctype.h // 程序代码：#include <ctype.h>

函数名	函数 42 isalpha
声明	int isalpha(int c);
说明	判断字符 c 是否为字母。在 C 语言标准中定义的字母只有从'a'到'z'的 26 个小写字母和从'A'到'Z'的 26 个大写字母
参数	c：给定的字符
返回值	如果字符 c 是字母，则返回一个非零的整数；否则，返回 0
头文件	ctype.h // 程序代码：#include <ctype.h>

函数名	函数 43 iscntrl
声明	int iscntrl(int c);
说明	判断字符 c 是否为控制字符。在 C 语言标准中定义的控制字符只有 32 个，它们的 ASCII 码值是 0~31 的整数以及 127
参数	c：给定的字符
返回值	如果字符 c 是控制字符，则返回一个非零的整数；否则，返回 0
头文件	ctype.h // 程序代码：#include <ctype.h>

函数名	函数 44 isdigit
声明	int isdigit(int c);
说明	判断字符 c 是否为十进制的数字。在 C 语言标准中定义的十进制数字只有'0'、'1'、'2'、'3'、'4'、'5'、'6'、'7'、'8'和'9'
参数	c：给定的字符
返回值	如果字符 c 是十进制数字，则返回一个非零的整数；否则，返回 0
头文件	ctype.h // 程序代码：#include <ctype.h>

函数名	函数 45 isxdigit
声明	int isxdigit(int c);
说明	判断字符 c 是否为十六进制的数字。在 C 语言标准中定义的十六进制数字只有'0'、'1'、'2'、'3'、'4'、'5'、'6'、'7'、'8'、'9'、'A'、'B'、'C'、'D'、'E'、'F'、'a'、'b'、'c'、'd'、'e'和'f'
参数	c：给定的字符
返回值	如果字符 c 是十六进制数字，则返回一个非零的整数；否则，返回 0
头文件	ctype.h // 程序代码：#include <ctype.h>

函数名	函数 46 islower
声明	int islower(int c);
说明	判断字符 c 是否为小写字母。在 C 语言标准中定义的小写字母只有从'a'到'z'的 26 个字母
参数	c：给定的字符
返回值	如果字符 c 是小写字母，则返回一个非零的整数；否则，返回 0
头文件	ctype.h // 程序代码：#include <ctype.h>

函数名	函数 47　isupper
声明	int isupper(int c);
说明	判断字符 c 是否为大写字母。在 C 语言标准中定义的大写字母只有从 'A' 到 'Z' 的 26 个字母
参数	c：给定的字符
返回值	如果字符 c 是大写字母，则返回一个非零的整数；否则，返回 0
头文件	ctype.h　　// 程序代码：#include <ctype.h>

函数名	函数 48　isspace
声明	int isspace(int c);
说明	判断字符 c 是否为空白符。在 C 语言标准中定义的空白符只有空格 '⎵'、换页符 '\f'、换行符 '\n'、回车符 '\r'、水平制表符 '\t' 和垂直制表符 '\v'
参数	c：给定的字符
返回值	如果字符 c 是空白符，则返回一个非零的整数；否则，返回 0
头文件	ctype.h　　// 程序代码：#include <ctype.h>

函数名	函数 49　ispunct
声明	int ispunct(int c);
说明	判断字符 c 是否为标点符号。在 C 语言标准中定义的标点符号只有 '!'、'"'、'#'、'$'、'%'、'&'、'''、'('、')'、'*'、'+'、','、'-'、'.'、'/'、':'、';'、'<'、'='、'>'、'?'、'@'、'['、'\'、']'、'^'、'_'、'`'、'{'、'|'、'}' 和 '~'，共 32 个字符
参数	c：给定的字符
返回值	如果字符 c 是标点符号，则返回一个非零的整数；否则，返回 0
头文件	ctype.h　　// 程序代码：#include <ctype.h>

函数名	函数 50　isgraph
声明	int isgraph(int c);
说明	判断字符 c 是否为图形符号。在 C 语言标准中定义的图形符号由 52 个大写和小写英文字母、10 个十进制数字和 32 个标点符号组成，共 94 个字符
参数	c：给定的字符
返回值	如果字符 c 是图形符号，则返回一个非零的整数；否则，返回 0
头文件	ctype.h　　// 程序代码：#include <ctype.h>

函数名	函数 51　isprint
声明	int isprint(int c);
说明	判断字符 c 是否为可打印符号。在 C 语言标准中定义的可打印符号由 52 个大写和小写英文字母、10 个十进制数字、32 个标点符号和空格 '⎵' 组成，共 95 个字符
参数	c：给定的字符
返回值	如果字符 c 是可打印符号，则返回一个非零的整数；否则，返回 0
头文件	ctype.h　　// 程序代码：#include <ctype.h>

下面介绍两个在大写字母和小写字母之间互相转换的函数。具体说明如下：

函数名	函数 52 tolower
声明	int tolower(int c);
说明	将大写字母转换成小写字母
参数	c：给定的字符
返回值	如果字符 c 是大写字母，则返回对应的小写字母；否则，返回 c
头文件	ctype.h // 程序代码: #include <ctype.h>

函数名	函数 53 toupper
声明	int toupper (int c);
说明	将小写字母转换成大写字母
参数	c：给定的字符
返回值	如果字符 c 是小写字母，则返回对应的大写字母；否则，返回 c
头文件	ctype.h // 程序代码: #include <ctype.h>

我们已经在 2.4.2 节介绍了函数 scanf 和 scanf_s，这两个函数可以用来接收来自控制台输入的数据。不过，对于字符串，我们可以通过函数 gets 来接收从控制台窗口输入的一行字符串，具体说明如下：

函数名	函数 54 gets
声明	char *gets(char *s);
说明	接收来自控制台窗口输入的一行字符串。该字符串允许含有空格。不过，回车和换行符会自动被抛弃。如果遇到控制台窗口输入结束的标志，那么 s 的内容不变，并且返回 NULL
参数	s：用来接收输入字符串的内存缓冲区首地址。要求 s 必须包含足够的内存空间，来容纳输入的字符串
返回值	如果成功读取字符串，则返回 s。如果遇到控制台窗口输入结束的标志，那么 s 的内容不变，并且返回 NULL。如果在读取数据时发生错误，那么返回 NULL
头文件	stdio.h // 程序代码: #include <stdio.h>

VC 平台感觉自己实现的函数 gets 不够安全，建议采用相对更加安全的函数 gets_s 替代函数 gets。不过，函数 gets_s 不是 C 语言标准规定的函数。函数 gets_s 的具体说明如下。

函数名	函数 55 gets_s
声明	char *gets_s(char *buffer, size_t sizeInCharacters);
说明	接收来自控制台窗口输入的一行字符串。该字符串允许含有空格。不过，回车和换行符会自动被抛弃。如果遇到控制台窗口输入结束的标志，那么 buffer[0] 变为字符串末尾的 0，并且返回 NULL。如果 sizeInCharacters 小于或等于字符串长度，那么本函数会抛出异常 本函数仅适用于 VC 平台
参数	buffer：用来接收输入字符串的内存缓冲区首地址 sizeInCharacters：内存缓冲区 buffer 所拥有的内存空间大小，以字符为单位
返回值	如果成功读取字符串，则返回 buffer。如果遇到控制台窗口输入结束的标志或者在读取数据时发生错误，那么返回 NULL
头文件	stdio.h // 程序代码: #include <stdio.h>

函数 gets 和 gets_s 都无法控制读入的字符个数。因此，很难确切知道应当为接收输入的字符串分配多大的内存空间。可以考虑用 9.2 节的**函数 fgets 来替代函数 gets 和 gets_s**。将调用函数 fgets 的最后 1 个参数设置为代表标准输入的 stdin，这时就可以从控制台窗口接收输入，而且接收到的字符个数不会超过其第 2 个参数减 1。

对于字符串，我们可以通过函数 puts 在控制台窗口中输出一行字符串，具体说明如下。

函数名	函数 56　puts
声明	int puts(const char *s);
说明	在控制台窗口中输出字符串 s，并在末尾再输出回车换行符
参数	s：给定的用来输出的字符串
返回值	如果正常输出，则返回 1 个非负整数。如果在输出时出错，则返回 EOF。注意：EOF 是系统定义的一个宏，它所对应的值目前一般是−1
头文件	stdio.h　　// 程序代码: #include <stdio.h>

下面给出一个字符串的应用例程。

例程 5-8　对输入的一行字符串进行递增加密。

例程功能描述：接收从控制台窗口输入的一行字符串，并对该字符串进行加密，最后输出加密的结果。加密的方法是将在字符串中出现的每个字母分别替换成它在 ASCII 码表当中的下一个字母，除了字母'z'和'Z'。字母'z'需要替换为字母'a'，字母'Z'需要替换为字母'A'。

例程解题思路：利用函数 gets 或 gets_s 读入一行字符串，并且依次分析组成该字符串的每个字符。如果是小写字母，则自增 1；在自增之后，如果比字母'z'大，则应当修正为字母'a'。同样，如果是大写字母，则自增 1；在自增之后，如果比字母'Z'大，则应当修正为字母'A'。最后，输出替换之后的字符串。

下面给出按照上面思路编写的代码。例程代码由 3 个源程序代码文件"C_CharArrayEncrypt.h""C_CharArrayEncrypt.c"和"C_CharArrayEncryptMain.c"组成，具体的程序代码如下。

// 文件名: C_CharArrayEncrypt.h; 开发者: 雍俊海	行号
#ifndef C_CHARARRAYENCRYPT_H	// 1
#define C_CHARARRAYENCRYPT_H	// 2
	// 3
extern void gb_getCharArrayEncrypt(char* s);	// 4
	// 5
#endif	// 6

// 文件名: C_CharArrayEncrypt.c; 开发者: 雍俊海	行号
#include <stdio.h>	// 1
#include <stdlib.h>	// 2
#include <string.h>	// 3
#include <ctype.h>	// 4
	// 5
void gb_getCharArrayEncrypt(char* s)	// 6

```
{                                                    // 7
    int i, n;                                        // 8
    if (s==NULL)                                     // 9
        return;                                      // 10
    n = (int)(strlen(s));                            // 11
    for (i=0; i<n; i++)                              // 12
        if (islower(s[i]))                           // 13
        {                                            // 14
            s[i]++;                                  // 15
            if (s[i]>'z')                            // 16
                s[i]='a';                            // 17
        }                                            // 18
        else if (isupper(s[i]))                      // 19
        {                                            // 20
            s[i]++;                                  // 21
            if (s[i]>'Z')                            // 22
                s[i]='A';                            // 23
        } // if/else if 结束 // for 结束            // 24
} // 函数 gb_getCharArrayEncrypt 结束               // 25
```

// 文件名：**C_CharArrayEncryptMain.c**；开发者：雍俊海	行号

```
#include <stdio.h>                                   // 1
#include <stdlib.h>                                  // 2
#include "C_CharArrayEncrypt.h"                      // 3
                                                     // 4
#define SIZE_OF_BUFFER 80                            // 5
                                                     // 6
int main(int argc, char* args[ ])                    // 7
{                                                    // 8
    char buffer[SIZE_OF_BUFFER];                     // 9
    puts("请输入一个字符串：");                        // 10
    gets_s(buffer, SIZE_OF_BUFFER);                  // 11
    buffer[SIZE_OF_BUFFER-1]=0;                      // 12
    gb_getCharArrayEncrypt(buffer);                  // 13
    puts("在加密之后该字符串变为：");                   // 14
    puts(buffer);                                    // 15
    system("pause"); // 暂停住控制台窗口              // 16
    return 0; // 返回 0 表明程序运行成功             // 17
} // main 函数结束                                    // 18
```

可以对上面的代码进行编译、链接和运行。下面给出一个运行的结果示例。

```
请输入一个字符串：
I love C language.↙
在加密之后该字符串变为：
J mpwf D mbohvbhf.
请按任意键继续. . .
```

在上面代码文件"C_CharArrayEncryptMain.c"中，通过第 5 行的宏定义 SIZE_OF_BUFFER 使得要修改缓冲区的大小变得非常容易。只要修改这里的值，其他用到缓冲区大小的地方也会相应地发生变化。第 12 行的代码"buffer[SIZE_OF_BUFFER-1]=0;"不是必须的。这里只是为了确保缓冲区 buffer 至少含有一个 ASCII 码为 0 的字符，从而保证在函数 gb_getCharArrayEncrypt 中的调用语句"n=strlen(s);"获取到的 n 的值小于 SIZE_OF_BUFFER，即保证了函数 gb_getCharArrayEncrypt 不会越界访问内存。

5.4　本 章 小 结

静态数组和动态数组都提高了较大规模问题求解的编程效率。本章介绍了静态数组。静态数组与函数栈位于相同的内存区域。因此，静态数组通常适用于满足中等或小型的连续内存空间的需求。静态数组获得越大的内存空间通常意味着函数调用能够利用的函数栈内存空间越小。如果需要较大规模的连续内存空间，则应当采用动态数组。不过，静态数组在使用上比动态数组要方便很多。因此，静态数组和动态数组拥有各自的优缺点。在使用数组时，都应当注意数组下标越界的问题。一旦出现数组下标越界，程序的行为有时会变得很复杂。因此，在编写程序时就应当小心避免出现数组下标越界，尤其是在进行字符串处理时。系统提供的这些字符串处理函数本身通常并不会判断是否会发生数组下标越界。因此，使用这些函数，要求编程人员自己提前在代码中进行判断。只有在确保不会发生数组下标越界的情况下才可以调用这些字符串处理函数。否则，有可能会引起程序运行错误，甚至出现中止程序运行的情况或者引起整个操作系统崩溃。

5.5　本 章 习 题

习题 5.1　简述数组的定义与作用。

习题 5.2　思考并总结使用数组的注意事项。

习题 5.3　简述静态数组与动态数组的相同点与不同点。

习题 5.4　请编写程序，接收输入 10 个整数，计算并输出其中最大的整数。

习题 5.5　请编写程序，接收输入 20 个整数，并按从小到大的顺序输出这 20 个整数。

习题 5.6　请编写程序，接收输入 10 个大于 2 的整数，计算并输出这些整数的所有公因子。

习题 5.7　请编写程序，接收输入 1 个 3×3 的矩阵，计算并输出这个矩阵的行列式的值。这里假设矩阵元素采用双精度浮点数表示。

习题 5.8　请编写程序，接收输入 1 行不超过 100 个字符的字符串，计算并输出其中出现次数最多的字符。请注意，本题要求程序能够处理在输入的 1 行字符当中含有空格的情况。

习题 5.9　请编写程序，接收输入不超过 100 个字符的字符串，去除其中的所有数字字符，并输出结果。要求在去除数字字符之后，其他字符应当保持它们在原字符串中的顺序。

第6章　结构体和共用体

结构体所用的关键字是 struct，共用体所用的关键字是 union。C 语言的结构体和共用体在形式上很相像，只是结构体的各个成员变量之间并不共享内存空间，共用体的各个成员变量之间共享内存空间。这样，通过结构体，我们可以将多个属性绑定在一起，从而使得程序的数据变得更为清晰，同时也方便了函数调用。通过共用体，我们从多个角度来分析和处理一段共享的内存空间，从而让共享的内存空间适用于不同的场景。例如，如果我们将整数与浮点数组合成共用体，那么这些共享的内存就可以展开整数的按位运算，也可以展开浮点数的运算。下面分别来介绍结构体和共用体。

6.1　结　构　体

在 C 语言中，结构体（**struct**）是一种组合数据结构，它可以将多个变量组合在一起，构成结构体的成员变量。这些变量可以拥有相同的数据类型，也可以拥有不同的数据类型。第 5 章介绍的数组也是一种组合数据结构，但在同一个数组中要求所有的数组元素拥有相同的数据类型。

最常用的结构体定义方式是将结构体定义与结构体变量定义分开，并且通常将结构体本身的定义放在 C 语言的头文件当中。这种**结构体的定义格式**如下：

```
struct 结构体的名称
{
    数据类型 成员 变量名1;
    数据类型 成员 变量名2;
    ……;
    数据类型 成员 变量名n;
};
```

其中，结构体的名称和各个成员变量名必须是合法的标识符，上面的各个数据类型可以是相同的数据类型，也可以是不同的数据类型。下面给出一个合法的结构体定义示例：

```
struct S_Student                                     // 1
{                                                    // 2
    char m_name[20];                                 // 3
    int  m_ID;                                       // 4
    int  m_score;                                    // 5
};                                                   // 6
```

> ▷ **注意事项** ◁
> 结构体的成员变量个数是有限制的。C 语言标准规定**单个结构体的成员变量个数**不允许超过 1023。

对于相同数据类型的成员变量，可以合并为一行，具体格式如下：

数据类型　成员变量名 i_1，成员变量名 i_2，…，成员变量名 i_n；

即这些成员变量之间采用逗号分隔开，最后是分号。例如，上面示例的结构体可以按照这个格式改写为：

```
struct S_Student                                              // 1
{                                                             // 2
    char m_name[20];                                          // 3
    int  m_ID, m_score;                                       // 4
};                                                            // 5
```

🏴 **注意事项** 🏴

在结构体的定义内部，不允许直接对成员变量进行初始化。例如，下面的代码是无法通过编译的。

```
struct S_Student                                              // 1
{                                                             // 2
    char m_name[20];                                          // 3
    int  m_ID;                                                // 4
    int  m_score=1; // 不允许在结构体的定义内部对成员变量进行初始化   // 5
};                                                            // 6
```

🏴 **注意事项** 🏴

在结构体中，如果成员变量的数据类型是数组，那么必须同时提供数组的元素个数，而且元素个数必须大于0。例如，下面的代码是无法通过编译的。

```
struct S_Student                                              // 1
{                                                             // 2
    char m_name[]; // 不允许不提供数组的元素个数                   // 3
    int  m_ID;                                                // 4
    int  m_score;                                             // 5
};                                                            // 6
```

❀ **小甜点** ❀

C 语言标准规定：如果数组变量是结构体的最后一个成员变量，那么在定义这个数组时可以不指定其元素个数。不过，如果不指定元素个数，这个数组的元素个数默认为 0，而且其行为不确定，在不同的编译器下将会有不同的解释。C 语言标准希望通过这种模式对结构休进行扩展，将固定长度的结构体变为不固定长度的结构体。本书直接忽略这个规定。

结构体也是一种数据类型。因此，可以用前面定义的结构体来定义变量。**数据类型为结构体的变量定义格式**如下：

`struct 结构体的名称 变量名列表；`

在变量名列表中，可以只有一个变量，也可以含有多个变量。如果含有多个变量，则在相邻的变量名之间用逗号分隔开。设已经定义了结构体 S_Student，下面给出一些该结构体数据类型变量的定义语句：

```
    struct S_Student s;                                    // 1
    struct S_Student a, b, c;                              // 2
```

在定义数据类型为结构体的变量时，还可以在变量名后面加上给该变量初始化的代码。这部分 初始化代码的格式 如下：

={由各个成员变量的初值表达式组成的列表}；

在相邻初值表达式之间采用逗号分隔开。这些初值表达式应当按顺序从头开始与结构体的成员变量成对应关系，而且允许初值表达式的个数小于成员变量的个数。如果初值表达式的个数小于成员变量的个数，则最后几个成员变量的初始值为 0 或相当于 0 的值。下面给出代码示例：

```
struct S_Student                                           // 1
{                                                          // 2
   char m_name[20];                                        // 3
   int  m_ID;                                              // 4
   int  m_score;                                           // 5
}; // 结构体的定义通常位于头文件中                              // 6
   struct S_Student a={"Tom", 1, 100};                     // 7
   struct S_Student b={"Jim", 2}; // 其中, b.m_score=0     // 8
```

▷注意事项◁

（1）在带初始化的数据类型为结构体的变量定义中，不允许初值表达式的个数大于成员变量的个数；

（2）一般不允许只提供后面成员变量的初值表达式，而不提供前面成员变量的初值表达式。换句话说，如果要给某个成员变量提供初值表达式，那么就必须给位于该成员变量前面的所有成员变量提供初值表达式。

在结构体的定义中，成员变量的数据类型也可以是其他类型的结构体。不过，这些其他类型的结构体必须在该结构体定义之前定义。下面给出一个代码示例：

```
struct S_Teacher                                           // 1
{                                                          // 2
   char m_name[20];                                        // 3
   int  m_ID;                                              // 4
}; // 结构体S_Teacher定义结束                                 // 5
                                                           // 6
struct S_Student                                           // 7
{                                                          // 8
   char m_name[20];                                        // 9
   int  m_ID;                                              // 10
```

```
    int  m_score;                                              // 11
    struct S_Teacher m_supervisor;                             // 12
};  // 结构体 S_Student 定义结束                                 // 13
```

> 〽注意事项〽
>
> 对于某个大于 1 的整数 n，设存在结构体 S1、S2、…、Sn。在这些结构体之间存在这样的关系：结构体 Si 的某个成员变量的数据类型是结构体 S(i+1)，对于 i=1、2、…、n-1。C 语言标准规定 n 必须小于或等于 63。

> 〽注意事项〽
>
> 结构体成员变量的数据类型不允许是结构体自己。例如，下面的代码是不合法的。

```
struct S_Student                                               // 1
{                                                              // 2
    char m_name[20];                                           // 3
    int  m_ID;                                                 // 4
    int  m_score;                                              // 5
    struct S_Student m_data;  // 不允许成员变量的数据类型是结构体自己    // 6
};                                                             // 7
```

不过，在结构体的定义中，成员变量的数据类型可以是之前已经定义或声明的各种结构体的指针类型，包括本身正在定义的结构体的指针类型。声明结构体的格式如下：

> struct *结构体的名称*;

根据上面格式，我们可以看出结构体声明实际上就是上面结构体定义的第一行，不过最后多了一个分号。从结构体声明中，我们无法得知该结构体包含哪些成员变量。而在定义数据类型为结构体的变量时，编译器必须给该变量分配内存。如果不知道该结构体包含哪些成员变量，编译器就无法得知需要给该变量分配多少内存。因此，在结构体的定义中，作为成员变量数据类型的结构体必须在之前已经定义完整。只要在之前没有定义都是不允许的，即使已经做了声明。请注意结构体类型和结构体的指针类型是两种截然不同的类型。对于结构体的指针类型，编译器不需要知道该结构体的具体定义，就可以确定结构体指针类型的变量的内存大小，因为不同结构体的指针类型拥有相同的内存大小。含有结构体指针类型成员变量的结构体将在 7.5 节介绍。

这里介绍另外两种在实际应用中很少用到的结构体定义方式。这两种方式都是将结构体定义与数据类型为结构体的变量的定义合在一起。虽然这样做符合 C 语言语法规定，但是通常并不符合结构化程序设计的原则。其中第一种方式是含有结构体名称并且同时定义结构体和该结构体数据类型变量的方式，其定义格式如下：

> struct *结构体的名称*
> {
> 　　*数据类型　成员变量名*1;
> 　　*数据类型　成员变量名*2;

```
    ……;
    数据类型    成员变量名 n;
} 变量名列表;
```

这种方式与前面介绍的内容基本上是一样的，只是把两者写在一起了。在这之后，还可以继续定义该结构体数据类型的其他变量，或者用于其他结构体的定义中，例如，用该结构体作为其他结构体的成员变量的数据类型等。下面给出这种方式的代码示例：

```
struct S_Student                                      // 1
{                                                     // 2
    char m_name[20];                                  // 3
    int  m_ID;                                        // 4
    int  m_score;                                     // 5
} s;                                                  // 6
```

第二种方式是不含结构体名称并且同时定义结构体和该数据类型变量的方式。这种方式与前面第一种方式相比，只是省略了第一行的结构体名称。因此，第二种方式有时也称为 **匿名的定义方式**。这种匿名的定义方式使得该结构体在后续的代码中无法继续使用，具有"一次性"的特点。下面给出这种方式的代码示例：

```
struct                                                // 1
{                                                     // 2
    char m_name[20];                                  // 3
    int  m_ID;                                        // 4
    int  m_score;                                     // 5
} s;                                                  // 6
```

▷ **注意事项** ◁

在 C 语言中，两个匿名或不同名的结构体即使拥有完全相同的成员变量数据类型和成员变量名，仍然会被认为是两种不同的数据类型。例如下面的代码无法通过编译。

```
struct                                                // 1
{                                                     // 2
    char m_name[20];                                  // 3
    int  m_ID;                                        // 4
    int  m_score;                                     // 5
}s;                                                   // 6
struct                                                // 7
{                                                     // 8
    char m_name[20];                                  // 9
    int  m_ID;                                        // 10
    int  m_score;                                     // 11
}t={"Tom", 1, 100};                                   // 12
s = t; // 编译器认为变量 s 和 t 的数据类型不同，无法赋值      // 13
```

如果两个变量的数据类型是完全相同的结构体数据类型，那么可以将一个变量的值赋

值给另一个变量。在赋值的过程中，如果成员变量的数据类型不是数组类型，那么直接对该成员变量进行赋值操作；如果成员变量的数据类型是数组类型，那么将对该成员变量的基元素进行赋值操作。下面给出代码示例：

```
struct S_Student                                             // 1
{                                                            // 2
    char m_name[20];                                         // 3
    int  m_ID;                                               // 4
    int  m_score;                                            // 5
}; // 假设该结构体定义在头文件中                                // 6
    struct S_Student s; // 从这行开始，是在源文件中的代码片段      // 7
    struct S_Student t={"Tom", 1, 100};                      // 8
    s = t; // 结果s.m_name的内容与"Tom"相同; s.m_ID=1; s.m_score=100  // 9
```

如果定义了结构体数据类型的变量，我们可以通过**"."运算符**访问该变量的成员变量。下面给出代码示例：

```
struct S_Complex // 复数结构体                                 // 1
{                                                            // 2
    double m_real; // 复数的实部                               // 3
    double m_imaginary; // 复数的虚部                          // 4
}; // 假设该结构体定义在头文件中                                // 5
    struct S_Complex a = {1.0, 2.0};                         // 6
    struct S_Complex b = {3.0, 4.0};                         // 7
    struct S_Complex c;                                      // 8
    c.m_real = a.m_real + b.m_real; // 通过 "." 运算符访问成员变量  // 9
    c.m_imaginary = a.m_imaginary + b.m_imaginary;           // 10
    printf("c.m_real=%g, c.m_imaginary=%g。\n",              // 11
        c.m_real, c.m_imaginary); // 输出: c.m_real=4, c.m_imaginary=6  // 12
```

如果定义了结构体数据类型的指针变量，我们可以通过 **"->" 运算符**访问该指针变量的成员变量。下面给出代码示例，假设其中的复数结构体 S_Complex 定义同上面代码。

```
    struct S_Complex a = {1.0, 2.0};                         // 1
    struct S_Complex b = {3.0, 4.0};                         // 2
    struct S_Complex c;                                      // 3
    struct S_Complex *ap = &a;                               // 4
    struct S_Complex *bp = &b;                               // 5
    struct S_Complex *cp = &c;                               // 6
    cp->m_real=ap->m_real + bp->m_real;//通过 "->" 运算符访问成员变量  // 7
    cp->m_imaginary = ap->m_imaginary + bp->m_imaginary;     // 8
    printf("cp->m_real=%g, cp->m_imaginary=%g。\n",          // 9
        cp->m_real, cp->m_imaginary);                        // 10
    // 结果输出: cp->m_real=4, cp->m_imaginary=6             // 11
```

上面的第4～6行代码分别定义了复数结构体S_Complex的三个指针变量ap、bp和cp，在代码当中的“&a”表示取变量 a 的地址，“&b”表示取变量 b 的地址，“&c”表示取变量 c 的地址。因为“ap = &a;”，所以“ap->m_real”与“a.m_real”访问的是相同的成员变量。

C 语言标准规定，我们可以对结构体或结构体变量进行 sizeof 运算，它返回的是所有成员变量的 sizeof 运算结果之和并且加上进行内存对齐而补充的字节数。内存对齐是操作系统与编译器等为提高内存分配和访问速度而建立的一种机制。实际上，是否需要补充字节进行内存对齐，以及如何进行内存对齐，这取决于具体的操作系统、编译器、编译设置以及硬件环境。

我们还可以定义结构体的静态数组变量，这只要将结构体数据类型代入在第 5 章静态数组定义格式中的数据类型就可以了。第 5 章静态数组的各种规则对于结构体的静态数组同样适用。下面给出代码示例，假设其中的复数结构体 S_Complex 定义同上面代码。

```
struct S_Complex a[2] = {{1.0, 2.0}, {3.0, 4.0}};           // 1
struct S_Complex c;                                          // 2
c.m_real = a[0].m_real + a[1].m_real;                       // 3
c.m_imaginary = a[0].m_imaginary + a[1].m_imaginary;        // 4
printf("c.m_real=%g, c.m_imaginary=%g。\n",                 // 5
    c.m_real, c.m_imaginary);//输出:c.m_real=4, c.m_imaginary=6  // 6
```

上面第 1 行代码定义了数组变量 a，它拥有 2 个元素，其中“{1.0, 2.0}”赋值给第 1 个元素 a[0]，“{3.0, 4.0}”赋值给第 2 个元素 a[1]。我们可以通过“a[0].m_real”和“a[0].m_imaginary”访问元素 a[0]的成员变量，就好像 a[0]是复数结构体 S_Complex 的一个变量一样。

在函数定义中，函数形式参数的数据类型和返回数据类型可以是结构体数据类型或者是结构体的指针数据类型。下面结合例程讲解相应的函数定义和函数调用的参数传递方式。

例程 6-1　加法表达式的计算与输出。

例程功能描述：在主函数中定义加法表达式结构体的变量，分别通过结构体数据类型或者结构体的指针数据类型进行函数调用的参数传递，计算并输出加法表达式的结果，观察并思考相应的函数调用的参数传递方式。

例程解题思路：定义一个加法表达式结构体，包括被加数、加数以及它们的和。在主函数中定义这个加法表达式结构体的变量。分别定义两个函数，其中一个函数的形式参数的数据类型是加法表达式结构体数据类型，另一个函数的形式参数的数据类型是加法表达式结构体的指针数据类型。在主函数中调用这两个函数，并在调用前后分别输出在主函数中定义的加法表达式结构体变量的成员变量的值。被调用的两个函数，均计算并输出加法表达式的结果。观察这些输出结果，分析相应的函数调用的参数传递方式。

下面给出按照上面思路编写的代码。例程代码由 3 个源程序代码文件“C_StructExpressionAdd.h”“C_StructExpressionAdd.c”和“C_StructExpressionAddMain.c”组成，具体的程序代码如下。

// 文件名：**C_StructExpressionAdd.h**；开发者：雍俊海	行号
#ifndef C_STRUCTEXPRESSIONADD_H	// 1
#define C_STRUCTEXPRESSIONADD_H	// 2

```
                                                                    // 3
struct S_ExpressionAdd // 加法表达式结构                              // 4
{                                                                   // 5
    double m_augend; // 被加数                                       // 6
    double m_addend; // 加数                                         // 7
    double m_sum;                                                   // 8
};                                                                  // 9
                                                                    // 10
extern void gb_getSumAndOutpoutByStructure(                         // 11
    struct S_ExpressionAdd s);                                      // 12
extern void gb_getSumAndOutpoutByPointer(                           // 13
    struct S_ExpressionAdd *p);                                     // 14
                                                                    // 15
#endif                                                              // 16
```

// 文件名: **C_StructExpressionAdd.c**；开发者：雍俊海	行号

```
#include <stdio.h>                                                  // 1
#include <stdlib.h>                                                 // 2
#include "C_StructExpressionAdd.h"                                  // 3
                                                                    // 4
void gb_getSumAndOutpoutByStructure(struct S_ExpressionAdd s)       // 5
{                                                                   // 6
    s.m_sum = s.m_augend + s.m_addend;                             // 7
    printf("%g=%g+%g。\n", s.m_sum, s.m_augend, s.m_addend);         // 8
} // 函数 gb_getSumAndOutpoutByStructure 结束                        // 9
                                                                    // 10
void gb_getSumAndOutpoutByPointer(struct S_ExpressionAdd *p)        // 11
{                                                                   // 12
    p->m_sum = p->m_augend + p->m_addend;                          // 13
    printf("%g=%g+%g。\n", p->m_sum, p->m_augend, p->m_addend);      // 14
} // 函数 gb_getSumAndOutpoutByPointer 结束                          // 15
```

// 文件名: **C_StructExpressionAddMain.c**；开发者：雍俊海	行号

```
#include <stdio.h>                                                  // 1
#include <stdlib.h>                                                 // 2
#include "C_StructExpressionAdd.h"                                  // 3
                                                                    // 4
int main(int argc, char* args[ ])                                  // 5
{                                                                   // 6
    struct S_ExpressionAdd a = {1.0, 2.0, 0.0};                    // 7
    printf("Init: Sum=%g, Augend=%g, Addend=%g。\n",                // 8
        a.m_sum, a.m_augend, a.m_addend);                          // 9
    gb_getSumAndOutpoutByStructure(a);                             // 10
    printf("After call gb_getSumAndOutpoutByStructure: ");        // 11
    printf("Sum=%g, Augend=%g, Addend=%g。\n",                      // 12
        a.m_sum, a.m_augend, a.m_addend);                         // 13
    gb_getSumAndOutpoutByPointer(&a);                             // 14
```

```
    printf("After call gb_getSumAndOutpoutByPointer: ");          // 15
    printf("Sum=%g, Augend=%g, Addend=%g. \n",                    // 16
        a.m_sum, a.m_augend, a.m_addend);                         // 17
    system("pause"); // 暂停住控制台窗口                           // 18
    return 0; // 返回 0 表明程序运行成功                          // 19
} // main 函数结束                                                // 20
```

可以对上面的代码进行编译、链接和运行。下面给出一个 运行的结果 示例。

```
Init: Sum=0, Augend=1, Addend=2。
3=1+2。
After call gb_getSumAndOutpoutByStructure: Sum=0, Augend=1, Addend=2。
3=1+2。
After call gb_getSumAndOutpoutByPointer: Sum=3, Augend=1, Addend=2。
请按任意键继续. . .
```

文件"C_StructExpressionAddMain.c"第 7 行代码定义了加法表达式结构体变量 a，并将其初始化为 a.m_augend=1.0、a.m_addend=2.0 以及 a.m_sum=0.0。

主 函 数 在 文 件 " C_StructExpressionAddMain.c " 第 10 行 中 调 用 了 函 数 gb_getSumAndOutpoutByStructure ， 将 主 函 数 的 局 部 变 量 a 传 递 给 函 数 gb_getSumAndOutpoutByStructure 的形式参数 s。如图 6-1 所示，变量 a 和形式参数 s 拥有相同的内存大小，但位于不同的内存空间。在参数传递的过程中，只是将变量 a 的各个成员变量的值复制给形式参数 s 的各个成员变量。在函数 gb_getSumAndOutpoutByStructure 当中，文件"C_StructExpressionAdd.c"第 7 行代码通过语句"s.m_sum = s.m_augend + s.m_addend;"修改了成员变量 s.m_sum 的值，但这条语句改变不了主函数的局部变量 a 的成员变量的值，因为 s.m_sum 与 a.m_sum 分别拥有不同的内存空间，如图 6-1 所示。因此，在主函数调用了函数 gb_getSumAndOutpoutByStructure 之后，a.m_sum 的值仍然没有变化，这可以通过输出结果"Sum=0"进一步得到了验证。

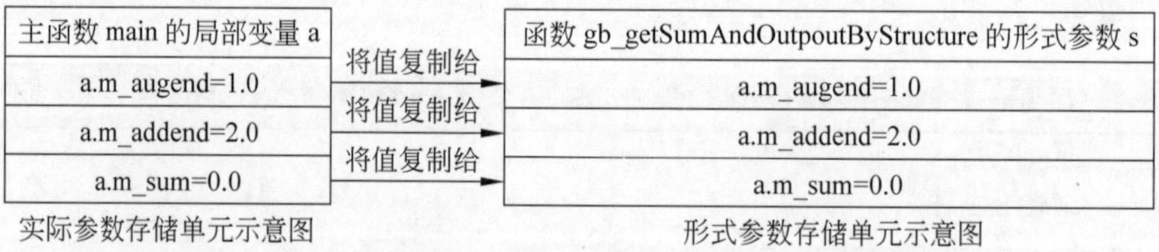

主函数 main 的局部变量 a	将值复制给	函数 gb_getSumAndOutpoutByStructure 的形式参数 s
a.m_augend=1.0	将值复制给	a.m_augend=1.0
a.m_addend=2.0	将值复制给	a.m_addend=2.0
a.m_sum=0.0		a.m_sum=0.0
实际参数存储单元示意图		形式参数存储单元示意图

图 6-1　主函数调用 gb_getSumAndOutpoutByStructure 从实际参数到形式参数的值传递方式

主 函 数 在 文 件 " C_StructExpressionAddMain.c " 第 14 行 中 调 用 了 函 数 gb_getSumAndOutpoutByPointer ， 将 主 函 数 的 局 部 变 量 a 的 地 址 传 递 给 函 数 gb_getSumAndOutpoutByPointer 的形式参数 p。在参数传递之后，如图 6-2 所示，形式参数 p 拥有了变量 a 的地址。这样，在函数 gb_getSumAndOutpoutByPointer 中，通过形式参数 p 访问结构体的成员变量与通过变量 a 访问结构体的成员变量实际上是等价的，即 p->m_augend 与 a.m_augend 是相同的成员变量，p->m_addend 与 a.m_addend 是相同的成员变量，p->m_sum 与 a.m_sum 是相同的成员变量。因此，在函数 gb_getSumAndOutpoutByPointer 当中，文件"C_StructExpressionAdd.c"第 13 行代码通过语句"p->m_sum = p->m_augend +

p->m_addend;"修改了成员变量 p->m_sum 的值，实际上也就修改了在主函数中变量 a 的成员变量 a.m_sum 的值，结果 a.m_sum 的值变为 3.0。这可以通过输出结果 "Sum=3" 进一步得到验证。

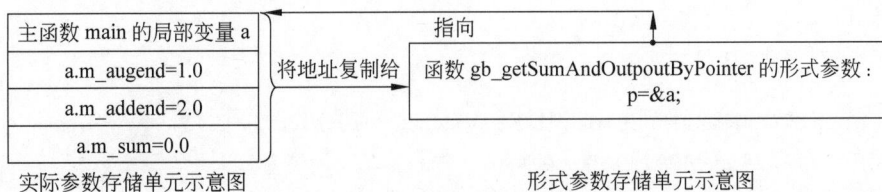

图 6-2　主函数调用 gb_getSumAndOutpoutByPointer 从实际参数到形式参数的地址传递方式

例程 6-2　输入学生成绩并分别按学号和成绩排序。

例程功能描述：设学生的学号和姓名已经给定，现在需要输入学生的成绩。然后，分别按学生的学号和成绩排序，并输出相应的结果。

例程解题思路：定义一个学生结构体，包括学生姓名、学号和成绩。在主函数中定义一个学生结构体的数组变量，并且初始化它们的姓名、学号和成绩，其中成绩暂时填成 0。然后，定义函数获取学生的成绩。对学生的排序可以按照经典的冒泡排序实现。同样，可以定义函数输出学生的各项信息。

下面给出按照上面思路编写的代码。例程代码由 3 个源程序代码文件"C_StructStudent.h""C_StructStudent.c"和"C_StructStudentMain.c"组成，具体的程序代码如下。

```
// 文件名: C_StructStudent.h; 开发者: 雍俊海                          行号
#ifndef C_STRUCTSTUDENT_H                                          // 1
#define C_STRUCTSTUDENT_H                                          // 2
                                                                  // 3
struct S_Student                                                  // 4
{                                                                 // 5
    char m_name[20]; // 姓名                                       // 6
    int  m_ID;          // 学号                                   // 7
    int  m_score;       // 成绩                                   // 8
};                                                                // 9
                                                                  // 10
extern void gb_getStudentScore(struct S_Student s[5], int n);     // 11
extern void gb_outputStudentScore(struct S_Student s[5], int n);  // 12
extern void gb_sortStudentByID(struct S_Student s[5], int n);     // 13
extern void gb_sortStudentByScore(struct S_Student s[5], int n);  // 14
extern void gb_swapStudent(                                       // 15
    struct S_Student *s1, struct S_Student *s2);                  // 16
                                                                  // 17
#endif                                                            // 18
```

```
// 文件名: C_StructStudent.c; 开发者: 雍俊海                          行号
#include <stdio.h>                                                 // 1
#include <stdlib.h>                                                // 2
```

```
#include "C_StructStudent.h"                                    // 3
                                                                // 4
void gb_getStudentScore(struct S_Student s[5], int n)           // 5
{                                                               // 6
    int i;                                                      // 7
    for (i=0; i<n; i++)                                         // 8
    {                                                           // 9
        printf("请输入学号为%d并且姓名为%s的学生的分数:",         // 10
            s[i].m_ID, s[i].m_name);                            // 11
        scanf_s("%d", &(s[i].m_score));                         // 12
    } // 循环 for 结束                                           // 13
} // 函数 gb_getStudentScore 结束                                // 14
                                                                // 15
void gb_outputStudentScore(struct S_Student s[5], int n)        // 16
{                                                               // 17
    int i;                                                      // 18
    for (i=0; i<n; i++)                                         // 19
        printf("第%d个学生的学号是%d, 姓名是%s，成绩是%d。\n",     // 20
            i+1, s[i].m_ID, s[i].m_name, s[i].m_score);         // 21
} // 函数 gb_outputStudentScore 结束                             // 22
                                                                // 23
void gb_sortStudentByID(struct S_Student s[5], int n)           // 24
{                                                               // 25
    int i, j;                                                   // 26
    for (i=0; i<n-1; i++)                                       // 27
        for (j=n-1; j>i; j--)                                   // 28
            if (s[j-1].m_ID>s[j].m_ID)                          // 29
                gb_swapStudent(&(s[j-1]), &(s[j]));             // 30
} // 函数 gb_sortStudentByID 结束                                // 31
                                                                // 32
void gb_sortStudentByScore(struct S_Student s[5], int n)        // 33
{                                                               // 34
    int i, j;                                                   // 35
    for (i=0; i<n-1; i++)                                       // 36
        for (j=n-1; j>i; j--)                                   // 37
            if (s[j-1].m_score>s[j].m_score)                    // 38
                gb_swapStudent(&(s[j-1]), &(s[j]));             // 39
} // 函数 gb_sortStudentByScore 结束                             // 40
                                                                // 41
void gb_swapStudent(struct S_Student *s1, struct S_Student *s2) // 42
{                                                               // 43
    struct S_Student t;                                         // 44
    t = *s1;                                                    // 45
    *s1 = *s2;                                                  // 46
    *s2 = t;                                                    // 47
} // 函数 gb_swapStudent 结束                                    // 48
```

```
// 文件名：C_StructStudentMain.c；开发者：雍俊海                    行号
#include <stdio.h>                                              // 1
#include <stdlib.h>                                             // 2
#include "C_StructStudent.h"                                    // 3
                                                               // 4
int main(int argc, char* args[ ])                              // 5
{                                                              // 6
    struct S_Student s[5] = {{"关羽", 1, 0}, {"张飞", 2, 0},    // 7
        {"赵云", 5, 0}, {"马超", 3, 0}, {"黄忠", 4, 0}};       // 8
    gb_getStudentScore(s, 5);                                  // 9
    printf("按学号从小到大排序的结果如下：\n");                  // 10
    gb_sortStudentByID(s, 5);                                  // 11
    gb_outputStudentScore(s, 5);                               // 12
    printf("按分数从小到大排序的结果如下：\n");                  // 13
    gb_sortStudentByScore(s, 5);                               // 14
    gb_outputStudentScore(s, 5);                               // 15
    system("pause"); // 暂停住控制台窗口                         // 16
    return 0; // 返回 0 表明程序运行成功                         // 17
} // main 函数结束                                              // 18
```

可以对上面的代码进行编译、链接和运行。下面给出一个 运行的结果 示例。

```
请输入学号为 1 并且姓名为关羽的学生的分数：90↙
请输入学号为 2 并且姓名为张飞的学生的分数：80↙
请输入学号为 5 并且姓名为赵云的学生的分数：95↙
请输入学号为 3 并且姓名为马超的学生的分数：75↙
请输入学号为 4 并且姓名为黄忠的学生的分数：100↙
按学号从小到大排序的结果如下：
第 1 个学生的学号是 1，姓名是关羽，成绩是 90。
第 2 个学生的学号是 2，姓名是张飞，成绩是 80。
第 3 个学生的学号是 3，姓名是马超，成绩是 75。
第 4 个学生的学号是 4，姓名是黄忠，成绩是 100。
第 5 个学生的学号是 5，姓名是赵云，成绩是 95。
按分数从小到大排序的结果如下：
第 1 个学生的学号是 3，姓名是马超，成绩是 75。
第 2 个学生的学号是 2，姓名是张飞，成绩是 80。
第 3 个学生的学号是 1，姓名是关羽，成绩是 90。
第 4 个学生的学号是 5，姓名是赵云，成绩是 95。
第 5 个学生的学号是 4，姓名是黄忠，成绩是 100。
请按任意键继续. . .
```

文件"C_StructStudentMain.c"第 7 行和第 8 行的代码定义了学生结构体的数组变量 s，它共拥有 5 个元素，而且分别赋予了初值。然后，通过调用函数 gb_getStudentScore 获取这 5 位学生的成绩。虽然函数 gb_getStudentScore 的函数头是 "void gb_getStudentScore(struct S_Student s[5], int n)"，如文件 "C_StructStudent.c" 第 5 行的代码所示，但是，根据第 5 章静态数组的介绍，形式参数 s 的数据类型实际上会被编译器自动从数组转换为指针，即这一行语句实际上可以写成如下语句：

```
void gb_getStudentScore(struct S_Student *s, int n)
```

改写之后的语句展现出了形式参数 s 的真正数据类型。因此，对于函数 gb_getStudentScore 而言，我们必须同时给出数组的元素个数 n，因为我们无法通过指针获取数组元素的个数。同样，上面函数 gb_outputStudentScore、gb_sortStudentByID 和 gb_sortStudentByScore 的形式参数 s 的数据类型实际上都不是数组，而是相应的指针类型。

函数 gb_sortStudentByID 对学号排序和函数 gb_sortStudentByScore 对成绩排序采用的都是冒泡排序算法。冒泡排序算法的核心思想是每遍历一趟数组就将最小的元素移到数组下标最小的位置，这样下标最小的元素就不用再考虑了。对于剩余的元素继续这个过程，将在剩余元素当中最小的元素移到在剩余元素当中数组下标最小的位置。不断重复这个过程直到所有的元素都排好序。这个过程就好像每次都是从水中冒出在剩余水泡当中最轻的水泡，这就是冒泡排序名称的由来。如上面文件"C_StructStudent.c"第 28 行代码内部 for 循环所示，在冒泡排序遍历数组的时候是从数组下标最大的元素开始，每个元素与其前面一个元素进行比较。如果前面一个元素大，则这两个元素就进行交换。这样通过两两交换就将最小的元素交换到在剩余元素当中下标最小的元素那里了。因为每遍历一趟数组就可以在剩余元素中找到最小的元素，所以对于第 k 趟的遍历，前 k-1 个元素一定是已经排好序的，这也是第 28 行代码内部 for 循环的终止条件是"j>i"的原因。设数组元素的个数是 n，那么共需要遍历 n-1 趟数组，这构成了文件"C_StructStudent.c"第 27 行代码的外部 for 循环"for (i=0; i<n-1; i++)"。

6.2 共 用 体

共用体在有些文献中也称为联合体（union）。每个共用体通常包含多个成员变量，这些成员变量拥有相同的内存地址，共享一段内存空间。共用体占用的内存空间大小可以通过运算符 sizeof 进行统计，其长度等于在其所有成员变量当中占用内存空间最大的成员变量的字节数并且加上进行内存对齐而补充的字节数。内存对齐是操作系统与编译器等为提高内存分配和访问速度而建立的一种机制。实际上，是否需要补充字节进行内存对齐，以及如何进行内存对齐，这取决于具体的操作系统、编译器、编译设置以及硬件环境。

如果共用体的成员变量拥有相同的数据类型，那么相当于这些成员变量拥有不同的别名。这通常是为了提高程序的可读性，将相同的内存空间用在不同的程序片段中，即在不同的场景中，相同的内存空间扮演不同的角色。如果共用体的成员变量拥有不同的数据类型，那么我们可以综合利用不同数据类型的不同特性来分析或处理共享的内存空间，从而简化程序代码或提高程序的可读性。

共用体及其变量的定义格式有三种形式。其中第一种形式是最常用的定义形式，即将共用体的定义与共用体变量的定义分开，而且通常将共用体的定义放在 C 语言的头文件当中。这时，共用体的定义格式如下：

```
union 共用体的名称
```

```
{
    数据类型  成员变量名1;
    数据类型  成员变量名2;
    ……;
    数据类型  成员变量名n;
};
```

其中，共用体的名称和各个成员变量名必须是合法的标识符。上面的各个数据类型可以是相同的数据类型，也可以是不同的数据类型。

> **⚐注意事项⚐**
>
> 共用体的成员变量个数是有限制的。C 语言标准规定 **单个共用体的成员变量个数** 不允许超过 1023。

在共用体的定义当中，对于相同数据类型的成员变量，可以合并为一行，具体格式如下：

> 数据类型 成员变量名 i_1，成员变量名 i_2，…，成员变量名 i_n；

即这些成员变量之间采用逗号分隔开，最后是分号。下面给出两个合法的共用体定义示例：

```
union U_CharInt                                              // 1
{                                                            // 2
    char m_char[4];                                          // 3
    int  m_int;                                              // 4
};                                                           // 5
union U_Int                                                  // 6
{                                                            // 7
    int  m_count, m_sum;                                     // 8
};                                                           // 9
```

在共用体的定义中，**成员变量的数据类型也可以是其他类型的共用体**。不过，这些其他类型的共用体必须在定义该共用体之前定义。

> **⚐注意事项⚐**
>
> 对于某个大于 1 的整数 n，设存在共用体 U1、U2、…、Un。在这些共用体之间存在这样的关系：共用体 Ui 的某个成员变量的数据类型是共用体 U$(i+1)$，对于 i=1、2、…、$n-1$。C 语言标准规定 n 必须小于或等于 63。

> **⚐注意事项⚐**
>
> 共用体成员变量的数据类型不允许是共用体自己，但允许是共用体自己的指针类型。

不过，在共用体的定义中，**成员变量的数据类型可以是之前已经定义或声明的各种共用体的指针类型**。**声明共用体** 的格式如下：

> union 共用体的名称；

声明共用体不等于定义共用体。在声明共用体时，我们并不知道该共用体具体包含哪些成员变量；而在共用体的定义中，共用体的所有成员变量都已经提供。因此，如果一个共用体仅仅得到了声明，但还没有提供定义，那么它不能作为其他共用体成员变量的数据类型。

꒰☞注意事项☜꒱

（1）在共用体的定义内部，不允许直接对成员变量进行初始化。

（2）在共用体的定义中，如果成员变量的数据类型是数组，那么必须同时提供数组的元素个数，而且元素个数必须大于 0。

下面给出两个不合法的共用体定义示例：

```
union U_CharInt                                              // 1
{                                                            // 2
    char m_char[]; //不允许不提供数组的元素个数                 // 3
    int  m_int;                                              // 4
};                                                           // 5
union U_Int                                                  // 6
{                                                            // 7
    int  m_count=1; // 不允许在共用体的定义内部对成员变量进行初始化  // 8
    int  m_sum;                                              // 9
};                                                           // 10
```

用共用体来定义变量的格式如下：

---

union *共用体的名称 变量名列表*;

在变量名列表中，可以只有一个变量，也可以含有多个变量。如果含有多个变量，则在相邻的变量名之间用逗号分隔开。设已经定义了共用体 U_CharInt，下面给出一些该共用体数据类型变量的定义语句：

```
    union U_CharInt i;                                       // 1
    union U_CharInt a, b, c;                                 // 2
```

在定义数据类型为共用体的变量时，还可以在变量名后面加上给该变量初始化的代码。这部分**初始化代码的格式**如下：

={*第 1 个成员变量的初值表达式* };

对于共用体变量的初始化，只允许给第 1 个成员变量初始化。下面给出代码示例：

```
union U_CharInt                                              // 1
{                                                            // 2
    char m_char[4]; // 假设 sizeof(char)=1                    // 3
    int  m_int;        // 假设 sizeof(int)=4                  // 4
}; // 共用体的定义通常位于头文件中                               // 5
    union U_CharInt s={{1, 2, 3, 4}}; // 初始化结果: s.m_char[0]=1   // 6
```

```
// s.m_char[1]=2; s.m_char[2]=3; s.m_char[3]=4        // 7
printf("s.m_int=0x%x.\n", s.m_int); // 结果输出: s.m_int=0x4030201  // 8
```

根据上面的输出，我们可以推断出在该运行环境下，s.m_char[0]对应的是 s.m_int 的最低字节，s.m_char[3]对应的是 s.m_int 的最高字节，s.m_char[1]和 s.m_char[2]对应的是 s.m_int 的中间两字节。

共用体及其变量的第二种定义格式是含有共用体名称并且同时定义共用体和该数据类型变量的方式，具体的定义格式如下：

```
union 共用体的名称
{
    数据类型 成员变量名1;
    数据类型 成员变量名2;
    ……;
    数据类型 成员变量名n;
} 带或者不带初始化的变量名的列表;
```

这种方式与第一种形式在格式上基本是一样的，只是把共用体的定义与共用体变量的定义写在一起了。在这之后，还可以继续定义该共用体数据类型的其他变量，或者用于其他共用体的定义中，例如，用该共用体作为其他共用体的成员变量的数据类型等。下面给出这种方式的代码示例：

```
union U_CharInt08                              // 1
{                                              // 2
    char m_char[4];                            // 3
    int  m_int;                                // 4
} s={{1, 2, 3, 4}};                            // 5
```

共用体及其变量的第三种定义格式是不含共用体名称并且同时定义共用体和该数据类型变量的方式。与第二种定义格式相比，只是省略了第一行的共用体名称。因此，第三种方式有时也称为匿名的定义方式。这种匿名的定义方式使得该共用体在后续的代码中无法继续使用，具有"一次性"的特点。下面给出这种方式的代码示例：

```
union                                          // 1
{                                              // 2
    char m_char[4];                            // 3
    int  m_int;                                // 4
} s={{1, 2, 3, 4}};                            // 5
```

共用体及其变量定义的后两种形式在实际应用中相对出现较少，因为第一种形式更加符合结构化程序设计的特点，更加容易提高程序的可复用性。

如果两个变量的数据类型是完全相同的共用体数据类型，那么可以将一个变量的值赋值给另一个变量。下面给出代码示例：

```
union U_CharInt                                // 1
```

```
{                                                                      // 2
   char m_char[4];                                                     // 3
   int  m_int;                                                         // 4
}; // 假设该共用体定义在头文件中                                           // 5
   union U_CharInt s={{1, 2, 3, 4}};//从这行开始，是在源文件中的代码片段    // 6
   union U_CharInt t={{5, 6, 7, 8}};                                   // 7
   printf("s.m_int=0x%x。\n", s.m_int); // 输出: s.m_int=0x4030201       // 8
   printf("t.m_int=0x%x。\n", t.m_int); // 输出: t.m_int=0x8070605       // 9
   t = s;                                                              // 10
   printf("s.m_int=0x%x。\n", s.m_int); // 输出: s.m_int=0x4030201       // 11
   printf("t.m_int=0x%x。\n", t.m_int); // 输出: t.m_int=0x4030201       // 12
```

如果定义了共用体数据类型的变量，我们可以通过 "." 运算符访问该变量的成员变量。如果定义了共用体数据类型的指针变量，我们可以通过 "->" 运算符访问该指针变量的成员变量。我们还可以定义共用体的静态数组变量，这只要将共用体数据类型代入在第 5 章静态数组定义格式中的数据类型就可以了。第 5 章静态数组的各种规则对于共用体的静态数组同样适用。下面给出代码示例：

```
union U_CharInt                                                        // 1
{                                                                      // 2
   char m_char[4];                                                     // 3
   int  m_int;                                                         // 4
}; // 假设该共用体定义在头文件中                                           // 5
   union U_CharInt a = {{1, 2, 3, 4}};                                 // 6
   union U_CharInt *p = &a;                                            // 7
   union U_CharInt b[2];                                               // 8
   a.m_int = p->m_int*2;// 这里，a.m_int 与 p->m_int 实际上是同一个变量      // 9
   b[0].m_int = 0x05060708;                                            // 10
   b[1].m_int = 0x09101111;                                            // 11
   printf("a.m_int=0x%08x。\n", a.m_int);//输出:a.m_int=0x08060402        // 12
   printf("b[0].m_char[0]=%d。\n", b[0].m_char[0]);                     // 13
   // 上面语句输出：b[0].m_char[0]=8                                      // 14
   printf("b[1].m_char[3]=%d。\n", b[1].m_char[3]);                     // 15
   // 上面语句输出: b[1].m_char[3]=9                                      // 16
```

上面第 7 行代码 "&a" 表示取变量 a 的地址。

⊛小甜点⊛：

在共用体中，各个成员变量拥有相同的内存地址。例如，在上面代码中，a.m_int 与 a.m_char 的内存地址是完全相同的。

在结构体中的成员变量的数据类型可以是共用体，在共用体中的成员变量的数据类型也可以是结构体。下面给出代码示例：

```
union U_Spouse                                                         // 1
{                                                                      // 2
```

```
    char m_wife[20];                                                    // 3
    char m_husband[20];                                                 // 4
};                                                                      // 5
                                                                        // 6
struct S_PersonMarried                                                  // 7
{                                                                       // 8
    char m_name[20];                                                    // 9
    int  m_ID;                                                          // 10
    int  m_sex;                                                         // 11
    union U_Spouse m_spouse;                                            // 12
    // 根据上面 m_sex 的值, 确定选用 m_wife 还是 m_husband                  // 13
};                                                                      // 14
                                                                        // 15
struct S_TwoBytes                                                       // 16
{                                                                       // 17
    char m_lowByte; // 低位字节                                          // 18
    char m_highByte; // 高位字节                                         // 19
};                                                                      // 20
                                                                        // 21
union U_ShortInt // 这个共用体将一个短整数分解为低位字节和高位字节            // 22
{                                                                       // 23
    short int m_shortInt; // 可以使用完整的一个短整数                      // 24
    struct S_TwoBytes m_bytes; // 可以使用被分解的两部分: 低位字节和高位字节  // 25
};                                                                      // 26
```

在函数定义中, 函数形式参数的数据类型和返回数据类型可以是共用体数据类型或者是共用体的指针数据类型。下面给出例程进一步进行说明。

例程 6-3　对输入的单精度浮点数以十六进制的格式输出其在内存当中存储的数据。

例程功能描述: 要求可以接收用户通过控制台窗口输入的单精度浮点数, 并存储在一个单精度浮点数变量中。我们知道在计算机当中任何数据实际上都是以 0 或 1 的形式进行存储的。为了方便阅读该单精度浮点数在内存当中存储的形式, 要求采用十六进制的格式输出该单精度浮点数在内存当中存储的实际数据。

例程解题思路: 我们在主函数中接收单精度浮点数的输入, 但是我们不能通过函数 printf 的 "%g" 格式直接输出该单精度浮点数, 因为这样输出的数值是经过解析的, 不是在内存当中存储的实际数据。我们可以定义一个共用体, 将一个整数与该单精度浮点数共享内存空间。这样, 通过输出这个整数就可以输出该单精度浮点数在内存当中存储的实际数据。

下面给出按照上面思路编写的代码。例程代码由 3 个源程序代码文件 "C_UnionFloatInt.h" "C_UnionFloatInt.c" 和 "C_UnionFloatIntMain.c" 组成, 具体的程序代码如下。

```
// 文件名: C_UnionFloatInt.h; 开发者: 雍俊海                              行号
#ifndef C_UNIONFLOATINT_H                                               // 1
#define C_UNIONFLOATINT_H                                               // 2
                                                                        // 3
```

```
union U_FloatInt                                                         // 4
{                                                                        // 5
    float m_float;                                                       // 6
    int m_int;                                                           // 7
};                                                                       // 8
                                                                         // 9
extern void gb_outputFloatInt(union U_FloatInt a);                       // 10
                                                                         // 11
#endif                                                                   // 12
```

// 文件名：**C_UnionFloatInt.c**；开发者：雍俊海	行号

```
#include <stdio.h>                                                       // 1
#include <stdlib.h>                                                      // 2
#include "C_UnionFloatInt.h"                                             // 3
                                                                         // 4
void gb_outputFloatInt(union U_FloatInt a)                               // 5
{ // 在实际应用中，这个函数没有存在的必要，可以直接把下一行代码放在主函数中   // 6
    printf("%g 在内存当中存储的数据是 0x%08x。\n", a.m_float, a.m_int);    // 7
} // 函数 gb_outputFloatInt 结束                                          // 8
```

// 文件名：**C_UnionFloatIntMain.c**；开发者：雍俊海	行号

```
#include <stdio.h>                                                       // 1
#include <stdlib.h>                                                      // 2
#include "C_UnionFloatInt.h"                                             // 3
                                                                         // 4
int main(int argc, char* args[ ])                                        // 5
{                                                                        // 6
    union U_FloatInt a;                                                  // 7
    printf("请输入一个浮点数:");                                          // 8
    scanf_s("%f", &(a.m_float));                                         // 9
    gb_outputFloatInt(a);                                                // 10
    system("pause"); // 暂停住控制台窗口                                  // 11
    return 0; // 返回 0 表明程序运行成功                                  // 12
} // main 函数结束                                                        // 13
```

可以对上面的代码进行编译、链接和运行。下面给出一个运行的结果示例。

```
请输入一个浮点数:0.5↙
0.5 在内存当中存储的数据是 0x3f000000。
请按任意键继续. . .
```

文件 "C_UnionFloatIntMain.c" 的第 10 行代码，调用了函数 gb_outputFloatInt，将输入的单精度浮点数通过共用体变量 a 传递给了该函数。函数 gb_outputFloatInt 不仅输出了该单精度浮点数的数值，而且以十六进制的格式输出了该单精度浮点数在内存当中存储的数据。从输出的结果上看，函数 gb_outputFloatInt 通过共用体数据类型的形式参数正确地接收到输入的单精度浮点数。在这个例程当中，函数 gb_outputFloatInt 只有一行代码。因此，函数 gb_outputFloatInt 实际上没有存在的必要，可以直接把这行代码写在主函数中。这里只是为了说明函数形式参数的数据类型可以是共用体数据类型。这个例程表明借助共用体可以让有些问题变得很简单。

6.3 本 章 小 结

结构体和共用体都可以作为函数形式参数的数据类型、函数返回值的数据类型、数组基元素的数据类型以及指针的基类型。结构体和共用体为 C 语言程序的数据提供了管理机制，为后续的"数据结构"和"算法"等课程奠定了基础。结构体与共用体之间的区别是非常明显的。在 C 语言中，结构体是一种组合数据结构。在结构体中各个成员变量分别拥有自己相对独立的内存空间。共用体的各个成员变量之间共享内存空间，是一段共享内存空间的不同表征。因此，共用体不是一种组合数据结构。

6.4 本 章 习 题

习题 6.1   思考并总结结构体与共用体的相同点与不同点。

习题 6.2   简述结构体的定义与作用。

习题 6.3   简述定义结构体的格式。

习题 6.4   思考并总结使用结构体的注意事项。

习题 6.5   请编写基于结构体的程序，接收一个带有加、减、乘、除和圆括号的四则运算表达式的输入，计算并输出该表达式的结果。本题可以直接采用双精度浮点数存储输入的操作数。

习题 6.6   请编写程序，定义表示有理数的结构体。要求该结构体的成员变量是两个整数，所要表示的有理数是这两个整数的商。要求实现基于这种数据结构的有理数结构体的加、减、乘和除运算，并编写程序验证前面运算的正确性。

习题 6.7   请编写程序，定义表示复数的结构体。然后，设计并实现基于该结构体的复数加法、减法和乘法运算。另外，程序还应当可以接收两个复数以及一个运算符的输入，其中运算符是加法、减法或乘法运算符。最后，计算并输出相应的运算结果。

习题 6.8   简述共用体的定义与作用。

习题 6.9   简述定义共用体的格式。

习题 6.10   思考并总结使用共用体的注意事项。

第 7 章　指　针

指针是 C 语言非常重要的一种数据类型。在指针变量当中存放的是地址，使用指针意味着直接面对内存空间。我们可以通过指针对它所指向的存储单元进行各种操作，包括读取或者修改该存储单元的值。这一方面提高了编写 C 语言程序的灵活性。但另一方面，这也提高了程序调试的难度。指针是学习 C 语言的难点之一。如果出现了指针使用错误，那么有可能会使得程序不易调试，甚至有可能会直接导致程序崩溃。

7.1　指针类型与变量

指针类型的变量简称为 指针变量 。指针变量通常的定义格式如下：

> *数据类型 指针变量列表；*

其中，数据类型是指针变量所指向的存储单元的数据类型。这个数据类型有时也称为 指针变量的基类型 。指针变量与其他变量一样拥有名称、类型、一定大小的存储单元和值等四个基本属性。在指针变量的存储单元中存放的是地址，位于该地址的存储单元的数据类型是指针变量的基类型，位于该地址的存储单元称为 该指针变量所指向的存储单元 。如果指针变量列表只含有一个不带初始化的指针变量，则其格式为：

> **指针变量名*

如果指针变量列表含有多个不带初始化的指针变量，则其格式为：

> **指针变量名 1, *指针变量名 2,…, *指针变量名 n*

即在每个指针变量名前面都必须加上星号"*"，而且采用逗号分隔不同的指针变量名。如果需要在定义指针变量的同时给指针变量赋初值，则只要在变量名后紧跟等号及指针表达式就可以了。这里的 指针表达式 指的是运算结果为地址或指针类型的表达式，具体将在 7.3 节阐述。下面给出一些指针变量定义语句示例：

```
int a = 10;                                              // 1
int b = 20;                                              // 2
int *p1; // 定义了不带初始化的单个指针变量 p1                 // 3
int *p2, *p3; // 同时定义了不带初始化的指针变量 p2 和 p3       // 4
int *p4=&a; // 定义了指针变量 p4，其初值为 &a                 // 5
int *p5=&a, *p6=&b; // 同时定义了指针变量 p5 和 p6，它们都被赋了初值  // 6
```

在上面语句示例中，我们用到了 表示取地址的&运算符 ，其运算格式是：

> *&操作数*

其中，操作数必须拥有自己的存储单元，不能是常数。这个运算的结果是返回该操作数的存储单元的地址。如果操作数是一个变量，则取地址&运算返回该变量的地址。因此，在上面代码示例中，指针变量 p4 和 p5 的值均是变量 a 的地址，指针变量 p6 的值是变量 b 的地址。这时，我们称指针变量 p4 和 p5 指向 变量 a，指针变量 p6 指向 变量 b。

> ⌇注意事项⌇
>
> （1）不能对地址进行取地址运算。例如，在上面示例中，&(&a)是不允许的。因为&a 是地址，只是一个数值，并不占据内存的存储单元，所以无法对(&a)取地址。
>
> （2）可以对指针变量取地址。例如，在上面示例中，&p4 是允许的。因为 p4 是一个指针变量，也是一个变量，每个变量都拥有名称、类型、一定大小的存储单元和值等四个基本属性，所以指针变量 p4 也拥有自己的存储单元，可以进行取地址运算，虽然在指针变量 p4 存储单元当中的内容是变量 a 的地址。请注意表达式&p4 是对变量 p4 取地址，而不是对变量 p4 的值取地址。(&p4)与(&a)不仅数据类型不同，而且值也不同。
>
> （3）&运算符还可以表示按位与（&）运算。请注意区别表示取地址的&运算符以及表示按位与的&运算符，前者只有 1 个操作数，后者需要 2 个操作数。

与表示取地址&运算符相对的是取值*运算符。如果指针的基类型是有效的数据类型，那么指针变量指向特定的存储单元，可以通过取值*运算符获取该指针变量所指向的存储单元，进而读取或修改该存储单元的值。下面给出取值*运算符的示例性代码：

```
int a = 10;                                              // 1
int *p = &a;                                             // 2
*p = (*p) * 2; // 也可以写成: *p = *p * 2; 等价于: a = a * 2;   // 3
```

在上面的代码示例中，因为指针变量 p 的值是变量 a 的地址，所以*p 实际上就是变量 a。因此，语句"*p = (*p) * 2;"实际上等价于"a = a * 2;"。在上面代码中，我们用"(*p)"代替"*p"使得代码更容易被读懂，因为符号*还可以表示乘法。

在上面代码示例中，*p 完全可以替换为 a。上面的代码示例并不具备实用性，因为用*p 来表示 a 只是增加了代码的阅读难度。这里介绍具有实用价值的指针应用经典案例。根据第 4 章的介绍，每个函数在形式上只能有 0 或 1 个返回值。如果需要一个函数返回多个值，那有什么好的解决方法？第一种解决方法是通过结构体，因为一个结构体可以包含多个成员变量。我们让函数的返回数据类型是结构体类型，这样就可以返回多个值。另一种解决方法是通过指针。我们可以让函数的形式参数类型是指针类型，这样通过指针类型的形式参数将函数需要输出的值传递出去。下面给出具体的案例。

例程 7-1 通过函数交换两个整数变量的值。

例程功能描述：先输入两个整数变量的值。然后，再通过函数交换这两个整数变量的值。最后，输出在交换之后这两个整数变量的值。

例程解题思路：这个例程的核心关键是通过函数交换两个整数变量的值。如果我们让函数的两个形式参数类型是整数类型，那么根据 C 语言函数调用从实际参数到形式参数采用值传递方式的工作原理，我们可以推断出采用这种方式无法交换这两个整数变量的值。我们可以让函数的两个形式参数类型是整数指针类型，从而在函数内部通过指针获取到这两个整数的存储单元。这样，我们就可以交换这两个存储单元的值。

下面给出按照上面思路编写的代码。例程代码由 3 个源程序代码文件"C_SwapTwoInt.h" "C_SwapTwoInt.c" "C_SwapTwoIntMain.c" 组成，具体的程序代码如下。

// 文件名：**C_SwapTwoInt.h**；开发者：雍俊海	行号
| ```
#ifndef C_SWAPTWOINT_H
#define C_SWAPTWOINT_H

extern void gb_swapTwoInt(int *pa, int *pb);

#endif
``` | // 1<br>// 2<br>// 3<br>// 4<br>// 5<br>// 6 |

// 文件名：**C_SwapTwoInt.c**；开发者：雍俊海	行号
| ```
#include <stdio.h>
#include <stdlib.h>

void gb_swapTwoInt(int *pa, int *pb)
{
    int t;
    t = *pa;
    *pa = *pb;
    *pb = t;
} // 函数 gb_swapTwoInt 结束
``` | // 1<br>// 2<br>// 3<br>// 4<br>// 5<br>// 6<br>// 7<br>// 8<br>// 9<br>// 10 |

// 文件名：**C_SwapTwoIntMain.c**；开发者：雍俊海	行号
| ```
#include <stdio.h>
#include <stdlib.h>
#include "C_SwapTwoInt.h"

int main(int argc, char* args[ ])
{
    int a, b;
    int *pa=&a, *pb=&b;
    printf("请输入两个整数：");
    scanf_s("%d", &a);
    scanf_s("%d", &b);
    printf("在交换之前：a=%d, b=%d。\n", a, b);
    gb_swapTwoInt(pa, pb); // 等价于：gb_swapTwoInt(&a, &b);
    printf("在交换之后：a=%d, b=%d。\n", a, b);
    system("pause"); // 暂停住控制台窗口
    return 0; // 返回 0 表明程序运行成功
} // main 函数结束
``` | // 1<br>// 2<br>// 3<br>// 4<br>// 5<br>// 6<br>// 7<br>// 8<br>// 9<br>// 10<br>// 11<br>// 12<br>// 13<br>// 14<br>// 15<br>// 16<br>// 17 |

可以对上面的代码进行编译、链接和运行。下面给出一个运行的结果示例。

```
请输入两个整数：1 2↙
在交换之前：a=1, b=2。
```
```

在交换之后：a=2，b=1。
请按任意键继续...

通过上面的输出结果，我们可以推断出在主函数中的变量 a 和 b 的值在调用函数 gb_swapTwoInt 之后确实被交换了。在调用函数 gb_swapTwoInt 时，其参数传递方式采用的是 地址传递方式。如图 7-1 所示，在调用之前，在主函数 main 中的局部变量 a=1，b=2，指针变量 pa 指向 a，指针变量 pb 指向 b。在调用时，主函数 main 的两个局部变量 pa 和 pb 与函数 gb_swapTwoInt 的两个形式参数 pa 和 pb 是不同的变量，它们分别拥有不同的存储单元。在调用时，主函数 main 的局部变量 pa 的值被复制给函数 gb_swapTwoInt 的形式参数 pa，使得函数 gb_swapTwoInt 的形式参数 pa 拥有主函数 main 的局部变量 a 的地址；同样，主函数 main 的局部变量 pb 的值被复制给函数 gb_swapTwoInt 的形式参数 pb，使得函数 gb_swapTwoInt 的形式参数 pb 拥有主函数 main 的局部变量 b 的地址。在函数 gb_swapTwoInt 当中，*pa 实际上就是主函数 main 的局部变量 a，*pb 实际上就是主函数 main 的局部变量 b。这样，在函数 gb_swapTwoInt 当中的语句 "t = *pa;" 使得变量 t 拥有主函数 main 的局部变量 a 的值 1；语句 "*pa = *pb;" 将主函数 main 的局部变量 b 的值赋值给主函数 main 的局部变量 a，结果 a=2；语句 "*pb = t;" 将 t 的值赋值给主函数 main 的局部变量 b，结果 b=1。这样，就达到了目标：交换主函数 main 的局部变量 a 和 b 的值。

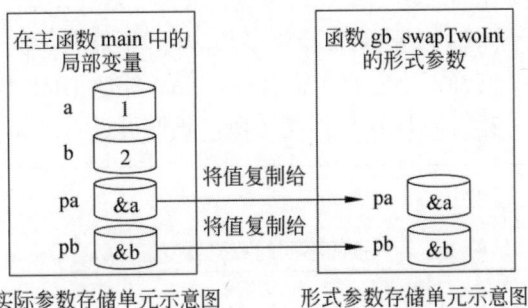

图 7-1　在 C 语言函数调用中，从实际参数到形式参数的地址传递方式示例

▷注意事项◁

如图 7-1 所示，因为主函数 main 的两个局部变量 pa 和 pb 与函数 gb_swapTwoInt 的两个形式参数 pa 和 pb 是不同的变量，所以函数 gb_swapTwoInt 无法改变在主函数 main 中的两个局部变量 pa 和 pb 的值。请注意理解这一结论与上面的结果之间的区别。上面的结果是函数 gb_swapTwoInt 改变了在主函数 main 中的两个局部变量 a 和 b 的值。

❀小甜点❀

在 C 语言函数调用中，从实际参数到形式参数的地址传递方式与值传递方式在本质上是一样的。只是在地址传递方式中，指针的值是地址。

并不是所有的指针都可以对其所存储的地址进行取值运算。在 C 语言中，在指针的定义中，还允许基类型是 空类型（void）。基类型是空类型的指针称为 空类型指针。空类型指针在有些文献中也称为 无类型指针、纯地址指针、通用指针 或者 泛指针。在 C 语言中，没有空类型的变量，也没有空类型的存储单元。因此，C 语言不允许将取值运算符强加到空类型指针前面。空类型指针只记录了内存地址，但无法对该地址的内存进行解析。这也是有些文献将空类型指针称为纯地址指针的原因。下面给出空类型指针的代码示例：

```
void a; // 非法：C语言标准不允许定义空类型变量                        // 1
int b = 10;                                                      // 2
void *p = (void*)(&b); // 合法，可以直接写成：void *p = &b;         // 3
*p = 20; // 不允许将取值运算符强加到空类型指针前面                    // 4
* ((int*)p) = 20; // 可以将空类型指针转换为其他类型的指针，结果 b=20   // 5
```

通过上面示例第 3 行代码，我们可以看出：在 C 语言中允许将其他类型的指针转换为空类型指针。反过来，通过上面示例第 5 行代码，我们可以看出：可以将空类型指针强制转换为其他类型的指针。

> ❀小甜点❀
>
> 在 C 语言中，允许将一种基类型的指针 强制转换 为另一种基类型的指针。下面给出代码示例。

```
float f = 100.0f;                                       // 1
int *pi = (int*)(&f);      // 将单精度浮点数指针强制转换为整数指针    // 2
float *pf = (float*)pi; // 将整数指针强制转换为单精度浮点数指针      // 3
```

这里需要注意在上面代码中强制转换是必须的，即不能将上面代码"int *pi = (int*)(&f);"改写为"int *pi = &f;"。同样，不能将上面代码"float *pf = (float*)pi;"改写为"float *pf = pi;"。根据不同基类型的指针可以互相强制转换，我们可以得到如下结论：

> ❀小甜点❀
>
> 在 C 语言中，相同地址的内存可以按照不同的数据类型进行解析。

在 C 语言中，指针的基类型除了允许是空类型之外，还允许指针的基类型本身也是一种指针类型。这时，这些指针也可以称为 指向指针的指针 。既然指针变量本身也是一种变量，也拥有自己的存储单元，因此，也可以对指针变量进行取地址操作，指针变量的存储单元也允许被其他指针变量所指。这个过程可以不断地递推下去。在定义基类型为指针类型的指针变量时，只要在变量名前面多加星就可以了。下面给出代码示例：

```
int a = 10;                                                       // 1
int b = 20;                                                       // 2
int *pa=&a, *pb=&b; // 变量 pa 和 pb 的基类型都是 int               // 3
int **ppa=&pa, **ppb=&pb; // 变量 ppa 和 ppb 的基类型都是 int *      // 4
int***pppa=&ppa,***pppb=&ppb;//变量 pppa 和 pppb 的基类型都是 int**  // 5
```

在上面代码示例中，指针变量 ppa、ppb、pppa 和 pppb 均是指向指针的指针变量。
请注意下面两条语句的区别：

```
int *pa, *pb; // 变量 pa 和 pb 都是指针变量，它们的基类型都是 int          // 1
int *qa, qb; //变量 qa 的数据类型是整数指针类型，qb 的数据类型是整数类型      // 2
```

如上面代码所示，定义指针的星号只对后续的一个变量起作用。因此，上面第 2 行代码的第 1 个星号并不会作用到后续的第 2 个变量。这样，上面第 1 行代码的指针变量 pb 的数据类型是 int *，而不是 int **。同样，上面第 2 行代码的变量 qb 是整数类型的变量，而不是指针变量。

指针的基类型也可以是数组类型。基类型是数组类型的指针称为**数组指针**。在第 5 章介绍的静态数组变量定义中，按如下方式改写变量名将定义数组指针变量：

> (* 变量名)

不过，数组的初始化与指针的初始化不同。如果要给数组指针变量初始化，提供的值应当是指向数组的地址。在数组指针的存储单元中存放的是数组的地址。下面给出代码示例：

```
int a[2][3] = {0, 1, 2, 3, 4, 5};                          // 1
int b[2][3] = {10, 11, 12, 13, 14, 15};                    // 2
int (*pa)[2][3]=&a, (*pb)[2][3]=&b;                        // 3
(*pb)[0][0] += (*pa)[1][2]; // 相当于：b[0][0] += a[1][2];   // 4
```

在上面代码示例中，定义了两个数组指针变量 pa 和 pb。通过上面代码的最后一条语句，我们可以看出(*pa)相当于 a，(*pb)相当于 b。因此，(*pa)[1][2]相当于 a[1][2]，(*pb)[0][0]相当于 b[0][0]。

> **注意事项**
>
> 需要注意 "int a[2][3];" 与 "int (*pa)[2][3];" 之间的区别。前者定义了一个二维数组变量，其分配的内存由 6 个 int 存储单元组成；后者定义了一个指针变量，其分配的内存只有一个指针的大小，而且并没有同时分配一个数组的内存空间。

数组的元素类型也可以是指针类型。这时，所定义数组称为**指针数组**。在第 5 章介绍的静态数组变量定义中，按如下方式改写变量名将定义指针数组变量：

> * 变量名

在给指针数组进行初始化时，其元素的值应当是地址。下面给出代码示例：

```
int a[2] = {0, 1};                                         // 1
int b[3] = {10, 11, 12};                                   // 2
int c[4] = {20, 21, 22, 23};                               // 3
int *pa[3]={a, b, c}, pb[2]={30, 31};                      // 4
int *pc[3]={a, b, c}, *pd[2];                              // 5
int *pe[2][2]={{a, b}, {c, NULL}};                         // 6
pd[0] = a;                                                 // 7
pd[1] = b;                                                 // 8
pa[0][0] = pa[1][0] + pa[2][0]; // 相当于：a[0] = b[0] + c[0];  // 9
```

上面第 4 行代码定义了指针数组 pa，它的三个元素的值分别是数组 a、b 和 c 的地址。上面第 4 行代码同时定义了整数数组 pb。根据这个结果，我们也可以看出在定义变量 pa

中的星号并不传递到变量 pb 的定义。如果需要同时定义两个指针数组变量，那么可以参考上面第 5 行代码，在变量 pc 和 pd 之前各有 1 个星号。上面第 6 行代码定义了 1 个二维指针数组 pe，它的最后 1 个基元素是 NULL。

> ⊛小甜点⊛
>
> 在 C 语言中，NULL 是指针类型的常数，表示地址为 0 的指针。

如上面第 7 行和第 8 行代码所示，我们可以将地址赋值给指针数组的元素。如上面第 9 行代码所示，因为 pa[0]、pa[1] 和 pa[2] 的值分别是数组 a、b 和 c 的地址，所以我们可以分别通过 pa[0][0]、pa[1][0] 和 pa[2][0] 访问 a[0]、b[0] 和 c[0] 的存储单元，即 pa[0][0]、pa[1][0] 和 pa[2][0] 对应的存储单元分别与 a[0]、b[0] 和 c[0] 的存储单元相同。

7.2 动 态 数 组

C 语言的数组包括静态数组和动态数组。静态数组通常与函数栈占用的是相同区域的内存空间，而动态数组与堆占用的是另一个区域的内存空间。在程序设计中，如果需要较大的内存空间，通常采用动态数组，因为增加动态数组的内存空间通常不会减小函数栈的可利用空间。我们在第 5 章介绍了静态数组，本节介绍动态数组。静态数组变量在定义时就分配内存空间，静态数组的元素个数只能是常数，必须在编译时就能确定。因为动态数组的内存空间需要由程序调用函数进行申请和分配，所以动态数组的元素个数可以是一个表达式，只要在运行时能确定就可以。这使得我们在内存利用方面可以更加灵活，并且更加精准，即需要多少就分配多少。申请动态数组内存分配的函数有 calloc 和 malloc。这两个函数的具体说明如下：

函数名	函数 57　calloc
声明	void *calloc(size_t num, size_t sizeUnit);
说明	申请分配动态数组内存空间，其中元素个数是 num，每个元素占用的内存空间是 sizeUnit 字节。如果分配成功，则返回该内存空间的首地址；否则，返回 NULL
参数	num：申请的动态数组的元素个数 sizeUnit：每个元素占用内存的字节数
返回值	如果分配成功，则返回该内存空间的首地址；否则，返回 NULL
头文件	stdlib.h　　// 程序代码：#include <stdlib.h>

函数名	函数 58　malloc
声明	void *malloc(size_t size);
说明	申请分配 size 字节的动态数组内存空间。如果分配成功，则返回该内存空间的首地址；否则，返回 NULL
参数	size：申请分配的内存空间总字节数
返回值	如果分配成功，则返回该内存空间的首地址；否则，返回 NULL
头文件	stdlib.h　　// 程序代码：#include <stdlib.h>

函数 calloc 和 malloc 非常相似。只是函数 calloc 通过元素个数及每个元素占用内存空

间的字节数来统计需要分配的内存空间总字节数，而函数 malloc 则直接给出需要分配的内存空间总字节数。这两个函数返回值的含义是相同的。在获取内存空间之后，如果需要的内存空间总字节数发生变化，还可以 重新申请内存空间 。相应的函数是 **realloc**，其具体说明如下：

函数名	函数 59 `realloc`
声明	`void *realloc(void *ptr, size_t size);`
说明	申请重新分配动态数组内存空间，要求新分配的内存空间是 size 字节，其中指针 ptr 必须是函数 calloc、malloc 或 realloc 返回的结果或者 NULL，而且相应的内存空间也应当还没有释放。如果 ptr 是 NULL，那么这个函数与函数 malloc 的功能相同。在 ptr 不是 NULL 的情况下，该函数的行为如下：如果成功重新分配内存，则将 ptr 所指向的内存空间的内容复制到新的内存空间中，并且忽略超出的部分，然后释放 ptr 所指向的内存空间，并返回重新分配的内存空间；如果重新分配内存不成功，则不释放 ptr 所指向的内存空间，直接返回 NULL
参数	ptr：NULL 或者旧分配的内存空间的首地址 size：申请重新分配的内存空间的总字节数
返回值	如果重新分配成功，则返回该内存空间的首地址；否则，返回 NULL
头文件	`stdlib.h` // 程序代码：`#include <stdlib.h>`

如果重新申请的字节数与函数 realloc 参数 ptr 所指向的旧内存空间的总字节数相等，函数 realloc 的返回值通常与 ptr 相等。不过，在这种情况下对函数 realloc 的调用几乎是没有意义的。如果重新申请的字节数与旧内存空间的总字节数不相等，函数 realloc 的返回值有可能与 ptr 不相等，也有可能相等。即使相等，这两个内存空间也不相同，它们拥有相同的首地址但拥有不同长度的内存空间。如果重新申请的字节数比较小，则只要释放掉旧内存空间多余的部分就可以了。如果重新申请的字节数比较大，而且紧接着旧内存空间的后续空间又足够大，那么直接延长分配的内存空间就可以了。这是一种比较高效的内存重新分配机制。如果函数 realloc 采用了这种机制，那么就会造成函数 realloc 的返回值有可能与 ptr 相等。使用函数 realloc 还需要注意如下事项。

⊱注意事项⊰

（1）如果函数 realloc 成功重新分配了内存空间，那么旧的内存空间就不应当再被使用，而且也不需要再去释放旧的内存空间，因为在这种情况下函数 realloc 已经释放了旧的内存空间。

（2）如果函数 realloc 重新分配内存空间不成功，那么旧的内存空间仍然可以继续使用，而且在使用之后一定要释放旧的内存空间。否则，就会造成内存泄露。

静态数组的内存空间由系统自动进行回收，而动态数组的内存空间需要由程序调用函数显式进行释放，从而由系统回收内存空间。如果不释放动态数组的内存空间，那么这些内存空间将无法重新分配和使用，这称为 内存泄露 。在程序运行结束之后，这些泄露的内存是否会被回收取决于操作系统。Windows 系统和 Linux 等操作系统在程序运行结束之后通常会自动回收这些没有释放的内存空间。但并不是所有的操作系统会这么做，尤其是嵌入式操作系统或小型操作系统。如果操作系统没有回收这些内存，那么这些内存只有在机器重新启动之后才能再被使用。无论如何，编写程序应当避免出现内存泄露的情况，尤其

是编写需要长期运行的服务器程序。释放内存空间的函数是 free，其具体说明如下。

函数名	函数 60　free
声明	void free(void *ptr);
说明	释放由 ptr 指向的动态数组的内存空间。如果 ptr 等于 NULL，则该函数不执行任何操作。如果 ptr 指向的内存空间是有效的动态数组，则释放该内存空间。如果 ptr 既不等于 NULL，所指向的内存空间又不是有效的动态数组，则这是不允许的，通常会引起程序中止运行，甚至有可能会引起严重的程序错误。因为内存空间被释放了的动态数组就是无效的动态数组，所以相同的动态数组只能被释放一次
参数	ptr:指针 ptr 指向申请释放内存空间的动态数组
头文件	stdlib.h　　// 程序代码: #include <stdlib.h>

> ❀小甜点❀
>
> 因为相同的动态数组内存空间不允许被重复释放，所以在运行效率不是十分苛刻的前提条件下，可以考虑在调用函数 free 之后，立即将相应的指针赋值为 NULL，从而避开重复释放相同的内存空间。

这里介绍与动态数组内存相关的一些函数。在 C 语言的标准函数中没有提供获取动态数组内存大小的函数。不过，VC 平台提供了这样的函数，其具体说明如下。

函数名	函数 61　_msize
声明	size_t _msize(void *ptr);
说明	返回 ptr 所指向的动态数组内存空间占用的总字节数。指针 ptr 必须是函数 calloc、malloc 或 realloc 返回的结果，并且不能是 NULL，而且相应的内存空间也应当还没有释放。否则，将会触发非法参数处理函数，程序运行有可能会被中止 本函数不是 C 语言标准函数，本函数仅适用于 VC 平台
参数	ptr:指向动态数组的指针
返回值	如果参数合法，则返回 ptr 所指向的动态数组内存空间占用的总字节数。如果参数非法，并且非法参数处理函数能够正常返回，则本函数返回−1
头文件	malloc.h　　// 程序代码: #include <malloc.h>

C 语言的标准函数 memset 可以将内存空间的若干字节统一赋值为相同的值，其具体说明如下。

函数名	函数 62　memset
声明	void *memset(void *s, int c, size_t n);
说明	该函数将 s 所指向的内存空间的前 n 字节的值均赋值为 c
参数	s:指向目标内存空间的指针 c:目标值 n:要进行赋值的总字节数
返回值	该函数返回 s 的值
头文件	string.h　　// 程序代码: #include <string.h>

C 语言的标准函数 memcpy 和 memmove 均可以执行内存空间复制的功能。不过，函数 memcpy 不允许源内存空间与目标内存空间之间存在重叠区域；而函数 memmove 则允许这两个内存空间之间存在重叠区域。因为函数 memmove 需要处理内存重叠的情况，所以运

行的速度通常会比函数 memcpy 稍慢一些。这两个函数的具体说明如下。

函数名	函数 63　`memcpy`
声明	`void *memcpy(void *dest, const void *src, size_t count);`
说明	该函数从 src 所指向的内存空间复制 count 字节的内容到 dest 所指向的内存空间。该函数要求这两个内存空间不允许有重叠的区域
参数	dest:指向目标内存空间的指针 src:指向待复制的源内存空间的指针 count:申请复制的总字节数
返回值	该函数返回 dest
头文件	`string.h`　　// 程序代码: `#include <string.h>`

函数名	函数 64　`memmove`
声明	`void * memmove(void *dest, const void *src, size_t count);`
说明	该函数从 src 所指向的内存空间复制 count 字节的内容到 dest 所指向的内存空间。该函数允许这两个内存空间有重叠的区域。该函数的执行过程就好像是先将 src 所指向的内存空间复制 count 字节的内容到一个独立的中间内存缓冲区，然后再从这个中间内存缓冲区复制到 dest 所指向的内存空间。因此，即使 src 所指向的内存空间与 dest 所指向的内存空间发生重叠也没有关系
参数	dest:指向目标内存空间的指针 src:指向待复制的源内存空间的指针 count:申请复制的总字节数
返回值	该函数返回 dest
头文件	`string.h`　　// 程序代码: `#include <string.h>`

⊗小甜点⊗

　　因为函数 memset、memcpy 和 memmove 在实现时通常都会利用计算机硬件的特性，所以采用这些函数通常会比我们通过 for 循环语句逐个元素进行赋值或内存复制的速度快很多。

　　因为前面函数所用的指针类型基本上是空类型指针，所以表 7-1 给出将空类型指针 vp 强制转换为其他类型指针的经典语句示例及其含义说明。

表 7-1　将空类型指针 vp 强制转换为其他类型指针的经典语句示例及其含义

强制转换语句示例	含　义
int *p = (int*)vp;	变量 p 是指向整型类型存储单元的指针
int **pp = (int**)vp;	变量 pp 是指针变量，它指向另外一个指针，这个指针指向整型类型存储单元。在这个示例中，变量 pp 是指向指针的指针变量
int (*p)[5] = (int(*)[5])vp;	变量 p 是指针变量，它指向一个一维数组，这个数组是含有 5 个元素的整数数组。在这个示例中，变量 p 是数组指针变量
int (*p)[3][4] = (int(*)[3][4])vp;	变量 p 是指针变量，它指向一个二维数组，这个数组是含有 3×4 个元素的二维整数数组。在这个示例中，变量 p 是数组指针变量

　　下面给出动态数组的应用案例。

　　例程 7-2　从 1 到 n 的全排列问题。

例程功能描述：输出从 1 到 n 这 n 个数的所有可能的不同排列顺序，其中 n 是由用户指定的大于 0 的整数。

例程解题思路：如果只有 1 个数 1，那么全排列只有 1 这种情况。这里采用递归的思路进行求解，利用如下两个规则：

规则 1：设 c 是一个大于 1 的整数，那么从 1 到 c 的全排列可以看作在从 1 到(c−1)全排列的基础上在第 1 个位置上插入 c，在第 2 个位置上插入 c，…，以及在最后 1 个位置上插入 c 的结果。这个过程可以不断递推下去，将 c 的值从 2 逐一增大，直到 n。这样，就得到了从 1 到 n 的全排列。

规则 2：为了减少在插入操作中移动元素的次数，我们可以利用这样一个事实：如果我们已经得到一个全排列，那么将所有排序的第 i 个数与第 j 个数交换，这样得到的新排序仍然是一个全排列。

下面给出按照上面思路编写的代码。例程代码由 3 个源程序代码文件"C_Permutation.h""C_Permutation.c""C_PermutationMain.c"组成，具体的程序代码如下。

// 文件名：**C_Permutation.h**；开发者：雍俊海	行号
| ```
#ifndef C_PERMUTATION_H
#define C_PERMUTATION_H

extern void gb_permutation(int* p, int c, int n);
extern void gb_printArrayInt(int* p, int n);

#endif
``` | // 1<br>// 2<br>// 3<br>// 4<br>// 5<br>// 6<br>// 7 |

// 文件名：**C_Permutation.c**；开发者：雍俊海	行号
| ```
#include <stdio.h>
#include <stdlib.h>
#include "C_Permutation.h"

void gb_permutation(int* p, int c, int n)
{
   int i;
   if (n==c)
   {
      gb_printArrayInt(p, n);
      return;
   } // if 结束
   for (i=0; i<c; i++)
   {
      p[c]=p[i];
      p[i]=c+1;
      gb_permutation(p, c+1, n);
      p[i]=p[c];
   } // for 结束
   p[c]=c+1;
``` | // 1<br>// 2<br>// 3<br>// 4<br>// 5<br>// 6<br>// 7<br>// 8<br>// 9<br>// 10<br>// 11<br>// 12<br>// 13<br>// 14<br>// 15<br>// 16<br>// 17<br>// 18<br>// 19<br>// 20 |

```
      gb_permutation(p, c+1, n);                          // 21
} // 函数 gb_permutation 结束                              // 22
                                                          // 23
void gb_printArrayInt(int* p, int n)                      // 24
{                                                         // 25
      static k = 0;                                       // 26
      int i;                                              // 27
      k++;                                                // 28
      printf("序列%d是: %d", k, p[0]);                    // 29
      for (i=1; i<n; i++)                                 // 30
          printf(", %d", p[i]);                           // 31
      printf("。\n");                                      // 32
} // 函数 gb_printArrayInt 结束                            // 33
```

// 文件名：**C_PermutationMain.c**；开发者：雍俊海	行号

```
#include <stdio.h>                                        // 1
#include <stdlib.h>                                       // 2
#include "C_Permutation.h"                                // 3
                                                          // 4
int main(int argc, char* args[ ])                         // 5
{                                                         // 6
      int n;                                              // 7
      int* p;                                             // 8
      printf("请输入大于 0 的整数 n:");                    // 9
      scanf_s("%d", &n);                                  // 10
      if (n>0)                                            // 11
      {                                                   // 12
          p = (int*)calloc(n, sizeof(int));               // 13
          if (p!=NULL)                                    // 14
          {                                               // 15
              p[0]=1;                                     // 16
              gb_permutation(p, 1, n);                    // 17
              free(p);                                    // 18
          } // 内部 if 结束                                // 19
      } // 外部 if 结束                                    // 20
      else printf("输入有误，n=%d 没有大于 0。\n", n);      // 21
      system("pause"); // 暂停住控制台窗口                 // 22
      return 0; // 返回 0 表明程序运行成功                 // 23
} // main 函数结束                                         // 24
```

可以对上面的代码进行编译、链接和运行。下面给出一个 运行的结果 示例。

```
请输入大于 0 的整数 n：2↙
序列 1 是：2, 1。
序列 2 是：1, 2。
请按任意键继续...
```

下面给出另一个运行的结果示例。

```
请输入大于 0 的整数 n：3↙
序列 1 是：3，1，2。
序列 2 是：2，3，1。
序列 3 是：2，1，3。
序列 4 是：3，2，1。
序列 5 是：1，3，2。
序列 6 是：1，2，3。
请按任意键继续. . .
```

这里分析对于输入为 3 的输出情况。对于序列 1 和序列 4，如果去掉第 1 个数 3，那么剩余的两个数构成了 1 和 2 的全排列。对于序列 2 和序列 5，如果去掉第 2 个数 3，那么剩余的两个数构成了 1 和 2 的全排列。对于序列 3 和序列 6，如果去掉最后的 3，那么剩余的两个数构成了 1 和 2 的全排列。这就是上面例程递归的思路。

上面文件"C_Permutation.c"第 13～21 行的代码，除去其中第 17 行和第 21 行的代码，将整数 c+1 依次放入从 p[0] 到 p[c] 的位置上。这样，利用本例程解题思路的规则 1，形成从 1 到整数 c+1 的全排列。在这个过程中，为了减少在插入操作中移动元素的次数，第 15 行的代码将原 p[i] 的值放在 p[c] 的位置上，然后由第 16 行的代码将 c+1 放在 p[i] 的位置上。在这样排列之后，由第 18 行的代码将在 p[i] 位置上的值进行复原，从而准备好将整数 c+1 放入 p[i] 的下一个位置。除去第 17 行和第 21 行的代码，第 13～21 行的代码实际上建立了从 1 到整数 c+1 的全排列。如果还没有完成从 1 到 n 的全排列，第 17 行和第 21 行的代码就是采用递归的方式，对在从 1 到整数 c+1 的全排列当中的每个排列，将整数 c+2 依次放入从 p[0] 到 p[c+1] 的位置上，从而形成从 1 到整数 c+2 的全排列。这个过程可以继续递归下去，直到完成从 1 到 n 的全排列。

上面文件 "C_PermutationMain.c" 第 13 行代码通过函数 calloc 分配大小为 n 个整数元素的动态数组，其中 n 是由用户指定的大于 0 的整数。在这里，我们可以看出通过动态数组可以申请最恰当大小的内存空间，不仅够用，而且也不浪费。这个目标通过静态数组很难实现。如果成功申请到内存，则一定不要忘了释放内存，如第 18 行的代码所示。这里一定要注意区分指针变量的内存空间以及该指针变量所指向的内存空间。如图 7-2 所示，指针变量 p 作为一个局部变量，它拥有自己的内存空间。这个内存空间在上面第 8 行代码定义指针变量 p 时就已经分配。指针变量 p 自己的内存空间在主函数 main 运行结束后会由系统自动进行回收。指针变量 p 自己的内存空间可以存放地址。第 13 行代码通过函数 calloc 获取的内存空间的地址存放在指针变量 p 的内存空间当中，从而使得指针变量 p 指向动态数组，如图 7-2 所示。在系统自动回收局部变量 p 的内存空间时，系统并不会自动回收指针变量 p 所指向的动态数组。因此，第 18 行的代码释放动态数组的内存空间是必须的。否

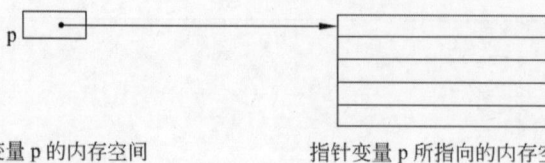

| 指针变量 p 的内存空间 | 指针变量 p 所指向的内存空间 |

图 7-2　区分指针变量 p 的内存空间以及指针变量 p 所指向的内存空间

则，作为动态数组的这块内存空间将无法被当前程序重新分配或使用，即发生了内存泄露。

7.3 指针运算

除了空类型指针之外，可以对指针进行 ++(前自增)、++(后自增)、──(前自减)和──(后自减)等运算。假设 sizeof(int)=4，下面给出自增和自减运算的一些语句示例及其运算结果。从下面运算结果来看，设 p=0，那么 p+1 的结果不等于 1，而是等于 sizeof(int)=4。设 p 的值等于当前的内存地址，那么指针运算 p+1 的结果等于下一个元素的地址，这个元素的数据类型是指针的基类型。

```
int *p = NULL; // 结果: p=0                                            // 1
int *q = NULL; // 结果: q=0                                            // 2
q=p++; // 结果: p=4, q=0。该语句相当于: q=p; p=p+1;                     // 3
q=++p; // 结果: p=8, q=8。该语句相当于: p=p+1; q=p;                     // 4
q=p--; // 结果: p=4, q=8。该语句相当于: q=p; p=p-1;                     // 5
q=--p; // 结果: p=0, q=0。该语句相当于: p=p-1; q=p;                     // 6
```

除了空类型指针之外，指针可以参与加法运算，但是要求另外一个加数是整数，即不允许两个加数均为指针。两个指针相加是没有意义的。指针 p 与整数 n 相加的结果是&(p[n])，这里元素的数据类型是指针的基类型。下面给出指针加法运算的一些语句示例及其运算结果，假设 sizeof(int)=4。

```
int  *p = NULL, *q = NULL; // 结果: p=0, q=0                           // 1
q = p+4; // 结果: p=0, q=16                                            // 2
q = 4+p; // 结果: p=0, q=16                                            // 3
```

下面给出一个相对比较复杂的指针加法运算语句。下面语句定义了数组指针 p，它的基类型是元素个数为 20 的一维数组。假设 sizeof(int)=4，那么指针 p 的每个元素都是数组，每个元素的大小为 80 字节=4 字节×20。因此，我们会得到在下面语句注释当中的结果。在下面语句中，"p = p + 2;" 相当于 "p = &(p[2]);"。

```
int a[10][20]; // 假设 a 分配的地址是 1244000                          // 1
int (*p)[20] = a; // 结果: p=a=1244000                                 // 2
p = p + 2; // 结果: p= 1244160=1244000+(4×20)×2=1244000+160            // 3
```

除了空类型指针之外，指针可以进行减法运算。指针参与的减法运算允许有两种形式。其中第一种形式是指针减去一个整数，其结果相当于这个指针加上这个整数的相反数，即指针 p 减去整数 n 的结果是 p-n=p+(-n)= &(p[-n])。另外一种形式是两个指针相减。这时要求这两个指针的基类型是相同的，并且要求((int)p- (int)q)是 sizeof(指针 p 和 q 的基类型)的整数倍。否则，实际上是没有意义的。指针 p 减去指针 q 的结果是一个整数，其数值=((int)p- (int)q)/sizeof(指针 p 和 q 的基类型)。下面给出指针减法运算的一些语句示例及其运算结果，假设 sizeof(int)=4。

```
int  *p = (int*)100, *q = NULL, i; // 结果: p=100, q=0            // 1
q = p-4; // 结果: p=100, q=84=100-4×4                            // 2
i = p - q; // 结果: p=100, q=84, i=4=(100-84)/4                  // 3
p -= 2; // 结果: p= 92 = 100-4×2                                 // 4
```

╔═ 注意事项 ═╗

（1）整数减去指针是没有意义的，也是不允许的。

（2）两个不同基类型的指针相减是没有意义的，也是不允许的。

下面给出一些指针运算的错误案例：

```
int  *p = NULL, *q = NULL, *r = NULL; // 结果: p=0, q=0, r=0      // 1
r = p+q; // 错误: 不允许两个指针相加                              // 2
q += p; // 错误: 不允许两个指针相加                               // 3
q = 4-p; // 错误: 不允许整数减去指针                              // 4
q -= p; // 错误: 两个指针相减的结果的数据类型不是指针             // 5
```

指针还可以进行<、<=、>、>=、==和!=等 关系运算 。不过，这时通常要求进行比较的指针拥有相同的基类型。对于空类型指针，也允许进行这些关系运算。下面给出一些语句示例：

```
int  *p = (int*)8, *q = NULL;                                          // 1
printf("%s: p<q", (p<q ? "True" : "False")); //结果输出:False: p<q     // 2
printf("%s: p<=q", (p<=q ? "True" : "False"));//结果输出:False: p<=q   // 3
printf("%s: p>q", (p>q ? "True" : "False")); // 结果输出:True: p>q     // 4
printf("%s: p>=q", (p>=q ? "True" : "False"));//结果输出:True: p>=q    // 5
printf("%s: p==q", (p==q ? "True" : "False"));//结果输出:False: p==q   // 6
printf("%s: p!=q", (p!=q ? "True" : "False"));//结果输出:True: p!=q    // 7
```

7.4 函数返回值

4.1.1 节介绍了如何定义函数以及函数的参数传递方式。本节通过 7 个例程介绍 函数传递返回值的逻辑示意性过程 。

📖 说明 📖

本节介绍的函数传递返回值逻辑示意性过程，并不是函数传递返回值的实际运行过程。 实际的函数传递返回值运行过程 依赖编译器、操作系统和具体硬件等软硬件环境。而且在同一个程序中，不同函数传递返回值的运行过程也有可能不相同。例如，有时会通过一些寄存器来传递返回值；有时会通过临时的内存空间来传递返回值；有时会直接通过接收返回值的内存空间来传递返回值；如果返回值并没有真正被实际用上，则返回值也有可能被直接抛弃。程序的并行优化机制使得程序实际的运行机制变得非常复杂。但 程序实际运行的结果通常都不会违背其逻辑运行机理 。这也是程序并行优化的前提条件。换句话说: 程序实际运行的结果与其逻辑运行结果通常是一致的 。

例程 7-3 计算两个整数的积。

例程功能描述：编写计算并返回两个整数的积的函数，并展示函数传递返回值的逻辑示意性过程。

例程解题思路：编写一个函数，其参数是两个整数，其返回值是这两个整数的积。在主函数中调用这个求积的函数，并将结果保存在一个局部变量之中。然后，通过这个变量输出求积结果。

下面给出按照上面思路编写的代码。例程代码仅包含 1 个源程序代码文件"C_ReturnIntMain.c"，具体的程序代码如下。

```
// 文件名：C_ReturnIntMain.c；开发者：雍俊海                        行号
#include <stdio.h>                                              // 1
#include <stdlib.h>                                             // 2
                                                               // 3
int gb_multiply(int a, int b)                                  // 4
{                                                              // 5
    int result = a*b;                                          // 6
    return result;                                             // 7
} // 函数 gb_multiply 结束                                      // 8
                                                               // 9
int main(void)                                                 // 10
{                                                              // 11
    int a = 3;                                                 // 12
    int b = 5;                                                 // 13
    int c = gb_multiply(a, b);                                 // 14
    printf("%d*%d=%d。\n", a, b, c);                            // 15
    system("pause"); // 暂停住控制台窗口                        // 16
    return 0; // 返回 0 表明程序运行成功                        // 17
} // main 函数结束                                             // 18
```

可以对上面的代码进行编译、链接和运行。下面给出一个运行的结果示例。

```
3*5=15。
请按任意键继续. . .
```

当程序运行到第 7 行"return result;"时的内存空间如图 7-3(a)所示。这时，函数 gb

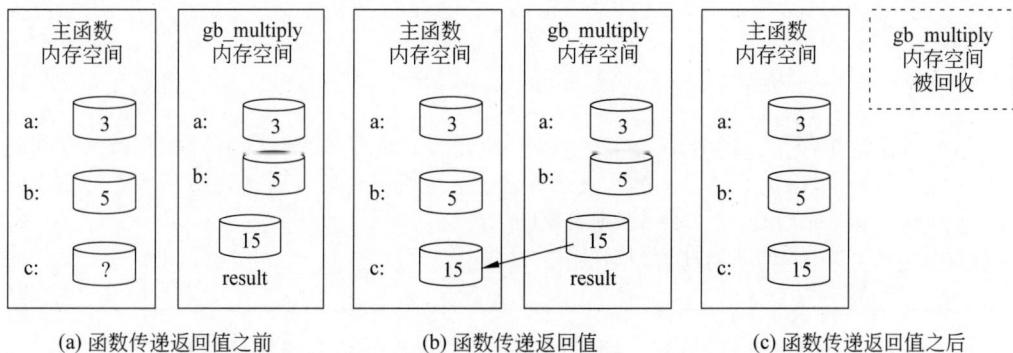

(a) 函数传递返回值之前   (b) 函数传递返回值   (c) 函数传递返回值之后

图 7-3 函数传递整数返回值的逻辑运行过程示意图

multiply 的参数变量 a 和 b 以及局部变量 result 的内存空间都存在。在运行完第 7 行代码并且回到第 14 行代码"int c = gb_multiply(a, b);"时，在函数 gb_multiply 的局部变量 result 的内存空间中的值被赋值给在主函数的局部变量 c 的内存空间之中，结果变量 c 的值变为 15，如图 7-3(b)所示。在运行完第 14 行代码之后，函数 gb_multiply 的参数变量 a 和 b 以及局部变量 result 的内存空间都被回收，如图 7-3(c)所示。不过，函数的返回值 15 已经被正确传递回主函数。因此，第 15 行的代码可以输出"3*5=15。"。

例程 7-4　返回日期结构体数据。

例程功能描述：编写返回日期结构体数据的函数，并展示函数传递返回值的逻辑示意性过程。

例程解题思路：编写一个函数，其参数是年、月和日等三个整数。然后，在该函数中，将这三个整数组合成为一个日期结构体的数据，并返回这个日期结构体数据。在主函数中调用这个函数，并将结果保存在一个局部变量之中。最后，通过这个局部变量输出返回的日期。

下面给出按照上面思路编写的代码。例程代码仅包含 1 个源程序代码文件"C_ReturnStructMain.c"，具体的程序代码如下。

// 文件名：**C_ReturnStructMain.c**；开发者：雍俊海	行号
```#include <stdio.h>```	// 1
```#include <stdlib.h>```	// 2
	// 3
```typedef struct```	// 4
```{```	// 5
``` int m_year, m_month, m_day;```	// 6
```} CS_Date;```	// 7
	// 8
```CS_Date gb_getDate(int y, int m, int d)```	// 9
```{```	// 10
``` CS_Date day = {y, m, d};```	// 11
``` return day;```	// 12
```} // 函数 gb_getDate 结束```	// 13
	// 14
```int main(void)```	// 15
```{```	// 16
``` int y = 2018;```	// 17
``` int m = 8;```	// 18
``` int d = 8;```	// 19
``` CS_Date s = gb_getDate(y, m, d);```	// 20
``` printf("%d年%d月%d日。\n", s.m_year, s.m_month, s.m_day);```	// 21
``` system("pause"); // 暂停住控制台窗口```	// 22
``` return 0; // 返回 0 表明程序运行成功```	// 23
```} // main 函数结束```	// 24

可以对上面的代码进行编译、链接和运行。下面给出一个运行的结果示例。

2018 年 8 月 8 日。
请按任意键继续．．．

当程序运行到第 12 行"return day;"时的内存空间如图 7-4(a)所示。这时，函数 gb_getDate 的参数变量 y、m 和 d 以及局部变量 day 的内存空间都存在。在运行完第 12 行代码并且回到第 20 行代码"CS_Date s = gb_getDate(y, m, d);"时，在函数 gb_getDate 的局部变量 day 的内存空间中的值被赋值给在主函数的局部变量 s 的内存空间之中，结果变量 s 的值变为 s.m_year=2018，s.m_month=8，s.m_day=8，如图 7-4(b)所示。在运行完第 20 行代码之后，函数 gb_getDate 的参数变量 y、m 和 d 以及局部变量 day 的内存空间都被回收，如图 7-4(c)所示。不过，函数的返回值已经被正确传递回主函数。因此，第 21 行的代码可以输出"2018 年 8 月 8 日。"。

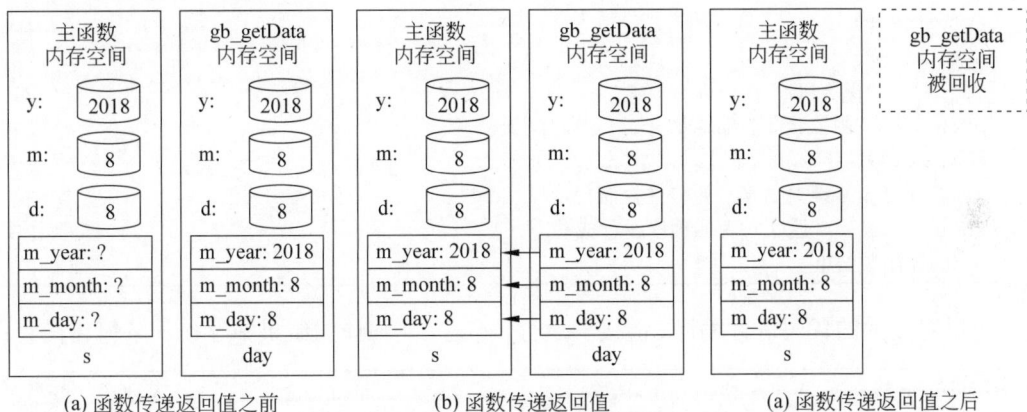

图 7-4　函数传递结构体类型的返回值的逻辑运行过程示意图

这里给出上面例程的一个对照例程。

例程 7-5　返回日期结构体的地址。

例程功能描述：编写返回日期结构体地址的函数，并展示函数传递返回值的逻辑示意性过程。

例程解题思路：编写一个函数，其参数是年、月和日等三个整数。然后，在该函数中，将这三个整数组合成为一个日期结构体的数据，并在控制台窗口中输出这个结构体的地址。该函数的返回值也是这个结构体的地址。在主函数中调用这个函数，并将结果保存在一个局部指针变量之中。最后，输出这个局部指针变量的值，并通过这个局部变量输出对应的日期。

下面给出按照上面思路编写的对照例程代码。对照程序仅包含 1 个源程序代码文件"C ReturnStructAddressMain.c"，具体的程序代码如下。

```
// 文件名: C_ReturnStructAddressMain.c; 开发者: 雍俊海        行号
#include <stdio.h>                                          // 1
#include <stdlib.h>                                         // 2
                                                            // 3
typedef struct                                              // 4
{                                                           // 5
```

```
    int m_year, m_month, m_day;                                    // 6
} CS_Date;                                                         // 7
                                                                   // 8
CS_Date *gb_getDate(int y, int m, int d)                           // 9
{                                                                  // 10
    CS_Date day = {y, m, d};                                       // 11
    printf("在函数 gb_getDate 的地址为%p。\n", &day);               // 12
    return &day;                                                   // 13
} // 函数 gb_getDate 结束                                           // 14
                                                                   // 15
int main(void)                                                     // 16
{                                                                  // 17
    int y = 2018;                                                  // 18
    int m = 8;                                                     // 19
    int d = 8;                                                     // 20
    CS_Date *p = gb_getDate(y, m, d);                              // 21
    printf("主函数获取的地址是%p。\n", p);                          // 22
    printf("%d年%d月%d日。\n", p->m_year, p->m_month, p->m_day);   // 23
    system("pause"); // 暂停住控制台窗口                            // 24
    return 0; // 返回 0 表明程序运行成功                            // 25
} // main 函数结束                                                  // 26
```

可以对上面的代码进行编译、链接和运行。不过，在编译的结果中存在一条警告信息：

```
1>d:\examples\c_returnstructaddressmain.c(13)：warning C4172：返回局部变量或
临时变量的地址
```

我们暂时忽略这条编译警告信息。下面先给出一个运行的结果示例。

```
在函数 gb_getDate 的地址为 0012FE44。
主函数获取的地址是 0012FE44。
2018 年 8 月 1245096 日。
请按任意键继续. . .
```

当程序运行到第 13 行 "return &day;" 时的内存空间如图 7-5(a)所示。这时，函数 gb_getDate 的参数变量 y、m 和 d 以及局部变量 day 的内存空间都存在。在运行完第 13 行代码并且回到第 21 行代码 "CS_Date *p = gb_getDate(y, m, d);" 时，函数 gb_getDate 的局部变量 day 的内存空间的地址被赋值给在主函数的局部变量 p 的内存空间之中，结果变量 p 的值变为 0012FE44，即指针 p 指向函数 gb_getDate 的局部变量 day 的内存空间，如图 7-5(b)所示，其中 0012FE44 在不同的计算机或不同时间运行程序时有可能会有所不同。在运行完第 21 行代码之后，函数 gb_getDate 的参数变量 y、m 和 d 以及局部变量 day 的内存空间都被回收，如图 7-5(c)所示。这时，指针 p 的值 0012FE44 变为一个无效的地址的值。因为这时指针 p 的值是一个无效的地址，所以后续的 "p->m_year" "p->m_month" "p->m_day" 都是无效的，甚至有可能会引起抛出内存访问异常。这也是最终输出 1 个奇怪的日期的原因。其实，即使恰好输出了日期 "2018 年 8 月 8 日"，也不能说上面的程序是正确的，因为这个日期来自无效的内存空间。总之，第 23 行的输出语句是含有严重运行时错误的语句。

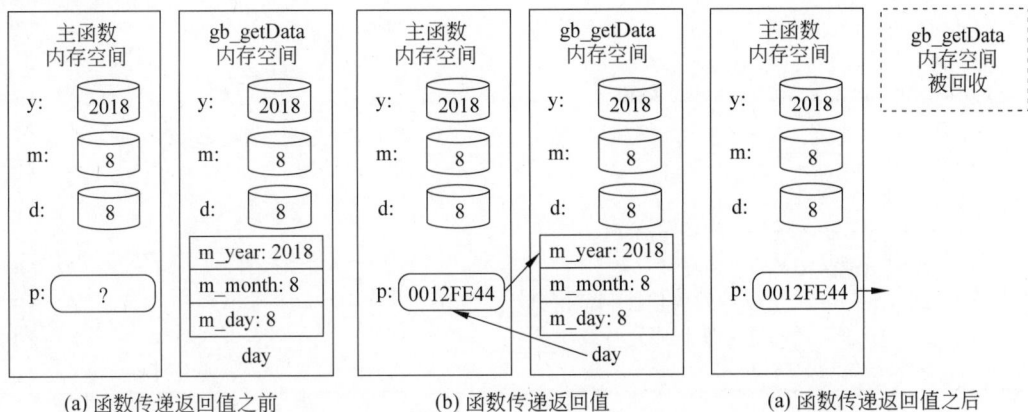

图 7-5 函数传递结构体指针类型的返回值的逻辑运行过程示意图

❀小甜点❀

这里分析在编译的结果中出现警告信息的原因。

（1）观察运行结果，对比在函数 gb_getDate 内输出局部变量 day 的地址以及在主函数中输出指针 p 的值，我们可以看到这两个值是相等的。这说明函数 gb_getDate 正确地将地址通过返回值传递给主函数，并保存在指针 p 中。

（2）然而，保存在指针 p 中的地址在返回值传递完成之后马上变成一个无效的地址。这种返回值实际上是没有意义的。编译器已经预料到很可能会出现这样的结果。因此，编译器给出了警告信息。我们在编写程序时应当避免出现这种情况。

例程 7-6 返回数组元素例程。

例程功能描述：编写返回数组元素的函数，并展示函数传递返回值的逻辑示意性过程。

例程解题思路：编写一个函数，其参数是数组元素的下标索引。在该函数内部定义了一个数组。在该函数中，首先检查这个下标索引是否合法。如果不合法，则将其改正为合法的下标索引。然后，返回这个合法的下标索引所对应的数组元素的值。在主函数中调用这个函数，并将结果保存在一个局部变量之中。最后，通过这个局部变量输出返回的元素的值。

下面给出按照上面思路编写的代码。例程代码仅包含 1 个源程序代码文件 "C_ReturnArrayElementMain.c"，具体的程序代码如下。

```
// 文件名: C_ReturnArrayElementMain.c; 开发者: 雍俊海          行号
#include <stdio.h>                                              // 1
#include <stdlib.h>                                             // 2
                                                                // 3
int gb_getArrayElement(int i)                                   // 4
{                                                               // 5
    int a[] = {1, 2, 3};                                        // 6
    int n = (int)(sizeof(a)/sizeof(int));                       // 7
```

```
    if (i<0)                                                    // 8
        i = 0;                                                  // 9
    if (i>=n)                                                   // 10
        i = n-1;                                                // 11
    return(a[i]);                                               // 12
} // 函数 gb_getArrayElement 结束                               // 13
                                                                // 14
int main(void)                                                  // 15
{                                                               // 16
    int e = gb_getArrayElement(1);                              // 17
    printf("元素=%d。\n", e);                                   // 18
    system("pause"); // 暂停住控制台窗口                        // 19
    return 0; // 返回 0 表明程序运行成功                        // 20
} // main 函数结束                                              // 21
```

可以对上面的代码进行编译、链接和运行。下面给出一个 运行的结果 示例。

```
元素=2。
请按任意键继续. . .
```

当程序运行到第 12 行 "return(a[i]);" 时的内存空间如图 7-6(a)所示。这时，函数 gb_getDate 的参数变量 i 以及局部变量 a 的内存空间都存在。在运行完第 12 行代码并且回到第 17 行代码 "int e = gb_getArrayElement(1);" 时，函数 gb_getArrayElement 的局部变量数组 a 的元素 a[1]的值被赋值给在主函数的局部变量 e 的内存空间之中，结果变量 e 的值变为 2，如图 7-6(b)所示。在运行完第 17 行代码之后，函数 gb_getArrayElement 的参数变量 i 以及局部变量 a 的内存空间都被回收，如图 7-6(c)所示。不过，函数的返回值已经被正确传递回主函数。因此，第 18 行的代码可以输出 "元素=2。"。

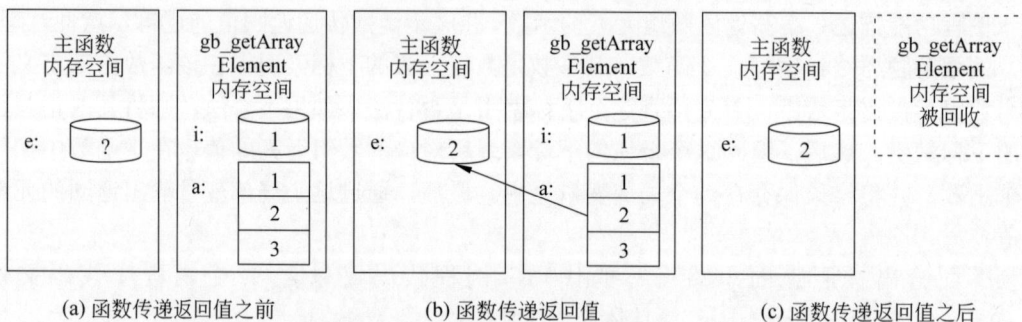

(a) 函数传递返回值之前   (b) 函数传递返回值   (c) 函数传递返回值之后

图 7-6 函数传递返回值的逻辑运行过程示意图: 返回值为数组元素

例程 7-7 返回数组地址例程。

例程功能描述: 编写返回数组地址的函数，并展示函数传递返回值的逻辑示意性过程。

例程解题思路: 编写一个函数，在其内部定义了一个数组，在控制台窗口中输出这个数组的地址，并返回这个数组的地址。在主函数中调用这个函数，并将结果保存在一个局部指针变量之中。最后，输出这个局部指针变量的值，并通过这个局部指针变量输出各个元素的值。

下面给出按照上面思路编写的代码。例程代码仅包含 1 个源程序代码文件 "C_ReturnArrayMain.c"，具体的程序代码如下。

```
// 文件名：C_ReturnArrayMain.c；开发者：雍俊海                          行号
#include <stdio.h>                                                  // 1
#include <stdlib.h>                                                 // 2
                                                                    // 3
int *gb_getArray(void)                                              // 4
{                                                                   // 5
    int a[] = {1, 2, 3};                                           // 6
    printf("在 gb_getArray 内，数组地址为%p。\n", a);                 // 7
    return a;                                                       // 8
} // 函数 gb_getArray 结束                                           // 9
                                                                    // 10
int main(void)                                                      // 11
{                                                                   // 12
    int *p = gb_getArray( );                                        // 13
    printf("数组地址为%p。\n", p);                                    // 14
    printf("元素值为：%d, %d, %d。\n", p[0], p[1], p[2]);            // 15
    system("pause"); // 暂停住控制台窗口                              // 16
    return 0; // 返回 0 表明程序运行成功                              // 17
} // main 函数结束                                                   // 18
```

可以对上面的代码进行编译、链接和运行。不过，在编译的结果中存在一条警告信息：

```
1>d:\examples\c_returnarraymain.c(8): warning C4172: 返回局部变量或临时变量的地址
```

我们暂时忽略这条编译警告信息。下面先给出一个运行的结果示例。

```
在 gb_getArray 内，数组地址为 0012FE74。
数组地址为 0012FE74。
元素值为：271684944, 1158245223, -2。
请按任意键继续．．．
```

当程序运行到第 8 行 "return a;" 时的内存空间如图 7-7(a)所示。这时，函数 gb_getArray 内部存在局部变量 a 的内存空间。在运行完第 8 行代码并且回到第 13 行代码 "int *p = gb_getArray( );" 时，函数 gb_getArray 的局部变量数组 a 的地址被赋值给在主函数的局部指针变量 p 的内存空间之中，结果指针变量 p 的值变为 0012FE74，即指针 p 指向函数 gb_gctArray 的局部数组变量 a 的内存空间，如图 7-7(b)所示，其中 0012FE74 在不同的计算机或不同时间运行程序时有可能会有所不同。在运行完第 13 行代码之后，函数 gb_getArray 的局部变量 a 的内存空间被回收，如图 7-7(c)所示。这时，指针 p 的值 0012FE74 变为一个无效的地址的值。因为这时指针 p 的值是一个无效的地址，所以后续的 p[0]、p[1] 和 p[2]都是无效的，甚至有可能会引起抛出内存访问异常。这时，第 15 行代码的输出语句实际上包含着严重的运行时错误。这也是前面出现编译警告信息的原因。

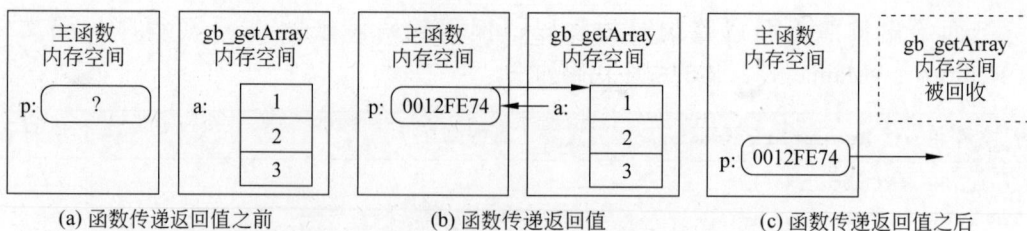

(a) 函数传递返回值之前   (b) 函数传递返回值   (c) 函数传递返回值之后

图 7-7　函数传递返回值的逻辑运行过程示意图：返回值为数组地址

例程 7-8　返回字符串地址例程。

例程功能描述：编写返回字符串地址的函数，并展示函数传递返回值的逻辑示意性过程。

例程解题思路：编写一个函数，在其内部定义了一个存有字符串的字符数组，在控制台窗口中输出这个数组的地址和字符串的内容，并返回这个数组的地址。在主函数中调用这个函数，并将结果保存在一个局部指针变量之中。最后，输出这个局部指针变量的值，并通过这个局部指针变量输出相应的字符串。

下面给出按照上面思路编写的代码。例程代码仅包含 1 个源程序代码文件"C_ReturnStringMain.c"，具体的程序代码如下。

// 文件名：**C_ReturnStringMain.c**；开发者：雍俊海	行号
| ```
#include <stdio.h>

#include <stdlib.h>


char *gb_getString(void)

{

    char s[] = {'a', 'b', '\0'};

    printf("在 gb_getString 内，字符串地址为%p。\n", s);

    printf("在 gb_getString 内，字符串值为：%s。\n", s);

    return s;

} // 函数 gb_getString 结束


int main(void)

{

    char *s = gb_getString( );

    printf("字符串地址为%p。\n", s);

    printf("字符串值为：%s。\n", s);

    system("pause"); // 暂停住控制台窗口

    return 0; // 返回 0 表明程序运行成功

} // main 函数结束
``` | // 1<br>// 2<br>// 3<br>// 4<br>// 5<br>// 6<br>// 7<br>// 8<br>// 9<br>// 10<br>// 11<br>// 12<br>// 13<br>// 14<br>// 15<br>// 16<br>// 17<br>// 18<br>// 19 |

可以对上面的代码进行编译、链接和运行。不过，在编译的结果中存在一条警告信息：

1>d:\examples\c_returnstringmain.c(9): warning C4172: 返回局部变量或临时变量的地址

我们暂时忽略这条编译警告信息。下面先给出一个运行的结果示例。
```

```
在 gb_getString 内，字符串地址为 0012FE80。
在 gb_getString 内，字符串值为：ab。
字符串地址为 0012FE80。
字符串值为：h 。
请按任意键继续...
```

这个例程与上一个例程非常类似。只是前面的整数数组被换成了字符数组，并使用了字符串的一些特性。

当程序运行到第 9 行"return s;"时的内存空间如图 7-8(a)所示。这时，函数 gb_getString 内部存在局部变量 s 的内存空间。在运行完第 9 行代码并且回到第 14 行代码 "char *s = gb_getString( );"时，函数 gb_getString 的局部变量数组 s 的地址被赋值给在主函数的局部指针变量 s 的内存空间之中，结果指针变量 s 的值变为 0012FE80，即指针 s 指向函数 gb_getString 的局部数组变量 s 的内存空间，如图 7-8(b)所示，其中 0012FE80 在不同的计算机或不同时间运行程序时有可能会有所不同。在运行完第 14 行代码之后，函数 gb_getString 的局部变量 s 的内存空间被回收，如图 7-8(c)所示。这时，指针 s 的值 0012FE80 变为一个无效的地址的值。因为这时指针 s 的值是一个无效的地址，所以后续要通过这个指针 s 来输出字符串的内容是无效的，甚至有可能会引起抛出内存访问异常。这时，第 15 行代码的输出语句 "printf("字符串地址为%p。\n", s);"输出指针 s 的值是没有问题的；但是，第 16 行代码的输出语句 "printf("字符串值为: %s。\n", s);"需要访问指针 s 所指向的无效的内存空间，这实际上包含着严重的运行时错误。这也是前面出现编译警告信息的原因。

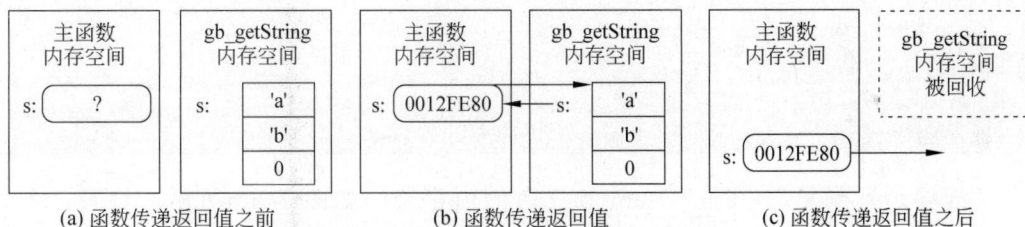

(a) 函数传递返回值之前　　　　　(b) 函数传递返回值　　　　　(c) 函数传递返回值之后

图 7-8　函数传递返回值的逻辑运行过程示意图：返回值为字符串地址

例程 7-9　返回动态分配的数组的地址。

例程功能描述：编写返回动态分配的数组的地址的函数，并展示函数传递返回值的逻辑示意性过程。

例程解题思路：编写一个函数，动态分配一个数组，其元素值分别为 5 和 9。该函数输出这个动态数组的地址以及各个元素的值，并返回这个动态数组的地址。在主函数中调用这个函数，并将结果保存在一个局部指针变量之中。然后，主函数输出这个局部指针变量的值以及各个元素的值。最后，主函数释放了动态数组的内存空间。

下面给出按照上面思路编写的代码。例程代码仅包含 1 个源程序代码文件 "C_ReturnMallocMain.c"，具体的程序代码如下。

// 文件名：**C_ReturnMallocMain.c**；开发者：雍俊海	行号
`#include <stdio.h>`	// 1

```
#include <stdlib.h>                                              // 2
                                                                 // 3
int *gb_getMallocArray(void)                                     // 4
{                                                                // 5
    int *p = (int*)malloc(sizeof(int)*2);                        // 6
    p[0] = 5;                                                    // 7
    p[1] = 9;                                                    // 8
    printf("在 gb_getArray 内，数组地址为%p。\n", p);              // 9
    printf("在 gb_getArray 内，元素值为: %d, %d。\n", p[0], p[1]); // 10
    return p;                                                    // 11
} // 函数 gb_getMallocArray 结束                                  // 12
                                                                 // 13
int main(void)                                                   // 14
{                                                                // 15
    int *p = gb_getMallocArray( );                               // 16
    printf("数组地址为%p。\n", p);                                 // 17
    printf("元素值为: %d, %d。\n", p[0], p[1]);                   // 18
    free(p);                                                     // 19
    system("pause"); // 暂停住控制台窗口                           // 20
    return 0; // 返回 0 表明程序运行成功                           // 21
} // main 函数结束                                                // 22
```

可以对上面的代码进行编译、链接和运行。下面给出一个 运行的结果 示例。

```
在 gb_getArray 内，数组地址为 00394E10。
在 gb_getArray 内，元素值为: 5, 9。
数组地址为 00394E10。
元素值为: 5, 9。
请按任意键继续. . .
```

当程序运行到第 11 行"return p;"时的内存空间如图 7-9(a)所示。这时，函数 gb_getMallocArray 内部存在局部指针变量 p 的内存空间，而且指针 p 指向元素为 5 和 9 的动态数组。在运行完第 11 行代码并且回到第 16 行代码"int *p = gb_getMallocArray( );"时，在函数 gb_getMallocArray 的局部指针变量 p 的内存空间中的值被赋值给在主函数的局部指针变量 p 的内存空间之中，结果主函数的局部指针变量 p 的值变为 00394E10，同样指向元素为 5 和 9 的动态数组，如图 7-9(b)所示，其中 00394E10 在不同的计算机或不同时间运行程序时有可能会有所不同。在运行完第 16 行代码之后，函数 gb_getMallocArray 的局部指针变量 p 的内存空间被回收，但动态分配的元素为 5 和 9 的动态数组在这时还无法被回收，如图 7-9(c)所示。因此，保存在主函数的局部指针变量 p 中的地址仍然有效。这样，第 17 行代码正常输出主函数的局部指针变量 p 的值；第 18 行代码正常输出该指针变量 p 所指向的动态数组的元素的值。最后，不要忘了释放动态分配的内存，如第 19 行代码"free(p);"所示。

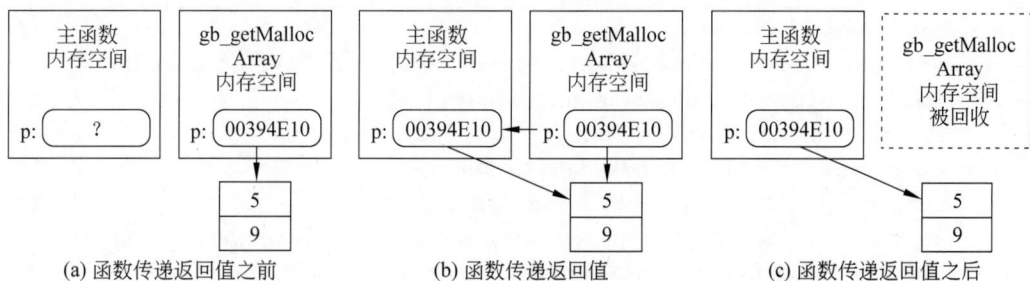

(a) 函数传递返回值之前　　　　(b) 函数传递返回值　　　　(c) 函数传递返回值之后

图 7-9　函数传递返回值的逻辑运行过程示意图：返回值为动态数组地址

7.5　单向链表

本节通过单向链表进一步介绍结构体指针变量以及在结构体中的指针成员变量。链表是常用的数据结构，是很多软件产品的基础数据结构。下面直接通过学生姓名及成绩的管理系统介绍单向链表的构造以及添加结点和删除结点的方法。

例程 7-10　基于单向链表的学生姓名及成绩管理系统。

例程功能描述：实现一个学生姓名及成绩的管理系统。要求能够输入并在内存当中存储各个学生的姓名和成绩，删除指定成绩的第 1 个学生，删除所有学生以及按成绩从低到高显示所有学生的姓名和成绩，并且能够正常退出。在退出时，不应当出现内存泄露的现象。

例程解题思路：我们定义了一个单向链表，用来保存输入的学生姓名和成绩，而且在存储时采用按成绩从低到高排列所有的学生。我们用 1、2、3、4 和 0 共 5 个数字表示用户输入的命令，其中 1 表示添加 1 位学生，2 表示删除第 1 位指定成绩的学生，3 表示删除所有学生，4 表示按成绩从低到高显示所有学生的姓名及成绩，0 表示退出。我们用一个循环来接收并执行用户输入的命令，直到用户输入退出命令。下面先给出程序代码，并结合程序代码继续讲解例程的解题思路。

下面给出按照上面思路编写的代码。例程代码由 3 个源程序代码文件"C_StudentList.h" "C_StudentList.c" "C_StudentListMain.c"组成，具体的程序代码如下。

```
// 文件名: C_StudentList.h; 开发者: 雍俊海                          行号
#ifndef C_STUDENTLIST_H                                          // 1
#define C_STUDENTLIST_H                                          // 2
                                                                // 3
struct S_StudentList                                            // 4
{                                                               // 5
    char m_name[20]; // 姓名                                    // 6
    int m_score;     // 成绩                                    // 7
    struct S_StudentList *m_next;                               // 8
}; // 结构 S_StudentList 定义结束                                // 9
                                                                // 10
extern void gb_printMainMenu( );                                // 11
extern struct S_StudentList *gb_studentListCreateNode(          // 12
```

```
        char *name, int score);                             // 13
extern void gb_studentListDeleteAll(struct S_StudentList ** pHead);  // 14
extern void gb_studentListDeleteOneStudent(                 // 15
        struct S_StudentList ** pHead, int score);          // 16
extern void gb_studentListFindNodeByScoreEqual(             // 17
        struct S_StudentList *head, int score,              // 18
        struct S_StudentList **pPrevious, struct S_StudentList **p);  // 19
extern void gb_studentListFindNodeByScoreLess(              // 20
        struct S_StudentList *head, int score,              // 21
        struct S_StudentList **pPrevious, struct S_StudentList **p);  // 22
extern void gb_studentListInsert(                           // 23
        struct S_StudentList **pHead, char *name, int score);  // 24
extern void gb_studentSystem( );                            // 25
                                                            // 26
#endif                                                      // 27
```

// 文件名：**C_StudentList.c**；开发者：雍俊海	行号

```
#include <stdio.h>                                          // 1
#include <stdlib.h>                                         // 2
#include <string.h>                                         // 3
#include "C_StudentList.h"                                  // 4
                                                            // 5
void gb_printMainMenu( )                                    // 6
{                                                           // 7
    printf("\n 主菜单:\n");                                 // 8
    printf("\t1: 添加 1 位学生。\n");                       // 9
    printf("\t2: 删除第 1 位指定成绩的学生。\n");           // 10
    printf("\t3: 删除所有学生。\n");                        // 11
    printf("\t4: 显示所有学生信息。\n");                    // 12
    printf("\t0: 退出。\n");                                // 13
    printf("请输入 1、2、3、4 或 0:");                      // 14
} // 函数 gb_printMainMenu 结束                             // 15
                                                            // 16
void gb_printStudentAll(struct S_StudentList *head)         // 17
{                                                           // 18
    struct S_StudentList *p = head;                         // 19
    int i;                                                  // 20
    if (p==NULL)                                            // 21
        printf("学生的信息列表为空。\n");                   // 22
    else printf("学生的所有信息如下：\n");                  // 23
    for (i=1; p!=NULL; p = p->m_next, i++)                  // 24
        printf("\t 第%d 个学生的姓名是%s，成绩是%d。\n",     // 25
            i, p->m_name, p->m_score);                      // 26
} // 函数 gb_printStudentAll 结束                           // 27
                                                            // 28
struct S_StudentList *gb_studentListCreateNode(char*name,int score)  // 29
{                                                           // 30
```

```
    struct S_StudentList *p=                                     // 31
        (struct S_StudentList*)malloc(sizeof(struct S_StudentList));  // 32
    if (p!=NULL)                                                 // 33
    {                                                            // 34
        strcpy_s(p->m_name, 20, name);                           // 35
        p->m_score = score;                                      // 36
    } // if 结束                                                 // 37
    return p;                                                    // 38
} // 函数 gb_studentListCreateNode 结束                          // 39
                                                                 // 40
void gb_studentListDeleteAll(struct S_StudentList ** pHead)      // 41
{                                                                // 42
    struct S_StudentList *p, *q;                                 // 43
    for (p=*pHead; p!=NULL;)                                     // 44
    {                                                            // 45
        q = p->m_next;                                           // 46
        free(p);                                                 // 47
        p = q;                                                   // 48
    } // for 结束                                                // 49
    *pHead = NULL;                                               // 50
} // 函数 gb_studentListDeleteAll 结束                           // 51
                                                                 // 52
void gb_studentListDeleteOneStudent(                             // 53
    struct S_StudentList ** pHead, int score)                    // 54
{                                                                // 55
    struct S_StudentList *pPrevious, *p;                         // 56
                                                                 // 57
    gb_studentListFindNodeByScoreEqual(                          // 58
        *pHead, score, &pPrevious, &p);                          // 59
    if (p==NULL)                                                 // 60
    {                                                            // 61
        printf("没有成绩为%d 的学生。\n", score);                // 62
        return;                                                  // 63
    } // if 结束                                                 // 64
    if (p==*pHead)                                               // 65
    {                                                            // 66
        *pHead = p->m_next;                                      // 67
        free(p);                                                 // 68
        return;                                                  // 69
    } // if 结束                                                 // 70
    pPrevious->m_next = p->m_next;                               // 71
    free(p);                                                     // 72
} // 函数 gb_studentListDeleteOneStudent 结束                    // 73
                                                                 // 74
void gb_studentListFindNodeByScoreEqual(                         // 75
    struct S_StudentList *head, int score,                       // 76
    struct S_StudentList **pPrevious, struct S_StudentList **p)  // 77
```

```
{                                                               // 78
   *p = head;                                                   // 79
   if (*p==NULL)                                                // 80
   {                                                            // 81
      *pPrevious = NULL;                                        // 82
      return;                                                   // 83
   } // if 结束                                                 // 84
   if (score==(*p)->m_score)                                    // 85
   {                                                            // 86
      *pPrevious = head;                                        // 87
      return;                                                   // 88
   } // if 结束                                                 // 89
   if (score <(*p)->m_score)                                    // 90
   { // 没有找到                                                // 91
      *pPrevious = NULL;                                        // 92
      *p = NULL;                                                // 93
      return;                                                   // 94
   } // if 结束                                                 // 95
   for (*pPrevious = head, *p=(*pPrevious)->m_next; *p!=NULL; ) // 96
   {                                                            // 97
      if (score==(*p)->m_score)                                 // 98
         return;                                                // 99
      if (score <(*p)->m_score)                                 // 100
      { // 没有找到                                             // 101
         *pPrevious = NULL;                                     // 102
         *p = NULL;                                             // 103
         return;                                                // 104
      } // if 结束                                              // 105
      *pPrevious = *p;                                          // 106
      *p=(*pPrevious)->m_next;                                  // 107
   } // for 结束                                                // 108
   *pPrevious = NULL; // 没有找到                               // 109
} // 函数 gb_studentListFindNodeByScoreEqual 结束               // 110
                                                                // 111
void gb_studentListFindNodeByScoreLess(                         // 112
      struct S_StudentList *head, int score,                    // 113
      struct S_StudentList **pPrevious, struct S_StudentList **p)// 114
{                                                               // 115
   *p = head;                                                   // 116
   if (*p==NULL)                                                // 117
   {                                                            // 118
      *pPrevious = NULL;                                        // 119
      return;                                                   // 120
   } // if 结束                                                 // 121
   if (score<=(*p)->m_score)                                    // 122
   {                                                            // 123
      *pPrevious = head;                                        // 124
```

```
      return;                                                  // 125
   } // if 结束                                                 // 126
   for (*pPrevious = head, *p=(*pPrevious)->m_next; *p!=NULL; ) // 127
   {                                                           // 128
      if (score<=(*p)->m_score)                                // 129
         return;                                               // 130
      *pPrevious = *p;                                         // 131
      *p=(*pPrevious)->m_next;                                 // 132
   } // for 结束                                                // 133
} // 函数 gb_studentListFindNodeByScoreLess 结束                 // 134
                                                               // 135
void gb_studentListInsert(                                     // 136
    struct S_StudentList **pHead, char *name, int score)      // 137
{                                                              // 138
   struct S_StudentList *pPrevious, *p, *r;                    // 139
   r = gb_studentListCreateNode(name, score);                 // 140
   if (r==NULL)                                                // 141
   {                                                           // 142
      printf("发生错误：没有成功获取内存。\n");                  // 143
      return;                                                  // 144
   } // if 结束                                                 // 145
   if ((*pHead)==NULL) // 学生列表为空                           // 146
   {                                                           // 147
      *pHead = r;                                              // 148
      (*pHead)->m_next=NULL;                                   // 149
      return;                                                  // 150
   } // if 结束                                                 // 151
   gb_studentListFindNodeByScoreLess(*pHead, score,&pPrevious,&p); // 152
   r->m_next = p;                                              // 153
   if (p==(*pHead))                                            // 154
      *pHead = r;                                              // 155
   else pPrevious->m_next = r;                                 // 156
} // 函数 gb_studentListInsert 结束                              // 157
                                                               // 158
void gb_studentSystem( )                                       // 159
{                                                              // 160
   int c=0;                                                    // 161
   char name[20]; // 姓名                                       // 162
   int score=0;    // 成绩                                      // 163
   struct S_StudentList * head=NULL;                           // 164
   do                                                          // 165
   {                                                           // 166
      c = 10;                                                  // 167
      gb_printMainMenu( );                                     // 168
      if (scanf_s("%d", &c)<=0)                                // 169
         printf("错误：输入格式有误!\n");                        // 170
      fseek(stdin, 0L, SEEK_END);                              // 171
```

```
    switch(c)                                                    // 172
    {                                                            // 173
    case 1: // 添加 1 位学生                                      // 174
        printf("添加学生，请输入这位学生的姓名:");                 // 175
        scanf_s("%19s", name, 20);                               // 176
        fseek(stdin, 0L, SEEK_END);                              // 177
        printf("请输入学生成绩:");                                // 178
        scanf_s("%d", &score);                                   // 179
        fseek(stdin, 0L, SEEK_END);                              // 180
        gb_studentListInsert(&head, name, score);                // 181
        break;                                                   // 182
    case 2: // 删除第 1 位指定成绩的学生                           // 183
        printf("删除学生，请输入这位学生的成绩:");                 // 184
        scanf_s("%d", &score);                                   // 185
        fseek(stdin, 0L, SEEK_END);                              // 186
        gb_studentListDeleteOneStudent(&head, score);            // 187
        break;                                                   // 188
    case 3: // 删除所有学生                                       // 189
        gb_studentListDeleteAll(&head);                          // 190
        break;                                                   // 191
    case 4: // 显示所有学生信息                                   // 192
        gb_printStudentAll(head);                                // 193
        break;                                                   // 194
    } // switch 结束                                             // 195
    } while (c!=0);                                              // 196
    gb_studentListDeleteAll(&head);                              // 197
} // 函数 gb_studentSystem 结束                                  // 198
```

// 文件名: **C_StudentListMain.c**；开发者：雍俊海	行号

```
#include <stdio.h>                                               // 1
#include <stdlib.h>                                              // 2
#include "C_StudentList.h"                                       // 3
                                                                 // 4
int main(int argc, char* args[ ])                                // 5
{                                                                // 6
    gb_studentSystem( );                                         // 7
    system("pause"); // 暂停住控制台窗口                          // 8
    return 0; // 返回 0 表明程序运行成功                          // 9
} // main 函数结束                                               // 10
```

可以对上面的代码进行编译、链接和运行。下面给出一个运行的结果示例。

主菜单：
    1：添加 1 位学生。
    2：删除第 1 位指定成绩的学生。
    3：删除所有学生。

　　　　　4：显示所有学生信息。

　　　　　0：退出。

请输入 1、2、3、4 或 0：*1*↙

添加学生，请输入这位学生的姓名：*关羽*↙

请输入学生成绩：*90*↙

主菜单：

　　　　　1：添加 1 位学生。

　　　　　2：删除第 1 位指定成绩的学生。

　　　　　3：删除所有学生。

　　　　　4：显示所有学生信息。

　　　　　0：退出。

请输入 1、2、3、4 或 0：*1*↙

添加学生，请输入这位学生的姓名：*张飞*↙

请输入学生成绩：*80*↙

主菜单：

　　　　　1：添加 1 位学生。

　　　　　2：删除第 1 位指定成绩的学生。

　　　　　3：删除所有学生。

　　　　　4：显示所有学生信息。

　　　　　0：退出。

请输入 1、2、3、4 或 0：*1*↙

添加学生，请输入这位学生的姓名：*赵云*↙

请输入学生成绩：*95*↙

主菜单：

　　　　　1：添加 1 位学生。

　　　　　2：删除第 1 位指定成绩的学生。

　　　　　3：删除所有学生。

　　　　　4：显示所有学生信息。

　　　　　0：退出。

请输入 1、2、3、4 或 0：*1*↙

添加学生，请输入这位学生的姓名：*马超*↙

请输入学生成绩：*75*↙

主菜单：

　　　　　1：添加 1 位学生。

　　　　　2：删除第 1 位指定成绩的学生。

　　　　　3：删除所有学生。

　　　　　4：显示所有学生信息。

　　　　　0：退出。

请输入 1、2、3、4 或 0：*1*↙

添加学生，请输入这位学生的姓名：*黄忠*↙

请输入学生成绩：*100*↙

主菜单：

```
        1：添加 1 位学生。
        2：删除第 1 位指定成绩的学生。
        3：删除所有学生。
        4：显示所有学生信息。
        0：退出。
请输入 1、2、3、4 或 0：4↙
学生的所有信息如下：
        第 1 个学生的姓名是马超，成绩是 75。
        第 2 个学生的姓名是张飞，成绩是 80。
        第 3 个学生的姓名是关羽，成绩是 90。
        第 4 个学生的姓名是赵云，成绩是 95。
        第 5 个学生的姓名是黄忠，成绩是 100。

主菜单：
        1：添加 1 位学生。
        2：删除第 1 位指定成绩的学生。
        3：删除所有学生。
        4：显示所有学生信息。
        0：退出。
请输入 1、2、3、4 或 0：2↙
删除学生，请输入这位学生的成绩：75↙

主菜单：
        1：添加 1 位学生。
        2：删除第 1 位指定成绩的学生。
        3：删除所有学生。
        4：显示所有学生信息。
        0：退出。
请输入 1、2、3、4 或 0：4↙
学生的所有信息如下：
        第 1 个学生的姓名是张飞，成绩是 80。
        第 2 个学生的姓名是关羽，成绩是 90。
        第 3 个学生的姓名是赵云，成绩是 95。
        第 4 个学生的姓名是黄忠，成绩是 100。

主菜单：
        1：添加 1 位学生。
        2：删除第 1 位指定成绩的学生。
        3：删除所有学生。
        4：显示所有学生信息。
        0：退出。
请输入 1、2、3、4 或 0：0↙
请按任意键继续...
```

单向链表也称为单链表或线性链表。如图 7-10 所示，单向链表是由结点依次连接而成的一种数据结构。每个结点由数据域和指针域两部分组成。数据域的内容可以自行定义。例如，上面代码文件"C_StudentList.h"第 4～9 行定义了单向链表结构体 S_StudentList。

在该结构体，数据域由 m_name 和 m_score 两个成员变量组成。指针域的数据类型必须是单向链表结构体的指针类型，用来指向下一个结点。例如，这里结构体的指针域是 m_next 指针，它的数据类型只能是结构体 S_StudentList 的指针类型。这样，指针 m_next 才有可能指向下一个结点。在同一个单向链表中，不同的结点占用不同的存储单元。这些存储单元可以是连续的，也可以是不连续。指针域将这些结点依次连接起来。在单向链表中，第一个结点称为首结点，最后一个结点称为尾结点。尾结点指针域的值一定是 NULL，表示在它之后没有其他结点。对于只有 1 个结点的单向链表而言，首结点与尾结点是同一个结点，如图 7-10(a)所示。在单向链表之外，还需要一个用来存放首结点地址的头指针变量，如图 7-10 所示。遍历单向链表通常从头指针开始。有了头指针，我们就可以访问单向链表的所有结点。

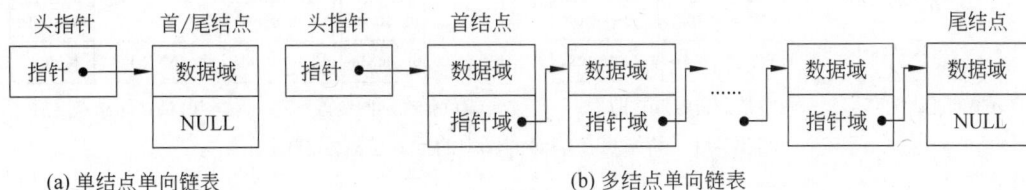

图 7-10 单向链表示意图

上面代码文件"C_StudentList.c"从第 17 行到第 27 行的函数 gb_printStudentAll 展示了如何遍历单向链表的所有结点。第 19 行代码"struct S_StudentList *p = head;"定义了指针 p 并给 p 赋了初值 head，其中 head 就是单向链表的头指针。从第 24 行到第 26 行的代码通过 for 循环语句，依次输出在指针 p 所指向的当前结点中的学生姓名与成绩。在每次输出结束之后，都会通过"p = p->m_next"让指针 p 指向下一个结点。循环语句的中止条件是"p==NULL"。如果"p==NULL"成立，则表示单向链表的所有结点都已经遍历完毕。在函数 gb_printStudentAll 中，即使单向链表为空，也不用担心。因为这时头指针 head 的值必定为 NULL，这会直接导致 for 循环语句的条件表达式不成立，从而不执行 for 循环语句的循环体，所以函数 gb_printStudentAll 在这时也不会发生错误。

上面代码文件"C_StudentList.c"从第 29 行到第 39 行的函数 gb_studentListCreateNode 展示了如何动态创建单向链表的单个结点。如第 31 行和第 32 行代码所示，我们可以通过函数 malloc 申请分配单个结点的存储单元。除了函数 malloc 之外，也可以通过函数 calloc 申请分配单个结点的存储单元。在函数 gb_studentListCreateNode 中，如果该结点的存储单元申请成功，则对该结点的数据域"p->m_name"和"p->m_score"进行赋值。但是，函数 gb_studentListCreateNode 并没有给指针域"p->m_next"赋值，因为这时并不知道这个结点要插入单向链表的哪个位置。

要将一个新结点插入单向链表当中，必须知道插入的位置。因此，上面代码文件"C_StudentList.c"从第 112 行到第 134 行的函数 gb_studentListFindNodeByScoreLess 根据新结点记录的成绩查找插入位置的前后两个结点的地址，并存放在指针(*pPrevious)和(*p)当中。图 7-11 列出了新结点在单向链表中插入位置的所有情况。如果单向链表是一张空表，则头指针的值为 NULL。这时，从第 116 行到第 121 行的代码将指针(*pPrevious)和(*p)的值均设置为 NULL，如图 7-11(a)所示。接下来，我们讨论单向链表不为空的情景。如果待插入结点的学生成绩不超过头指针所指向的结点的学生成绩，那么新结点应当在头指针所指向的结点的前面插入。如图 7-11(b)所示，在这时，我们让指针(*pPrevious)和(*p)的值均与当前头指针的值相等。如果在当前单向链表当中存在连续的两个结点，其中前面一个结点的学生成绩比新结点的学生成绩低，并且后面一个结点的学生成绩不比新结点的学生成绩低，那么新结点应当插入这两个结点的中间。我们让指针(*pPrevious)和(*p)分别指向其中前面和后面的结点，如图 7-11(c)所示。如果新结点的学生成绩比在单向链表中所有的学生成绩都大，那么新结点应当插入单向链表的末尾。这时，我们让指针(*pPrevious)指向尾结点，并让(*p)的值等于 NULL，如图 7-11(d)所示。

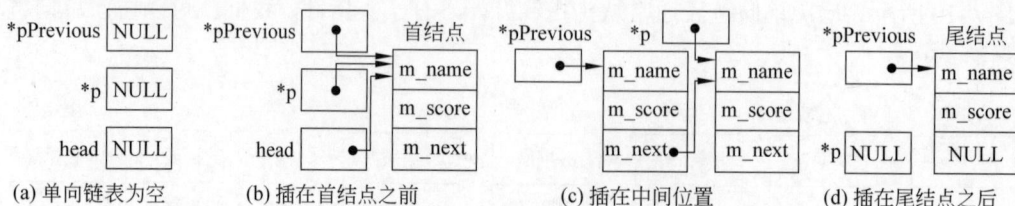

图 7-11 新结点在单向链表中的插入位置示意图

在找到新结点的插入位置之后，我们就可以将该新结点插入单向链表当中。上面代码文件"C_StudentList.c"从第 136 行到第 157 行的函数 gb_studentListInsert 展示了如何将新结点插入单向链表当中。第 152 行的代码将指针 pPrevious 和 p 的地址传递给函数 gb_studentListFindNodeByScoreLess。因此，函数 gb_studentListFindNodeByScoreLess 的(*pPrevious) 与函数 gb_studentListInsert 的变量 pPrevious 拥有相同的内存空间，gb_studentListFindNodeByScoreLess 的(*p)与函数 gb_studentListInsert 的变量 p 拥有相同的内存空间。由函数 gb_studentListFindNodeByScoreLess 获取的新结点插入位置共分为四种情况，如图 7-11 所示。这四种情况在函数 gb_studentListInsert 当中的处理方式如图 7-12 所示。在图 7-12 当中，新结点填充了其他颜色，而且采用点线表示其边线，从而与单向链表的原有结点区分开；被修改或新赋值的指针值同样采用点线表示，从而直观展示新结点插入的操作。在函数 gb_studentListInsert 当中，从第 146 行到第 151 行的代码处理了单向链表为空的情况。在插入新结点之后，单向链表就由该新结点组成，如图 7-12(a)右侧所示。因此，在这种情况下，第 149 行的代码将新结点的下一个结点地址设置为 NULL。对于其他三种情况，新结点的下一个结点地址均为指针 p 的值，如图 7-12(b)、(c)和(d)各图右侧所示。这样，我们得到第 153 行的语句"r->m_next = p;"，其中指针 r 指向新结点。对于第 2 种情况，新结点的下一个结点指针指向原来的首结点，如图 7-12(b)右侧所示。这时，第 154 行代码的判断"if (p==(*pHead))"成立，即这时指针 p 的值为原首结点的地址。新的结点成为新的首结点。因此，第 155 行的代码"*pHead = r;"将头指针设置为指向新结点。对于第 3 和第 4 种情况，指针 p 不等于(*pHead)，即指针 p 不指向首结点。这时，需要将指针 pPrevious 所指向的结点的下一个结点指针设置为指向新结点，从而将新结点插入单向链表当中。

上面代码文件"C_StudentList.c"从第 75 行到第 110 行的函数 gb_studentListFindNodeByScoreEqual 查找成绩为给定 score 的结点(**p)及其前一个结点(**pPrevious)，为删除单个结点做准备。如果头指针的值为 NULL，则表明单向链表为空。

(a) 第 1 种情况：单向链表为空

(b) 第 2 种情况：插在原首结点之前

(c) 第 3 种情况：插在中间位置

(d) 第 4 种情况：插在尾结点之后

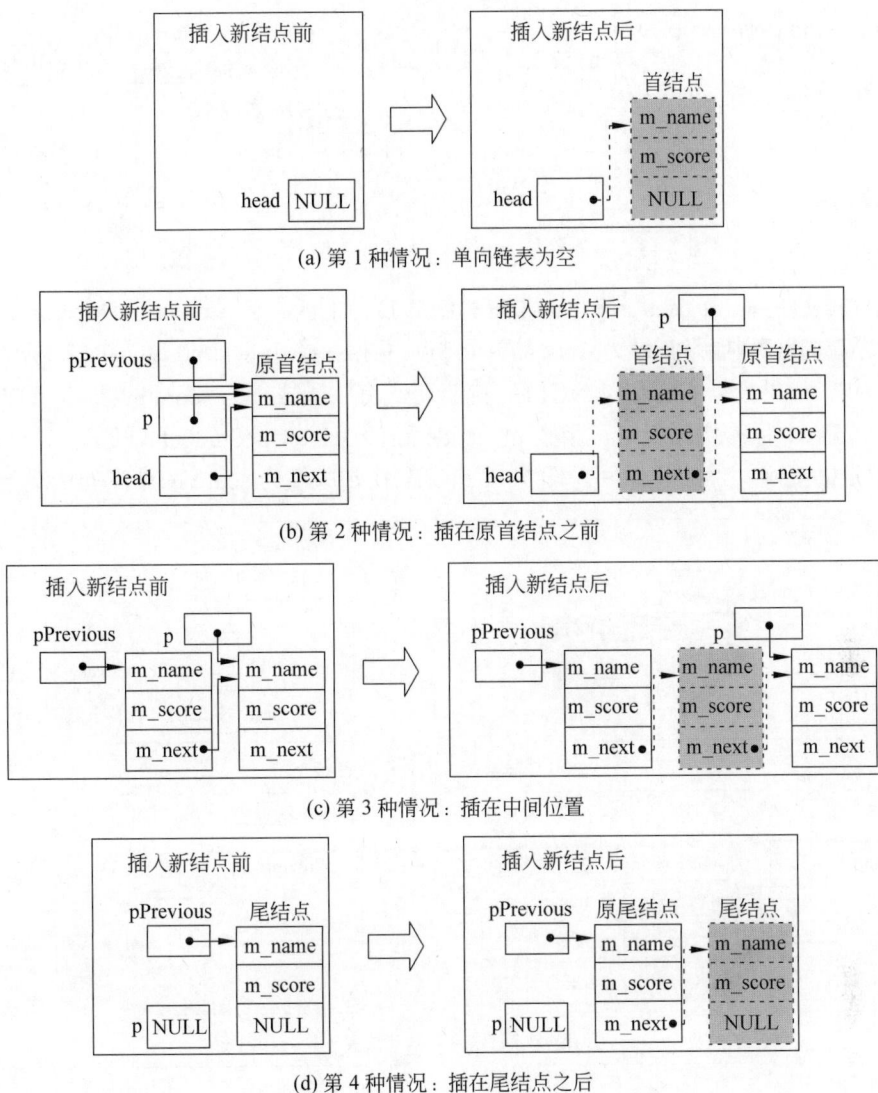

图 7-12　在单向链表中插入新结点的示意图

这时，如图 7-13(a)所示，指针(*p)和(*pPrevious)的值均为 NULL，表明在单向链表中不存在成绩为 score 的结点。接下来，我们讨论单向链表不为空的情景。如果首结点的学生成绩等于 score，则指针(*p)和(*pPrevious)的值均指向首结点，如图 7-13(b)所示，对应从第 85 行到第 89 行的代码。因为在单向链表当中各个结点按学生成绩从小到大排序，所以如果 score 比首结点的学生成绩还小，说明在单向链表中不存在成绩为 score 的结点。这时，指针(*p)和(*pPrevious)的值均为 NULL，如图 7-13(a)所示，对应从第 90 行到第 95 行的代码。从第 96 行到第 108 行的代码从第 2 个结点开始依次查找成绩为 score 的结点。如果指针(*p)指向的当前结点的学生成绩等于 score，则表明找到该结点，结果如图 7-13(c)或图 7-13(d)所示。如果 score 比指针(*p)指向的当前结点的学生成绩还小，说明在单向链表中不存在成绩为 score 的结点。这时，指针(*p)和(*pPrevious)的值均为 NULL，如图 7-13(a)所示。

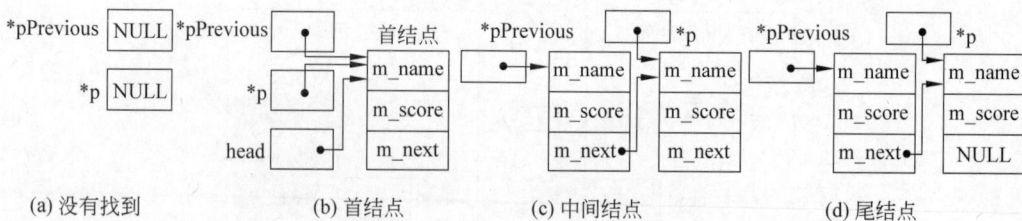

图 7-13　待删除结点在单向链表中的位置情况示意图

（a）没有找到　　（b）首结点　　（c）中间结点　　（d）尾结点

上面代码文件"C_StudentList.c"从第 53 行到第 73 行的函数 gb_studentListDeleteOneStudent 展示了如何从单向链表中删除成绩为 **score** 的单个结点。根据函数 gb_studentListFindNodeByScoreEqual 查找的结果，如果指针 p 的值是 NULL，则表明没有找到成绩为 score 的结点。这时，如从第 60 行到第 64 行的代码所示，函数 gb_studentListDeleteOneStudent 只是输出该成绩没有对应的学生的提示，然后就返回。图 7-14 给出在找到成绩为 score 的结点的情况下进行结

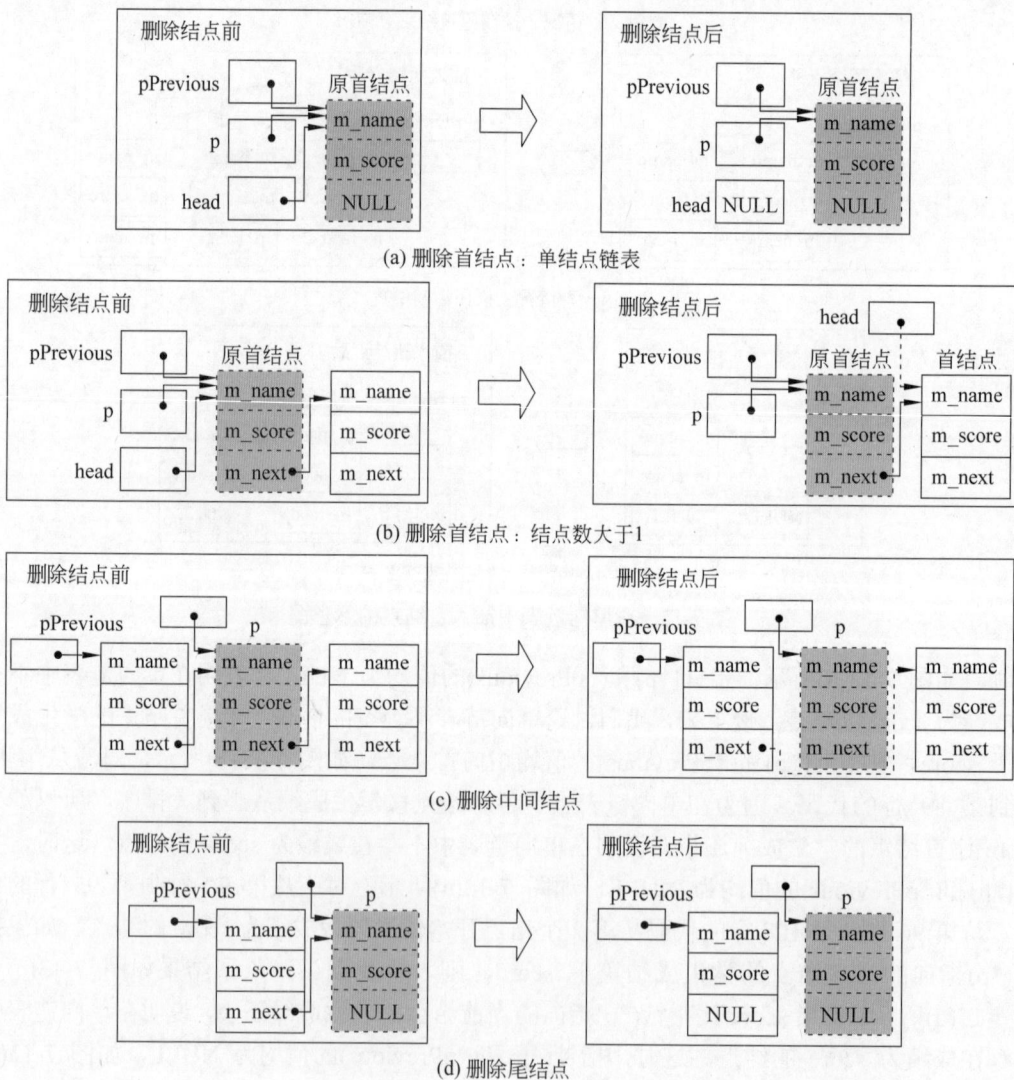

（a）删除首结点：单结点链表

（b）删除首结点：结点数大于1

（c）删除中间结点

（d）删除尾结点

图 7-14　删除成绩为 score 的单个结点

点删除的图示。在图 7-14 当中，左侧待删除的结点和右侧已删除的结点均填充了其他颜色，而且采用点线表示其边线，从而与单向链表的其他结点区分开；被修改或新赋值的指针值同样采用点线表示，从而直观展示结点删除的操作。删除首结点的图示参见图 7-14(a)和图 7-14(b)。这时，如从第 65 行到第 70 行的代码所示，先将头指针的值设置为原首结点的 m_next 的值，然后删除指定的结点。删除中间结点的图示参见图 7-14(c)，删除尾结点的图示参见图 7-14(d)。在这两种情况下，如从第 71 行到第 72 行的代码所示，先将指针 (pPrevious->m_next)的值设置为(p->m_next)的值，然后删除指定的结点。

前面介绍了如何删除单个结点，文件"C_StudentList.c"从第 41 行到第 51 行的函数 gb_studentListDeleteAll 展示了如何从单向链表中删除所有结点。我们从首结点开始依次删除各个结点。如第 43 行的代码所示，我们需要两个指针，其中指针 p 用来记录当前结点的地址，指针 q 用来记录下一个结点的地址。这里需要注意的是，在我们删除当前结点之前，应当用一个指针记录下一个结点的地址，从而保证我们在删除当前结点之后能够正确地将下一个结点当作当前结点。因此，第 46 行代码"q = p->m_next;"将下一个结点的地址赋值给指针 q，第 47 行的代码"free(p);"释放当前结点的内存空间。接着，第 48 行的代码"p = q;"将下一个结点当作当前结点，继续下一轮循环，直到指针 p 的值为 NULL，即直到所有结点的内存都被释放了才结束循环。

文件"C_StudentList.c"从第 159 行到第 198 行的函数 gb_studentSystem 控制学生姓名及成绩管理系统的流程。它不断接收输入的命令，并执行相应的命令，直到接收到退出的命令。在函数 gb_studentSystem 中，第 167 行代码"c = 10;"是为了预防出现错误的输入，其中数字 10 可以替换成任何一个小于 0 或者大于 4 的整数，表示出现了错误的命令代码。如果在第 169 行接收输入时发现输入有误，则变量 c 的值不会发生变化，即变量 c 的值仍然为 10，从而不执行添加和删除等操作，而只是输出"错误: 输入格式有误!"，并且要求重新输入命令。下面给出了错误输入的示例。要求输入的是"1、2、3、4 或 0"，但却输入了"abc"。因此，函数 scanf_s 无法从"abc"解析出十进制整数，变量 c 的值不会发生变化，函数 scanf_s 返回 0。

```
主菜单:
    1: 添加 1 位学生。
    2: 删除第 1 位指定成绩的学生。
    3: 删除所有学生。
    4: 显示所有学生信息。
    0: 退出。
请输入 1、2、3、4 或 0: abc↙
错误: 输入格式有误!

主菜单:
    1: 添加 1 位学生。
    2: 删除第 1 位指定成绩的学生。
    3: 删除所有学生。
    4: 显示所有学生信息。
    0: 退出。
请输入 1、2、3、4 或 0:
```

第 171、177、180 和 186 行的代码 "fseek(stdin, 0L, SEEK_END);" 的作用是跳过在这一行输入的多余内容，从而提高交互的友好性。下面给出了一个输入示例。在这个示例中，输入的是 "4 1 2"。这样，只有 4 被读取给变量 c，后续的 "1 2" 将会被跳过。

> 主菜单：
>   1：添加 1 位学生。
>   2：删除第 1 位指定成绩的学生。
>   3：删除所有学生。
>   4：显示所有学生信息。
>   0：退出。
> 请输入 1、2、3、4 或 0：_4 1 2↙_
> 学生的信息列表为空。
>
> 主菜单：
>   1：添加 1 位学生。
>   2：删除第 1 位指定成绩的学生。
>   3：删除所有学生。
>   4：显示所有学生信息。
>   0：退出。
> 请输入 1、2、3、4 或 0：

如果去掉第 171 行代码 "fseek(stdin, 0L, SEEK_END);"，那么对于同样的输入，后续的 "1 2" 将会继续被读取给变量 c，从而触发添加 1 位学生的命令，并且 2 将会变为学生的姓名，然后要求输入学生的成绩。在这个过程中，在屏幕上具体显示的内容如下面所示。

> 主菜单：
>   1：添加 1 位学生。
>   2：删除第 1 位指定成绩的学生。
>   3：删除所有学生。
>   4：显示所有学生信息。
>   0：退出。
> 请输入 1、2、3、4 或 0：_4 1 2↙_
> 学生的信息列表为空。
>
> 主菜单：
>   1：添加 1 位学生。
>   2：删除第 1 位指定成绩的学生。
>   3：删除所有学生。
>   4：显示所有学生信息。
>   0：退出。
> 请输入 1、2、3、4 或 0：添加学生，请输入这位学生的姓名：请输入学生成绩：

在第 176 行代码 "scanf_s("%19s", name, 20);" 当中，19 表明最多只读入 19 个字符给字符数组 name，函数 scanf_s 在读入字符之后还会自动添加作为字符串结束标志的'\0'，从而保证总字符个数不会超过 name 的元素个数 20。

7.6 函数指针与函数自动测试

函数指针是一种指针，它指向函数。**函数指针变量的定义格式**如下：

> *返回类型（*函数指针变量名）（函数形式参数列表）；*

对照上面定义格式与函数声明的格式，我们可以发现上面格式仅增加了 1 对圆括号与 1 个星号。

> ┍╌**注意事项**╌┑
>
> 在函数定义中，函数返回类型和函数形式参数类型列表的不同组合代表了**不相同的函数类型**。同样，在函数指针变量定义中，函数返回类型和函数形式参数类型列表的不同组合代表了**不相同的函数指针类型**。

> 📖**说明**📖
>
> 注意函数指针与指针函数的区别。**函数指针**是指针，它指向函数。**指针函数**是函数，它的返回值是指针。

函数指针在 C 语言程序中有着非常重要的作用。通过函数指针，可以用来指定**回调函数**。例如，C 语言的系统错误处理函数就采用了回调函数的机制。如果我们不提供自定义的系统错误处理函数，操作系统就采用默认的系统错误处理函数处理输入和输出等系统错误。如果我们自定义了系统错误处理函数，那么我们就可以通过函数指针将该函数提交给操作系统，供操作系统调用，同时操作系统就不调用默认的系统错误处理函数。采用这种回调函数的机制使得操作系统调用我们自定义的函数来处理系统错误成为可能；而且还可以在不同的情况下使用不同的自定义函数，只要我们在不同的情况下通过函数指针提供不同的自定义函数。否则，操作系统必须预先知道我们自定义的系统错误处理函数的函数名及其希望的调用时机。

函数指针还常常用于**函数自动测试**。俗话说，条条道路通罗马。求解相同的问题常常可以采用不同的方法，相似功能的函数可以拥有不同的实现形式。通过函数指针，使得同一个测试函数可以测试采用不同方式实现的相似函数。下面通过一个例程来说明函数指针与函数自动测试。

例程 7-11 计算从 1 到 n 的整数之和及其测试验证程序。

例程功能描述：对于任意的整数 n，计算从 1 到 n 的整数之和，并编写相应的测试验证程序。如果 n 小于 1，则计算结果应当为 0。

例程解题思路：本例程采用两种思路计算从 1 到 n 的整数之和。第一种思路是采用直接的方法，即将从 1 到 n 的整数依次进行相加从而得到和；第二种思路是采用高斯求和的方法，即采用公式 "$sum = (1+n) \times n/2$" 进行求和计算。采用第一种思路编写的函数将会被测试，同时也成为测试的基准函数。本例程采用两种思路进行自动测试。第一种思路是通过数组给出输入与输出案例，并用输入案例调用被测函数，然后比对输出结果。第二种思路是通过基准函数，比对被测函数与基准函数的输出结果，同时也判断在求和过程中是否发生溢出。

　　下面给出按照上面思路编写的代码。例程代码由 5 个源程序代码文件"C_SumFrom1ToN.h"
"C_SumFrom1ToN.c""C_SumFrom1ToNUnitTest.h""C_SumFrom1ToNUnitTest.c"和
"C_SumFrom1ToNUnitTestMain.c"组成，具体的程序代码如下。

// 文件名：**C_SumFrom1ToN.h**；开发者：雍俊海	行号
`#ifndef C_SUMFROM1TON_H`	// 1
`#define C_SUMFROM1TON_H`	// 2
	// 3
`extern int gb_getSumFrom1ToN_Formula(int n);`	// 4
`extern int gb_getSumFrom1ToN_Loop(int n);`	// 5
	// 6
`#endif`	// 7

// 文件名：**C_SumFrom1ToN.c**；开发者：雍俊海	行号
`#include <stdio.h>`	// 1
`#include <stdlib.h>`	// 2
	// 3
`int gb_getSumFrom1ToN_Formula(int n)`	// 4
`{`	// 5
`    int sum=1;`	// 6
`    if (n<1)`	// 7
`        return 0;`	// 8
`    sum = (1+n)*n/2;`	// 9
`    return sum;`	// 10
`} // 函数 gb_getSumFrom1ToN_Formula 结束`	// 11
	// 12
`int gb_getSumFrom1ToN_Loop(int n)`	// 13
`{`	// 14
`    int i, sum=1;`	// 15
`    if (n<1)`	// 16
`        return 0;`	// 17
`    for (i=2; (i<=n)&&(sum>0); i++)`	// 18
`        sum+=i;`	// 19
`    return sum;`	// 20
`} // 函数 gb_getSumFrom1ToN_Loop 结束`	// 21

// 文件名：**C_SumFrom1ToNUnitTest.h**；开发者：雍俊海	行号
`#ifndef C_SUMFROM1TONUNITTEST_H`	// 1
`#define C_SUMFROM1TONUNITTEST_H`	// 2
	// 3
`#include "C_SumFrom1ToN.h"`	// 4
	// 5
`extern int gb_getSumFrom1ToNUnitTest_Array(int (*f)(int n));`	// 6
`extern int gb_getSumFrom1ToNUnitTest_Enum(int (*f)(int n));`	// 7

	// 8
`#endif`	// 9

// 文件名：**C_SumFrom1ToNUnitTest.c**；开发者：雍俊海	行号
`#include <stdio.h>`	// 1
`#include <stdlib.h>`	// 2
`#include "C_SumFrom1ToNUnitTest.h"`	// 3
	// 4
`// 返回值：0 表示成功；其他值表示失败`	// 5
`int gb_getSumFrom1ToNUnitTest_Array(int (*f)(int n))`	// 6
`{`	// 7
`    int nArray[] = {INT_MIN, -4, -3, -2, -1, 0, 1, 2, 3, 4};`	// 8
`    int sArray[] = {0,    0, 0, 0, 0, 0, 1, 3, 6, 10};`	// 9
`    int n = (int)(sizeof(nArray)/sizeof(int));`	// 10
`    int i, sum;`	// 11
`    for (i=0; i<n; i++)`	// 12
`    {`	// 13
`        sum = f(nArray[i]);`	// 14
`        if (sum!=sArray[i])`	// 15
`        {`	// 16
`            printf("错误：当计算%d 时，两者不一致"`	// 17
`                "(标准值=%d，计算值=%d)。\n",nArray[i],sArray[i],sum);`	// 18
`            return 2;`	// 19
`        } // if 结束`	// 20
`    } // for 循环结束`	// 21
`    printf("祝贺：成功通过测试!。\n");`	// 22
`    return 0;`	// 23
`} // 函数 gb_getSumFrom1ToNUnitTest_Array 结束`	// 24
	// 25
`// 返回值：0 表示成功；其他值表示失败`	// 26
`int gb_getSumFrom1ToNUnitTest_Enum(int (*f)(int n))`	// 27
`{`	// 28
`    int nStart = -3;`	// 29
`    int nEnd = INT_MAX;`	// 30
`    int i, sum1, sum2;`	// 31
`    for (i=nStart; i<=nEnd; i++)`	// 32
`    {`	// 33
`        sum1 = gb_getSumFrom1ToN_Loop(i);`	// 34
`        if (sum1<0)`	// 35
`        {`	// 36
`            printf("错误：当计算%d 时溢出(sum=%d)。\n", i, sum1);`	// 37
`            return 1;`	// 38
`        } // if 结束`	// 39
`        sum2 = f(i);`	// 40
`        if (sum2!=sum1)`	// 41
`        {`	// 42
`            printf("错误：当计算%d 时，两者不一致"`	// 43

```
                     "(标准值=%d, 计算值=%d)。\n", i, sum1, sum2);      // 44
            return 2;                                                   // 45
        } // if 结束                                                     // 46
    } // for 循环结束                                                     // 47
    printf("祝贺：成功通过测试！。\n");                                    // 48
    return 0;                                                           // 49
} // 函数 gb_getSumFrom1ToNUnitTest_Enum 结束                           // 50
```

```
// 文件名：C_SumFrom1ToNUnitTestMain.c；开发者：雍俊海          行号

#include <stdio.h>                                            // 1
#include <stdlib.h>                                           // 2
#include "C_SumFrom1ToNUnitTest.h"                            // 3
                                                              // 4
int main(int argc, char* args[ ])                             // 5
{                                                             // 6
    gb_getSumFrom1ToNUnitTest_Array(gb_getSumFrom1ToN_Loop);     // 7
    gb_getSumFrom1ToNUnitTest_Enum(gb_getSumFrom1ToN_Loop);      // 8
    gb_getSumFrom1ToNUnitTest_Array(gb_getSumFrom1ToN_Formula);  // 9
    gb_getSumFrom1ToNUnitTest_Enum(gb_getSumFrom1ToN_Formula);   // 10
    system("pause"); // 暂停住控制台窗口                         // 11
    return 0; // 返回 0 表明程序运行成功                         // 12
} // main 函数结束                                             // 13
```

可以对上面的代码进行编译、链接和运行。下面给出一个运行的结果示例。

```
祝贺：成功通过测试！。
错误：当计算 65536 时溢出(sum=-2147450880)。
祝贺：成功通过测试！。
错误：当计算 46341 时，两者不一致(标准值=1073767311, 计算值=-1073716337)。
请按任意键继续. . .
```

在文件"C_SumFrom1ToNUnitTest.c"的第 6 行和第 27 行代码当中，"int (*f)(int n)"定义了函数指针 f，这个函数指针还分别是函数 gb_getSumFrom1ToNUnitTest_Array 和函数 gb_getSumFrom1ToNUnitTest_Enum 的形式参数。文件"SumFrom1ToNUnitTestMain.c"的第 7 行代码"gb_getSumFrom1ToNUnitTest_Array(gb_getSumFrom1ToN_Loop);"将被测试函数 gb_getSumFrom1ToN_Loop 作为实际参数传递给测试验证函数 gb_getSumFrom1ToNUnitTest_Array，后续的从第 8 行到第 10 行的代码同样将被测试函数作为实际参数传递给相应的测试验证函数。文件"C_SumFrom1ToNUnitTest.c"的第 14 行代码"sum = f(nArray[i]);"通过函数指针 f 调用实际传递进来的被测试函数，第 40 行代码"sum2 = f(i);"同样通过函数指针 f 调用实际传递进来的被测试函数，从而实现函数测试验证。

在上面代码中，我们提供了两个测试验证函数。文件"C_SumFrom1ToNUnitTest.c"从第 27 行到第 50 行代码的函数 gb_getSumFrom1ToNUnitTest_Enum 采用枚举的方式将被测函数与基准函数 gb_getSumFrom1ToN_Loop 进行计算结果比对。如从第 35 行到第 39 行的代码所示，如果计算得到的和小于 0，则表明计算结果溢出。否则，如从第 41 行到第 46

行的代码所示，进行计算结果比对。如果出现不相同的结果，则表明其中至少有一个函数的计算结果是错误的。通过输出结果，我们可以看出：当 n=65536 时，用函数 gb_getSumFrom1ToN_Loop 计算从 1 到 n 之和就会出现计算溢出；当 n=46341 时，用函数 gb_getSumFrom1ToN_Formula 计算从 1 到 n 之和就会出现计算溢出。

在进行程序测试验证的时候，我们常常无法进行完整的枚举测试，因为完整的枚举测试所需要的时间常常超过了我们能够接受的范围。我们更经常的是采用采样测试验证方法。那如何进行采样呢？我们必须让测试案例经典且富有代表性。常用的方法有黑盒测试和白盒测试。黑盒测试和白盒测试都要进行测试案例等价类划分。然后，根据均衡等价类的规模以及所允许的测试时间，在每个等价类中选取若干案例进行测试。黑盒测试是在只了解程序功能而不阅读程序代码的前提条件下进行测试案例等价划分和测试案例选取，从而验证程序是否满足需求。例如，在上面求和例程中，要求计算从 1 到 n 的整数之和。我们可以对整数进行等价类划分。整数按其符号可以分为负整数、零和正整数。这样，我们可以得到[INT_MIN, −1]、{0}和[1, INT_MAX]三个等价类，其中 INT_MIN 和 INT_MAX 是 C 语言标准库文件<limits.h>定义的宏，分别表示最小的 int 类型整数和最大的 int 类型整数。整数按奇偶性又可以划分为奇数与偶数。因此，我们除了选取[INT_MIN, −1]和[1, INT_MAX]的边界作为测试案例之外，还应当在这两个区间内部分别选取奇数与偶数。这样，我们就构成了测试案例集合{INT_MIN, −4, −3, −2, −1, 0, 1, 2, 3, 4, INT_MAX}。其中 INT_MIN、−1、0、1 和 INT_MAX 都是必须的；−4、−3 和−2 可以用在[INT_MIN, −1]内部的其他部分奇数和部分偶数替代；同样，2、3 和 4 可以用在[1, INT_MAX]内部的其他部分奇数和部分偶数替代。考虑到如果当 n 等于 INT_MAX 时，计算得到的和一定会溢出，因此，去掉了测试案例 INT_MAX。这样，我们得到了在文件 "C_SumFrom1ToNUnitTest.c" 当中第 8 行的测试案例 "int nArray[] = {INT_MIN, −4, −3, −2, −1, 0, 1, 2, 3, 4};"。对于这些测试案例，我们可以预先计算出求和的计算结果，从而得到第 9 行的代码"int sArray[] = {0, 0, 0, 0, 0, 0, 1, 3, 6, 10};"。测试案例的总个数可以自动计算而得，如第 10 行的代码 "int n = (int) (sizeof(nArray)/ sizeof(int));" 所示。从第 11 行到第 23 行的代码通过循环依次调用被测试函数，比对计算结果，并输出相应的测试结果。设 sizeof(int)=4，则从 1 到 n 所有整数之和能够被单个 int 类型变量表达的最大的 n 是 n=65535。如果我们已经预先得知这个结果，我们也可以将 65535 加入第 8 行的数组 nArray 的元素当中，作为一个新的测试案例。

进行白盒测试需要阅读和分析程序代码。白盒测试需要根据程序代码的每个分支划分等价类。因此，白盒测试有时又称为穷举路径测试，即白盒测试要求程序的每个分支都要有对应的等价类。与黑盒测试一样，在划分等价类之后，根据等价类的规模并且平衡测试时间，在每个等价类中选取若干案例进行测试。因此，采用白盒测试方法测试函数，通常会与被测函数的具体实现代码密切相关。

有了函数指针，函数的自动测试变得更加规范和简单。上面函数 gb_getSumFrom1ToNUnitTest_Array 和 gb_getSumFrom1ToNUnitTest_Enum 可以同时用来测试验证求和函数 gb_getSumFrom1ToN_Loop 和 gb_getSumFrom1ToN_Formula。如果编写了其他求和函数，我们同样可以继续采用函数 gb_getSumFrom1ToNUnitTest_Array 和 gb_getSumFrom1ToNUnitTest_Enum 来进行测试验证，而不需要修改这两个测试验证函数的函数体。

在上面例程当中，函数指针是函数的形式参数。我们还可以定义函数指针变量，并且给它赋值，具体示例代码如下：

```
int n = 65535;                                              // 1
int (*f)(int n);                                            // 2
int result;                                                 // 3
f = gb_getSumFrom1ToN_Loop;                                 // 4
result = f(n);                                              // 5
printf("sizeof(int)=%d。\n", (int)(sizeof(int)));           // 6
printf("从 1 到%d 的和等于%d。\n", n , result);             // 7
```

我们可以用上面的代码替代上面例程文件"C_SumFrom1ToNUnitTestMain.c"从第 7 行到第 10 行的代码，然后进行编译、链接和运行。下面给出一个运行的结果示例。

```
sizeof(int)=4。
从 1 到 65535 的和等于 2147450880。
请按任意键继续．．．
```

上面第 2 行代码"int (*f)(int n);"定义了函数指针变量 f。第 4 行代码"f = gb_getSumFrom1ToN_Loop;"将函数 gb_getSumFrom1ToN_Loop 的地址赋值给函数指针变量 f。第 5 行代码"result = f(n);"通过函数指针变量 f 进行函数调用。这条语句在功能上等价于"result = gb_getSumFrom1ToN_Loop(n);"。

我们还可以定义函数指针数组变量。这只要在前面的函数指针变量定义格式当中，在函数指针变量名后面添加一对中括号，并且在中括号当中添加上数组元素个数就可以了。下面给出相应的代码示例。

```
int i;                                                     // 1
int (*fa[2])(int n);                                       // 2
fa[0] = gb_getSumFrom1ToN_Loop;                            // 3
fa[1] = gb_getSumFrom1ToN_Formula;                         // 4
for (i=0; i<2; i++)                                        // 5
{                                                          // 6
    gb_getSumFrom1ToNUnitTest_Array(fa[i]);               // 7
    gb_getSumFrom1ToNUnitTest_Enum(fa[i]);                // 8
} // for 循环结束                                          // 9
```

我们可以用上面的代码替代上面例程文件"C_SumFrom1ToNUnitTestMain.c"从第 7 行到第 10 行的代码，然后进行编译、链接和运行。运行结果与上面例程的运行结果完全相同。在上面代码当中，我们定义了函数指针数组变量 fa，它拥有两个元素 fa[0]和 fa[1]。这两个元素的数据类型都是函数指针。

与其他数组变量的定义一样，函数指针数组变量的定义还可以通过带初始化的不显式指定数组元素个数的方式。因此，上面的代码还可以改写为如下代码。这两组代码在功能上完全等价。

```
int i;                                                     // 1
```

```
    int (*fa[ ])(int n) =                                        // 2
        {gb_getSumFrom1ToN_Loop, gb_getSumFrom1ToN_Formula};     // 3
    for (i=0; i<2; i++)                                          // 4
    {                                                            // 5
        gb_getSumFrom1ToNUnitTest_Array(fa[i]);                  // 6
        gb_getSumFrom1ToNUnitTest_Enum(fa[i]);                   // 7
    } // for 循环结束                                            // 8
```

在 C 语言中，还允许函数的返回类型是函数指针类型。返回类型是函数指针类型的函数首部定义格式如下：

[修饰词] 指向函数的返回类型 (*函数名(函数本身的形式参数列表)) (指向函数的形式参数列表)

在上面定义格式中，最前端的修饰词是函数修饰词。函数修饰词只能是 extern、static 或者为空。在上面定义格式中，

指向函数的返回类型 (*) (指向函数的形式参数列表)

这些内容定义了函数返回值的数据类型，即函数指针类型，其中，"指向函数的返回类型" 定义了返回值函数指针指向的函数所拥有的返回类型，"指向函数的形式参数列表" 定义了返回值函数指针指向的函数的形式参数列表。下面给出代码示例：

```
#include <stdio.h>                                              // 1
#include <stdlib.h>                                             // 2
#include "C_SumFrom1ToNUnitTest.h"                              // 3
                                                                // 4
int gb_return0(int n)                                           // 5
{                                                               // 6
    return 0;                                                   // 7
} // 函数 gb_return0 结束                                       // 8
                                                                // 9
int (*gb_getSumFrom1ToNPointer(int m))(int n)                   // 10
{                                                               // 11
    if (m<46341)                                                // 12
        return gb_getSumFrom1ToN_Formula;                       // 13
    if (m<65536)                                                // 14
        return gb_getSumFrom1ToN_Loop;                          // 15
    return gb_return0;                                          // 16
} // 函数 gb_getSumFrom1ToNPointer 结束                         // 17
                                                                // 18
int main(int argc, char* args[ ])                               // 19
{                                                               // 20
    int i;                                                      // 21
    int (*f)(int n);                                            // 22
    int a[] = {-4, 4, 46340, 46341, 65535, 65536};              // 23
    int n = (int)(sizeof(a)/sizeof(int));                       // 24
    for (i=0; i<n; i++)                                         // 25
```

```
    {                                                          // 26
      f = gb_getSumFrom1ToNPointer(a[i]);                      // 27
      printf("从 1 到%d 的和等于%d。\n", a[i] , f(a[i]));       // 28
    } // for 循环结束                                          // 29
    system("pause"); // 暂停住控制台窗口                        // 30
    return 0; // 返回 0 表明程序运行成功                        // 31
} // main 函数结束                                             // 32
```

我们可以用上面的代码替代上面例程文件"C_SumFrom1ToNUnitTestMain.c"的全部内容。然后，对上面的代码进行编译、链接和运行。下面给出一个运行的结果示例。

```
从 1 到-4 的和等于 0。
从 1 到 4 的和等于 10。
从 1 到 46340 的和等于 1073720970。
从 1 到 46341 的和等于 1073767311。
从 1 到 65535 的和等于 2147450880。
从 1 到 65536 的和等于 0。
请按任意键继续. . .
```

在上面代码当中，从第 10 行到第 17 行的代码定义了函数 gb_getSumFrom1ToNPointer。这个函数的返回值的数据类型就是函数指针类型。函数 gb_getSumFrom1ToNPointer 的形式参数是 m。函数 gb_getSumFrom1ToNPointer 返回的是函数指针，该函数指针指向一个函数，这个函数的返回数据类型就是第 10 行最前端的 int，其形式参数是 n。函数 gb_getSumFrom1ToNPointer 返回的函数指针综合了函数 gb_getSumFrom1ToN_Formula 计算速度快的优点和函数 gb_getSumFrom1ToN_Loop 计算有效范围广的优点。这样，在主函数当中，就可以利用函数 gb_getSumFrom1ToNPointer 返回的函数指针选取最佳的函数计算从 1 到 n 所有整数的和。在上面代码当中，对于会出现求和溢出的情况，则返回并输出 0。

> **注意事项**：
> 函数的返回类型不允许是函数类型，但允许是函数指针类型。

如果去掉在返回类型是函数指针类型的函数首部定义格式当中的星号，那么函数的返回类型就是函数类型，但这在 C 语言当中是不允许的。例如：

```
int (gb_getSumFrom1ToNPointer(int m))(int n)
```

上面代码在 C 语言当中是不允许的。

7.7 本 章 小 结

指针是 C 语言非常重要的一种数据类型。在指针的定义中，星号是与变量名配对的，每个指针变量的定义都需要至少一个星号。空类型指针是一种非常特殊的指针。它只记录内存地址，而且无法对该地址的内存进行解析。因此，无法对空类型指针进行自增、自减和加上整数等操作，两个空类型指针之间相减也是不允许的。指针与结构体配合可以形成单向链表等复杂的数据结构，从而使得程序的数据表达更加丰富，进一步提高了程序处理能力。函数指针也是一类非常特殊的指针，它常常用于指定回调函数和函数的自动测试验证。下面表 7-2 给出不同种类的指针类型变量示例及其含义。

表 7-2　不同种类的指针类型变量示例及其含义

指针变量定义示例	含　　义
int *p;	变量 p 是指向整型类型存储单元的指针
int **pp;	变量 pp 是指针，它指向另外一个指针，这个指针指向整型类型存储单元。在这个示例中，变量 pp 是一种指向指针的指针
void *p;	变量 p 是空类型指针。在变量 p 的存储单元当中存放的值是一个地址，但没有指明位于该地址的存储单元的数据类型
int *pa[5];	变量 pa 是一维数组，它共有 5 个元素，其中每个元素均是指向整型类型存储单元的指针。在这个示例中，变量 pa 是一维指针数组
int *pa[3][4];	变量 pa 是二维数组，它共有 3×4 个基元素，其中每个基元素均是指向整型类型存储单元的指针。在这个示例中，变量 pa 是二维指针数组
int (*p)[5];	变量 p 是指针，它指向一个一维数组，这个数组是含有 5 个元素的整数数组。在这个示例中，变量 p 也可以称为数组指针变量
int (*p)[3][4];	变量 p 是指针，它指向一个二维数组，这个数组是含有 3×4 个基元素的二维整数数组。在这个示例中，变量 p 也可以称为数组指针变量

int (*pf)( );	变量 pf 是指针，它指向一个函数。这个示例中，变量 pf 也可以称为函数指针变量。请注意函数指针与下面两个函数声明的区别：
	int f1( ); // 这是函数声明的语句，函数 f1 的返回数据类型是整数类型
	int *f2( ); // 这是函数声明的语句，函数 f2 的返回数据类型是整数类型指针
	上面函数 f2 是一种指针函数

int (*pf[3])( );	变量 pf 是一维数组，它共有 3 个元素，其中每个元素均是函数指针，即每个元素均可以指向一个函数。变量 pf 也可以称为函数指针数组变量

7.8　本 章 习 题

习题 7.1　指针是什么？

习题 7.2　指针变量是什么？

习题 7.3　指针与数组的相同点与不同点是什么？

习题 7.4　思考并总结如何定义指针变量。

习题 7.5　简述取地址运算符的定义与作用。

习题 7.6　简述取值运算符的定义与作用。

习题 7.7　请编写程序，实现交换两个双精度浮点的函数以及该函数的交互测试。

习题 7.8　简述函数 calloc 和 malloc 的相同点与不同点。

习题 7.9　思考并总结使用动态数组的注意事项。

习题 7.10　请编写程序，接收正整数 n 的输入，并输出从 1 到 n 这 n 个整数的所有可能的不同组合。要求在同一个组合中不会出现相同的正整数。

习题 7.11 思考并总结指针的运行规则。

习题 7.12 思考并总结哪些可以是有效的函数返回值。

习题 7.13 思考并总结哪些有可能是无效的函数返回值。

习题 7.14 请编写程序，通过单向链表实现逐个接收整数的输入。每输入一个整数之后，要求对所有的已经输入的整数从小到大进行排序。而且可以立即查询所有的整数或者询问某个指定的整数是否存在或者继续输入下一个整数，其中指定的整数要求仍然是通过输入得到。要求这个过程可以不断进行，直到输入"quit"。

习题 7.15 思考并总结函数指针的定义与作用。

习题 7.16 请编写程序，计算并输出两个输入的正整数的最小公倍数。另外，请编写自动测试的程序验证前面程序代码的正确性。

第 8 章 关键字 typedef 和 const 以及预处理命令

本章将介绍类型别名定义、常量属性和预处理命令。类型别名定义对程序代码可以起到辅助性的简化作用，略微提高代码的易读性，但不是程序代码所必须的。合理使用类型别名定义可以使类型定义和类型名称变得更加简洁易懂。常量属性 const 是一种类型限定词，为数据类型增添属性。具有常量属性的变量称为只读变量。常量属性 const 常常用来修饰函数的指针形式参数，进一步提高函数调用的效率和稳定性。合理使用常量属性 const 可以减少程序代码出现错误的概率。本章将介绍宏定义、条件编译和文件包含等 3 种预处理命令。在预处理命令当中，文件包含命令几乎出现在所有的 C 语言源程序中。文件包含机制为代码重用提供了一种很好的机制。合理使用宏定义和条件编译，可以使得程序代码变得更加简洁，并且提高程序代码的可移植性。

8.1 类型别名定义 typedef

类型别名定义就是给数据类型再起一个名字，这个名字称为类型别名。实现类型别名定义可以采用关键字 typedef。类型别名定义的格式大体上如下：

```
typedef 数据类型  类型别名
```

其中，数据类型是已经定义或正在定义的数据类型，类型别名必须是合法的标识符。下面给出 1 个类型别名定义示例：

```
typedef int CD_Count;
```

在上面示例中，给 int 数据类型起一个别名 CD_Count。

> 📖说明📖：
> 上面类型别名定义的格式只是一种大体上的格式，实际上的类型别名定义的格式需要分情况讨论。表 8-1 给出了各种类型别名定义的示例。

> ❀小甜点❀：
> 类型别名定义语句通常放在头文件当中，这样就可以很方便地利用类型别名定义各种变量。

> 📖说明📖：
> C 语言语法规则并没有要求类型别名带有前缀。不过，本书在给类型别名命名时都加上前缀，其具体含义如下：
> （1）枚举类型的类型别名的前缀是 "CE_"；

（2）结构体类型的类型别名的前缀是“CS_”；

（3）共用体类型的类型别名的前缀是“CU_”；

（4）其他类型的类型别名的前缀是“CD_”。

在本书中，在类型别名的前缀之后，后续各个单词的首字母大写，其余字母小写。

根据本书的命名规则，我们可以非常方便地识别出这是我们自己定义的类型别名。因为 Count 的中文含义是计数器，这样，我们就拥有含义非常明确的计数器类型“CD_Count”。然后，我们就可以定义计数器类型的变量 i 和 k，具体语句如下：

```
CD_Count i, k;
```

这样，变量 i 和 k 的实际类型是 int 类型。上面定义表明整数变量 i 和 k 将用来计数。更多的类型别名定义示例以及通过类型别名进行变量定义的示例请参见表 8-1。

在合理使用类型别名定义的前提条件下，类型别名定义的作用主要有如下 4 点：

（1）使得变量的定义更加简洁。例如，如表 8-1 所示，采用类型别名“CS_Student”比采用“struct S_Student”或直接采用结构体定义变量显得更加简洁。我们通常给名称比较复杂的数据类型增加一个容易记住的而且含义准确的简洁的别名，从而简化程序代码。这样，在定义数据类型别名时，有可能仍然比较复杂；但是在使用类型别名定义变量时，则往往比较简洁。

（2）提高程序代码的通用性和可移植性。C 语言的数据类型与平台密切相关，即 C 语言的数据类型与操作系统甚至 C 语言编译器密切相关。例如，每个 int 类型的存储单元究竟占用 4 字节，还是 8 字节，依赖具体的平台。这时，如果我们需要一种 4 字节的整数类型，我们可以增加一个别名 CD_Int32，并保证 CD_Int32 是 4 字节整数类型。在不同的平台下，我们选用不同的类型别名定义语句。在 4 字节 int 类型的平台下，我们直接采用类型别名定义“typedef int CD_Int32;”。在 8 字节 int 类型的平台下，如果每个 short int 存储单元占用 4 字节，那么我们可以采用类型别名定义“typedef short int CD_Int32;”。这样，不管在什么平台下，每个 CD_Int32 类型的存储单元均占用 4 字节。在程序代码当中，我们直接使用 CD_Int32 类型，而不使用 int 或 short int 数据类型，从而尽量减小程序代码对具体平台的依赖性。

（3）避免指针变量定义的使用错误或理解错误。例如，如表 8-1 所示，在定义“typedef int* CD_intPointer;”之后，我们可以用类型别名 CD_intPointer 同时定义整数指针变量 pa 和 pb。在实际编程中，有些程序员会将“int *pa, *pb;”写成“int *pa, pb;”，即在变量名 pb 的前面少了一个星号。在定义“int *pa, pb;”中，变量 pb 的数据类型是整数类型，而不是指针类型。采用“CD_intPointer pa, pb;”定义指针变量 pa 和 pb 似乎比“int *pa, *pb;”显得更加清晰明了。

（4）提高程序的可读性。例如上面的类型别名 CD_Count。采用 CD_Count 类型定义的变量使人自然而然地想到这些变量将用来计数。

⊛小甜点⊛：

类型别名定义只是给数据类型增加别名，并没有创造新的数据类型。

表 8-1　通过类型别名定义进行变量定义的示例

类型别名定义示例	变量的等价定义	简 要 说 明

```typedef int CD_Integer;```
 ```CD_Integer a, b;```
 ```CD_Integer *pa, *pb;```
	```int a, b;```
	 ```int *pa, *pb;```
		整数类型。这里给出了为 int 增加别名的示例。对于其他基本数据类型，只要用相应的数据类型名称替换在示例中的 int，并用所需要的类型别名替换在示例中的 CD_Integer，就可以完成相应的类型别名定义

```struct S_Student```
 ```{```
 ```   char m_name[20];```
 ```   int m_ID, m_score;```
 ```};```
 ```typedef struct S_Student```
 ```   CS_Student;```
 ```CS_Student a, b;```
	```struct S_Student```
	 ```{```
	 ``` char m_name[20];```
	 ``` int m_ID, m_score;```
	 ```};```
	 ```struct S_Student a, b;```
		结构体：结构体定义与类型别名定义分成不同的语句

```typedef struct S_Student```
 ```{```
 ```   char m_name[20];```
 ```   int m_ID, m_score;```
 ```} CS_Student;```
 ```CS_Student a, b;```
	```struct S_Student```
	 ```{```
	 ``` char m_name[20];```
	 ``` int m_ID, m_score;```
	 ```};```
	 ```struct S_Student a, b;```
		结构体：在同一条语句中同时定义结构体及其类型别名。该结构体同时拥有自己的名称和别名

```typedef struct```
 ```{```
 ```   char m_name[20];```
 ```   int m_ID, m_score;```
 ```} CS_Student;```
 ```CS_Student a, b;```
	```struct```
	 ```{```
	 ``` char m_name[20];```
	 ``` int m_ID, m_score;```
	 ```} a, b;```
		结构体：在同一条语句中定义结构体及其类型别名。该结构体在定义时没有提供结构体名称。不过，该结构体拥有别名

```typedef union U_CharInt```
 ```{```
 ```   char m_char[4];```
 ```   int m_int;```
 ```} CU_CharInt;```
 ```CU_CharInt a, b;```
 ```a.m_int = 10;```
 ```b.m_int = 10;```
	```union U_CharInt```
	 ```{```
	 ``` char m_char[4];```
	 ``` int m_int;```
	 ```};```
	 ```union U_CharInt a, b;```
	 ```a.m_int = 10;```
	 ```b.m_int = 10;```
		共用体。这里只给出共用体别名定义的一个示例。共用体别名定义也具有多种形式，具体定义方式可以参照上面结构体别名定义示例

```enum E_Color```
 ``` {em_Red, em_Green, em_Blue};```
 ```typedef enum E_Color```
 ```   CE_Color;```
 ```CE_Color a, b;```
 ```a=em_Red;```
 ```b=em_Green;```
	```enum E_Color```
	 ```{em_Red, em_Green,```
	 ```em_Blue};```
	 ```enum E_Color a, b;```
	 ```a=em_Red;```
	 ```b=em_Green;```
		枚举类型

类型别名定义示例	变量的等价定义	简 要 说 明
typedef int* CD_IntPointer; CD_IntPointer pa, pb;	int *pa, *pb;	指针。变量 pa 和 pb 是相同数据类型的指针
typedef int** CD_IntPointer2; CD_IntPointer2 pa, pb;	int **pa, **pb;	指向指针的指针
typedef int (*CD_IntArrayPointer)[5]; CD_IntArrayPointer pa, pb;	int (*pa)[5], (*pb)[5];	数组指针。变量 pa 和 pb 都是指针，它们的值可以各自指向一个一维数组
typedef int (*CD_IntArray2Pointer)[3][4]; CD_IntArray2Pointer pa, pb;	int (*pa)[3][4], (*pb)[3][4];	数组指针。变量 pa 和 pb 都是指针，它们的值可以各自指向一个二维数组
typedef int (*CD_FunctionPointer)(int n); CD_FunctionPointer f;	int (*f)(int n);	函数指针
typedef int CD_IntArray[100]; CD_IntArray a, b;	int a[100], b[100];	一维数组：指定了元素个数
typedef int CD_IntArray[ ]; CD_IntArray a={1, 2}, b={3, 4, 5};	int a[]={1, 2}, b[]={3, 4, 5};	一维数组：在类型别名定义时，没有指定元素个数
typedef int *CD_IntPointerArray[5]; CD_IntPointerArray pa, pb;	int *pa[5], *pb[5];	指针数组。变量 pa 和 pb 都是一维数组，每个元素均是整型类型指针
typedef int (*CD_FunctionPointerArray[3]) (int n); CD_FunctionPointerArray pf;	int (*pf[3])(int n);	函数指针数组。变量 pf 是一维数组，它共有 3 个元素，其中每个元素均是函数指针
typedef int CD_IntArray2[2][3]; CD_IntArray2 a= {{1, 2, 3}, {4, 5, 6}};	int a[2][3]={{1, 2, 3}, {4, 5, 6}};	二维数组
typedef int *CD_IntPointerArray2[3][4]; CD_IntPointerArray2 pa, pb;	int *pa[3][4], *pb[3][4];	二维指针数组。变量 pa 和 pb 都是二维数组，每个基元素均是整型类型指针
typedef void CD_Void; CD_Void *pa, *pb;	void *pa, *pb;	空类型
typedef void *CD_VoidPointer; CD_VoidPointer pa, pb;	void *pa, *pb;	空类型指针

📖说明📖：

（1）在定义类型别名时，在类型别名定义的数据类型前面不能加上 auto、register、static 或 extern 等**存储类型说明符**。这些存储类型说明符与变量定义及存储单元的内存分配相关，而类型别名定义只是给数据类型增加别名，还没有涉及变量定义及存储单元的内存分配。因此，不能在类型别名定义的数据类型前面加上这些存储类型说明符。例如，语句"typedef extern int CD_Int32;"是错误的，语句

"typedef register int CD_Int32;"也是错误的。这两条语句都无法通过编译。

（2）在利用类型别名定义变量时，可以使用 auto、register、static 或 extern 等存储类型说明符。

下面给出相应的语句示例：

```
typedef int CD_Int32;      // 合法
register CD_Int32 a, b;  // 合法
```

❀小甜点❀：

C 语言标准还允许先给结构体增加别名，再进行结构体的定义。这样可以利用结构体别名在结构体定义中增加该结构体的指针变量。

下面给出具体的示例：

```
typedef struct S_StudentList CS_StudentList;             // 1
struct S_StudentList                                     // 2
{                                                        // 3
    char m_name[20]; // 姓名                             // 4
    int  m_score;      // 成绩                           // 5
    CS_StudentList *m_next;                              // 6
};                                                       // 7
CS_StudentList *p=NULL, *q=NULL;                         // 8
```

上面代码第 6 行使用了结构体别名 CS_StudentList 定义了成员变量 m_next。第 6 行的"CS_StudentList"可以等价替换为"struct S_StudentList"。

❀小甜点❀：

同一条类型别名定义语句可以针对同一种数据类型添加该数据类型的别名、指针类型的别名和数组类型的别名。

下面给出具体的示例：

```
typedef int CD_Int, *CD_IntPointer, CD_IntArray[5];               // 1
CD_Int i = 10; // 等价于: int i = 10;                             // 2
CD_IntPointer p=NULL;  // 等价于: int *p=NULL;                    // 3
CD_IntArray a={1, 2, 3, 4, 5}; // 等价于: int a[5]={1, 2, 3, 4, 5};  // 4
```

前面已经指出合理使用类型别名可以使得变量定义变得更加简洁。这里给出更多的示例。表 8-1 已经给出指针数组的示例：

```
int *pa[5], *pb[5];
```

我们可以利用类型别名定义使得上面的指针数组变量定义变得更加清晰明了，具体代码如下：

```
typedef int *CD_IntPointer;                                      // 1
```

```
CD_IntPointer pa[5], pb[5];                                    // 2
```

上面的代码很清晰地表明变量 pa 和 pb 都是一维数组，每个元素的数据类型都是 CD_IntPointer，即每个元素都是整型类型指针。

表 8-1 已经给出**数组指针**的示例：

```
int (*pa)[5], (*pb)[5];
```

我们可以利用类型别名定义使得上面的数组指针变量定义变得更加清晰明了，具体代码如下：

```
typedef int CD_IntArray[5];                                    // 1
CD_IntArray *pa, *pb;                                          // 2
```

上面的代码很清晰地表明变量 pa 和 pb 都是指针，它们的值可以各自指向一个一维数组。这个一维数组的数据类型是 CD_IntArray。

表 8-1 已经给出**函数指针数组**的示例：

```
int (*pf[3])(int n);
```

我们可以利用类型别名定义使得上面的函数指针数组变量定义变得更加清晰明了，具体代码如下：

```
typedef int (*CD_FunctionPointer)(int n);                      // 1
CD_FunctionPointer pf[3];                                      // 2
```

上面的代码很清晰地表明变量 pf 是数组，它的每个元素的数据类型都是函数指针数据类型 CD_FunctionPointer。

8.2 常量属性 const

关键字 const 是一种**类型限定词**或者说是一种**类型修饰符**，表示**常量属性**。2.3.1 节已经给出变量的如下定义格式：

> [*存储类型说明符*]␣[*类型限定词*]␣*类型名称*␣变量列表；

如果在变量的定义中，其数据类型的限定词含有关键字 const，那么表明该变量具有常量属性，即该变量的值只能在定义时初始化，然后不可以再被改变。下面给出语句示例：

```
const double DC_Pi=3.141592653589793;//合法:定义了只读变量 DC_Pi    // 1
double r = 4; // 合法: 定义了普通变量 r                             // 2
double s = DC_Pi * r * r; // 合法: 只读变量 DC_Pi 可以参与四则运算    // 3
DC_Pi = DC_Pi + 1; // 非法: 不能给只读变量 DC_Pi 赋值               // 4
```

上面第 1 行语句定义了**具有常量属性的变量** DC_Pi。在该语句之后，变量 DC_Pi 可以参与四则运算，如上面第 3 行语句所示；但是不能修改变量 DC_Pi 的值，如上面第 4 行语句所示。具有常量属性的变量称为 **只读变量**。只读变量在有些文献中也称为 **常值变量** 或 **常变量**。

> ❀小甜点❀：
>
> 　　虽然有些文献将类型限定词 const 放在类型名称的后面，而且 VC 等编译器确实也支持这种写法，但是实际上 C 语言标准并不支持这种写法。例如，C 语言标准支持语句 "const int DC_n = 10;"，但并不支持 "int const DC_n = 10;"，虽然后者也得到了 VC 等编译器的支持。对照 C 语言标准，"int const DC_n = 10;" 是一种不规范的写法。

　　上面只读变量的定义形式适用于 **基本数据类型、结构体和共用体**。对于指针类型，则有些特殊。**常量属性 const 与指针类型共有 3 种常见的搭配形式**。**第 1 种搭配形式** 是在定义指针变量时，**在指针变量的基类型前面加上关键字 const**。这时，定义的指针变量是 **指向只读对象的指针**。在定义该指针变量时，可以不对该指针变量进行初始化，因为该指针变量本身不是只读变量。因此，在定义该指针变量之后，也可以修改指针变量的值。因为该指针变量指向的对象是只读对象，所以不能通过该指针变量和取值运算符(*)修改该指针变量指向的对象的值。下面给出具体的代码示例：

```
const int ca = 10; // 合法：定义了只读变量 ca                         // 1
const int cb = 20; // 合法：定义了只读变量 cb                         // 2
const int *p = &ca;  // 合法：定义了指向只读变量的指针 p              // 3
p = &cb; // 合法：通过赋值使得指针 p 指向另一个只读变量              // 4
*p = 30; // 非法：给只读变量赋值                                      // 5
```

第 1 种搭配形式也适用于数组。下面给出具体的代码示例：

```
const int primeArray[]={2, 3, 5, 7};//合法：定义了数组（元素只读）    // 1
primeArray[0] = 1; // 非法：给只读元素赋值                            // 2
```

　　上面第 1 行语句定义了一个整数数组 primeArray，保存了 10 以内的所有质数。因为 10 以内的所有质数是固定不变的，所以我们可以给整数数组 primeArray 的元素加上常量属性。上面第 1 行语句的第 1 个关键字 const 很好地起到了这样的作用。因为这些元素具有常量属性，所以这些元素也可以称为 **只读元素**。上面第 2 行语句试图改变整数数组 primeArray 第 1 个元素的值，这是无法通过编译的。通过这些代码示例，我们可以看出通过关键字 const 可以避免错误修改数组元素的值。

　　第 1 种搭配形式常常用于定义函数的形式参数，即 **关键字 const 常常用来修饰函数的指针形式参数**。如果需要向函数传递占用内存较大的数据，而且希望在函数内部不修改这些数据的内容，就可以采用这种方式。占用内存较大的数据常见的有数组和结构体数据等。通过指针，使得在函数内部只需要创建一个指针的内存空间，而不需要复制一份较大的数据，从而节约内存空间；然后，通过这个指针直接访问这些数据。通过加上常量属性 const 保证这些数据在函数内部不会被误修改。C 语言的大量库函数采用了这种技巧，例如，1.2.1 节介绍的系统函数 system。系统函数 system 的具体声明如下：

```
int system(const char *string);
```

形式参数 string 的常量属性 const 保证了在函数内部不会修改字符串 string 的内容。

第 2 种搭配形式是在星号"*"与变量名称之间加上关键字 const。这样定义的指针变量是只读变量，称为只读指针。在定义只读指针变量时，必须同时初始化只读指针变量的值。只读指针变量在定义之后所指向的对象将不能再被改变，但是可以通过取值运算符(*)修改该指针变量所指向的对象的值。下面给出具体的代码示例：

```
int a = 10; // 合法: 定义了普通变量 a                              // 1
int b = 20; // 合法: 定义了普通变量 b                              // 2
int * const p = &a; // 合法: 定义了只读指针 p, 指向普通变量 a       // 3
*p = 30; // 合法: 结果 a=30                                        // 4
p = &b; // 非法: 给只读变量 p 赋值                                 // 5
```

第 2 种搭配形式还可以换一种写法，即**先通过类型别名定义 typedef 定义指针类型的别名，再通过在类型别名前面加上常量属性 const 定义只读指针**。下面给出具体的代码示例：

```
typedef int * CD_IntPointer; // 合法: 定义了指针类型别名            // 1
int a = 10; // 合法: 定义了普通变量 a                              // 2
int b = 20; // 合法: 定义了普通变量 b                              // 3
const CD_IntPointer p = &a;// 合法: 定义了只读指针 p, 指向普通变量 a // 4
*p = 30; // 合法: 结果 a=30                                        // 5
p = &b; // 非法: 给只读变量 p 赋值                                 // 6
```

上面第 4 行代码与"int * const p = &a;"完全等价。上面第 4 行代码的只读指针定义形式似乎更加直观一些。

第 3 种搭配形式是既在指针变量的基类型前面加上关键字 const，同时又在星号"*"与变量名称之间加上关键字 const。这样定义的指针变量是只读指针变量，它同时也指向只读对象。在定义只读指针变量时，必须同时初始化只读指针变量的值。在定义这种变量之后，既不能改变只读指针变量所指向的对象，也不能修改所指向的对象的值。下面给出具体的代码示例：

```
const int ca = 10; // 合法: 定义了只读变量 ca                      // 1
const int cb = 20; // 合法: 定义了只读变量 cb                      // 2
const int * const p = &ca;  // 合法: 定义了指向只读变量的指针 p     // 3
p = &cb; // 非法: 给只读变量 p 赋值                                // 4
*p = 30; // 非法: 给只读对象赋值                                   // 5
```

第 3 种搭配形式也可以借助关键字 typedef 进行定义。先通过关键字 typedef 和常量属性 const 定义指向只读对象的指针类型的别名，再通过在类型别名前面加上常量属性 const 定义只读指针变量。下面给出具体的代码示例：

```
typedef const int * CD_ConstIntPointer; // 合法: 定义了指针类型别名  // 1
const int ca = 10; // 合法: 定义了只读变量 ca                      // 2
```

```
const int cb = 20; // 合法：定义了只读变量 cb                        // 3
const CD_ConstIntPointer p = &ca;  // 合法：定义了只读变量 p        // 4
p = &cb; // 非法：给只读变量 p 赋值                                 // 5
*p = 30; // 非法：给只读对象赋值                                    // 6
```

上面第 4 行代码与 "const int * const p = &ca;" 完全等价。

虽然只读变量在定义之后不能再对其赋值，具有常量属性，但是 C 语言标准规定在定义数组变量时不允许用只读变量来指定数组元素的大小。具体代码示例如下：

```
const n = 10;                                                     // 1
int a[n]; // 非法：不允许用只读变量来指定数组元素的大小            // 2
```

同样，只读变量也不可以作为 switch 语句的 case 常数。下面给出具体的代码示例：

```
const n = 10;                                                     // 1
int a = n;                                                        // 2
switch(a)                                                         // 3
{                                                                 // 4
case n: // 非法：case 常数不允许是只读变量                        // 5
    printf("n=%d。\n", n);                                       // 6
    break;                                                        // 7
default:                                                          // 8
    printf("a=%d。\n", a);                                       // 9
} // switch 结束                                                  // 10
```

8.3　预处理命令

前面介绍的类型别名定义 typedef 和常量属性 const 都不是预处理命令。预处理命令通常以井号 "#" 开头，而且井号 "#" 必须是相应代码行的第 1 个非空白符。例如：

```
#define D_Empty
D_Empty #define n 10
```

上面第 1 行代码是预处理命令宏定义的合法示例，它的作用是让标识符 D_Empty 成为一个宏定义。上面第 2 行代码是非法的代码。因为这 1 行代码的第 1 个非空白符是 "D"，而不是井号 "#"，所以第 2 行代码不是合法的预处理命令。根据宏定义，这一行代码在编译时会被替换为

```
#define n 10
```

替换之后的代码是预处理命令。但是，在替换之前，就已经通不过编译。因此，在编译时，"D_Empty #define n 10" 会被认定为非法代码。这样，在同一行代码当中不可能同时出现两条预处理命令。紧跟在井号 "#" 之后的是预处理命令关键字。在井号 "#" 与预处理命令关键字之间还允许存在任意个空白符。

> ⊗小甜点⊗：
>
> **同一个预处理命令可以分成多行代码进行编写**。除了最后一行代码之外，每一行代码的末尾都应加上字符"\"。因此，字符"\"在预处理命令中称为**续行符**。

预处理命令的处理发生在编译过程的预处理阶段，其最主要的作用是在正式编译开始之前让编译器根据预处理命令进行代码替换。因为预处理命令的这种代码替换通常会破坏代码的组织结构，所以预处理命令通常会增加代码调试跟踪的困难。因此，通常只在必要时才使用预处理命令。合理编写预处理命令可以达到减少重复编写代码、使得代码适应不同的运行环境或者进行版本控制等目的。下面分别介绍三种常用的预处理命令：宏定义、条件编译和文件包含。

8.3.1　宏定义#define 与取消宏定义#undef

预处理命令宏定义在 C 语言语法上可以出现在程序代码的任何位置。不过，通常将宏定义编写在头文件当中。然后，在源文件中使用这些宏定义。宏定义的作用域范围是从定义开始到源程序代码文件的末尾或者这个宏定义被取消。宏定义由"#define"引导，具有不带参数的宏定义和带参数的宏定义两种形式。**第 1 种宏定义是不带参数的宏定义，其定义格式**为：

```
#define 标识符　替换代码↙
```

在宏定义的作用域范围内，所有这个宏定义标识符都将被后面的"替换代码"所替换。这个过程也称为**宏替换**或**宏展开**。下面给出具体的代码示例：

```
#define D_Pi 3.141592653589793
    double r = 2.0;
    double area = D_Pi * r * r;
```

在编译预处理之后，最后一行代码实际上会被替换为：

```
    double area = 3.141592653589793 * r * r;
```

对比替换前后的代码，替换之前的代码显得更加清晰一些，**提高了代码的可读性**。如果 D_Pi 的值在源程序代码中多次出现，那么采用上面的宏定义也将会使得程序代码显得更加简洁，**提高了代码书写的方便性**。如果万一 D_Pi 的值书写有误，修改起来也比较方便，**提高了代码的可维护性**。

对于第 1 种形式宏定义的应用，下面给出另外一个代码示例：

```
#define n 10
    int a[n];
```

在实际应用中，有时我们只是知道数组的元素个数将会是一个常数，但是目前的调研还无法确切知道具体的数值。这时，我们可以用宏定义进行替代。在任何需要用到数组元素个数的时候，我们都直接用这个宏定义标识符。一旦我们确切知道具体的数组元素个数时，我们只需要修改这个宏定义就可以了。

在不带参数的宏定义的定义格式中，替换代码也可以为空。例如：

```
#define C_HANOI_H
```

这条宏定义只是为了让标识符 C_HANOI_H 成为已经被定义过的宏定义标识符。我们在前面章节的源程序头文件当中大量使用这种定义形式，并配合条件编译预处理命令，从而避开头文件递归嵌套包含的问题，具体请见 8.3.3 节。

第 2 种宏定义是带有参数的宏定义，其定义格式为：

```
#define 标识符(宏定义形式参数列表)  替换代码↙
```

其中宏定义形式参数列表由若干标识符组成，相邻的标识符之间采用逗号分隔开。在使用宏定义时，要求代入实际的参数列表。因为宏定义形式参数列表并没有指定形式参数的数据类型，所以在编译预处理时并不会对代入的实际参数列表进行数据类型匹配，而只是进行简单的代码代入。下面给出具体的代码示例：

```
#define D_Average(a,b)  (a+b)/2
    double a = D_Average(2.0, 3.0);
```

上面第 1 行代码宏定义了带有参数 a 和 b 的 D_Average，它计算参数 a 和 b 的算术平均值。第 2 行代码的实际参数列表由 2.0 和 3.0 组成。第 2 行代码使用宏定义 D_Average 计算 2.0 和 3.0 的算术平均值。第 2 行代码在宏定义代码替换之后的代码为：

```
    double a = (2.0+3.0)/2;
```

⊱ **注意事项** ⊰

在带有参数的宏定义当中，在宏定义标识符与宏定义形式参数列表外面的圆括号之间不能有空格。否则，这个宏定义会被当作不带参数的宏定义，这时在该宏定义中的参数列表及其外面的圆括号都会被当作宏定义替换代码的一部分。

下面给出具体的代码示例：

```
#define⊔D_Average⊔(a,b)⊔(a+b)/2
    double a = D_Average(2.0, 3.0);
```

为了更好地展示示例，上面第 1 行代码显示写上了在宏定义 D_Average 中的所有的空格。因为在宏定义 D_Average 时"D_Average"与"(a,b)"之间有空格，所以这个宏定义会被当作不带参数的宏定义，从而相应的替换代码是"(a,b)⊔(a+b)/2"。因此，第 2 行代码在宏定义代码替换之后的代码为：

```
    double a = (a,b) (a+b)/2(2.0, 3.0);
```

被替换之后的代码不符合 C 语言的语法规则，无法通过后续的正式编译。

> ❀小甜点❀
>
> 在宏定义中还允许使用在之前已经定义过并且没有被取消的宏定义。

下面给出具体的代码示例：

```
#define D_Pi 3.141592653589793
#define D_Area(r) D_Pi*r*r
    double r = 2.0;
    double area = D_Area(r);
```

上面第 1 行代码宏定义了 **D_Pi**。第 2 行的宏定义 **D_Area** 使用了第 1 行的宏定义 **D_Pi**。第 4 行代码在宏替换之后的代码为：

```
    double area = 3.141592653589793*r*r;
```

> ➥注意事项➥
>
> 宏定义与函数不同。宏定义只是进行代码替换。必须意识到宏定义与函数的区别。否则，有可能会造成不易察觉的错误。

下面给出具体的代码示例：

```
#define D_Pi 3.141592653589793
#define D_Area(r) D_Pi*r*r
    double a = 2.0;
    double b = 1.0;
    double area = D_Area(a+b);
```

第 5 行代码在宏替换之后的代码为：

```
    double area = 3.141592653589793*a+b*a+b;
```

这个替换的结果仍然可以通过编译并且可以运行。只是计算结果 area 的值不是半径为 (a+b)的圆的面积。上面示例代码的计算结果是 area=9.28319，而不是 area= 3.141592653589793* (a+b)*(a+b)=28.2743。

> ❀小甜点❀
>
> 为了避免在宏替换过程中参数四则运算的优先级问题，可以考虑给在替换代码中的每个宏定义参数添加 1 个圆括号，而且整个表达式的外面也加上圆括号。

下面给出具体的代码示例：

```
#define D_Pi 3.141592653589793
#define D_Area(r) D_Pi*(r)*(r)
    double a = 2.0;
    double b = 1.0;
```

```
double area = D_Area(a+b);
```

在上面第 2 行宏定义的替换代码当中，每处形式参数 r 都加上了圆括号。因此，第 5 行代码在宏替换之后的代码为：

```
double area = 3.141592653589793*(a+b)*(a+b);
```

这个替换的结果仍然可以通过编译并且可以运行。计算结果 area 的值正是半径为(a+b)的圆的面积，即 area=3.141592653589793*(a+b)*(a+b)=28.2743。
下面这个示例展示的是在不给整个表达式的外面加上圆括号的情况下出现的问题，具体代码如下：

```
#define D_Pi 3.141592653589793
#define D_Area(r) D_Pi*(r)*(r)
    double m = 1.0; // 质量为 1.0 千克
    double r = 4.0; // 半径为 4.0
    double density = m/D_Area(r);
```

上面第 5 行代码的本意是希望计算密度，即单位面积的质量。但是，这行代码在宏替换之后的代码为：

```
double density = m/3.141592653589793*(r)*(r);
```

其计算结果是 density=5.09296。本来希望先计算面积 D_Area(r)。但在代码展开之后，结果发现先计算的是 "m/3.141592653589793"。然后，再计算两个乘法。
我们可以给上面宏定义替换代码部分的整个表达式加上圆括号，从而避开上面的问题。更正之后的代码如下：

```
#define D_Pi 3.141592653589793
#define D_Area(r) (D_Pi*(r)*(r))
    double m = 1.0; // 质量为 1.0 千克
    double r = 4.0; // 半径为 4.0
    double density = m/D_Area(r);
```

上面第 5 行代码在宏替换之后的代码为：

```
double density = m/(3.141592653589793*(r)*(r));
```

其计算结果是 density=0.0198944，正是所希望得到的密度，也就是单位面积的质量。
下面给出一个示例，说明即使加上圆括号仍然会出现问题的宏替换。具体代码如下：

```
#define D_Square(a) ((a)*(a))
    int a = 10;
    int s = D_Square(a++);
```

上面第 3 行代码在宏替换之后的代码为：

```
    int s = ((a++)*(a++));
```

在一个表达式中，有两处出现了"a++"。这在 C 语言标准中是不被认可的，其计算结果是未经定义的，实际计算结果则依赖具体的编译器。计算结果 s 的实际值有可能是 100 或者 110。如果 D_Square 是函数，则不会出现这样的问题。

> ☺小甜点☺：
> 宏定义替换的是在其作用域范围内的程序代码当中的宏定义标识符，而不会对其他字符进行代码替换。

下面给出具体的代码示例：

```
#define n 10
    printf("n");
```

因为对于上面第 2 行代码，在单词"printf"当中的字母 n 构不成一个独立的标识符，在字符串"n"当中的 n 更不是一个标识符，所以这两处的字母 n 在上面示例中都不会发生宏替换。因此，上面第 2 行代码将输出字母 n，而不是数字 10。如果将上面第 2 行代码替换为：

```
    printf("n=%d", n);
```

那么这行代码在宏定义代码替换之后的代码为：

```
    printf("n=%d", 10);
```

其运行结果是输出：n=10。

> ⊫注意事项⊫：
> 宏定义与函数不同。宏替换是发生在编译过程的预处理阶段，而函数调用是发生在程序运行的阶段。在宏定义中绝对不能出现递归定义的现象，即在宏定义的替换代码中不能出现直接或间接使用该宏定义本身的标识符的现象。而函数调用则允许出现函数递归调用。

预处理命令可以分成多行代码进行书写。宏定义命令作为是一种预处理命令，同样可以分多行代码进行书写。下面给出分多行代码进行书写宏定义的代码示例：

```
#define D_Pause printf("请按任意键继续. . ."); \
            getchar( )
```

在由多行代码组成的宏定义中，除了最后 1 行之外，每行代码的末尾都应加上续行符"\"。例如，上面这个宏定义由 2 行代码组成。这个宏定义可以用来替代函数调用"system("pause");"。函数调用"system("pause");"在 Linux/UNIX 系列的操作系统下通常不能正常工作，因为有些 Linux/UNIX 操作系统不含 pause 命令，有些 Linux/UNIX 操作系统的 pause 命令并不是用来暂停住控制台窗口。这时，可以采用上面的宏定义来暂停住控制台窗口，具体代码如下：

```
    D_Pause;
```

　　与函数相比，带有参数的宏定义只是进行代码替换，相当于在使用宏定义处展开相应的代码。因此，一方面，采用带有参数的宏定义通常会使得编译之后的可执行的程序代码变得更长。如果程序代码过长，这会影响到运行效率。因此，通常不会让宏定义的替换代码部分过于庞大。另一方面，虽然宏替换增加了编译的时间，但可执行的程序代码在使用宏定义处直接展开，节省了函数栈操作、参数传递和函数返回值等运行时间。因此，如果需要提高代码运行效率，可以考虑用一些替换代码部分较小的宏定义来代替普通的函数。

　　在带有参数的宏定义的替换代码当中，还允许使用#运算符和##运算符。#运算符要求在井号"#"之后必须直接跟着 1 个形式参数，它的作用是将代入的实际参数转换为由实际参数名称的字符系列组成的字符串。下面给出具体的代码示例：

```
#define D_Q(a) #a
    char charArray[ ] = D_Q(charArray);
```

　　上面第 1 行代码就是带有#运算符的宏定义，第 2 行代码使用这个宏定义。第 2 行代码在宏替换之后的代码为：

```
    char charArray[ ] = "charArray";
```

　　##运算符也称为拼接运算符。它的前后必须分别各有 1 个形式参数，它的作用是将代入的前后两个实际参数名称的字符系列拼接成一个新的字符系列。因此，正确的宏定义替换代码既不会以##运算符开头，也不会以##运算符结尾。否则，无法通过编译。下面给出具体的代码示例：

```
#define D_Concatenate(a, b) a##b
    int a = D_Concatenate(123, 456);
```

　　上面第 1 行代码就是带有##运算符的宏定义，第 2 行代码使用这个宏定义。第 2 行代码在宏替换之后的代码为：

```
    int a = 123456;
```

　　那能否实现拼接两个实际参数的字符系列并将拼接的结果转换为字符串？下面给出具体的代码示例：

```
#define D_Q(a) #a
#define D_Concatenate(a, b) D_Q(a##b)
    char charArray[ ] = D_Concatenate(char, Array);
```

　　上面第 3 行代码在第 1 次宏替换之后的代码为：

```
    char charArray[ ] = D_Q(charArray);
```

　　然后，进一步宏替换为：

```
    char charArray[ ] = "charArray";
```

请注意上面宏定义 D_Concatenate 不能写成：

```
#define D_Concatenate(a, b) #(a##b)
```

因为在替换代码当中的第 1 个井号 "#" 后面没有紧跟着形式参数，所以上面代码无法通过编译。

请注意上面宏定义 D_Concatenate 也不能写成：

```
#define D_Concatenate(a, b) #a##b
```

因为在替换代码当中紧跟在第 1 个井号 "#" 之后的形式参数是该井号 "#" 的操作数，从而造成在##运算符之前没有可以作为其操作数的形式参数，所以上面代码无法通过编译。

上面宏定义 D_Concatenate 可以写成：

```
#define D_Concatenate(a, b) #a#b
```

这样，代码

```
    char charArray[ ] = D_Concatenate(char, Array);
```

在宏替换之后的代码是：

```
    char charArray[ ] = "char""Array";
```

"char"和"Array"两个相邻的字符串字面常量会被编译器自动拼接为 1 个字符串字面常量 "charArray"，从而得到：

```
    char charArray[ ] = "charArray";
```

宏定义标识符可以被取消。取消宏定义标识符的格式是：

```
#undef 标识符
```

其中标识符就是要被取消的宏定义标识符。对于在取消宏定义标识符之后的程序代码而言，就好像没有宏定义过这个标识符一样。下面给出具体的代码示例：

```
#undef n
```

即使在 "#undef" 后面的标识符是一个没有经过宏定义的标识符，也不会引发编译错误。

表 8-2 列出了 C 语言标准规定的与编译相关的常用宏定义，并给出其含义和应用示例。

表 8-2 与编译相关的常用宏定义标识符及其含义和应用示例

宏定义标识符	事 件
__FILE__	用来指示当前语句所在的源程序代码文件的名称。在宏定义标识符 "__FILE__" 中，单词 "FILE" 前面的两个字符和后面的两个字符均为下画线。应用代码示例如下： printf("当前文件名是%s。\n", __FILE__);

续表

宏定义标识符	事　　件
__LINE__	用来指示当前语句在源程序代码文件中的位置。在宏定义标识符"__LINE__"中，单词"LINE"前面的两个字符和后面的两个字符均为下画线。应用代码示例如下： `printf("当前行是第%d行。\n", __LINE__);`
__DATE__	用来指示最后一次编译到当前位置的日期，其格式是"Mmm dd yyyy"，其中 Mmm 表示月份，dd 表示日期，yyyy 表示年份。在宏定义标识符"__DATE__"中，单词"DATE"前面的两个字符和后面的两个字符均为下画线。应用代码示例如下： `printf("编译到这里的日期是%s。\n", __DATE__);`
__TIME__	用来指示最后一次编译到当前位置的时间，其格式是"hh:mm:ss"，其中 hh、mm 和 ss 分别表示时、分和秒。在宏定义标识符"__TIME__"中，单词"TIME"前面的两个字符和后面的两个字符均为下画线。应用代码示例如下： `printf("编译到这里的时间是%s。\n", __TIME__);`

8.3.2　条件编译

条件编译命令使得编译器可以按照不同的编译条件去编译代码，而且只会编译符合条件的程序代码，从而产生不同的程序运行代码。请注意条件编译命令与条件语句的区别。编译器需要对条件语句的所有分支进行编译并产生相应的程序运行代码。条件编译命令对程序的版本控制、程序代码的通用性和程序调试等都具有重要的作用。常用的条件编译命令主要有 3 种形式。**第 1 种条件编译命令的格式**如下：

```
#if  常数表达式1
    第1部分程序代码
#elif 常数表达式2
    第2部分程序代码
······
#elif  常数表达式n
    第n部分程序代码
#else
    第(n+1)部分程序代码
#endif
```

其中，常数表达式必须是在编译阶段就可以求值的表达式；"#elif"分支的个数可以是任意个；"#elif"和"#else"分支都不是必须的；在各个分支当中的程序代码可以是语句系列，也可以是预编译命令。**第 1 种条件编译命令的功能**是从"#if"的条件常数表达式 1 开始依次检查"#if"和"#elif"的各个条件常数表达式，如果哪个常数表达式是第 1 个遇到的非零常数表达式，则编译该分支的程序代码；如果"#if"和"#elif"的各个常数表达式的值都为 0，那么编译"#else"分支的程序代码。对于没有被选中进行编译的分支，这些分支的程序代码将不会被编译。下面给出具体的代码示例：

```
#define Chinese 0
```

```
#define America 1
#define England 2
#define D_Country Chinese
#if D_Country==Chinese
    char currencyUnit[ ]="Yuan";
#elif D_Country==America
    char currencyUnit[ ]="Dollar";
#elif D_Country==England
    char currencyUnit[ ]="Pound";
#else
    char currencyUnit[ ]="Unknown";
#endif
```

上面的条件编译命令根据不同的国家，定义并初始化相应的货币单位 currencyUnit。

条件编译命令常常用于程序代码版本控制，下面给出示意性的代码示例：

```
#define  D_Version  3
#if (D_Version == 1)
    printf("1");
#elif (D_Version == 2)
    printf("2");
#elif (D_Version == 3)
    printf("3");
#else
    printf("4");
#endif
```

我们可以在头文件当中定义当前程序代码的版本号。在源程序代码文件当中，我们根据不同的版本，在有版本差异性代码的地方，采用条件编译命令分别编写不同的代码。

在"#if"和"#elif"的各个条件常数表达式中还可以使用 **defined 表达式**。**第 1 种 defined 表达式的格式**是：

defined *标识符*

第 2 种 defined 表达式的格式是：

defined (*标识符*)

这两种 defined 表达式是等价的。如果在 defined 表达式中的标识符是已经定义过的并且在有效作用域范围内的宏定义标识符，那么 defined 表达式的值是 1；否则，defined 表达式的值是 0。下面给出具体的代码示例：

```
#define a
#if defined(a)
    printf("1");
#else
    printf("2");
```

```
#endif
```

注意事项：

defined 表达式的关键字是 defined，比宏定义的**关键字 define**最后多了一个字母 d。**defined 表达式**只能出现在 "#if" 和 "#elif" 的**条件常数表达式**当中。

第 2 种条件编译命令的格式如下：

```
#ifdef 标识符
    第1部分程序代码
#else
    第2部分程序代码
#endif
```

其中 "#else" 分支不是必须的；在两个分支当中的程序代码可以是语句系列，也可以是预编译命令。**第 2 种条件编译命令的功能**是如果在 "#ifdef" 条件当中的标识符是已经定义过的宏定义标识符，并且当前分支处在该宏定义标识符的有效作用域范围之内，那么就编译第 1 部分程序代码；否则，编译第 2 部分程序代码。下面给出具体的代码示例：

```
#ifdef _DEBUG
    printf("目前处在调试的状态。\n");
#else
    printf("目前没有处在调试的状态。\n");
#endif
```

在 VC 平台的调试模式下，编译和运行上面代码可以输出"目前处在调试的状态。✓"。在 VC 平台的调试模式下，VC 平台已经宏定义了标识符_DEBUG。如果还没有宏定义标识符_DEBUG 或者宏定义标识符_DEBUG 不在有效的作用域范围内，则运行上面代码输出"目前没有处在调试的状态。✓"。

第 3 种条件编译命令的格式如下：

```
#ifndef 标识符
    第1部分程序代码
#else
    第2部分程序代码
#endif
```

其中 "#else" 分支不是必须的；在两个分支当中的程序代码可以是语句系列，也可以是预编译命令。**第 3 种条件编译命令的功能**是如果在 "#ifndef" 条件当中的标识符是还没有定义过的宏定义标识符，或者当前分支不在该宏定义标识符的有效作用域范围之内，那么就编译第 1 部分程序代码；否则，编译第 2 部分程序代码。

我们在头文件中常常采用这种条件编译命令，从而**避免因为同一个头文件被多次包含而出现问题**。例如，头文件 "C_Hanoi.h" 的内容是：

```
#ifndef C_HANOI_H
```

```
#define C_HANOI_H

extern void gb_solveHanoi(int discNumber,
                    char start, char temp, char end);

#endif
```

因为上面代码的第 2 行宏定义了标识符 C_HANOI_H，这样在进入该头文件的内部之后就会使得"#ifndef C_HANOI_H"不成立，所以只有第 1 次包含该文件的语句才会进入该头文件的内部。这样，即使多次包含该头文件，仍然只能进入该头文件的内部 1 次。

8.3.3 文件包含#include

文件包含预处理命令是最常用的预处理命令，它指示编译器将指定的头文件加载到源文件当中。每个文件包含命令只能指定 1 个头文件。如果需要加载多个头文件，则使用多个文件包含命令。文件包含预处理命令有两种格式。第 1 种文件包含格式是：

```
#include <头文件名>
```

采用这种格式的头文件通常是包括标准库在内的系统库的头文件。这些头文件通常在系统库的头文件所在的路径下。下面给出文件包含代码示例：

```
#include <stdio.h>
#include <stdlib.h>
```

第 2 种文件包含格式是：

```
#include "头文件名"
```

采用这种格式的头文件通常是自定义的头文件。这些自定义的头文件通常在当前路径或者由操作系统的系统变量 path 指定或由 C 语言开发平台指定的路径下。下面给出文件包含代码示例：

```
#include "C_Hanoi.h"
```

文件包含为 C 语言源程序代码文件组装提供了一种方便的机制。我们通常将宏定义、数据类型定义、具有 extern 属性的全局变量和函数声明等代码放在头文件当中；然后，通过文件包含的形式将它们加载到源文件当中，从而减少编写重复的代码，同时也方便了程序代码的扩展、维护和调试。下面给出具体的例程说明将头文件加载到源文件的现象。

例程 8-1　采用结构化程序设计的简单招呼例程。

例程功能描述：采用结构化程序设计的思想改写简单招呼例程。

例程解题思路：因为主函数 main 是无法复用的，所以我们需要用另一个函数来实现简单招呼的功能。同时，我们需要用一个头文件来记录函数声明，从而可以将所实现的函数提供给其他源文件使用。这样，我们至少需要一个自定义的头文件和两个源文件。

这里给出按照上面思路编写的简单招呼例程的源程序代码。例程代码由 3 个源程序代码文件"C_Hello.h""C_HelloFunction.c"和"C_HelloMain.c"组成，具体的程序代码如下。

// 文件名：**C_Hello.h**；开发者：雍俊海	行号
`#ifndef C_HELLO_H`	// 1
`#define C_HELLO_H`	// 2
	// 3
`extern void gb_hello( );`	// 4
	// 5
`#endif`	// 6

// 文件名：**C_HelloFunction.c**；开发者：雍俊海	行号
`#include <stdio.h>`	// 1
	// 2
`void gb_hello( )`	// 3
`{`	// 4
`    printf("C 语言，您好!\n");`	// 5
`    printf("我将成为优秀的 C 程序员!\n");`	// 6
`} // 函数 gb_hello 结束`	// 7

// 文件名：**C_HelloMain.c**；开发者：雍俊海	行号
`#include <stdlib.h>`	// 1
`#include "C_Hello.h"`	// 2
	// 3
`int main(int argc, char* args[ ])`	// 4
`{`	// 5
`    gb_hello( );`	// 6
`    system("pause"); // 暂停住控制台窗口`	// 7
`    return 0; // 返回 0 表明程序运行成功`	// 8
`} // main 函数结束`	// 9

源文件"C_HelloFunction.c"的第 1 行是文件包含命令"#include <stdio.h>"。在编译的预处理阶段，编译器将头文件"stdio.h"的全部内容加载到源文件"C_HelloFunction.c"当中。为了缩短篇幅并且方便阅读，这里忽略头文件"stdio.h"的大部分内容，只显示其中与本程序有关的代码，设头文件的代码如下：

// 文件名：**stdio.h**；C 语言标准头文件	行号
`// 忽略在头文件"stdio.h"中与本程序无关的代码`	// 1
`extern int printf(const char * format, ...);`	// 2

在加载头文件"stdio.h"之后的源文件"C_HelloFunction.c"代码变为：

	行号
`// 忽略在头文件"stdio.h"中与本程序无关的代码`	// 1
`extern int printf(const char * format, ...);`	// 2
	// 3
`void gb_hello( )`	// 4
`{`	// 5

```
    printf("C语言，您好!\n");                                    // 6
    printf("我将成为优秀的C程序员!\n");                          // 7
} // 函数 gb_hello 结束                                         // 8
```

在正式编译阶段，编译器将对加载之后的代码进行编译。

源文件"C_HelloMain.c"的第 1 行是文件包含命令"#include <stdlib.h>"。在编译的预处理阶段，编译器将头文件"stdlib.h"的全部内容加载到源文件"C_HelloMain.c"当中。为了缩短篇幅并且方便阅读，这里忽略头文件"stdlib.h"的大部分内容，只显示其中与本程序有关的代码，设头文件的代码如下：

// 文件名：**stdlib.h**；C 语言标准头文件	行号
// 忽略在头文件"stdlib.h"中与本程序无关的代码	// 1
extern int system(const char *string);	// 2

源文件"C_HelloMain.c"的第 2 行是文件包含命令"#include "C_Hello.h""。在编译的预处理阶段，编译器将头文件"C_Hello.h"的全部内容加载到源文件"C_HelloMain.c"当中。

在加载头文件"stdlib.h"和"C_Hello.h"之后的源文件"C_HelloMain.c"代码变为：

```
//  忽略在头文件"stdlib.h"中与本程序无关的代码              // 1
extern int system(const char *string);                    // 2
#ifndef C_HELLO_H                                         // 3
#define C_HELLO_H                                         // 4
                                                         // 5
extern void gb_hello( );                                 // 6
                                                         // 7
#endif                                                   // 8
                                                         // 9
int main(int argc, char* args[ ])                        // 10
{                                                        // 11
    gb_hello( );                                         // 12
    system("pause"); // 暂停住控制台窗口                  // 13
    return 0; // 返回 0 表明程序运行成功                  // 14
} // main 函数结束                                        // 15
```

因为上面的代码还含有预处理命令条件编译和宏定义，所以编译器预处理阶段在这时仍然不能结束。编译器继续对上面代码进行预处理。在处理条件编译和宏定义之后，上面的代码变为：

```
//  忽略在头文件"stdlib.h"中与本程序无关的代码              // 1
extern int system(const char *string);                    // 2
extern void gb_hello( );                                 // 3
                                                         // 4
int main(int argc, char* args[ ])                        // 5
{                                                        // 6
```

```
    gb_hello( );                                                     // 7
    system("pause"); // 暂停住控制台窗口                             // 8
    return 0; // 返回 0 表明程序运行成功                            // 9
} // main 函数结束                                                  // 10
```

这时就可以进入正式编译阶段，编译器对上面代码进行正式编译。

> ⊛小甜点⊛
>
> 　　所谓**编译器的预处理阶段和正式编译阶段**，是人为对编译器工作阶段的划分，其划分依据是编译器的工作时机和工作内容。编译器的预处理阶段在正式编译阶段之前，而且编译器在预处理阶段处理预处理命令。这样划分编译器工作阶段不仅有利于理解编译器的原理，也有利于实现编译器。

通过上面对编译器处理文件包含过程的分析，我们可以看出头文件和文件包含实际上是将程序代码共同的部分提取出来并形成头文件，然后通过文件包含使用这些共同的代码，从而减少重复代码的编写。编写函数并进行函数调用也是一种代码复用的良好机制。所谓的结构化程序设计正是利用这些机制提高代码编写的效率，并设法提高程序运行的稳定性以及程序代码维护和调试的方便性。

在头文件当中也可以含有文件包含命令。设在头文件 $file_i.h$ 中含有文件包含命令"#include "$file_{i+1}.h$"，其中，$i=1, 2, \cdots, (n-1)$。而且假设这 n 个头文件都是互不相同的头文件。那么，在编译器执行文件包含命令"#include "$file_1.h$""时，所有这些头文件 $file_i.h$（其中 $i=1, 2, \cdots, n$）都会被加载到源文件当中。**C 语言标准规定，这里 n 的值最大不能超过 15，即能够建立这种文件包含层次关系的层数不能超过 15**。

如果在上面的文件包含关系当中出现这样的情况，即在头文件 $file_n.h$ 中含有文件包含命令"#include "$file_1.h$"，则称出现了 头文件递归嵌套包含 的情况。如果 $n=1$，则表明在头文件 $file_1.h$ 中含有文件包含命令"#include "$file_1.h$""，则称头文件直接嵌套包含自己。如果 $n>1$，则称头文件间接嵌套包含自己。头文件无论是直接还是间接嵌套包含自己，只要出现头文件递归嵌套包含的情况，而且这些递归嵌套包含又不加任何限制，即不采用条件编译预处理命令，那么编译器永远也无法完成头文件的加载工作。最终会因加载产生的代码过多，而造成编译器崩溃。

在 8.3.2 节中介绍的利用条件编译可以避免因为同一个头文件被多次包含而出现的问题，在这里仍然适用。这里进一步给出示意性的说明。例如，设各个头文件"$file_i.h$"的内容是：

```
#ifndef FILE_I_H                                                     // 1
#define FILE_I_H                                                     // 2
// 忽略头文件的其他内容                                             // 3
#include "file_{i+1}.h"                                              // 4
#endif                                                               // 5
```

其中，$i=1, 2, \cdots, (n-1)$。头文件"$file_n.h$"的内容是：

```
#ifndef FILE_N_H                                                     // 1
#define FILE_N_H                                                     // 2
```

```
// 忽略头文件的其他内容                                                        // 3
#include "file₁.h"                                                           // 4
#endif                                                                      // 5
```

现在设源文件"file.c"含有文件包含命令"#include "file₁.h""，其代码示意性如下：

```
#include "file₁.h"                                                          // 1
// 忽略源文件"file.c"的其他内容                                              // 2
```

因为上面第 1 行代码是"#include "file₁.h""，所以编译器会加载头文件"file₁.h"到源文件"file.c"当中。加载之后的代码为：

```
#ifndef FILE_1_H                                                           // 1
#define FILE_1_H                                                           // 2
// 忽略头文件的其他内容                                                       // 3
#include "file₂.h"                                                          // 4
#endif                                                                     // 5
// 忽略源文件"file.c"的其他内容                                             // 6
```

因为在上面第 1 行代码处还没有宏定义标识符 FILE_1_H，所以编译器会进入这个"#ifndef FILE_1_H"分支，并加载头文件"file₂.h"到上面源文件代码当中。这时，加载之后的代码为：

```
#define FILE_1_H                                                           // 1
// 忽略头文件的其他内容                                                       // 2
#ifndef FILE_2_H                                                           // 3
#define FILE_2_H                                                           // 4
// 忽略头文件的其他内容                                                       // 5
#include "file₃.h"                                                          // 6
#endif                                                                     // 7
// 忽略源文件"file.c"的其他内容                                             // 8
```

这个过程不断继续，在编译器加载"file$_n$.h"之后的代码示意如下：

```
#define FILE_1_H                                                           // 1
#define FILE_2_H                                                           // 2
// 省略部分代码...                                                          // 3
#ifndef FILE_N_H                                                           // 4
#define FILE_N_H                                                           // 5
// 忽略头文件的其他内容                                                       // 6
#include "file₁.h"                                                          // 7
#endif                                                                     // 8
// 忽略源文件"file.c"的其他内容                                             // 9
```

因为在预处理命令"#ifndef FILE_N_H"处，还没有宏定义标识符 FILE_N_H，所以编译器会进入"#ifndef FILE_N_H"分支的内部，并继续加载头文件"file₁.h"。在加载头文件"file₁.h"之后的代码示意如下：

```
#define FILE_1_H                                              // 1
#define FILE_2_H                                              // 2
// 省略部分代码...                                             // 3
#define FILE_N_H                                              // 4
#ifndef FILE_1_H                                              // 5
#define FILE_1_H                                              // 6
// 忽略头文件的其他内容                                        // 7
#include "file₂.h"                                            // 8
#endif                                                        // 9
// 忽略源文件 "file.c" 的其他内容                              // 10
```

　　上面第 5 行的 "#ifndef FILE_1_H" 分支判断标识符 "FILE_1_H" 是否已经宏定义。上面第 1 行代码 "#define FILE_1_H" 表明标识符 "FILE_1_H" 已经宏定义，而且在上面第 5 行处及其之前并没有取消标识符 "FILE_1_H" 的宏定义。因此，编译器不会进入上面第 5 行的 "#ifndef FILE_1_H" 分支，从而上面从第 5 行到第 9 行的内容将会被编译器抛弃，抛弃之后的代码为：

```
#define FILE_1_H                                              // 1
#define FILE_2_H                                              // 2
// 省略部分代码...                                             // 3
#define FILE_N_H                                              // 4
// 忽略源文件 "file.c" 的其他内容                              // 5
```

　　这时，如果不考虑省略或忽略的代码，上面的代码已经没有文件包含的预处理命令。
　　上面的分析过程进一步验证了采用这种条件编译和宏定义的机制可以保证最多只会进入每个头文件内部 1 次。这个机制要求只有某个特定的标识符没有宏定义才会进入头文件的内部，而在进入后的第 1 个预处理命令就是宏定义这个标识符，从而使得没有宏定义这个特定的标识符的条件不再成立。因此，这种机制能够解决多次文件包含同一个头文件以及出现头文件递归嵌套包含的问题。

8.4　本 章 小 结

　　本章介绍了类型别名定义、常量属性和预处理命令。类型别名定义不是一种宏定义。下面给出类型别名定义 typedef 的代码示例：

```
typedef int * CD_IntPointer;//定义了整数指针类型的别名 CD_IntPointer   // 1
int a = 10; // 合法：定义了普通变量 a                                    // 2
const CD_IntPointer p = &a; //合法：定义了只读指针 p，指向普通变量 a     // 3
CD_IntPointer pb, pc; // 合法：pb 和 pc 都是指针                          // 4
```

上面第 3 行代码与 "int * const p = &a;" 完全等价，定义了只读指针 p。第 4 行代码定义的两个变量 pb 和 pc 都是指针。
　　为了与上面代码进行对照，下面给出宏定义的代码示例：

```
#define D_IntPointer int *
   const int ca = 10;  // 合法：定义了只读变量 ca
   const D_IntPointer p; // 合法：定义了指向只读对象的指针 p
   D_IntPointer pb, c; // 合法：pb 是指针，c 是整数变量
   p = & ca; // 合法：对指针 p 赋值，让 p 指向只读变量 ca
```

因为上面第 3 行代码在宏替换后就是 "const int *p;"，所以变量 p 是指向只读对象的指针变量，而且变量 p 不是只读指针变量。因此，上面第 3 行代码可以不对指针 p 初始化，而且上面第 5 行代码可以对指针 p 赋值。因为上面第 4 行代码在宏替换后就是 "int *pb, c;"，所以 pb 是指针，c 是整数变量。这与上面通过类型别名 CD_IntPointer 定义的 pb 和 pc 有很大的区别。这里的变量 c 是整数变量，上面的变量 pc 是指针变量。

在预处理命令当中，文件包含是非常常用的预处理命令。对于其他预处理命令，通常只在必要时才使用。使用预处理命令一定要合理；否则，有可能会让程序变得很难理解，而且容易引发错误。最糟糕的是，预处理命令通常会增加代码调试跟踪的困难。合理使用预处理命令，尽可能采用简单的模式，尽量减少在预处理命令中使用其他预处理命令的层次，则有可能会提高程序代码的简洁程度，让书写代码变得更加方便，增加代码的可读性，让维护代码变得更加容易，并且提高程序运行的效率。

8.5　本 章 习 题

习题 8.1　简述类型别名的定义及其作用。

习题 8.2　阐述如何给在本书中提到的各种数据类型定义相应的类型别名。

习题 8.3　简述常量属性的用法。

习题 8.4　思考并总结只读变量与其他变量之间的区别。

习题 8.5　简述宏定义#define 的用法。

习题 8.6　请判断下面各个结论的对错。

（1）每个预处理命令至少占用 1 行代码行。

（2）预处理命令的最后一个字符有可能是分号，但分号不是预处理命令的结束标志。

（3）宏定义的替换代码既不会以##运算符开头，也不会以##运算符结尾。否则，无法通过编译。

（4）可以不给宏定义的形式参数指定数据类型。

（5）宏替换发生在程序运行的时候。

（6）可以使用#undef 命令来终止宏定义标识符的作用域。

（7）在宏定义中可以使用别的宏定义标识符，但应当尽量减少这种情况发生。

习题 8.7　如果函数的形式参数是基本数据类型，而且在函数体内部不会修改该形式参数的值，那么是否有必要在其类型限定词处加上常量属性 const？例如，在 void f(const int i) 当中，如果函数 f 的函数体不会修改变量 i 的值，那么关键字 const 是否有存在的必要性？请给出相应的理由。

习题 8.8　对于下面的代码片段，第 4 行变量 a 初始化的值是多少？

```
#define D_A 4                                              // 1
#define D_B D_A+1                                          // 2
#define D_C 2*D_B+1                                        // 3
   int a = D_C;                                            // 4
```

习题 8.9　分析下面的代码片段，给出其发生编译错误的原因。然后，修正代码，使其能正确输出"在 25 的倍数中大于 124 的最小整数是 125。"

```
#define D_Data 25;                                         // 1
   int n = 0;                                              // 2
   do                                                      // 3
      n += D_Data;                                         // 4
   while (n<=124);                                         // 5
   printf("在25的倍数中大于124的最小整数是%d。\n", n);      // 6
```

习题 8.10　对于下面的代码片段，运行结果变量 a 的值是多少？

```
#define D_Max(x,y) (x)>(y)?(x):(y)
   int a = D_Max(3+5,4+6)*10;
```

习题 8.11　对于下面的代码片段，运行结果变量 a 的值是多少？

```
#define D_Min(x,y) (x)<(y)?(x):(y)
   int a = 10*D_Min(3+5,4+6);
```

习题 8.12　请设计案例说明条件编译的作用。

习题 8.13　请简述通过条件编译避免头文件嵌套包含的原理。

第9章 文件处理

文件处理技术是计算机程序设计的重要组成部分。以变量和字面常量等形式存在的数据在计算机程序运行的过程中存放在内存中。在内存中的数据通常随着程序的运行结束而被释放，在关闭计算机时，在内存中的所有数据都将消失。与之相反，在关闭计算机之后，保存在硬盘上的数据文件通常仍然会存在。而且由于内存容量通常远远小于硬盘容量，如果我们不把数据通过文件存放在硬盘上，那么计算机程序很难处理规模较大的数据。**文件处理技术扩大了计算机程序可以处理的数据规模**。通过文件处理技术，计算机程序可以将程序对各种事务处理的状态及其时间节点以**日志文件**的形式加以保存；计算机程序还可以将程序运行的各种选项通过**配置文件**加以保存。总之，计算机程序可以有选择地将部分或全部变量的值保存到**数据文件**当中。在重新运行程序时，可以直接打开这些数据文件，复原程序运行的中间状态，而不必重新从头运行程序获得这些数据，从而**节省程序运行的时间**。**这种方式也是基于计算机程序的工作能够得以延续的一种重要手段**。同样，采用这种方式，我们还可以保存程序运行的中间状态，尤其是在出现程序错误前后的中间状态，从而方便我们查看这些状态，分析程序出现错误的原因，并且通过打开文件的方式复原这些状态，进而方便我们调试程序。总之，**文件处理也是进行程序调试的重要手段**。因此，在完成计算机程序的数据结构定义和程序基本框架的编写之后，最有效的编写程序步骤常常是立即编写代码实现读取文件内容和保存文件的功能。目前有一种观点认为日志和配置等**数据文件**，尤其是用来测试程序的数据文件，也是计算机程序的重要组成部分。

9.1 文件操作基本框架

文件可以存储在硬盘和 U 盘等存储设备中。在文件操作中，可以将文件看作**数据流**。通常文件操作支持两种数据流。第一种数据流是二进制数据流。所谓**文件所对应的二进制数据流**，就是由操作系统将文件解析为一系列以字节为单位的有序数据或者说是以字节为元素的一维数组。不同的操作系统在将文件末尾的结束符解析为二进制数据流时可能会有所不同。第二种数据流是文本数据流。所谓**文件所对应的文本数据流**，就是由操作系统将文件解析为一系列有序的字符数据。这些字符数据可以分为若干行，每行字符数据由零到多个字符以及作为行结束标志的字符组成。与二进制数据流相比，不同的操作系统在将文件解析为文本数据流时的差异程度相对较大。例如，作为行结束标志的字符是回车符，还是换行符，还是回车符和换行符的组合取决于具体的操作系统。

在操作系统中，除了可以将文件看作数据流之外，在控制台窗口中用来接收输入的**标准输入 stdin**、用来输出常规文本信息的**标准输出 stdout** 以及用来输出错误信息的**标准错误输出 stderr** 都可以看作数据流。因此，下面对文件进行操作的部分函数也适用于标准输入 stdin、标准输出 stdout 和标准错误输出 stderr。

图 9-1 给出在不出差错的情况下，**C 语言程序对文件内容进行处理的流程示意图**。要从文件当中读取数据或者将数据写入文件当中，首先需要**打开相应的文件，取得这个文件的控制权**。有些操作系统有时会在文件被打开的同时给文件加上锁，从而避免该文件的控制权出现混乱。给文件加锁是为了保证后续读写文件的正确性。操作系统通常都不允许多个进程在同一个时间点对同一个文件进行读或写，因为在这种情况下难以保证读写文件的正确性。如果这个文件不存在，则还需要先创建这个文件。**当前的操作系统为了加速对文件的处理**，在将数据保存到文件时，通常不直接将数据写入文件，而是先将数据保存到一个缓冲区当中。这个**缓冲区**是操作系统为提高文件保存效率而在内存当中开辟的一块区域。操作系统通常在缓冲区的数据积累到一定程度或者接收到某些特殊的字符或者接收到某些命令请求的情况下才将在缓冲区中的数据真正写入文件当中。不过，不同的操作系统的处理细节不完全相同。在文件内容处理完毕之后，通常都需要**关闭文件**。对于写文件的操作，在关闭文件时，操作系统通常会将在缓冲区中的剩余数据写入文件当中，而且还有可能会在文件的末尾加入文件的结束标志字符。无论是读还是写文件，如果文件被加上锁，那么关闭文件会给文件解开锁，从而释放该文件的控制权。

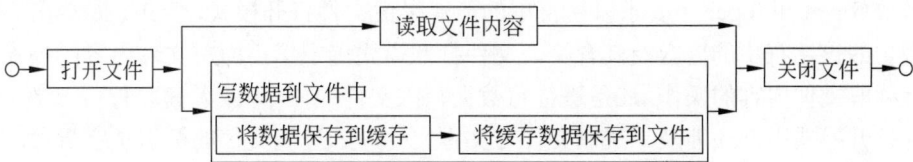

图 9-1　在正常情况下文件内容处理流程示意图

标准输入 stdin、标准输出 stdout 和标准错误输出 stderr 有些特殊。在程序开始运行时，操作系统会**自动打开这些标准输入和输出流**。因此，我们不必编写代码来打开这些数据流。同样，我们也不必编写**关闭标准输入或输出流**的代码，而应当交由操作系统自动进行关闭。

函数 fopen 可以用来打开文件。函数 fopen 的具体说明如下。

函数名	函数 65　fopen
声明	FILE *fopen(const char *filename, const char *mode);
说明	按照 mode 指定的模式打开文件 filename
参数	filename: 文件名
	modc: 文件打开模式
返回值	如果文件打开成功，则返回该文件的控制指针，并且返回值不等于 NULL；如果文件打开失败，则返回 NULL
头文件	stdio.h　　// 程序代码: #include <stdio.h>

VC 平台感觉自己实现的函数 fopcn 不够安全，建议采用相对更加安全的函数 fopen_s 替代函数 fopen。不过，函数 fopen_s 不是 C 语言标准规定的函数。函数 fopen_s 的具体说明如下。

函数名	函数 66　fopen_s
声明	errno_t fopen_s(FILE** pFile, const char *filename, const char *mode);
说明	按照 mode 指定的模式打开文件 filename。本函数仅适用于 VC 平台

参数	pFile: (*pFile)是用来接收所打开的文件的指针
	filename: 文件名
	mode: 文件打开模式
返回值	如果文件打开成功，则返回 0，而且该文件的控制指针(*pFile)不等于 NULL；如果文件打开失败，则返回一个非零的数，用来指示具体的失败原因
头文件	stdio.h // 程序代码: #include <stdio.h>

函数 fopen_s 的返回数据类型是 errno_t。在目前的 VC 平台下，**errno_t** 是 int 的别名。

❀小甜点❀

（1）在调用函数 fopen 或 fopen_s 时，**传递给函数的文件名可以包括路径**。

（2）在 Windows 系列的操作系统下，**路径分隔符**通常是反斜杠 "\"。应当注意反斜杠的字符常量是'\\'，反斜杠的字符串常量是"\\"。这里给出在 Windows 系列的操作系统下的包含路径的文件名示例："c:\\temp\\example.txt"。

（3）在 Linux/UNIX 系列的操作系统下，**路径分隔符**通常是斜杠 "/"。这里给出在 Linux/UNIX 系列的操作系统下的包含路径的文件名示例："c:/temp/example.txt"。

函数 fopen 和 fopen_s 要求以字符串的形式提供**文件打开模式**，表 9-1 提供在 C 语言标准中规定的该字符串的内容及其含义。文件打开模式确定了后面对文件内容的操作模式，是进行读取文件内容的操作，还是进行将数据写入文件的操作，或者读取与写入都会进行。在文件打开模式中，还涉及二进制文件与文本文件。二进制文件的标识是字母 "b"。如果不提供二进制文件与文本文件的标识，则默认的是文本文件。在 VC 等 C 语言的具体实现平台上，添加了文本文件的**标识字母 "t"**。这样在打开模式的写法上增加了 "rt" "wt" "at" "rt+"，或 "r+t" "wt+"，或 "w+t" "at+"，或 "a+t"。不过，这些写法不是 C 语言标准所规定的，而且也没有增加新的含义。

从文件本身上看，二进制文件与文本文件并无本质上的区别。所有的文件，包括文本文件，都是**二进制文件**。文件可以看作保存在硬盘等存储设备上的以字节为元素的一维数组。因此，文件也可以看作**数据流**。按照文件打开的模式，数据流可以分成输入流、输出流和输入输出流共三类。如果文件以 "r" 或 "rb" 等只读的模式打开，则该文件就是**输入流**。如果文件以 "w" "wb" "a" 或 "ab" 等只写的模式打开，则该文件就是**输出流**。如果文件以 "r+" "w+" "a+" "r+b" "rb+" "w+b" "wb+" "a+b" 或 "ab+" 等读和写均允许的模式打开，则该文件就是**输入输出流**。

文本文件并没有十分严格的定义，通常指的是由文本字符组成的文件，可以用文本编辑器进行查看和编辑。**采用文本的形式打开文件**表明后续的文件内容需要进行文本解析，即在后续的文件操作中，将文件看作是文本数据流。因为所有的计算机文件都是由一个个二进制字节组成，所以在进行文本解析时，需要将它们转换为文本字符；在以文本文件模式写入文件时，需要将文本字符转换为二进制字节。不同的操作系统在进行这种转换时略微有所差别。比较常见的区别是回车符或换行符。**采用二进制的形式打开文件**表明后续的文件内容处理形式将采用二进制的形式，将文件直接看作二进制数据流进行处理，而不进行前面的文本转换。

表 9-1　在 C 语言标准中定义的文件打开模式 mode

打开模式	说　明
r	打开文本文件，并且允许读取文件内容
w	打开文本文件，并且允许在文件中保存数据。如果该文件不存在，则创建一个新的文件；如果该文件已经存在，则该文件的内容将会被清空
a	打开文本文件，并且准备在文件的末尾添加新数据。如果该文件不存在，则创建一个新的文件。在这种模式下，文件内容不会被清空
rb	打开二进制文件，并且允许读取文件内容
wb	打开二进制文件，并且允许在文件中保存数据。如果该文件不存在，则创建一个新的文件；如果该文件已经存在，则该文件的内容将会被清空
ab	打开二进制文件，并且准备在文件的末尾添加新数据。如果该文件不存在，则创建一个新的文件。在这种模式下，文件内容不会被清空
r+	打开文本文件，并且允许读取文件内容和在文件中保存数据。如果不移动文件的读写位置，则均从文件开头的位置读或写文件
w+	打开文本文件，并且允许读取文件内容和在文件中保存数据。如果该文件不存在，则创建一个新的文件；如果该文件已经存在，则该文件的内容将会被清空
a+	打开文本文件，准备从头开始读取文件内容或者在文件的末尾添加文件新内容，即同时允许读取文件内容和在文件中保存数据。如果该文件不存在，则创建一个新的文件。在这种模式下，文件内容不会被清空
r+b 或者 rb+	打开二进制文件，并且允许读取文件内容和在文件中保存数据
w+b 或者 wb+	打开二进制文件，并且允许读取文件内容和在文件中保存数据。如果该文件不存在，则创建一个新的文件；如果该文件已经存在，则该文件的内容将会被清空
a+b 或者 ab+	打开二进制文件，准备从头开始读取文件内容或者在文件的末尾添加文件新内容，即同时允许读取文件内容和在文件中保存数据。如果该文件不存在，则创建一个新的文件。在这种模式下，文件内容不会被清空

对于打开的文件，我们获得了文件控制指针。我们还可以让该文件控制指针放弃对原先文件的控制，而重新让它控制一个新的文件。函数 freopen 和函数 freopen_s 可以实现这一功能。函数 freopen 的说明如下：

函数名	函数 67　freopen
声明	FILE *freopen(const char *filename, const char *mode, FILE *stream);
说明	该函数首先关闭文件 stream。如果关闭文件 stream 失败，则直接返回 NULL。如果成功关闭文件 stream，则继续按照 mode 指定的模式打开新文件 filename。如果成功打开新文件，则新文件的控制指针等于 stream，并且返回 stream。如果打开新文件失败，则返回 NULL。在 VC 平台下，filename、mode 和 stream 均不允许为 NULL
参数	filename：需要新打开的文件的文件名 mode：文件打开模式 stream：旧的已经打开的文件的控制指针
返回值	如果成功关闭文件 stream，并且成功打开新文件 filename，则 stream 变为新文件的控制指针，并且返回 stream；否则，返回 NULL
头文件	stdio.h　　// 程序代码：#include <stdio.h>

函数 freopen 的文件打开模式与 fopen 的文件打开模式含义完全相同，如表 9-1 所示。

VC 平台感觉自己实现的函数 freopen 不够安全，建议采用相对更加安全的函数 freopen_s 替代函数 freopen。不过，函数 freopen_s 不是 C 语言标准规定的函数。函数 freopen_s 的具体说明如下。

函数名	函数 68　freopen_s
声明	errno_t freopen_s(FILE **newFile, const char *filename, const char *mode, FILE * oldFile);
说明	该函数首先关闭文件 oldFile。如果关闭文件 oldFile 失败，则 (*newFile) 的值是 NULL，并且该函数返回一个非零的数，用来指示具体的失败原因。如果成功关闭文件 oldFile，则继续按照 mode 指定的模式打开新文件 filename。如果成功打开新文件，则新文件的控制指针等于 oldFile，并且返回 0。如果打开新文件失败，则 (*newFile) 的值是 NULL，并且该函数返回一个非零的数，用来指示具体的失败原因。参数 newFile、filename、mode 和 oldFile 均不允许为 NULL。本函数仅适用于 VC 平台
参数	newFile：(*newFile) 是用来接收所打开的文件的指针。如果该函数成功关闭旧文件，并且成功打开新文件，则 (*newFile) 最终接收的值就是 oldFile；否则，(*newFile) 最终接收的值就是 NULL filename：需要新打开的文件的文件名 mode：文件打开模式 oldFile：旧的已经打开的文件的控制指针
返回值	如果成功关闭文件 oldFile，并且成功打开新文件 filename，则返回 0，而且新文件的控制指针 (*newFile) 等于 oldFile；否则，返回一个非零的数，用来指示具体的失败原因
头文件	stdio.h　// 程序代码：#include <stdio.h>

函数 freopen 或 freopen_s 最主要的用途是将标准输入 stdin、标准输出 stdout 和标准错误输出 stderr 重定向为其他文本文件，具体例程如下。

例程 9-1　利用函数 freopen_s 重定向标准输出 stdout。

例程功能描述：将标准输出重定向到文件 "TempTemp.txt"。然后，通过标准输出向该文件写入 "成功重定向。"。我们应当可以通过文件编辑器看到在文件 "TempTemp.txt" 中的内容："成功重定向。"。最后，恢复标准输出，即中止重定向，并通过标准输出在控制台窗口中输出 "重定向结束。"。

例程解题思路：重定向与中止重定向均可以通过函数 freopen。因为标准输入与输出通常都是针对文本内容，所以文件打开模式应当采用文本文件的模式。

下面给出按照上面思路编写的代码。例程代码由 1 个源程序代码文件 "C_FreopenStdoutMain.c" 组成，具体的程序代码如下。

```
// 文件名: C_FreopenStdoutMain.c; 开发者: 雍俊海                          行号
#include <stdio.h>                                                        // 1
#include <stdlib.h>                                                       // 2
                                                                          // 3
int main(int argc, char* args[ ])                                         // 4
{                                                                         // 5
    FILE *fp;                                                             // 6
    nerro_t e = freopen_s(&fp, "TempTemp.txt", "w", stdout);// 重定向 // 7
```

```
    if (e==0)                                         // 8
    {                                                 // 9
        printf("成功重定向。\n");                       // 10
        e = freopen_s(&fp, "CON", "w", stdout); // 中止重定向  // 11
        printf("重定向结束。\n");                       // 12
    }                                                 // 13
    else printf("标准输出重定向失败。\n");              // 14
    system("pause"); // 暂停住控制台窗口                // 15
    return 0; // 返回 0 表明程序运行成功                 // 16
} // main 函数结束                                     // 17
```

可以对上面的代码进行编译、链接和运行。下面给出一个 运行的结果 示例。运行的结果是在控制台窗口中输出：

```
重定向结束。
请按任意键继续. . .
```

同时，我们可以在文本文件"TempTemp.txt"中看到：

```
成功重定向。
```

上面第 7 行代码"errno_t e = freopen_s(&fp, "TempTemp.txt", "w", stdout);"实现了将标准输出重定向到文件"TempTemp.txt"，而且采用针对文本文件的写模式。在成功重定向之后，上面第 10 行代码"printf("成功重定向。\n");"通过标准输出进行输出。因为这时标准输出已经被重定向为文件"TempTemp.txt"，所以输出的内容会写入文件"TempTemp.txt"当中。

上面第 11 行代码"e = freopen_s(&fp, "CON", "w", stdout);"实现了 中止标准输出的重定向。这条语句只适用于 Windows 系列的操作系统和 VC 平台。在 VC 平台下，文件 "CON" 对应于标准输出。在 Linux/UNIX 系列的操作系统下，需要将"CON"更改为"/dev/console" 或"/dev/tty"。具体选用"/dev/console"还是"/dev/tty"依赖具体的 Linux/UNIX 操作系统和编译器，其目的是 让该文件对应到标准输出。在中止标准输出的重定向之后，标准输出恢复到常规模式，输出内容显示在控制台窗口中。

类似地，在 VC 平台下，将标准输入重定向为文本文件"TempTemp.txt"的语句为：

```
    e = freopen_s(&fp, "TempTemp.txt", "r", stdin);
```

在 VC 平台下，中止标准输入重定向的语句是：

```
    e = freopen_s(&fp, "CON", "r", stdin);
```

在 VC 平台下，将标准错误输出重定向为文本文件"TempTemp.txt"的语句为：

```
    e = freopen_s(&fp, "TempTemp.txt", "w", stderr);
```

在 VC 平台下，中止标准错误输出重定向的语句是：

```
e = freopen_s(&fp, "CON", "w", stderr);
```

类似地，在 Linux/UNIX 系列的操作系统下，将标准输入重定向为文本文件"TempTemp.txt"的语句为：

```
fp = freopen("TempTemp.txt", "r", stdin);
```

在 Linux/UNIX 系列的操作系统下，中止标准输入重定向的语句是：

```
fp = freopen("/dev/tty", "r", stdin);
```

在上面语句中，"/dev/tty"也有可能是"/dev/console"，具体选用哪一个依赖具体的操作系统。在 Linux/UNIX 系列的操作系统下，将标准错误输出重定向为文本文件"TempTemp.txt"的语句为：

```
fp = freopen("TempTemp.txt", "w", stderr);
```

在 Linux/UNIX 系列的操作系统下，中止标准错误输出重定向的语句是：

```
fp = freopen("/dev/tty", "w", stderr);
```

在上面语句中，"/dev/tty"也有可能是"/dev/console"，具体选用哪一个依赖具体的操作系统。

打开一个临时文件可以采用函数 tmpfile 或函数 tmpfile_s。这个临时文件所在的路径取决于具体的操作系统和 C 语言编译器。函数 tmpfile 的具体说明如下。

函数名	函数 69 tmpfile
声明	FILE *tmpfile(void);
说明	创建一个与现有文件名都不同名的临时文件，而且以 "wb+" 的模式打开该文件。如果关闭该文件或者程序正常结束，则该临时文件会被自动删除。如果因为发生异常而结束程序，那么该临时文件是否会被自动删除，则取决于具体的 C 语言支撑平台
返回值	如果成功创建临时文件，则返回该文件的控制指针；否则，返回 NULL
头文件	stdio.h // 程序代码: #include <stdio.h>

VC 平台感觉自己实现的函数 tmpfile 不够安全，建议采用相对更加安全的函数 tmpfile_s 替代函数 tmpfile。不过，函数 tmpfile_s 不是 C 语言标准规定的函数。函数 tmpfile_s 的具体说明如下。

函数名	函数 70 tmpfile_s
声明	errno_t tmpfile_s(FILE ** pFile);
说明	创建一个与现有文件名都不同名的临时文件，而且以 "w+b" 的模式打开该文件。如果关闭该文件或者程序正常结束，则该临时文件会被自动删除。本函数仅适用于 VC 平台
参数	pFile: 用来接收所创建的临时文件的控制指针
返回值	如果成功创建临时文件，则返回 0，并且该文件的控制指针 (*pFile) 不等于 NULL；否则，返回一个非零的数，用来指示具体的失败原因

头文件　　stdio.h　　// 程序代码：#include <stdio.h>

对于写文件的操作，函数 fflush 可以将在缓冲区内未写入文件的剩余数据立即写入文件。函数 fflush 的具体说明如下。

函数名	函数 71　**fflush**
声明	int fflush(FILE *stream);
说明	如果文件控制指针 stream 对应的打开模式是允许写文件，而且对文件进行了写操作，那么该函数将该文件在缓冲区内的剩余数据立即写入该文件中。如果 stream 的值是 NULL，那么该函数检查当前程序正在打开的文件，只要符合前面的条件，就对这些文件执行与前面同样的操作
参数	stream：文件控制指针
返回值	如果成功将缓冲区的剩余数据立即写入文件，则返回 0；否则，通过文件控制指针 stream 给该文件的控制信息中设置错误标识，指明具体的出错原因，并且返回 EOF
头文件	stdio.h　　// 程序代码：#include <stdio.h>

⊕小甜点⊕：

在 Windows 系列的操作系统下，如果当前打开文件的模式是针对文本文件，并且允许写文件，则当将回车字符写入该文件时，也会自动将在缓冲区内的剩余数据立即写入该文件中。

⊕小甜点⊕：

变量 stdin 通常表示标准输入流。在有些 VC 平台下，函数调用 fflush(stdin)可以清空输入缓冲区。不过，在 Linux/UNIX 下有可能不会产生这种效果。C 语言标准并没有规定函数调用 fflush(stdin)的实际效果，其实际效果依赖具体的 C 语言支撑平台。

下面给出函数调用 fflush(stdin)的代码片段示例。

```
char buffer[20];                                              // 1
int e;                                                        // 2
do                                                            // 3
{                                                             // 4
   printf("请输入 1 个字符串:");                               // 5
   scanf s("%19s", buffer, 20);                               // 6
   printf("输入的字符串是\"%s\"。\n", buffer);                 // 7
   e = fflush(stdin); // 对部分 VC 平台有效，对 Linux/UNIX 无效  // 8
   printf("函数 fflush(stdin)返回: e=%d。\n", e);              // 9
} while (buffer[0]!='q');                                     // 10
```

下面给出上面代码片段在 Windows 系列的操作系统和部分版本的 VC 平台下可以清空输入缓冲区的运行的结果的示例，其中带下画线斜体部分是输入部分。

请输入 1 个字符串:*a b c*↙
输入的字符串是"a"。
函数 fflush(stdin)返回: e=0。
请输入 1 个字符串:*b c d*↙

输入的字符串是"b"。
函数 fflush(stdin) 返回：e=0。
请输入 1 个字符串：*q✓*
输入的字符串是"q"。
函数 fflush(stdin) 返回：e=0。

在上面运行结果中，当输入"a b c✓"时，输入缓冲区的内容是"a b c"。上面第 6 行代码"scanf_s("%19s", buffer, 20);"先获取了在输入缓冲区中的"a"并将其作为字符串 buffer 的内容。上面第 8 行代码"e = fflush(stdin);"清空输入缓冲区剩余的内容"b c"。因此，这些内容不会被上面第 6 行代码"scanf_s("%19s", buffer, 20);"获取到。

下面给出上面代码片段在 Linux/UNIX 系列的操作系统下并且采用 gcc 进行编译和链接的运行的结果的示例，其中带下画线斜体部分是输入部分。这也是在有些清空输入缓冲区的部分版本的 VC 平台下运行结果的示例。

请输入 1 个字符串：*a b c✓*
输入的字符串是"a"。
函数 fflush(stdin) 返回：e=0。
请输入 1 个字符串：输入的字符串是"b"。
函数 fflush(stdin) 返回：e=0。
请输入 1 个字符串：输入的字符串是"c"。
函数 fflush(stdin) 返回：e=0。
请输入 1 个字符串：*q✓*
输入的字符串是"q"。
函数 fflush(stdin) 返回：e=0。

在上面运行结果中，当输入"a b c✓"时，输入缓冲区的内容是"a b c"。上面第 6 行代码"scanf_s("%19s", buffer, 20);"先获取了在输入缓冲区中的"a"并将其作为字符串 buffer 的内容。上面第 8 行代码"e = fflush(stdin);"并没有清空输入缓冲区剩余的内容"b c"。因此，这些内容继续被上面第 6 行代码"scanf_s("%19s", buffer, 20);"获取到，并且"b"和"c"先后成为字符串 buffer 的内容。

❀小甜点❀：

（1）在 VC 平台下，语句"fseek(stdin, 0L, SEEK_END);"可以自动跳过输入缓冲区的剩余内容。因此，可以用语句"e = fseek(stdin, 0L, SEEK_END);"替换上面代码的第 8 行语句"e = fflush(stdin);"，从而达到前面在部分 VC 平台下相同的运行效果。不过，这条语句对在 Linux/UNIX 系列操作系统下的 C 语言有可能产生不了这种效果。

（2）在 Linux/UNIX 系列操作系统下，抛弃在文件缓冲区中的数据可以采用函数 fpurge 或 __fpurge。至于选用哪个函数，取决于哪个函数得到支持。不同版本的 Linux/UNIX 操作系统或 C 语言编译器所支持的函数有可能会不相同。这样，上面第 8 行和第 9 行的代码可以替换为"__fpurge(stdin);"或"__fpurge(stdin);"。其运行结果与前面在部分 VC 平台下不做代码替换的运行结果基本上相同。

函数 fpurge 和 __fpurge 都不是 C 语言标准规定的函数，这两个函数的具体说明如下。

函数名	函数 72　**fpurge**
声明	`int fpurge(FILE *stream);`
说明	清除在缓冲区中的所有内容，即在缓冲区中的所有数据都会被抛弃，不再被读取或写入文件 本函数仅适用于 Linux/UNIX 系列的操作系统
参数	`stream`: 文件控制指针
返回值	如果本函数执行成功，则返回 0；否则，返回-1，并设置系统标识符 errno 的值，表明出错原因
头文件	`stdio.h`　// 程序代码: `#include <stdio.h>`

函数名	函数 73　**__fpurge**
声明	`void __fpurge(FILE *stream);`
说明	清除在缓冲区中的所有内容，即在缓冲区中的所有数据都会被抛弃，不再被读取或写入文件。 如果本函数在执行的过程中出现错误，则将设置系统标识符 errno 的值，表明出错原因。请 注意函数 __fpurge 的函数名以两个下画线开头 本函数仅适用于 Linux/UNIX 系列的操作系统
参数	`stream`: 文件控制指针
头文件	`stdio_ext.h`　　// 程序代码: `#include <stdio_ext.h>` 说明: 在有些版本的 Linux/UNIX 系列操作系统或 C 语言编译器中，__fpurge 的声明在 头文件"stdio.h"

判断文件内容是否处理完毕可以采用函数 feof。函数 feof 的具体说明如下。

函数名	函数 74　**feof**
声明	`int feof(FILE *stream);`
说明	用来判断在从文件 stream 读取数据时是否已经越过文件的末尾
参数	`stream`: 文件控制指针
返回值	如果在从文件 stream 读取数据时已经越过文件的末尾，则返回一个非零的数；否则，返回 0
头文件	`stdio.h`　// 程序代码: `#include <stdio.h>`

> 〰注意事项〰:
> 　　函数 feof 只有在读取数据越过文件末尾后才会返回非零的数。即使在读取所有的数据之后到达了
> 文件末尾，而没有越过文件末尾，函数 feof 仍然会返回 0。例如，设文件包含'a'和'b'两个字符，并且设
> 每次只读取一个字符，则在读取字符'a'之后调用函数 feof，函数 feof 返回 0。在继续读取字符'b'之后调
> 用函数 feof，函数 feof 仍然返回 0，虽然这时已经到了文件的末尾。如果再继续读取字符，则这时读取
> 失败。如果在读取失败之后继续调用函数 feof，则函数 feof 会返回非零的数，因为这时已经越过了文
> 件末尾。

　　在文件内容处理完毕，最后通常都需要关闭文件，释放对文件的控制权。对于写文件
的操作，在关闭文件时，操作系统通常还会将在缓冲区中的剩余数据写入文件当中，而且
还有可能会在文件的末尾加入文件的结束标志字符。换一句话说，对于写文件的操作，如
果不关闭文件，则有可能会造成数据丢失，还有可能没有将结束标志字符写入文件而生成
一个坏文件。函数 fclose 可以用来关闭文件。函数 fclose 的具体说明如下。

函数名	函数 75 **fclose**
声明	`int fclose(FILE *stream);`
说明	关闭 stream 所指向的文件
参数	stream: 文件的控制指针
返回值	如果成功关闭文件，则返回 0；如果在关闭文件时发现错误，则返回 EOF
头文件	`stdio.h // 程序代码: #include <stdio.h>`

⊛小甜点⊛

EOF 是 C 语言标准函数库的宏定义。在 C 语言标准中，EOF 是 "end-of-file"（文件末尾）的缩写，常常用来指示输入和输出处理发生错误。C 语言标准只规定 **EOF 的值** 是一个负整数，并没有规定 EOF 具体的值。在 VC 平台中，EOF 的具体宏定义是 "#define EOF (-1)"。

▷注意事项◁

调用函数 fclose 的实际参数 一定是直接或间接通过函数 fopen 或 fopen_s 或 tmpfile 或 tmpfile_s 获得的文件控制指针，而且不能是 NULL；否则，函数 fclose 有可能会抛出异常，从而有可能中止整个程序的运行。

从上面进行文件处理的函数中，可以发现文件名通常保存在字符数组当中。文件名的长度通常有一定的限制。在标准输入和输出库<stdio.h>中定义了 **宏 FILENAME_MAX**。宏 FILENAME_MAX 对应一个常数，通常 表示用来保存文件名的字符数组的推荐长度，从而使得该字符数组能够保存所允许的 **最长的文件名**。在不同的操作系统下，这个常数有可能会有所不同。

9.2 以文本形式读写文件

以文本形式读写文件就是将文件看作文本数据流进行文件读写。在文件中写入带有格式的字符串可以采用函数 fprintf。函数 fprintf 的具体说明如下。

函数名	函数 76 **fprintf**
声明	`int fprintf(FILE *stream, const char *format, ...);`
说明	格式输出函数，将指定字符串写入文件 stream 当中，该字符串由格式字符串及对应的数值确定
参数	stream: 文件控制指针。要求文件 stream 对应输出流，即允许写文件操作 format: 格式字符串 后续参数: 后续参数的个数一般与在格式字符串中的格式说明域个数相同，每个参数为在格式字符串中的格式说明域指定数值，参数的类型应当与相应的格式说明域相匹配
返回值	如果写文件成功，则返回写到文件当中的字符个数；否则，返回一个负整数
头文件	`stdio.h // 程序代码: #include <stdio.h>`

函数 fprintf 与 printf 的区别 在于函数 fprintf 是将字符串写入文件 stream，而函数 printf 则是在控制台窗口中输出字符串。函数 fprintf 的参数 format 及后续参数与函数 printf 的相

应参数的含义完全相同，具体请见 2.4.1 节。这里不再重复。

如果函数 fprintf 的形式参数 stream 所对应的实际参数是 stdout，那么这时对 fprintf 函数调用等同于对函数 printf 的函数调用。例如，语句：

```
fprintf(stdout, "i=%d。\n", i); // 设已定义 int i，而且变量 i 已赋值
```

与下面的语句等价。

```
printf("i=%d。\n", i); // 设已定义 int i，而且变量 i 已赋值
```

从文件读取数据可以采用函数 fscanf。函数 fscanf 的具体说明如下。

函数名	函数 77 **fscanf**
声明	int fscanf(FILE *stream, const char *format, ...);
说明	格式输入函数，用来从文件 stream 当中读取数据，并将这些数据赋值给指定的变量
参数	stream：文件控制指针。要求文件 stream 对应输入流，即允许读文件操作
	format：格式字符串
	后续参数：后续参数的个数一般与由格式字符串指定的需要赋值的变量个数相同，这些参数指定这些变量的地址，变量的类型应当与相应的格式说明域相匹配
返回值	如果该函数运行成功，则返回在数据输入过程中将输入数据赋值给变量的个数；否则，返回 EOF。注意：EOF 是系统定义的一个宏，它所对应的值目前一般是−1
头文件	stdio.h　// 程序代码：#include <stdio.h>

函数 fscanf 与 scanf 的非常类似。函数 **fscanf 与 scanf 的区别**在于函数 fscanf 是从文件 stream 当中读取数据，而函数 scanf 则是在控制台窗口中读取数据。函数 fscanf 的参数 format 及后续参数与函数 scanf 的相应参数的含义完全相同，具体请见 2.4.2 节。这里不再重复。

如果函数 fscanf 的形式参数 stream 所对应的实际参数是 stdin，那么这时对 fscanf 函数调用等同于对函数 scanf 的函数调用。例如，语句：

```
fscanf(stdin, "%d", &i); // 设已定义 int i
```

与下面的语句等价。

```
scanf("%d", &i); // 设已定义 int i
```

VC 平台感觉自己实现的函数 fscanf 不够安全，建议采用相对更加安全的函数 fscanf_s 替代函数 fscanf。不过，函数 fscanf_s 不是 C 语言标准规定的函数。函数 fscanf_s 的具体说明如下。

函数名	函数 78 **fscanf_s**
声明	int fscanf_s(FILE *stream, const char *format, ...);
说明	格式输入函数，用来从文件 stream 当中读取数据，并将这些数据赋值给指定的变量。本函数仅适用于 VC 平台
参数	stream：文件控制指针。要求文件 stream 对应输入流，即允许读文件操作

C 程序设计（第 2 版）

format：格式字符串

后续参数：后续参数的个数由格式字符串的内容指定，这些后续参数指定需要赋值的变量的
地址以及存储单元大小等格式字符串需要的数据

返回值 如果该函数运行成功，则返回在数据输入过程中将输入数据赋值给变量的个数；否则，返回
EOF。注意：EOF 是系统定义的一个宏，它所对应的值目前一般是–1

头文件 stdio.h // 程序代码：#include <stdio.h>

函数 fscanf_s 与 scanf_s 的区别在于函数 fscanf_s 是从文件 stream 当中读取数据，而函
数 scanf_s 则是在控制台窗口中读取数据。函数 fscanf_s 的参数 format 及后续参数与函数
scanf_s 的相应参数的含义完全相同，具体请见 2.4.2 节。这里不再重复。

如果函数 fscanf_s 的形式参数 stream 所对应的实际参数是 stdin，那么这时对 fscanf_s
函数调用等同于对函数 scanf_s 的函数调用。例如，语句：

```
fscanf_s(stdin, "%d", &i); // 设已定义 int i
```

与下面的语句等价。

```
scanf_s("%d", &i); // 设已定义 int i
```

函数 fgetc 用来从文件中读取字符，函数 fputc 用来将字符写入文件。这两个函数的具
体说明如下。

函数名	函数 79 **fgetc**
声明	int fgetc(FILE *stream);
说明	从文件 stream 中读取 1 个字符
参数	stream：文件控制指针。本函数要求该文件允许读操作
返回值	如果成功读取字符，则返回输入字符所对应的无符号整数值；否则，返回 EOF。注意：EOF 是系统定义的一个宏，它所对应的值目前一般是–1
头文件	stdio.h // 程序代码：#include <stdio.h>

函数名	函数 80 **fputc**
声明	int fputc(int c, FILE *stream);
说明	将字符 c 写入文件 stream
参数	c：待写入的字符
	stream：文件控制指针。本函数要求该文件允许写操作
返回值	如果成功在文件中写入字符，则返回字符 c 所对应的无符号整数值；否则，返回 EOF。注意：EOF 是系统定义的一个宏，它所对应的值目前一般是–1
头文件	stdio.h // 程序代码：#include <stdio.h>

注意事项：

函数 fgetc 和函数 fputc 都采用整数类型（**int**）表示字符。

下面给出一些例程说明如何以文本形式读写文件。

例程 9-2 将文本文件的内容显示在屏幕上。

· 296 ·

例程功能描述：如果程序的参数提供了文本文件的文件名，则直接将该文本文件的内容显示在屏幕上。如果程序的参数没有提供文本文件的文件名，则要求输入该文本文件的文件名，然后将该文本文件的内容显示在屏幕上。

例程解题思路：通过主函数的第 1 个参数，我们可以获取程序的参数个数。这样，我们就可以知道程序是否提供了文件名参数。如果程序提供了文件名参数，那么它应当是主函数第 2 个参数的元素。如果程序没有提供文件名参数，我们可以通过函数 scanf 或 scanf_s 来获取。要实现将文本文件的内容显示在屏幕上，我们首先需要通过函数 fopen 或 fopen_s 打开文件，打开模式是针对文本文件的读模式。然后，通过循环，由函数 fgetc 读取在文件当中的每个字符，由函数 putchar 将这些字符显示在屏幕上。循环的结束条件是读取完文件的所有内容。我们可以通过函数 feof 判断这个循环结束条件是否得到满足。最后，不要忘了关闭文本文件。

下面给出按照上面思路编写的代码。例程代码由 3 个源程序代码文件 "C_FileShow.h" "C_FileShow.c" "C_FileShowMain.c" 组成，具体的程序代码如下。

// 文件名：**C_FileShow.h**；开发者：雍俊海	行号
```
#ifndef C_FILESHOW_H                                   // 1
#define C_FILESHOW_H                                   // 2
                                                       // 3
extern void gb_fileShow(char *fileName);               // 4
                                                       // 5
#endif                                                 // 6
```

// 文件名：**C_FileShow.c**；开发者：雍俊海	行号
```
#include <stdio.h>                                     // 1
#include <stdlib.h>                                    // 2
                                                       // 3
void gb_fileShow(char *fileName)                       // 4
{                                                      // 5
    FILE *fp;                                          // 6
    errno_t e;                                         // 7
    int c;                                             // 8
                                                       // 9
    if (fileName==NULL)                                // 10
    {                                                  // 11
        printf("文件名为 NULL。\n");                    // 12
        return;                                        // 13
    }                                                  // 14
    else printf("文件\"%s\"的内容如下：\n", fileName);   // 15
                                                       // 16
    e = fopen_s(&fp, fileName, "r");                   // 17
    if (e!=0)                                          // 18
    {                                                  // 19
        printf("文件打开失败。文件指针为%p，错误码为%d。\n", fp, e);  // 20
        return;                                        // 21
```

```
   } // if 结束                                         // 22
   while(!feof(fp))                                     // 23
   {                                                    // 24
      c = fgetc(fp);                                    // 25
      if (c>=0)                                         // 26
         putchar(c);                                    // 27
   } // while 结束                                       // 28
   fclose(fp);                                          // 29
} // 函数 gb_fileShow 结束                               // 30
```

// 文件名：**C_FileShowMain.c**；开发者：雍俊海	行号

```
#include <stdio.h>                                      // 1
#include <stdlib.h>                                     // 2
#include "C_FileShow.h"                                 // 3
                                                        // 4
int main(int argc, char* args[ ])                       // 5
{                                                       // 6
   char fileName[100] = {0};                            // 7
   if (argc>1)                                          // 8
      gb_fileShow(args[1]);                             // 9
   else                                                 // 10
   {                                                    // 11
      printf("请输入文件名:");                           // 12
      scanf_s("%99s", fileName, 100);                   // 13
      gb_fileShow(fileName);                            // 14
   } // if/else 结束                                     // 15
   system("pause"); // 暂停住控制台窗口                   // 16
   return 0; // 返回 0 表明程序运行成功                   // 17
} // main 函数结束                                        // 18
```

上面的代码是在 VC 平台下的代码。这里需要注意的是在文件"C_FileShow.c"中的第 26 行代码"if (c>=0)"。如果 c<0，则表明第 25 行代码"c = fgetc(fp);"读取字符失败。这时，不应当将这个无效字符显示在屏幕上。因为函数 feof 要求在读取数据时必须越过文件末尾才会返回非零的数，所以在正常情况下，第 25 行代码"c = fgetc(fp);"至少会有 1 次读取字符失败。最终，函数 feof 会返回非零的数，结束 while 循环。

例程 9-3 将源文件的内容复制给目标文件。

例程功能描述：将源文件的内容复制给目标文件，使得目标文件的内容与源文件的内容完全相同。与上一个例程相似，如果程序参数提供了源文件或目标文件的文件名，则直接用这些文件名；否则，要求输入所缺失的源文件或目标文件的文件名。

例程解题思路：通过主函数的第 1 个参数，可以判断程序参数是否提供源文件或目标文件的文件名。如果程序提供了源文件和目标文件的文件名，那么源文件的文件名应当是主函数第 2 个参数的第 2 个元素，目标文件的文件名应当是主函数第 2 个参数的第 3 个元素。如果程序没有提供源文件或目标文件的文件名，我们可以通过函数 scanf 或 scanf_s 来获取。要实现文件内容的复制，我们需要打开两个文件，其中源文件需要以读文本文件的模式打开，目标文件需要以写文本文件的模式打开。然后，通过函数 fgetc 读取在源文件当中的每个字符，通过函数 fputc 将这些字符写到目标文件当中。通过函数 feof 可以判断是否已经读完源文件的字符。最后，不要忘了关闭两个文本文件。

下面给出按照上面思路编写的代码。例程代码由 3 个源程序代码文件 "C_FileCopy.h" "C_FileCopy.c" 和 "C_FileCopyMain.c" 组成，具体的程序代码如下。

// 文件名：**C_FileCopy.h**；开发者：雍俊海	行号
```#ifndef C_FILECOPY_H```	// 1
```#define C_FILECOPY_H```	// 2
	// 3
```extern void gb_fileCopy(char *fileSource, char *fileDestination);```	// 4
	// 5
```#endif```	// 6

// 文件名：**C_FileCopy.c**；开发者：雍俊海	行号
```#include <stdio.h>```	// 1
```#include <stdlib.h>```	// 2
	// 3
```void gb_fileCopy(char *fileSource, char *fileDestination)```	// 4
```{```	// 5
``` FILE *fpIn, *fpOut;```	// 6
``` errno_t e;```	// 7
``` int c;```	// 8
	// 9
``` if ((fileSource==NULL) || (fileDestination==NULL))```	// 10
``` {```	// 11
``` printf("文件名为 NULL。\n");```	// 12
``` return;```	// 13
``` } // if 结束```	// 14
	// 15
``` printf("开始将文件\"%s\"复制到文件\"%s\"。\n",```	// 16
``` fileSource, fileDestination);```	// 17
``` e = fopen_s(&fpIn, fileSource, "r");```	// 18
``` if (e!=0)```	// 19
``` {```	// 20
``` printf("源文件打开失败。文件指针为%p，错误码为%d。\n", fpIn, e);```	// 21
``` return;```	// 22
``` } // if 结束```	// 23
``` e = fopen_s(&fpOut, fileDestination, "w");```	// 24
``` if (e!=0)```	// 25
``` {```	// 26
``` printf("目标文件打开失败。文件指针为%p，错误码为%d。\n", fpOut, e);```	// 27
``` fclose(fpIn); // 不要忘了关闭源文件```	// 28
``` return;```	// 29
``` } // if 结束```	// 30
``` while(!feof(fpIn))```	// 31

```
    {                                                          // 32
        c = fgetc(fpIn);                                       // 33
        if (c>=0)                                              // 34
            fputc(c, fpOut);                                   // 35
    } // while 结束                                            // 36
    printf("将文件\"%s\"复制到文件\"%s\"结束。\n",             // 37
        fileSource, fileDestination);                          // 38
    fclose(fpIn);                                              // 39
    fclose(fpOut);                                             // 40
} // 函数 gb_fileCopy 结束                                     // 41
```

// 文件名：C_FileCopyMain.c；开发者：雍俊海	行号

```
#include <stdio.h>                                            // 1
#include <stdlib.h>                                           // 2
#include "C_FileCopy.h"                                       // 3
                                                              // 4
int main(int argc, char* args[ ])                             // 5
{                                                             // 6
    char fileSource[100] = {0};                               // 7
    char fileDestination[100] = {0};                          // 8
    if (argc>2)                                               // 9
        gb_fileCopy(args[1], args[2]);                        // 10
    else if (argc>1)                                          // 11
    {                                                         // 12
        printf("请输入目标文件名:");                          // 13
        scanf_s("%99s", fileDestination, 100);                // 14
        gb_fileCopy(args[1], fileDestination);                // 15
    }                                                         // 16
    else                                                      // 17
    {                                                         // 18
        printf("请输入源文件名:");                            // 19
        scanf_s("%99s", fileSource, 100);                     // 20
        printf("请输入目标文件名:");                          // 21
        scanf_s("%99s", fileDestination, 100);                // 22
        gb_fileCopy(fileSource, fileDestination);             // 23
    } // if/else 结束                                         // 24
    system("pause"); // 暂停住控制台窗口                       // 25
    return 0; // 返回 0 表明程序运行成功                       // 26
} // main 函数结束                                            // 27
```

上面的代码是在 VC 平台下的代码。这里需要注意的是在文件 "C_FileCopy.c" 中的第 28 行代码 "fclose(fpIn);"。我们应当清醒地意识到这时源文件已经成功打开，虽然目标文件没有成功打开。因此，这时，我们不要忘了关闭已经打开的源文件。另外，因为函数 feof 要求在读取数据时必须越过文件末尾才会返回非零的数，所以在正常情况下，第 33 行代码 "c = fgetc(fpIn);" 至少会有 1 次读取字符失败。因此，第 34 行代码 "if (c>=0)" 先判断从文件中读取字符是否成功。只有成功读取的字符才会写入目标文件当中。

要采用文本处理函数进行文本文件的读或写，应当采用文本文件的模式打开文件。这时在读取或写入文件内容时会进行文本解析。而且在不同的操作系统下文本解析的结果有可能会略微有所不同。这里给出<u>在 VC 平台下的文本解析示例</u>。在 VC 平台下，设 fp 是文本文件控制指针，语句"fputc('\n', fp);"通常会在该文本文件中写入两个字符，这两个字符的 ASCII 码分别是 13 和 10。反过来，设 fp 是文本文件控制指针，而且设读取的下两个字符的 ASCII 码分别是 13 和 10，语句 "c = fgetc(fp);" 会同时读取这两个字符，但只返回 1 个字符，即 ASCII 码为 10 的换行符'\n'。

函数 fgets 用来从文件中读取多个字符，函数 fputs 用来将字符串写入文件。这两个函数的具体说明如下。

函数名	函数 81　**fgets**
声明	`char *fgets(char *s, int n, FILE *stream);`
说明	本函数主要是从文件 stream 中读取 (n-1) 个字符或 1 行字符，并组成字符串保存到参数 s 所指向的内存空间。本函数的具体说明如下： 如果在读到 (n-1) 个字符之前都没有遇到换行符或文件结束标记符，则从文件 stream 中读取 (n-1) 个字符，并在末尾添加字符串的结束标志 0，从而组成字符串，并保存到参数 s 所指向的内存空间。 如果在读到 (n-1) 个字符之前遇到换行符，则在文件 stream 中从当前字符读到换行符，并在末尾添加字符串的结束标志 0，从而组成字符串，并保存到参数 s 所指向的内存空间。 如果在文件 stream 中当前字符就是文件结束标记符，则不读取任何字符，直接返回 NULL；否则，如果在读到 (n-1) 个字符之前没有遇到换行符，但遇到文件结束标记符，则在文件 stream 中从当前字符读到文件结束标记符的前一个字符，并在末尾添加字符串的结束标志 0，从而组成字符串，并保存到参数 s 所指向的内存空间
参数	s：字符指针，指向用来接收字符串的内存空间。本函数要求已经分配好参数 s 所指向的内存空间，该内存空间至少可容纳下 n 个字符 n：字符个数。从文件 stream 中读取的字符个数不超过 (n-1)。本函数要求 n 的值至少为 2 stream：文件控制指针。本函数要求该文件允许读操作
返回值	如果成功读取到字符，则返回 s；否则，返回 NULL
头文件	stdio.h　// 程序代码：#include <stdio.h>

函数 fscanf 或 fscanf_s 也可以用来读入字符串，但这两个函数将空格等空白符当作字符串的分界符。因此，这两个函数有可能会跳过空白符，而且在读入的字符串中不会含有空白符。<u>采用函数 **fgets** 可以读取含有空白符的字符串</u>。

设文件的内容是：

```
123

123
```

并且设文件控制指针 fp 是刚刚打开文件的指针，则语句

```
fgets(buffer, 6, fp);
```

在正常情况下运行的结果是字符串 buffer 的前 5 个元素依次是字符'1'、'2'、'3'、'\n'和'\0'。如果这时继续运行语句

```
fgets(buffer, 6, fp);
```

在正常情况下运行的结果是字符串 buffer 的前 2 个元素依次是字符'\n'和'\0'。

函数名	函数 82　fputs
声明	int fputs(const char *s, FILE *stream);
说明	将字符串 s 的内容写入文件 stream 当中，其中字符串的结束标志 0 不会写入文件 stream 当中
参数	s：字符串。该字符串的内容将被写入文件 stream 中 stream：文件控制指针。本函数要求该文件允许写操作
返回值	如果文件写入成功，则返回非负的整数；否则，返回 EOF。注意：EOF 是系统定义的一个宏，它所对应的值目前一般是-1
头文件	stdio.h　　// 程序代码：#include <stdio.h>

9.3　以二进制数据流形式读写文件

以二进制数据流形式读写文件就是将文件看作二进制数据流进行文件读写。函数 fread 和函数 fwrite 是常用的函数。这两个函数的具体说明如下。

函数名	函数 83　fread
声明	size_t fread(void *buffer, size_t size, size_t count, FILE *stream);
说明	从文件 stream 中读取 size×count 字节的数据并保存到 buffer 所指向的内存空间中。如果遇到错误或文件末尾，实际读取的字节数有可能会小于 size×count 字节
参数	buffer：指向接收数据内存空间的指针。本函数要求这个内存空间已经分配好，而且要求至少可以容纳下 size×count 字节的数据 size：每个元素占用内存空间的字节数。本函数要求 size 大于 0 count：申请从文件 stream 中读取的元素个数。本函数要求 count 大于 0 stream：文件控制指针。本函数要求该文件允许读操作
返回值	实际从文件 stream 中读取的元素个数。这个数一定不会超过 count
头文件	stdio.h　　// 程序代码：#include <stdio.h>

> ▷注意事项◁
>
> 函数 fread 在从文件中读取数据时是以元素为单位进行读取的。因此，如果文件所包含的数据的总字节数不是单个元素占用字节数的整数倍，那么将会剩余部分字节无法被函数 fread 读取到。

函数名	函数 84　fwrite
声明	size_t fwrite(const void *buffer, size_t size, size_t count, FILE

```
                              *stream);
```
说明　　将位于 buffer 处的 size×count 字节数据写入文件 stream 当中

参数　　buffer：指向数据内存空间的指针

　　　　size：每个元素占用内存空间的字节数。本函数要求 size 大于 0

　　　　count：需要写入文件 stream 的元素总个数。本函数要求 count 大于 0

　　　　stream：文件控制指针。本函数要求该文件允许写操作

返回值　实际写入文件的元素总个数。如果没有任何错误发生，则返回 count，即在文件中共写入 count 个元素。如果返回的数值小于 count，则表明有错误发生

头文件　stdio.h　　// 程序代码：#include <stdio.h>

📌注意事项📌

在采用 fwrite 等函数将数据写入文件时，如果不是将数据写到文件的末尾，则**写入文件的数据通常会覆盖掉原来在文件当中的内容**，即 fwrite 等函数在写文件时，文件的原有内容不会自动往文件末尾移动。

函数 fread 和 fwrite 通过数据块的方式读写文件。因此，函数 fread 和 fwrite 读写文件的速度是非常快的。而且读写文件的总字节数（size×count 字节）越大通常越有可能更加充分地利用计算机硬件的特性，取得更高的文件处理速度。

函数 fgetpos 可以用来获取文件的当前位置，其具体说明如下。

函数名	函数 85　**fgetpos**
声明	`int fgetpos(FILE *stream, fpos_t *pos);`
说明	获取文件 stream 的当前读或者写的位置，并保存在(*pos)当中。因此，本函数要求(*pos)的内存空间已经分配好
参数	stream：文件控制指针 pos：位置指针，指向用于保存文件位置的内存空间
返回值	如果成功获取文件的当前位置，则返回 0；否则，返回非零的数
头文件	stdio.h　　// 程序代码：#include <stdio.h>

函数 fgetpos 通常用于保存文件处理的当前位置。在进行文件处理之后，文件处理的当前位置通常会发生变化。这时，可以通过函数 fsetpos 恢复前面所保存的文件位置。因此，可以不必知道 fpos_t 的具体数据类型。函数 fsetpos 的具体说明如下：

函数名	函数 86　**fsetpos**
声明	`int fsetpos(FILE *stream, const fpos_t *pos);`
说明	将文件 stream 处理的当前位置设置在(*pos)指定的位置。在文件 stream 处理已经越过了文件结束标记符之后，仍然可以调用本函数。如果执行成功，那么越过文件结束标记符的记录也会被清除，即这时 feof(stream) 的返回值应当是 0
参数	stream：文件控制指针 pos：位置指针，指向保存了文件位置的内存空间
返回值	如果成功设置文件的当前位置，则返回 0；否则，返回非零的数
头文件	stdio.h　　// 程序代码：#include <stdio.h>

下面给出函数 fgetpos 和 fsetpos 应用的示例代码：

```
#define n 20                                                        // 1
   FILE *fp;                                                        // 2
   int bufferInt[n];                                                // 3
   char bufferChar[n];                                              // 4
   fpos_t pos;                                                      // 5
   errno_t e = fopen_s(&fp, "TempTemp.txt", "rb");//略去错误处理代码  // 6
   e = fgetpos(fp, &pos); // 略去错误处理代码                          // 7
   e=fread(bufferInt, sizeof(int), n, fp);// 略去错误和后续数据处理代码 // 8
   e = fsetpos(fp, &pos); // 略去错误处理代码                          // 9
   e=fread(bufferChar, sizeof(char), n,fp);//略去错误和后续数据处理代码 // 10
   e = fclose(fp); // 略去错误处理代码                                 // 11
#undef n                                                            // 12
```

上面的代码忽略了各种可能出现的错误，而且略去了在从文件中读取数据之后对这些数据进行处理的代码。这样，一方面，使得上面的代码变得短一些；另一方面，也让我们更好地理解函数 fgetpos 和 fsetpos 的作用。上面第 5 行代码定义了 fpos_t 类型的变量 pos。C 语言标准并没有给出 fpos_t 类型的具体定义形式。不同的 C 语言平台可以采用不同的实现形式。其实，我们也不必了解 fpos_t 类型的具体定义形式。第 6 行代码打开文件。在这之后，第 7 行代码立即调用函数 fgetpos，记下了文件开头的位置。第 8 行代码读文件的内容，使得文件的当前位置发生了变化。在第 8 行代码读取数据之后，文件处理的当前位置变为在文件的第 sizeof(int)×n 字节处。第 9 行代码 "e = fsetpos(fp, &pos);" 使得文件处理的当前位置又回到文件开头的位置。因此，第 10 行代码读文件的内容又从头开始读取文件的内容。最后，第 11 行代码关闭文件。从上面代码示例中，我们可以看到函数 fgetpos 和 fsetpos 的配合使得我们很方便地对同一个文件进行多遍的处理。

函数 fseek 可以用来将文件控制指针移动到指定的位置，其具体说明如下。

函数名	函数 87 **fseek**
声明	`int fseek(FILE *stream, long int offset, int whence);`
说明	将文件 stream 的当前位置移动到指定的位置，该位置相对于 whence 的偏移量是 offset。如果 whence 的值是 SEEK_CUR，则文件 stream 的当前位置移动 offset 字节。如果 offset 大于 0，则表明向文件末尾的方向移动；如果 offset 小于 0，则表明向文件开头的方向移动。 如果 whence 的值是 SEEK_SET，则文件 stream 的当前位置是距文件开头的第 offset 字节处。这时，offset 的值应当大于或等于 0。否则，有可能会出现一些非预期的情况。 如果 whence 的值是 SEEK_END，则文件 stream 的当前位置是距文件末尾的第 (0-offset) 字节处。这时，offset 的值应当小于或等于 0。否则，有可能会出现一些非预期的情况
参数	stream：文件控制指针 offset：移动的偏移量 whence：本函数要求 whence 的值只能是 SEEK_CUR、SEEK_SET 或 SEEK_END，其中 SEEK_CUR 表明从当前位置开始移动文件指针，SEEK_SET 表明从文件开头开始移动文件指针，SEEK_END 表明从文件末尾开始移动文件指针
返回值	如果文件移动到指定的位置，则返回 0；否则，返回非零的数
头文件	stdio.h // 程序代码：#include <stdio.h>

函数 ftell 可以用来获取文件的当前位置，其具体说明如下。

函数名	函数 88　ftell
声明	long int ftell(FILE *stream);
说明	返回文件 stream 的当前位置。该位置从文件开头开始并以字节为单位计数
参数	stream：文件控制指针
返回值	如果运行成功，则返回文件 stream 的当前位置，它的值一定大于或等于 0；否则，返回 -1L
头文件	stdio.h　　// 程序代码：#include <stdio.h>

> 📖说明📖
>
> 这里说明在调用函数 **fopen** 的文件打开模式是 **"a"或"ab"** 情况下的文件位置情况。
> （1）在 VC 平台下，在打开文件后立即调用函数 ftell，则函数 ftell 返回 0，说明这时文件位置仍然在文件头部。不过，这时在不移动文件位置的前提下将数据写入文件，数据仍然添加到文件的末尾。这说明在这种情况下，在将数据写入文件之前，文件的当前位置会自动移动到文件的末尾。在写数据之后，调用函数 ftell，可以发现文件位置已经到了文件的末尾。
> （2）在 Linux/UNIX 系列的操作系统下，在打开文件后立即调用函数 ftell，函数 ftell 返回文件的长度，说明这时文件位置已经在文件的末尾。

> 📖说明📖
>
> 如果调用函数 **fopen** 的文件打开模式是 **"a+"或"a+b"**，在刚打开文件之后，读写文件的位置均在文件头部。这时，如果调用函数 ftell，则函数 ftell 返回 0。

函数 rewind 可以将文件控制指针所指向的当前位置移动到文件的开头位置，其具体说明如下。

函数名	函数 89　rewind
声明	void rewind(FILE *stream);
说明	将文件 stream 的当前位置移动到文件的开头位置。因此，函数调用 "rewind(stream);" 等价于 "fseek(stream, 0L, SEEK_SET);"
参数	stream：文件控制指针
头文件	stdio.h　　// 程序代码：#include <stdio.h>

9.4　文件整体信息与处理

本节介绍自动生成一个新的文件名、删除文件以及对文件进行重命名的函数。这些函数的具体说明如下。

函数名	函数 90　tmpnam
声明	char *tmpnam(char *s);
说明	自动生成一个与现有文件不同的文件名。该函数要求：如果 s 不等于 NULL，则应当给字符串 s 分配充足的内存以保存自动生成的文件名

参数	s：如果 s 不等于 NULL，则自动生成的文件名保存在字符串 s 中；如果 s 等于 NULL，则自动生成的文件名保存在一个静态对象里
返回值	如果成功生成新文件名，则返回新文件名所对应的字符串；否则，返回 NULL
头文件	stdio.h // 程序代码：#include <stdio.h>

⊛小甜点⊛

函数 tmpnam 的参数 s 所指向的字符数组的元素个数应当不小于 L_tmpnam。L_tmpnam 是 C 语言标准库的一个宏定义。在 VC 平台下，L_tmpnam 的值是 14。

▷注意事项◁

如果函数调用 tmpnam(NULL) 成功返回一个新文件名，那么不能调用 free 函数释放保存这个新文件名的内存空间。这是一个静态内存空间。无论调用多少次，函数调用 tmpnam(NULL) 成功返回的文件名都保存在这个内存空间中。

VC 平台感觉自己实现的函数 tmpnam 不够安全，建议采用相对更加安全的函数 tmpnam_s 替代函数 tmpnam。不过，函数 tmpnam_s 不是 C 语言标准规定的函数。函数 tmpnam_s 的具体说明如下。

函数名	函数 91 tmpnam_s
声明	errno_t tmpnam_s(char * str, size_t sizeInChars);
说明	自动生成一个与现有文件不同的文件名，并保存在字符串 str 中。本函数仅适用于 VC 平台
参数	str：用来接收新文件名的字符串
	sizeInChars：字符串 str 所拥有的内存空间大小，即总字符个数
返回值	如果字符串 str 成功接收到自动生成的新文件名，则返回 0；否则，返回一个非零的数，用来指示具体的失败原因
头文件	stdio.h // 程序代码：#include <stdio.h>

函数 tmpnam_s 比函数 tmpnam 更加明确，由参数 str 指定接收新文件名的内存空间，由参数 sizeInChars 指明该内存空间的大小。如果自动生成新文件名不成功或者内存空间不够大，则函数 tmpnam_s 只要返回失败就可以，而不会造成内存越界。然而，如果传递给函数 tmpnam 的参数 s 的值不是 NULL，函数 tmpnam 并不清楚参数 s 所指向的有效内存空间的大小。这时需要给字符串 s 分配不小于 L_tmpnam 的内存以确保调用函数 tmpnam 不会造成内存越界。

函数名	函数 92 remove
声明	int remove(const char *filename);
说明	删除文件 filename
参数	filename：要删除文件的文件名
返回值	如果成功删除文件 filename，则返回 0；否则，返回非零的数
头文件	stdio.h // 程序代码：#include <stdio.h>

如果不存在由参数 filename 指定的文件，那么函数 remove 自然不会成功删除指定的文

件。另外，如果采用 fopen 或 fopen_s 打开了指定的文件，而且还没有用 fclose 来关闭该文件，那么用函数 remove 来删除该文件，这时通常也不会成功。具体是否会成功，则依赖操作系统的文件处理机制。

函数名	函数 93　rename
声明	int rename(const char *old, const char *new);
说明	将文件 old 的文件名更改为字符串 new 指定的文件名，这也称为 **文件重命名**
参数	old：字符串 old 存储的是旧文件名
	new：字符串 new 存储的是新文件名
返回值	如果文件重命名成功，则返回 0；否则，返回非零的数
头文件	stdio.h　// 程序代码：#include <stdio.h>

　　如果不存在由参数 old 指定的文件，或者已经存在与新文件名同名的文件，那么通过函数 rename 进行文件重命名通常不会成功。另外，如果采用 fopen 或 fopen_s 打开了指定的文件，而且还没有用 fclose 来关闭该文件，那么通过函数 rename 的文件重命名通常也不会成功。

> ▷注意事项◁
>
> 　　在程序刚刚成功创建一个新的文件之后，立即对该文件进行重命名，则文件重命名是否成功依赖具体的操作系统和 C 语言支撑平台。

9.5　错　误　处　理

　　本节介绍一些错误处理函数。这些函数的具体说明如下。

函数名	函数 94　ferror
声明	int ferror(FILE *stream);
说明	判断在文件 stream 的控制信息中是否含有错误标识
参数	stream：文件控制指针
返回值	如果在文件 stream 的控制信息中含有错误标识，则返回非零的数；否则，返回 0，这时在文件 stream 的控制信息中不含任何错误标识
头文件	stdio.h　// 程序代码：#include <stdio.h>

函数名	函数 95　clearerr
声明	void clearerr(FILE *stream);
说明	清除记录在文件 stream 的控制信息中的各种错误标识
参数	stream：文件控制指针
头文件	stdio.h　// 程序代码：#include <stdio.h>

　　下面给出函数 ferror 和函数 clearerr 的应用示例代码片段。

```
int e;                                                      // 1
```

```
    fputc('c', stdin); // 错误: 给标准输入写入字母'c'                      // 2
    e = ferror(stdin); // 上一条语句导致在 stdin 的控制信息中含有错误标识   // 3
    if (e!=0)                                                            // 4
    {                                                                   // 5
        printf("错误码为%d. \n", e); // 在不同的系统下, 错误码有可能不相同   // 6
        clearerr(stdin); // 清除在标准输入控制信息中的错误标识              // 7
        e = ferror(stdin);//现在在标准输入控制信息中不含错误标识, 结果 e=0   // 8
        if (e!=0)                                                       // 9
            printf("错误码为%d. \n", e);                                 // 10
        else printf("错误标识已被清除。\n");                              // 11
    } // if 结束                                                        // 12
```

下面给出上面代码 运行的结果 的示例，其中错误码 32 在不同的操作系统下有可能会不相同。

```
错误码为 32。
错误标识已被清除。
```

> 📌 注意事项 📌
>
> 　　函数 clearerr 并不清除系统标识符 errno 的值。系统标识符 errno 的定义在系统头文件 "errno.h" 当中。在应用中，可以把系统标识符 errno 看作 int 类型的变量。系统标识符 errno 记录了在程序中发生的一些全局错误所对应的代码。

清除全局错误代码，可以直接采用语句：

```
errno = 0;
```

不过，在使用系统标识符 errno 之前不要忘了添加系统头文件。

```
#include <errno.h>
```

函数名	函数 96 **perror**
声明	`void perror(const char *s);`
说明	如果 s 等于 NULL，则通过标准错误输出在控制台窗口中输出系统标识符 errno 所对应的错误信息 如果 s 不等于 NULL，则通过标准错误输出在控制台窗口中输出字符串 s、分隔符以及系统标识符 errno 所对应的错误信息
参数	s: 字符串。本函数允许 s 等于 NULL
头文件	`stdio.h`　// 程序代码: `#include <stdio.h>`

函数名	函数 97 **strerror**
声明	`char *strerror(int errnum);`
说明	本函数返回在全局错误列表中代码 errnum 所对应的字符串
参数	errnum: 全局错误代码。最常用的 errnum 取值是系统标识符 errno
返回值	本函数返回在全局错误列表中代码 errnum 所对应的字符串
头文件	`string.h`　// 程序代码: `#include <string.h>`

VC 平台感觉自己实现的函数 strerror 不够安全，建议采用相对更加安全的函数 strerror_s 替代函数 strerror。不过，函数 strerror_s 不是 C 语言标准规定的函数。函数 strerror_s 的具体说明如下。

函数名	函数 98 strerror_s
声明	errno_t strerror_s(char *buffer, size_t numberOfElements, int errnum);
说明	将在全局错误列表中代码 errnum 所对应的字符串保存到 buffer 所指向的内存空间中。这个内存空间已经分配好，其大小是 numberOfElements 个字符。本函数要求 numberOfElements 必须足够大，能够容纳下代码 errnum 所对应的字符串
参数	buffer：指向已经分配好字符串内存空间的指针 numberOfElements：字符串内存空间的字符个数 errnum：全局错误代码。最常用的 errnum 取值是系统标识符 errno
返回值	如果执行成功，则返回 0；否则，返回非零的数，这个数用来指示发生错误的原因
头文件	string.h // 程序代码：#include <string.h>

9.6 文件处理程序示例

因为不同的 C 语言支撑平台在文件处理的细节上稍微有所区别，而且前面章节已经阐明这些区别点，所以本节不再重复讲解这些区别点。在本节中实现的例程也全部采用 VC 平台。下面给出一些文件处理程序示例。

例程 9-4 获取指定文件的大小。

例程功能描述：接收给定的文件名，并输出文件的大小。

例程解题思路：可以通过程序的参数接收给定的文件名。如果程序的参数不含给定的文件名，则在控制台窗口通过标准输入获取给定的文件名。在得到文件名之后，可以采用只读二进制文件的形式打开这个文件；然后，将文件的当前位置移动到文件的末尾，并通过函数 ftell 获得从文件开头到当前位置的字节总数。这个字节总数就是文件的大小。接着，输出文件大小。最后，别忘了关闭打开的文件。

下面给出按照上面思路编写的代码。例程代码由 3 个源程序代码文件 "C_FileSize.h" "C_FileSize.c" "C_FileSizeMain.c" 组成，具体的程序代码如下。

// 文件名：C_FileSize.h；开发者：雍俊海	行号
#ifndef C_FILESIZE_H	// 1
#define C_FILESIZE_H	// 2
	// 3
extern void gb_getFileSize(char *fileName);	// 4
	// 5
#endif	// 6

// 文件名：C_FileSize.c；开发者：雍俊海	行号
#include <stdio.h>	// 1
#include <stdlib.h>	// 2

```
void gb_getFileSize(char *fileName)                                      // 4
{                                                                        // 5
    FILE *fp;                                                            // 6
    errno_t e;                                                           // 7
    long int s;                                                          // 8
                                                                         // 9
    if (fileName==NULL)                                                  // 10
    {                                                                    // 11
        printf("文件名为 NULL。\n");                                      // 12
        return;                                                          // 13
    }                                                                    // 14
    else printf("文件\"%s\"", fileName);                                 // 15
                                                                         // 16
    e = fopen_s(&fp, fileName, "rb");                                    // 17
    if (e!=0)                                                            // 18
    {                                                                    // 19
        printf("打开失败，文件指针为%p，错误码为%d。\n", fp, e);           // 20
        return;                                                          // 21
    } // if 结束                                                         // 22
    e = fseek(fp, 0L, SEEK_END);                                         // 23
    s = ftell(fp);                                                       // 24
    if (e!=0)                                                            // 25
        printf("移动当前文件位置失败，错误码为%d，下面文件大小可能有误。\n",e); // 26
    printf("大小为%ld 字节。\n", s);                                       // 27
    fclose(fp);                                                          // 28
} // 函数 gb_getFileSize 结束                                            // 29
```

// 文件名：**C_FileSizeMain.c**；开发者：雍俊海	行号

```
#include <stdio.h>                                                       // 1
#include <stdlib.h>                                                      // 2
#include "C_FileSize.h"                                                  // 3
                                                                         // 4
int main(int argc, char* args[ ])                                        // 5
{                                                                        // 6
    char fileName[100] = {0};                                            // 7
    if (argc>1)                                                          // 8
        gb_getFileSize(args[1]);                                         // 9
    else                                                                 // 10
    {                                                                    // 11
        printf("请输入文件名:");                                          // 12
        scanf_s("%99s", fileName, 100);                                  // 13
        gb_getFileSize(fileName);                                        // 14
    } // if/else 结束                                                    // 15
    system("pause"); // 暂停住控制台窗口                                   // 16
    return 0; // 返回 0 表明程序运行成功                                   // 17
} // main 函数结束                                                        // 18
```

可以对上面的代码进行编译、链接和运行。下面给出一个运行的结果示例。

```
请输入文件名:TempTemp.txt↙
文件"TempTemp.txt"大小为 4086 字节。
请按任意键继续. . .
```

这个例程的代码在文件处理上遵循了文件操作的基本框架，即先打开文件，中间进行文件内容处理，最后关闭文件。

下面给出输入的文件不存在的运行结果示例。

```
请输入文件名:BadFile.txt↙
文件"BadFile.txt"打开失败，文件指针为 00000000，错误码为 2。
请按任意键继续. . .
```

如果给定的文件不存在，则打开文件不成功。上面文件"C_FileSize.c"的第 17 行代码"e = fopen_s(&fp, fileName, "rb");"返回一个非零的数。这时文件控制指针的值是 NULL，对应上面的输出"文件指针为 00000000"。

例程 9-5　基于密码的文件加密。

例程功能描述：接收输入待加密的源文件名、加密后的新文件名和加密密码。然后，对源文件进行加密，加密结果保存在新文件中。加密的方法是将源文件的第 $i+1$ 字节变为该字节与密码的第 $((i \% nk)+1)$ 字节之和，其中，nk 为密码的总字节数，$i=0, 1, \cdots$。

例程解题思路：可以通过程序的参数接收这些输入的信息。如果程序的参数不提供或者没有全面提供这些信息，则在控制台窗口通过标准输入获取缺失的信息。在获取输入信息之后，可以采用只读二进制文件的形式打开待加密的源文件，采用只写二进制文件的形式打开保存加密结果的新文件。然后，读取源文件内容，并对其中的每字节进行加密。在加密的过程中，并不需要进行取模(%)的运算。设存放密码的数组为 password。可以定义整数变量 k，使得每次加密所需要的加数为 password[k]，其中 k 的值随着加密的进行从 0 按步长 1 逐次递增到($nk-1$)，接着又变回到 0，重复前面的递增过程。这个过程可以不断重复进行，直到对源文件的所有字节都完成了加密。在加密的过程中，需要将加完密的数据写入新文件当中。在完成加密之后，需要关闭打开的源文件和新文件。

下面给出按照上面思路编写的代码。例程代码由 3 个源程序代码文件"C_FileEncrypt.h""C_FileEncrypt.c""C_FileEncryptMain.c"组成，具体的程序代码如下。

```
// 文件名: C_FileEncrypt.h; 开发者: 雍俊海                              行号
#ifndef C_FILEENCRYPT_H                                              // 1
#define C_FILEENCRYPT_H                                             // 2
                                                                    // 3
extern void gb_fileEncrypt(char *fileSource, char *fileDestination, // 4
                 char * password);                                  // 5
                                                                    // 6
#endif                                                              // 7
```

// 文件名：C_FileEncrypt.c；开发者：雍俊海	行号
`#include <stdio.h>`	`// 1`
`#include <stdlib.h>`	`// 2`
`#include <string.h>`	`// 3`
	`// 4`
`void gb_fileEncrypt(char *fileSource, char *fileDestination,`	`// 5`
`    char * password)`	`// 6`
`{`	`// 7`
`#define n 1024`	`// 8`
`    FILE *fpIn, *fpOut;`	`// 9`
`    errno_t e;`	`// 10`
`    char buffer[n];`	`// 11`
`    int i, k=0, nk;`	`// 12`
`    int s;`	`// 13`
	`// 14`
`    if ((fileSource==NULL) || (fileDestination==NULL) ||`	`// 15`
`        (password==NULL))`	`// 16`
`    {`	`// 17`
`        printf("文件名或密码为 NULL。\n");`	`// 18`
`        return;`	`// 19`
`    } // if 结束`	`// 20`
`    printf("待加密的文件是\"%s\"，加密后的文件是\"%s\"，密码是\"%s\"。\n",`	`// 21`
`        fileSource, fileDestination, password);`	`// 22`
	`// 23`
`    e = fopen_s(&fpIn, fileSource, "rb");`	`// 24`
`    if (e!=0)`	`// 25`
`    {`	`// 26`
`        printf("源文件打开失败。文件指针为%p，错误码为%d。\n", fpIn, e);`	`// 27`
`        return;`	`// 28`
`    } // if 结束`	`// 29`
`    e = fopen_s(&fpOut, fileDestination, "wb");`	`// 30`
`    if (e!=0)`	`// 31`
`    {`	`// 32`
`        printf("目标文件打开失败。文件指针为%p，错误码为%d。\n", fpOut, e);`	`// 33`
`        fclose(fpIn); // 不要忘了关闭源文件`	`// 34`
`        return;`	`// 35`
`    } // if 结束`	`// 36`
`    nk = (int)(strlen(password));`	`// 37`
`    while(!feof(fpIn))`	`// 38`
`    {`	`// 39`
`        s = (int)(fread(buffer, sizeof(char), n, fpIn));`	`// 40`
`        for (i=0; i<s; i++, k++)`	`// 41`
`        {`	`// 42`
`            if (k>=nk)`	`// 43`
`                k=0;`	`// 44`
`            buffer[i] += password[k];`	`// 45`
`        } // for 结束`	`// 46`

```
        if (s>0)                                              // 47
            fwrite(buffer, sizeof(char), s, fpOut);           // 48
        printf("\t加密%d 字节。\n", s);                       // 49
    } // while 结束                                           // 50
    printf("文件加密结束。\n");                               // 51
    fclose(fpIn);                                             // 52
    fclose(fpOut);                                            // 53
#undef n                                                      // 54
} // 函数 gb_fileEncrypt 结束                                 // 55
```

// 文件名：**C_FileEncryptMain.c**；开发者：雍俊海	行号

```
#include <stdio.h>                                            // 1
#include <stdlib.h>                                           // 2
#include "C_FileEncrypt.h"                                    // 3
                                                              // 4
int main(int argc, char* args[ ])                             // 5
{                                                             // 6
    char fileSource[100] = {0};                               // 7
    char fileDestination[100] = {0};                          // 8
    char password[100] = {0};                                 // 9
    if (argc>3)                                               // 10
        gb_fileEncrypt(args[1], args[2], args[3]);            // 11
    else if (argc>2)                                          // 12
    {                                                         // 13
        printf("请输入密码:");                                // 14
        scanf_s("%99s", password, 100);                       // 15
        gb_fileEncrypt(args[1], args[2], password);           // 16
    }                                                         // 17
    else if (argc>1)                                          // 18
    {                                                         // 19
        printf("请输入加密后的新文件名:");                    // 20
        scanf_s("%99s", fileDestination, 100);                // 21
        printf("请输入密码:");                                // 22
        scanf_s("%99s", password, 100);                       // 23
        gb_fileEncrypt(args[1], fileDestination, password);   // 24
    }                                                         // 25
    else                                                      // 26
    {                                                         // 27
        printf("请输入源文件名:");                            // 28
        scanf_s("%99s", fileSource, 100);                     // 29
        printf("请输入加密后的新文件名:");                    // 30
        scanf_s("%99s", fileDestination, 100);                // 31
        printf("请输入密码:");                                // 32
        scanf_s("%99s", password, 100);                       // 33
        gb_fileEncrypt(fileSource, fileDestination, password);// 34
    } // if/else 结束                                         // 35
    system("pause"); // 暂停住控制台窗口                      // 36
```

```
    return 0; // 返回 0 表明程序运行成功                              // 37
} // main 函数结束                                                    // 38
```

可以对上面的代码进行编译、链接和运行。下面给出一个运行的结果示例。

```
请输入源文件名：source.txt↙
请输入加密后的新文件名：encrypt.txt↙
请输入密码：secret↙
待加密的文件是"source.txt"，加密后的文件是"encrypt.txt"，密码是"secret"。
        加密 22 字节。
文件加密结束。
请按任意键继续. . .
```

设源文件"source.txt"的内容为：

```
我将成为优秀的 C 程序员！
```

它所对应的各个二进制字节的值分别为 206、210、189、171、179、201、206、170、211、197、208、227、181、196、67、179、204、208、242、212、177 和 33。密码"secret"所对应的各个二进制字节的值分别为 115、101、99、114、101 和 116。在加密之后，新文件内容所对应的各个二进制字节的值分别为 65、55、32、29、24、61、65、15、54、55、53、87、40、41、166、37、49、68、101、57、20 和 147。这里需要注意在加密过程中的求和运算是对字节的求和运算。每个字节只有 8 位二进制数字，只能表达从 0 到 255 的数字。如果求和运算的结果超过 255，则结果只会保留其中低 8 位。例如，206+155=321 超过了 255，结果只保留其中低 8 位，即 65=321−256。这也是新文件第 1 字节的值为 65 的原因。同样，第 2 字节的值为 55=210+101−256。当然，加密求和运算不一定都发生溢出。例如，最后一字节的加密求和运算就没有发生溢出，其加密结果 147=33+114。对于新文件的剩余字节，可以采用同样的方法依次进行验算。

虽然上面文件"C_FileEncrypt.c"的第 11 行代码定义了 1024 个元素的字符数组，而且第 40 行代码"s = fread(buffer, sizeof(char), n, fpIn);"申请读取 1024 字节的数据，但实际上只读取了 22 字节的数据。这是因为源文件只含有这 22 个可读取的字节。因此，后续的加密以及写文件都应当以实际读入的字节数进行，而且不应当以申请的字节数进行。

通常有用的加密结果需要能够被解密。否则，可能谁也无法再利用这些被加密的文件。下面的例程实现了采用同样的密码对上面加密的文件进行解密。

例程 9-6　基于密码的文件解密。

例程功能描述：接收输入已经加了密的源文件名、解密后的新文件名和解密密码。然后，对源文件进行解密，解密结果保存在新文件中。这个例程实现的是上面基于密码的文件加密例程的逆过程。在上面加密例程中，加密的方法是将源文件的第 i+1 字节变为该字节与密码的第((i % nk)+1)字节之和，其中，nk 为密码的总字节数，i=0, 1,…。现在需要对其进行解密。这里的解密密码与上面例程的加密密码相同。要求在解密之后能够复原出没有加密的文件内容。

例程解题思路：本例程的解密过程与上面例程的加密过程基本上相似，只是复原字节的值的计算公式不同。因为加密的过程是求和，所以解密的过程只要用减法运算进行复原就可以。

　　下面给出按照上面思路编写的代码。例程代码由 3 个源程序代码文件"C_FileDecrypt.h" "C_FileDecrypt.c" 和 "C_FileDecryptMain.c" 组成，具体的程序代码如下。

// 文件名：**C_FileDecrypt.h**；开发者：雍俊海	行号
`#ifndef C_FILEDECRYPT_H`	// 1
`#define C_FILEDECRYPT_H`	// 2
	// 3
`extern void gb_fileDecrypt(char *fileSource, char *fileDestination,`	// 4
`                    char * password);`	// 5
	// 6
`#endif`	// 7

// 文件名：**C_FileDecrypt.c**；开发者：雍俊海	行号
`#include <stdio.h>`	// 1
`#include <stdlib.h>`	// 2
`#include <string.h>`	// 3
	// 4
`void gb_fileDecrypt(char *fileSource, char *fileDestination,`	// 5
`    char * password)`	// 6
`{`	// 7
`#define n 1024`	// 8
`    FILE *fpIn, *fpOut;`	// 9
`    errno_t e;`	// 10
`    char buffer[n];`	// 11
`    int i, k=0, nk;`	// 12
`    int s;`	// 13
	// 14
`    if ((fileSource==NULL) || (fileDestination==NULL) ||`	// 15
`        (password==NULL))`	// 16
`    {`	// 17
`        printf("文件名或密码为 NULL。\n");`	// 18
`        return;`	// 19
`    } // if 结束`	// 20
`    printf("待解密的文件是\"%s\"，解密后的文件是\"%s\"，密码是\"%s\"。\n",`	// 21
`        fileSource, fileDestination, password);`	// 22
	// 23
`    e = fopen_s(&fpIn, fileSource, "rb");`	// 24
`    if (e!=0)`	// 25
`    {`	// 26
`        printf("源文件打开失败。文件指针为%p，错误码为%d。\n", fpIn, e);`	// 27
`        return;`	// 28
`    } // if 结束`	// 29
`    e = fopen_s(&fpOut, fileDestination, "wb");`	// 30
`    if (e!=0)`	// 31

```
    {                                                                    // 32
        printf("目标文件打开失败。文件指针为%p，错误码为%d。\n", fpOut, e);  // 33
        fclose(fpIn); // 不要忘了关闭源文件                                // 34
        return;                                                          // 35
    } // if 结束                                                         // 36
    nk = (int)(strlen(password));                                        // 37
    while(!feof(fpIn))                                                   // 38
    {                                                                    // 39
        s = (int)(fread(buffer, sizeof(char), n, fpIn));                // 40
        for (i=0; i<s; i++, k++)                                         // 41
        {                                                                // 42
            if (k>=nk)                                                   // 43
                k=0;                                                     // 44
            buffer[i] -= password[k];                                    // 45
        } // for 结束                                                    // 46
        if (s>0)                                                         // 47
            fwrite(buffer, sizeof(char), s, fpOut);                     // 48
        printf("\t 解密%d 字节。\n", s);                                 // 49
    } // while 结束                                                      // 50
    printf("文件解密结束。\n");                                          // 51
    fclose(fpIn);                                                        // 52
    fclose(fpOut);                                                       // 53
#undef n                                                                 // 54
} // 函数 gb_fileDecrypt 结束                                            // 55
```

// 文件名：C_FileDecryptMain.c；开发者：雍俊海	行号

```
#include <stdio.h>                                                       // 1
#include <stdlib.h>                                                      // 2
#include "C_FileDecrypt.h"                                               // 3
                                                                         // 4
int main(int argc, char* args[ ])                                        // 5
{                                                                        // 6
    char fileSource[100] = {0};                                          // 7
    char fileDestination[100] = {0};                                     // 8
    char password[100] = {0};                                            // 9
    if (argc>3)                                                          // 10
        gb_fileDecrypt(args[1], args[2], args[3]);                       // 11
    else if (argc>2)                                                     // 12
    {                                                                    // 13
        printf("请输入密码:");                                           // 14
        scanf_s("%99s", password, 100);                                  // 15
        gb_fileDecrypt(args[1], args[2], password);                      // 16
    }                                                                    // 17
    else if (argc>1)                                                     // 18
    {                                                                    // 19
        printf("请输入解密后的新文件名:");                               // 20
        scanf_s("%99s", fileDestination, 100);                           // 21
```

```
        printf("请输入密码:");                                          // 22
        scanf_s("%99s", password, 100);                              // 23
        gb_fileDecrypt(args[1], fileDestination, password);          // 24
    }                                                                // 25
    else                                                             // 26
    {                                                                // 27
        printf("请输入源文件名:");                                       // 28
        scanf_s("%99s", fileSource, 100);                            // 29
        printf("请输入解密后的新文件名:");                                // 30
        scanf_s("%99s", fileDestination, 100);                       // 31
        printf("请输入密码:");                                          // 32
        scanf_s("%99s", password, 100);                              // 33
        gb_fileDecrypt(fileSource, fileDestination, password);       // 34
    } // if/else 结束                                                 // 35
    system("pause"); // 暂停住控制台窗口                               // 36
    return 0; // 返回 0 表明程序运行成功                               // 37
} // main 函数结束                                                    // 38
```

可以对上面的代码进行编译、链接和运行。下面给出一个运行的结果示例。

请输入源文件名:*encrypt.txt*↙
请输入解密后的新文件名:*restore.txt*↙
请输入密码:*secret*↙
待解密的文件是"encrypt.txt"，解密后的文件是"restore.txt"，密码是"secret"。
　　　解密 22 字节。
文件解密结束。
请按任意键继续. . .

通过比较，加密之前的文件"source.txt"和解密之后的文件"encrypt.txt"的内容完全相同。在解密的过程也会发生基于字节的减法运算溢出。例如，解密之后的第 1 字节的值是 206=65−115+256，其中 256 是减法运算溢出造成的。

例程 9-7　获取并输出当前的工作路径。

例程功能描述：获取并输出当前的工作路径。

例程解题思路：首先，定义字符数组。然后，通过系统函数来获取当前的工作路径并保存到前面定义的字符数组当中。最后输出获取到当前工作路径的字符数组。

下面给出按照上面思路编写的代码。例程代码由源程序代码文件"C_Getcwd.c"组成，具体的程序代码如下。

```
// 文件名: C_Getcwd.c; 开发者: 雍俊海                                行号
#include <stdio.h>                                                  // 1
#include <stdlib.h>                                                 // 2
#include <direct.h>                                                 // 3
                                                                    // 4
int main(int argc, char* args[])                                    // 5
{                                                                   // 6
    char buf[1024];                                                 // 7
```

```
    char* r = _getcwd(buf, sizeof(buf));                        // 8
                                                                // 9
    if (r != NULL)                                              // 10
        printf("当前路径是：%s。\n", buf);                       // 11
    else printf("无法获取到当前路径。\n");                        // 12
    return 0; // 返回 0 表明程序运行成功                           // 13
} // main 函数结束                                               // 14
```

可以对上面的代码进行编译、链接和运行。下面给出一个运行的结果示例。

当前路径是：D:\Examples\C_Getcwd\C_Getcwd。

这个例程调用了获取当前工作路径的系统函数。在 VC 平台中，获取当前工作路径的系统函数是_getcwd。函数_getcwd 的具体说明如下。

函数名	函数 99 _getcwd
声明	char *_getcwd(char *buffer, int maxlen);
说明	如果 buffer 的存储空间足够大，即 buffer 的存储空间可以存放得下组成当前工作路径的字符以及作为字符串结束标志的'\0'，则获取当前的工作路径并保存到 buffer 的存储空间中
参数	buffer：用来存储当前工作路径的存储空间 maxlen：存储空间 buffer 的大小，其单位是字节
返回值	如果本函数执行成功，则返回 buffer 的值；否则，返回 NULL
头文件	direct.h // 程序代码：#include <direct.h>

如果是在 Linux 或 UNIX 系列操作系统下，则获取当前工作路径的系统函数是 getcwd。函数 getcwd 的具体说明如下。

函数名	函数 100 getcwd
声明	char *getcwd(char *buffer, int maxlen);
说明	如果 buffer 的存储空间足够大，即 buffer 的存储空间可以存放得下组成当前工作路径的字符以及作为字符串结束标志的'\0'，则获取当前的工作路径并保存到 buffer 的存储空间中
参数	buffer：用来存储当前工作路径的存储空间 maxlen：存储空间 buffer 的大小，其单位是字节
返回值	如果本函数执行成功，则返回 buffer 的值；否则，返回 NULL
头文件	unistd.h // 程序代码：#include <unistd.h>

因此，如果是在 Linux 或 UNIX 系列操作系统下，则本例程第 3 行代码需要改为

```
#include <unistd.h>                                             // 3
```

同时，需要将本例程第 8 行代码需要改为

```
    char* r = getcwd(buf, sizeof(buf));                         // 8
```

9.7　本　章　小　结

本章介绍了文件处理函数和文件处理方法。文件处理是各种商业软件几乎必不可少的功能。文件按其内容可以分为文本文件、图形文件、图像文件和视频文件等；文件按其所支撑的程序可以分为 word 文件、pdf 文件和 bmp 文件等。无论是哪种文件，其处理方式的核心基础就是本章所介绍的内容。我们在利用本章的内容读写这些文件时进一步进行解析和处理文件内容，就可以完成更深或更专业的文件处理功能。例如，在上面示例中，我们已经形成加密文件，而且我们可以对其进行解密。文件及其处理功能进一步增添了计算机的魅力，为其插上了有力的翅膀，让我们的生活更加丰富多彩。

9.8　本　章　习　题

习题 9.1　简述文件处理的作用。

习题 9.2　什么是数据流？

习题 9.3　简述标准输入 stdin、标准输出 stdout 和标准错误输出 stderr 的功能。

习题 9.4　简述文件打开的各种模式及其区别。

习题 9.5　请设计一种文件压缩算法，并编写程序，实现基于该算法的文件压缩与解压。

习题 9.6　请编写程序，接收文件名的输入，并将在该文件中的所有小写字母替换为对应的大写字母，同时其他字母保持不变。

习题 9.7　请编写程序，接收文件名的输入。设该文件保存的是英文小说的文本文件。要求列出在该文件中出现的所有不同英文单词，以及每个英文单词在该文件中出现的次数。

习题 9.8　请编写程序，接收文件名的输入。设该文件是 C 语言源程序代码文件。要求所编写的程序能在该文件中插入空格、回车符和换行符使得每一对互相匹配的"{"与"}"出现在代码的同一列。

习题 9.9　请编写学生分数统计报表自动生成程序，要求程序能够接收学生分数文件和统计报表文件的文件名的输入。要求程序从学生分数文件中读取所有学生的分数，并自动生成统计报表文件。学生分数文件是一个文本文件，其中第一行是一个正整数，表示学生的总个数；后续每行均由一个从 0 到 100 的整数组成，表示每位学生的分数。要求自动生成的统计报表文件也是一个文本文件，其中第一行是学生的最高成绩，第二行是学生的最低成绩，第三行是学生的平均成绩，第四行是成绩从 90 到 100 的学生总个数，第五行是成绩从 80 到 89 的学生总个数，第六行是成绩从 70 到 79 的学生总个数，第七行是成绩从 60 到 69 的学生总个数，第八行是成绩从 0 到 59 的学生总个数。

习题 9.10　请编写程序，接收 1 个文件名和 1 个整数的输入。设输入的整数是 n。设该文件是一个文本文件。在该文件中保存的是一系列整数 a_i，而且每个整数 a_i 占用一行，其中 $i=0, 1, \cdots$。要求从该文件保存的整数当中选取若干整数，使得它们的和等于 n。如果无论怎样选取都无法使得选出的整数的和为 n，则输出"选取失败"；否则，输出这些被选中的整数。

习题 9.11 请编写文件加密与解密两个程序。要求这两个程序均可以接收一个文件名和一个英文单词的输入。设该英文单词共包含 n 个字母。要求加密程序能对文件进行加密。加密的过程是对该文件的每字节都进行替换，即该文件的第 i 字节 B_i 替换为 $(B_i\text{^}m)+i$，其中，运算符 "^" 是按位异或运算符，i=1, 2,…；而且 m 是该英文单词的第(i ％ n)+1 个字母。要求解密程序能对加过密的文件进行解密。解密过程，要求能在已知加过密的文件和用来加密的同样的单词的前提条件下恢复回未解密的文件。

第10章 编程规范与测试

在有效的前提下尽可能简单，是编写程序的最基本原则。有效是要求程序可以解决实际问题；简单是方便程序的理解与维护。编程规范在这方面可以起到很大的帮助作用。编写较大规模的软件和进行软件维护通常都离不开编程规范。这里较大规模的软件指的是需要两个或两个以上编程人员共同编写程序代码，或者由单个编程人员用超过一周时间编写程序代码的软件。编程规范为人们交流、共享和传承程序代码提供了必要的准则，也为提高程序的可理解性、正确性、健壮性、可维护性、编写效率和运行效率提供了基本原则。现在的商业软件规模越来越大，通常很难由单个编程人员在短时间内完成。在商业软件的整个生命周期中，大部分的时间和费用通常都是花在软件维护上。然而，软件维护的时间成本与经济成本却常常被人们所忽略，尤其在刚出现软件的早期阶段。随着软件在各行各业越来越广泛以及越来越深入的应用，软件维护越来越受到人们的重视，而且其中的各种经验教训常常令经历者刻骨铭心。各种经验教训表明要成为一名优秀的程序员或软件工程师必须充分重视软件维护。在进行软件维护时，维护人员常常不是原来软件的开发人员。这对软件程序的编写提出了一个新的要求，即编写程序的人如何让后续进行维护的人能够尽快读懂程序代码，从而让维护人员能够尽快正确纠正或改进程序代码。在这个过程中，良好的编程规范通常会非常有用。良好的编程规范可以降低人们对程序代码进行沟通的代价，可以提高程序的可理解性、正确性、健壮性、可维护性、编写效率和运行效率，从而降低软件的开发和维护成本。

可能有一些编程人员会抱怨编写符合编程规范的程序代码增加了编程时间。但是，良好的编程规范会大幅度降低程序测试、调试和维护的时间，从而大幅度降低总的时间代价。在现今高速运转的社会当中，不符合编程规范的程序代码几乎是没有办法得到实际应用和维护的。在初学编程时，由于不熟悉C语言本身的语法，同时还要兼顾编程规范，确实有可能会顾此失彼。但是，如果坚持遵守良好的编程规范，实际编程效率会逐渐远远高于不采用编程规范的编程效率，因为对于编写过大量程序的人而言，编写程序代码效率的关键性瓶颈通常不是敲键盘的速度，而是查询、理解、构思与犹豫。良好的编程规范可以大幅度减少查询需要调用的函数、理解所编写的代码以及定位需要调试的代码等代码编写与维护所需要的时间。良好的编程规范对辅助思考与减少犹豫也有一定的帮助作用。程序测试是验证程序有效性的重要手段。程序调试则是修正程序错误或进一步改进程序的重要手段。

10.1 程序编写规范

良好的程序编写规范是对C语言语法规则的有益补充。制定程序编写规范的目标是借助统一的良好的编写规则进一步规范C语言程序编写方法，避开那些不必要的复杂或易错的C语言程序编写方式，降低编写程序的难度，提高程序代码的可重用性，提高程序运行的效率，减小编写错误程序的概率，使得程序代码风格尽量保持一致，增强程序的可读性，方便程序代码管理，减少查询与理解程序代码所需要的时间，降低整个团队沟通交流的代价，降低调试与维护程序难度，从而缩短编写和维护程序代码的时间。本节将从命名规范、排版规范、语句规范和文件组织规范等四部分阐述 C 语言程序的编写规范。

10.1.1　命名规范

采用良好的命名规范可以增强程序的可读性。命名规范总的原则通常是尽量让整个开发团队容易理解。下面给出一些具体的命名总体原则。

（1）在命名时应当尽量采用简单的单词，并且尽量采用在编程时常用的单词。

（2）在命名时，除了局部变量，通常不使用缩写词，除非该缩写词被广泛使用而且其全称反而不为人们所熟悉，如 html 等。这样，可以让我们快速理解名称的具体含义。在早期的 C 语言标准中，因为构成每个名字的字符总数非常有限，所以在命名时出现了大量的缩写。现在所允许的字符总数已经远远超出实际的需求。因此，现在没有必要采用早期的限制和要求。使用缩写词通常会让程序代码变得晦涩难懂，因为相同的缩写词常常会对应多个全称。如果使用缩写词，则缩写词按普通单词看待，其大小写采用与普通单词相同的规则，即构成缩写词的字母不必全部采用大写，例如 gb_openHtmlFile。

（3）在命名时，应当努力做到采用最少的单词表达最详细的信息，即组成名字的单词数量在表达清楚含义的基础上应当尽量少，选用的单词或词组应当准确并有意义，而且方便记忆。尽量争取做到"望文可知意"。因此，尽量不用含义过于笼统的单词。另外，尽量不用含有歧义或容易混淆的单词或词组，从而尽可能避免出现误解或混淆的情况。在选用单词时，可以考虑所命名对象的功能、特性和类型等有用的信息，并从中选择最重要的若干部分内容。

（4）在采用词组进行命名时，可以选择按照英文语法形成自然的单词顺序，也可以选择按单词对命名对象含义的贡献大小排序。对于后者，可以不严格按照英文语法。例如，位于 C 语言标准函数库 "ctype.h" 当中的函数名 isdigit 是按照英文语法的自然单词顺序，而位于 C 语言标准函数库 "stdio.h" 当中的宏定义标识符 SEEK_END 和 SEEK_SET 则是按单词对命名对象含义的贡献大小排序。

（5）最好不要使用汉语拼音来命名，而应当采用英语单词或词组。在选用英语单词或词组时，应当尽量避免采用生僻的单词或词组，而应当尽量采用常用的单词或词组。表 10-1 给出在程序代码中部分常用的单词。另外，应当尽量考虑英语语法的正确性，例如，不要将 currentValue 写成 nowValue。

（6）在命名时，最好不要出现仅仅大小写不同的标识符。这很容易引起混淆，有可能会将阅读程序的人和编辑器搞糊涂，从而引发一些错误或麻烦。

（7）如果命名不是充分自注释的，则应当考虑在定义或声明处加上必要的注释，说明其含义或用途。

（8）目前存在很多不同的命名规范。对于同一个程序，应当尽量选用同一种命名规范，而不是混用多种命名规范。

表 10-1　在程序代码中部分常用的单词（按字母排序）

add/remove	after/before	append/insert	back/front	begin/end
buffer	clear	close/open	column/row	copy/cut/paste
create/destroy	decimal/hex/octal	decrement/increment	delete/insert/new	destination/source
do/redo/undo	down/up	drag/move	empty/full	enter/exit
equal	erase/insert	find/replace	first/last	from/to
get/set	hash	height/length/width	hide/show	in/on/out
index	init	is	leaf/root	left/right
load/unload	lock/unlock	max/min	new/old	next/previous
notify/wait	pop/push	print/save	read/write	receive/send
resize/setSize	resume/suspend	run	start/stop	swap

📖说明📖

因为 C 语言标准函数库和 VC 平台提供的函数库是经过多年积累而得，所以我们可以从中看到不同时期的编程规范，它们的命名规则并不统一。但这不能成为我们放弃命名规范的理由。采用良好的命名规范确实可以降低编写和调试程序的难度。C 语言标准函数库和 VC 平台提供的函数库也并不是不遵循命名规范，而是随着时代的变迁，命名规范发生了变化。对于旧的代码，是否需要采用新的命名规范进行修改？这是一道难题。如果不修改，那么编写代码的规则不统一；如果修改，那么相关的程序都应当修改，代价有可能会很大。最终，是否选择修改应当权衡两者损失的大小，选取损失较小的方案。

对于 C 语言程序来说，命名规范主要包括文件、函数、枚举、结构体、共用体、重命名的类型、变量、宏定义标识符和只读变量的命名规范。下面分别来介绍这些命名规范，而且在介绍时不再重复说明上面总结的命名总体原则。

计算机文件名通常含有"基本名"和"扩展名"两个主体部分，它们之间用句点"."隔开。C 语言源程序代码文件通常可以分成头文件和源文件。

C 语言标准规定，C 语言源程序代码文件的基本名只要是合法的标识符就可以了。不过，我们可以让这些标识符更有意义一些。常用的源程序代码的基本名有如下三种形式：

（1）本书中的文件基本名以"C_"开头。这样不仅可以用来区分其他语言或其他类型的文件，而且可以用来区分来自 C 语言平台或其他开源软件等提供的 C 语言源程序代码文件。后续是英文单词或词组。单词与单词之间没有任何分隔符。每个单词的首字母大写，其余字母小写。例如头文件"C_StudentList.h"。

（2）由英文单词或词组组成。单词与单词之间没有任何分隔符。每个单词的首字母大写，其余字母小写。例如头文件"StudentList.h"。

（3）由英文单词或词组组成。不过，在单词与单词之间采用下画线分隔开。所有字母均采用小写。例如头文件"student_list.h"。

组成文件基本名的单词或词组应当表达该文件代码的核心内容或主要内容，可以是名词或名词性词组，也可以是动词或动词性词组。例如，"C_StudentList.c"是一个很好的源文件名，因为我们通过词组"Student List"可以猜出该源文件主要实现了学生列表的系列操作。这里给出一个反例："My.c"是一个非常糟糕的源文件名，因为基本上无法从单词

"My"的含义中猜出该源文件的核心内容或主要内容是什么。在上面 3 种文件基本名形式中，大小写或下画线分隔符使得我们很容易区分不同的单词，从而方便阅读和理解文件基本名。但是，在文件基本名中，单词与单词之间不要用空格隔开，这样可以避开很多不必要的麻烦。

源程序代码文件的扩展名可以用来区分头文件和源文件。头文件的扩展名通常是"h"，源文件的扩展名通常是"c"。相当一部分头文件和源文件是配对出现的。这些配对的头文件和源文件通常拥有完全相同的文件基本名，例如，头文件"C_StructExpressionAdd.h"和源文件"C_StructExpressionAdd.c"。

不同的文件应当具有不同的基本名或者不同的扩展名。而且给自己编写的文件命名，应当不要与现存的系统文件同名。因为有些操作系统或 C 语言程序编译器对文件名不区别大小写，所以最好不要出现两个文件名，它们仅仅拥有大小写的区别。

常用的函数名有如下两种形式。

（1）在本书中，全局函数以"gb_"开头，局部函数以"b_"开头，后续是英文单词或词组，其中首个单词的首字母小写，其余单词的首字母大写，剩下的各个字母均小写。例如 gb_getMax 和 b_changeNumber。

（2）由英文单词或词组组成，其中首个单词的首字母小写，其余单词的首字母大写，剩下的各个字母均小写。例如 solveHanoi 和 getDiamondNumber。

组成函数名的单词或词组通常建议使用动词或动词性词组，因为函数在实际应用中常常实现某种特定功能。

在命名时，应当避免同名的不同变量或函数等的作用域范围出现重叠的情况。这里的同名甚至应当包括不区分大小写意义上的同名，因为有些程序代码编辑器具有自动更正的功能，它有时会将其中一个名字自动更正为另一个仅与其大小写不同的名字，从而造成一些不易觉察或不易调试的错误，或者需要我们反复去更正相同的错误。

枚举、结构体、共用体和重命名的类型通常建议使用名词或名词性词组。对于组成这些类型名字的每个单词，首字母大写，其他字母小写。在命名时，本书采用不同的开头来区分这些类型：

（1）枚举类型名以"E_"开头，例如 E_Color。

（2）结构体类型名以"S_"开头，例如 S_ExpressionAdd。

（3）共用体类型名以"U_"开头，例如 U_CharInt。

（4）如果重命名的类型是枚举类型，则由 typedef 定义的相应类型名以"CE_"开头；如果重命名的类型是结构体类型，则由 typedef 定义的相应类型名以"CS_"开头；如果重命名的类型是共用体类型，则由 typedef 定义的相应类型名以"CU_"开头；对于其他类型，由 typedef 定义的相应类型名以"CD_"开头。例如 CE_Color 和 CD_RealNumber。

变量名通常建议使用名词或名词性词组。在具体的命名规则上，可以分为结构体或共用体的成员变量、全局变量和局部变量。

在本书中，结构体或共用体的成员变量名以"m_"开头，后续首个单词的首字母小写，其余单词的首字母大写，剩下的各个字母均小写。例如 m_score。

在本书中，非静态的全局变量名以"g_"开头，后续首个单词的首字母小写，其余单词的首字母大写，剩下的各个字母均小写。例如 g_studentNumber。

对于 **非静态的局部变量** ，可以具有如下四种形式，其中第（1）和第（2）种形式可以同时在同一个程序中存在。第（3）和第（4）种形式最好只选用其中一种。

（1）直接采用若干字符表达。这通常适用于其作用域范围相对较小的情形。例如，标识符 i、j 和 k 常常用来作为循环的计算器，标识符 m 和 n 常常用来表达数量，x、y 和 z 常常用来表示点的坐标。

（2）采用缩写词或词组，其中第一个缩写词或单词的首字母小写，其他缩写词或单词的首字母大写，其余字母均小写。如果出现缩写词，则应当在该变量的定义或声明处通过注释给出缩写词的全称或含义说明。

（3）采用全称的单词或词组，其中首个单词的首字母小写，其余单词的首字母大写，剩下的各个字母均小写。例如 boxWidth。

（4）采用全称的单词或词组。各个单词均采用小写，相邻单词之间采用下画线隔开。例如 table_name。

> ▷注意事项◁
>
> 无论如何， **不要用小写字母"l"、大写字母"O"或小写字母"o"作为变量名** 。小写字母"l"非常容易与数字"1"混淆，大写字母"O"和小写字母"o"容易与数字"0"混淆。

在命名时， **应当避免出现全局变量与局部变量同名** 。采用本书的命名规则，一般不会出现全局变量与局部变量同名的现象。

在本书中，具有静态(static)属性的全局变量以"gs_"开头，具有静态属性的局部变量以"s_"开头。对于这两种静态变量，后续首个单词的首字母小写，其余单词的首字母大写，剩下的各个字母均小写。例如 gs_totalCost。

这种带有前缀的变量命名方式一方面可以很好地区分变量的性质，另一方面也可以解决给具有相同含义而性质不同的变量命名问题。例如：

```
void gb_setTotalCost(int totalCost)
{
    gs_totalCost= totalCost;
} //  函数 gb_setTotalCost 结束
```

常用的 **枚举类型成员的名字** 有如下两种形式。

（1）在本书中，枚举类型成员的名字通常以"em_"开头，后续各个单词的首字母大写，其余字母小写。例如 em_Saturday。

（2）枚举类型成员的名字以"EM"或"EM_"开头，后续各个单词均采用大写，相邻单词之间采用下画线隔开。例如 EM_MONDAY。

如果 **宏定义标识符** 是用在头文件中用来避免嵌套包含同一个头文件，那么将该头文件的"基本名"和"扩展名"全部转换为相应的大写字母，并用下画线"_"连接，从而形成了相应的宏定义标识符。例如，头文件"C_Hanoi.h"所对应的避免嵌套包含的宏定义标识符是 C_HANOI_H。对于其他宏定义标识符，则以"D_"开头，后续各个单词的首字母大写，其余字母小写，例如，D_MaxWidth。

具有常量属性的变量是 **只读变量** ，它是通过关键字 const 进行定义的。组成只读变量的单词或词组通常也是名词或名词性词组。它通常有如下两种命名规则。

（1）在本书中，其命名规则是以"DC_"开头，后续各个单词的首字母大写，其余字母小写，例如 DC_MinWidth。

（2）第二种命名规则是所有单词全部采用大写字母，单词之间用下画线"_"分隔，例如 MIN_WIDTH。

对于变量的命名，还曾经流行一种匈牙利命名法。在该命名规则中，每个变量名由三部分组成。这三部分分别是属性、类型和描述变量含义的单词或词组。除去属性部分，后续第一个单词的首字母小写，其他单词的首字母大写，其余字母小写。属性部分的命名规则为：

（1）对于全局变量，属性部分是"g_"。

（2）对于静态变量，属性部分是"s_"。

（3）对于结构体或共用体的成员变量，属性部分是"m_"。

（4）枚举类型成员的属性部分是"em_"或"EM"。

（5）对于只读变量，属性部分是"c_"。

（6）对于局部变量，属性部分为空。

因为匈牙利命名法在提出时每个变量名所允许的最多字母个数为 8，所以早期的匈牙利命名法定义了很多缩写词。常用的类型缩写词有：b 表示布尔或字节，c 表示字符，i 表示整数，n 表示短整数，l 表示长整数，u 表示无符号，f 表示单精度浮点数或文件类型，d 表示双精度浮点数，v 表示空类型(void)，h 表示句柄(handle)，p 表示指针，a 表示数组，str 表示字符串。常用的描述变量含义的缩写词有：src 表示源对象(source)，dest 表示目标对象 (destination)，w 表示窗口(window)。这些缩写方式常常让代码变得很晦涩，但这在当时非常有必要。现在所允许的字符总个数已经远远超出实际的需求。因此，现在即使要使用匈牙利命名法，通常也不会再用这些缩写方式，而改用全称。例如：

```
int intScore=100;
```

另外，现在在使用匈牙利命名法时存在一个比较大的争议就是是否需要在变量名中附加类型名称。有时，这显得很有必要，例如当需要进行类型转换时。有时，加上类型名称反而会降低变量名的可读性，尤其是当类型名称很长时。强制要求所有的变量名都必须含有类型名称似乎很难让人接收。需要团队自行决定是否采用匈牙利命名法。

另外，有些公司会在文件名、函数名、枚举名、结构体名、共用体名、重命名的类型名、全局变量名或宏定义标识符中冠以"XX"或"XX_"开头，其中 XX 是该公司自定义的标志，可以是任何合法的标识符。

我们还可以对所有的函数进行归类，建立不同的函数库。前面的这些名称可以冠以函数所在的函数库的名称或缩写。这样，可以方便函数的管理与查找。例如，应用非常广泛的开放图形函数库（Open Graphics Library）OpenGL 将整个函数库细分为核心库和功能库 (Utility Library) 等若干下级函数库。在 OpenGL 核心库中的函数名称通常以"gl"开头，例如，glClearColor、glEnable 和 glLoadIdentity。在 OpenGL 功能库中的函数名称通常以"glu"开头，例如，gluSphere、gluPerspective 和 gluLookAt。

表 10-2 列出在本书程序代码中所用的命名规范。

表 10-2　在本书程序代码中所用的命名规范

序号	类　型	命　名　规　则
1	C 语言文件基本名	以"C_"开头，后续各个单词的首字母大写，其余字母小写，包括如 Html 之类的词（下同）。这个命名规则同时适合于工程文件名。例如头文件"C_StudentList.h"
2	全局函数	以"gb_"开头，后续首个单词的首字母小写，其余单词的首字母大写，剩下的各个字母均小写。例如 gb_findNextQueen
3	局部函数	以"b_"开头，后续首个单词的首字母小写，其余单词的首字母大写，剩下的各个字母均小写。例如 b_isNextQueenValid
4	枚举类型名	以"E_"开头，后续各个单词的首字母大写，其余字母小写。例如 E_WeekDay
5	结构体类型名	以"S_"开头，后续各个单词的首字母大写，其余字母小写。例如 S_StudentList
6	共用体类型名	以"U_"开头，后续各个单词的首字母大写，其余字母小写。例如 U_Spouse
7	重命名的类型名	如果重命名的类型是枚举类型，则由 typedef 定义的相应类型名以"CE_"开头；如果重命名的类型是结构体类型，则由 typedef 定义的相应类型名以"CS_"开头；如果重命名的类型是共用体类型，则由 typedef 定义的相应类型名以"CU_"开头；对于其他类型，由 typedef 定义的相应类型名以"CD_"开头。在这之后，后续各个单词的首字母大写，其余字母小写。例如 CD_Count
8	枚举类型成员	以"em_"开头，后续各个单词的首字母大写，其余字母小写。例如 em_Red
9	结构体或共用体的成员变量	以"m_"开头，后续首个单词的首字母小写，其余单词的首字母大写，剩下的各个字母均小写。例如 m_name
10	非静态的全局变量	以"g_"开头，后续首个单词的首字母小写，其余单词的首字母大写，剩下的各个字母均小写
11	非静态的局部变量	①如果作用域范围较小，可以直接采用若干字符表达，例如标识符 i、j、k、m 和 n。②可以采用缩写词或词组，其中第一个缩写词或单词的首字母小写，其他缩写词或单词的首字母大写，其余字母均小写。如果采用不常用的缩写词，应当通过注释给出缩写词的全称或含义说明。③可以采用全称的单词或词组，其中首个单词的首字母小写，其余单词的首字母大写，剩下的各个字母均小写
12	静态变量	静态变量是具有 static 属性的变量。如果是全局静态变量，则以"gs_"开头；否则，以"s_"开头。后续首个单词的首字母小写，其余单词的首字母大写，剩下的各个字母均小写
13	宏定义标识符	如果该宏定义标识符是用在头文件中用来避免嵌套包含同一个头文件，那么将该头文件的"基本名"和"扩展名"全部转换为相应的大写字母，并用下画线"_"连接，从而形成了相应的宏定义标识符。例如，头文件"C_EightQueen.h"所对应的避免嵌套包含的宏定义标识符是 C_EIGHTQUEEN_H。 对于其他宏定义标识符，则以"D_"开头，后续各个单词的首字母大写，其余字母小写。例如 D_SizeOfBuffer
14	只读变量	只读变量是具有常量属性的变量，通过关键字 const 进行定义。其命名规则是以"DC_"开头，后续各个单词的首字母大写，其余字母小写

10.1.2　排版规范

良好的排版方式可以为程序建立起合理的层次划分，从而增强程序的可读性。本小节介绍的排版规范包括制表符、空白行、缩进方式、缩排方式、空格以及代码长度等内容。下面分别介绍这些内容。

在编辑程序代码时，通常建议禁止使用制表符（Tab）。在不同的操作系统或不同的编辑器中，制表符的实际应用效果有可能不同；而且即使是在相同的操作系统下采用相同的编辑器，如果设置不相同，则制表符的实际应用效果也有可能不同。如果程序代码含有制表符，就很难使程序代码在不同的计算机、不同的操作系统、不同的编辑器或不同的设置下保持预期的对齐模式。

> 📖说明📖
>
> （1）程序代码是否拥有良好的对齐模式，这是衡量程序代码可读性的指标之一。
> （2）在编辑程序代码时应当时刻记住：程序代码还可能由其他程序员或维护人员阅读，而且计算机、操作系统和编辑器等也会不断升级。因此，应当尽量使程序代码在不同的编辑环境下仍然保持良好的对齐模式。

在程序代码中还可以插入适当的空白行，而且应当只在切实必要之处才加上空白行。空白行可以从宏观上体现出程序的整体布局或层次结构。这有点类似文章的章节划分，可以用来增强程序的可读性。通常在头文件 include 语句与函数定义之间、相邻的函数定义之间以及在函数体内部的局部变量定义语句与其他语句之间插入单行空白行。如果函数体的行数较大，还可以将整个函数体划分成为若干节。在节与节之间，插入单行空白行。

在程序代码的缩进方式上，现在通常都是采用阶梯层次方式组织程序代码。例如，在 if 语句中，if 分支语句会比 if 语句头部多缩进 4 个空格。相应的代码示例如下：

```
if (studentScore>90)                                                    // 1
    printf("成绩优秀!\n"); // 比上一行多缩进了 4 个空格                    // 2
```

对于函数体、条件语句和循环语句等引导的语句块，语句块的分界符"{"和"}"应当单独占用一行，并且与引导该语句块的函数、条件语句或循环语句的头部左对齐。在语句块内部的各行语句一般均比分界符"{"和"}"多缩进 4 个空格。如果在语句块中还包括内部语句块，则在内部语句块中的语句进一步再多缩进 4 个空格。例如：

```
while(!feof(fpIn))                                                       // 1
{ // 分界符"{"与上一行左对齐                                              // 2
    c = fgetc(fpIn); // 这一行比上一行多缩进 4 个空格                     // 3
    if (c>=0)                                                            // 4
    { // 分界符"{"与上一行左对齐                                          // 5
        fputc(c, fpOut); // 这一行比上一行多缩进 4 个空格                 // 6
        printf("文件含有字符'%c'，其 ASCII 码是%d。\n", c, (int)c);       // 7
    } // if 结束 // 分界符"}"与其配套的分界符"{"(即第 5 行代码)左对齐       // 8
} // while 结束 // 分界符"}"与其配套的分界符"{"(即第 2 行代码)左对齐        // 9
```

采用这种方式，程序结构清晰，便于阅读。界定语句块的左括号"{"与右括号"}"

上下对齐，位于同一列。因此，非常容易检查左右括号是否匹配。下面给出三个计算从 1
到 100 之和的代码示例。其中每个示例都包含一个语句块，分别是 for 语句、while 语句和
do/while 语句的语句块。它们的计算结果都是使得变量 sum 等于 5050。

```
// 语句块示例 1: for 语句
int i;
int sum=0;
for (i=1; i<=100; i++)
{
    sum += i;
} // for 循环结束
```

```
// 语句块示例 2: while 语句
int counter=1;
int sum=0;
while (counter<=100)
{
    sum += counter;
    counter++;
} // while 循环结束
```

```
// 语句块示例 3: do/while 语句
int counter=1;
int sum=0;
do
{
    sum += counter;
    counter++;
}
while (counter<=100); // do/while 循环结束
```

另外，一种常用的语句块写法是将左括号"{"上移一行，并放在引导该语句块的函数、
条件语句或循环语句的头部的末尾，示例如下：

```
// 语句块示例 1: for 语句
int i;
int sum=0;
for (i=1; i<=100; i++) {
    sum += i;
} // for 循环结束
```

```
// 语句块示例 2: while 语句
int counter=1;
int sum=0;
while (counter<=100) {
    sum += counter;
    counter++;
} // while 循环结束
```

```
// 语句块示例 3: do/while 语句
int counter=1;
int sum=0;
do {
    sum += counter;
    counter++;
}
while (counter<=100); // do/while 循环结束
```

在上面示例中，界定语句块的左括号 "{" 位于行的末尾，减少了行数。但是，检查左
右括号是否匹配需要多花费时间。一般来说，这种减少行数的优势并没有阅读代码的时间
代价重要。虽然有些 C 语言程序代码编辑器支持这种模式，甚至有些 C 语言程序集成平台
的默认方式就是采用这种模式，但是，大部分软件公司并不推荐这种模式，甚至在其编程

规范中抵制这种方式。

在语句块结束行的右方加上注释，表明是什么语句块结束了。这样可以使得代码更加清晰，提高阅读代码的速度，尤其对于行数较多的语句块和对于具有多重嵌套的语句块。例如，上面代码示例中的"for 循环结束"、"while 循环结束"和"do/while 循环结束"等。对于多重嵌套的语句块，还可以在相应的注释中加上"外部"和"内部"等表明嵌套层次的注释。

通常情况下，每行代码最多只写一条语句，而且每行代码的字符个数不要超过 80。如果当前行的代码超过 80 个字符，则应当考虑将当前行的代码划分为若干行，从而使得每行的代码不超过 80 个字符。要进行分行，首先要对当前行的代码进行代码语义层次分析，建立代码语义的层次结构。然后，在需要分行的代码处，优先考虑在较高语义层次的代码上分行，再考虑在较低语义层次的代码上分行。而且断行应当在逗号和运算符等各种分隔符之后分行。其目标是方便语句或表达式阅读和理解，尽可能提高代码理解的速度。新划分出来的行应当采用缩排方式进行书写。分行缩排通常在行首添加适当的空格来达到层次或结构划分的目的，其方式主要有如下两种。

第一种缩排方式是采用层次对齐的缩排方式，即同层次的代码在相邻行之间上下对齐。下面给出三阶行列式求值表达式按层次对齐缩排方式的示例。

```
double matrix[3][3]={{1, 2, 3}, {4, 0, 6}, {7, 8, 9}};          // 1
double value =  matrix[0][0]*matrix[1][1]*matrix[2][2]+          // 2
                matrix[0][1]*matrix[1][2]*matrix[2][0]+          // 3
                matrix[0][2]*matrix[1][0]*matrix[2][1]-          // 4
                matrix[0][2]*matrix[1][1]*matrix[2][0]-          // 5
                matrix[0][1]*matrix[1][0]*matrix[2][2]-          // 6
                matrix[0][0]*matrix[2][1]*matrix[1][2];          // 7
```

在上面代码示例中，第 2 条语句最高层次的语义层次结构是赋值结构，接下来是 6 个加数之和，每个加数又分别是由三个数相乘得到。我们发现在第 2 个加数当中 matrix[1][2] 的末尾已经超出 80 个字符，我们需要在这里分行。因为代码语义层次级别高优先的原则，所以我们最终在第 2 个加数的开头处断行，而且与第 1 个加数上下对齐。这个过程继续下去，我们最终就得到如上面代码所示的缩排结果。采用这种缩排方式，代码结构非常清晰，非常容易阅读和理解。

下面给出一个不按代码语义层次结构的断行示例：

```
longName1 = longName2 * (longName3 + longName4 -                 // 1
            longName5) + 4 * longName6; // 应避免的分行方式       // 2
```

采用这种断行方式，将代码语义层次结构与断行割裂开来，有可能会造成误解。较好的分行方式可以采用如下的方式：

```
longName1 =  longName2 * (longName3 + longName4 - longName5) +   // 1
             4 * longName6; // 推荐的分行方式                     // 2
```

在修改之后，代码表达式的结构非常清晰。它是 2 个数相加的表达式，每个加数又分别由

2 个数相乘而得。

对于字符串，也可以采用同样的断行规则。下面给出相应的示例：

```
char *address = "http://www.longaddress.com/content/20060901/          // 1
082899009/12/11843090_310449873.shtml";                                // 1
```

上面代码实际上只有一行，但它超过了 80 个字符，其中等号右侧的网址的字符个数就超过 80。我们可以对它进行断行。改写之后的语句如下：

```
char *address =   "http://www.longaddress.com/content/20060901/"       // 1
                  "082899009/12/11843090_310449873.shtml";             // 2
```

改写前后，两条语句是等价的。

第二种缩排方式是采用 4 个空格的缩排方式，即新划分出来的各行的开头部分的空格数均比当前行开头部分多了 4 个。对于同样的三阶行列式求值代码，采用 4 个空格缩排方式的结果如下：

```
double matrix[3][3]={{1, 2, 3}, {4, 0, 6}, {7, 8, 9}};                 // 1
double value = matrix[0][0]*matrix[1][1]*matrix[2][2]+                 // 2
    matrix[0][1]*matrix[1][2]*matrix[2][0]+                            // 3
    matrix[0][2]*matrix[1][0]*matrix[2][1]-                            // 4
    matrix[0][2]*matrix[1][1]*matrix[2][0]-                            // 5
    matrix[0][1]*matrix[1][0]*matrix[2][2]-                            // 6
    matrix[0][0]*matrix[2][1]*matrix[1][2];                            // 7
```

在上面代码示例中，从第 3 行到第 7 行代码的开头部分比第 2 行代码的开头部分多 4 个空格。采用这种方式，代码也比较清晰，但没有按照层次对齐缩排方式的结果清晰。

在语句中，加入适当的空格有可能会方便语句代码的阅读。例如，在关键字 if、switch、for 和 while 等关键字与其后面的圆括号之间通常含有空格。但是，在函数调用时，函数名与其后面的圆括号之间通常不含空格。如果在代码中含有逗号，且该逗号不是这一行代码的最后一个字符，则该逗号的后面通常有 1 个空格。在 for 语句头部的两个分号之后，通常也都会分别有 1 个空格。for 语句头部的代码示例如下：

```
for⎵(i=1;⎵i<-100;⎵i++)
```

在表达式中，加入适当的空格也有可能会增加表达式的可读性。其目的是让表达式的层次结构显得更加清晰。例如：

```
a⎵+=⎵(c+d);                                                            // 1
a⎵=⎵(a+b)⎵/⎵(c*d);                                                     // 2
```

再如，假设 p 是整数类型的指针变量，b 是整数变量，下面语句

```
b⎵=⎵200⎵/⎵*p;
```

不能改写成

```
b=200/*p;
```

在改写之后，"/*"会被编译器认为是形式为"/*   */"的注释的引导部分。上面语句可以改写为：

```
b⊔=⊔200⊔/⊔(*p);
```

这样可能会更加清晰一些，更好理解。

> 📖说明📖：
>
> （1）**空格也不是越多越好**，应当只在切实必要之处才加上空格。不要在行的末尾加入空格，更不要在空白行中添加空格。
>
> （2）**添加空格的总原则**通常是要求能够使得语句或表达式的结构更加清晰或者使得程序代码呈现出更好的对齐方式。

每个源程序文件的长度一般建议不要超过 2000 行。如果源程序文件的长度超过 2000 行，则可以考虑对在该文件中的函数进行适当分类。然后，为每类函数建立一个新的源程序文件，每个新建的源程序文件的长度应当不超过 2000 行。

每个函数实现的功能不宜过多，最理想的函数是实现相对单一的功能，从而方便函数的复用。**每个函数体的长度**一般建议不要超过 200 行。如果某个函数体超过 200 行，则可以考虑将这个函数划分成为若干子函数，而且每个子函数的函数体不超过 200 行。

10.1.3　语句规范

在编写 C 语言程序代码时，首先应当**保证 C 语言程序能够解决问题**，符合实际的需求。在此基础上，应当**设法使得语句简单或简洁**，而且**避免出现容易出错的代码或类似容易出错的代码**。简单通常意味着容易被理解，简洁明了的代码通常比较容易维护。如果出现了容易出错的代码或类似容易出错的代码，则往往会增加调试代码的时间，因为在调试时，我们通常需要分析清楚这些代码是否真的含有错误。

现在的程序代码通常都**不再使用 goto 语句**。如果可以不使用全局变量，就尽量不要用全局变量。同样，如果可以不使用静态变量，就尽量不要用静态变量。

如果**在程序中需要使用超过一千字节的单个数组或结构体数据**，则应当考虑采用指针，并通过函数 malloc 申请内存，通过函数 free 释放内存。这样，减小了函数栈的内存压力。采用指针方式，首先应当注意不要出现内存越界的现象，其次一定要保证申请与释放内存的匹配，尤其是在程序中出现选择结构的时候。在选择结构中，每个分支都应当保证**申请与释放内存的匹配**。

尽量使用已有的函数。尽量使用 C 语言标准的函数，从而提高代码的可移植性。如果重复出现的代码超过了 5 行，则可以考虑将这些代码封装成为函数。然后，将重复的代码替换为相应的函数调用。这不仅可以缩短阅读代码的时间，而且非常有利于程序代码的维护。

每个函数的参数个数一般也不宜过多，通常建议不要超过 20 个。如果需要**给函数传递较多的参数**，则可以考虑定义结构体类型来存储这些函数参数。如果函数的某个或某些结构体类型参数会占用较大的存储空间，则可以考虑用结构体指针类型的参数代替该结构体类型的参数。这样不仅可以减少函数参数传递占用堆栈的空间，而且可以提高程序的运行效率。

如果函数的参数变量是指针类型，而且在函数体内部该指针参数变量所指向的数据不会被修改，则应当给该指针参数变量添加上常量属性 const。带有常量属性 const 的函数指针参数变量不仅可以保证该指针参数变量所指向的数据在函数体内部不会被误修改，而且显式地表明了该指针参数是输入参数，从而方便用户正确理解并使用该函数。C 语言的大量库函数采用了这种技巧，例如：

```
size_t strlen(const char *s);
```

在给函数参数命名时，通常建议给函数参数变量取有意义的名称，从而方便理解该函数及其调用方式。例如，对于计算圆柱体积的函数 gb_getCylinderVolume，代码如下：

```
extern double gb_getCylinderVolume(double a, double b);
```

我们从上面函数声明的函数名或者参数变量名中无法得出参数 a 和 b 是圆柱的什么参数。如果将上面的函数声明改为：

```
extern double gb_getCylinderVolume(double radius, double height);
```

则我们根据变量名和函数名的意义很容易就可以推知函数 gb_getCylinderVolume 是根据圆柱的半径 radius 和高 height 计算并返回圆柱的体积。

对于循环语句，没有必要在循环内的运算一定要移出循环体，从而提高整个循环语句的效率。对于多重循环，如果有可能，可以考虑将步骤较多的循环放在内层，步骤较少的循环放在外层，从而减少赋初值或者切换计算模式的次数，提高多重循环的运行效率。例如：

```
// 相对效率相对较低的代码          // 相对效率相对较高的代码              // 1
for (i=0; i<100; i++)            for (i=0; i<5; i++)                   // 2
{                               {                                    // 3
   for (j=0; j<5; j++)              for (j=0; j<100; j++)             // 4
   {                               {                                 // 5
      sum += m[i][j];                 sum += m[j][i];                // 6
   } // 内部 for 循环结束          } // 内部 for 循环结束              // 7
} // 外部 for 循环结束            } // 外部 for 循环结束              // 8
```

左侧的代码需要对变量 i 赋 1 次初值 0，对变量 j 赋 100 次初值 0；右侧的代码需要对变量 i 赋 1 次初值 0，对变量 j 赋 5 次初值 0。因此，右侧代码的运行效率高。

一般建议每行最多只有一条语句。例如：

```
i++; // 好的语句：一行只有一条语句                                   // 1
k++; // 好的语句：一行只有一条语句                                   // 2
```

通常建议不要将上面的两条语句写成：

```
i++; k++; // 应当避免：因为这一行有两条语句                                    // 1
```

而且每条语句应当尽量简单，即尽量避免出现复合语句。所谓复合语句，就是在一条语句中还包含有语句。例如：

```
if ((file = openFile(fileName, "r")) != NULL) // 应当避免出现复合语句         // 1
{                                                                            // 2
    // 这里省略了部分程序代码                                                  // 3
} // if 结构结束                                                             // 4
```

上面的语句是复合语句的示例，它将赋值语句嵌入 if 语句之中，应当避免出现。可以把上面的语句修改成如下的语句：

```
file = openFile(fileName, "r");                                              // 1
if (file != NULL)                                                            // 2
{                                                                            // 3
    // 这里省略了部分程序代码                                                  // 4
} // if 结构结束                                                             // 5
```

这样，虽然程序代码的行数增加了，但是容易阅读了，可以提高理解程序代码的速度。不要编写有歧义的语句。下面给出相应的代码示例：

```
int a[ ]= {1, 2, 3, 4, 5};                                                  // 1
int i = 2;                                                                   // 2
a[i++] = i;                                                                  // 3
i = ++i + 1;                                                                 // 4
```

上面第 3 行和第 4 行代码均不符合 C 语言标准。其中，第 3 行代码在等号的左侧改变了变量 i 的值，而在等号的右侧又用了变量 i 的值。这时等号右侧变量 i 的值在 C 语言标准中是不确定的，在不同的 C 语言支撑平台中很有可能会出现不相同的结果。同样，第 4 行代码的赋值运算和自增运算（++）均会改变变量 i 的值。在这种情况下，最终变量 i 的值在 C 语言标准中是没有定义的，即在不同的 C 语言支撑平台中很有可能会出现不相同的结果。下面的语句是 C 语言标准所允许的语句。

```
a[i] = i+1;
```

在定义变量时，通常需要考虑是否需要给该变量赋初值。如果需要，则建议将该变量的定义和初始化操作在同一条语句中完成。下面给出相应的对照代码示例：

```
// 应当避免的代码示例:                      // 更正后，推荐的代码示例:
int sum;                                  int sum=0;
sum=0;
```

如果采用含有初始化操作的变量定义语句，则通常每条语句只定义一个变量。这样，如果需要，也方便给该变量添加注释。下面给出相应的代码示例：

```
int matrix[2][2]={{1, 2}, {3, 4}}, value; // 应当避免的代码示例
```

上面的代码最好改为：

```
int matrix[2][2]={{1, 2}, {3, 4}}; // 更正后，推荐的代码示例          // 1
int value;                                                          // 2
```

在更正之后，代码显得更加清晰。

对于多维数组的初始化通常建议采用层次嵌套的方式，而不要采用将全部元素展开的方式。例如，通常建议不要采用如下将全部元素展开的多维数组初始化方式。

```
int matrix[2][2]={1, 2, 3, 4}; // 应当避免的代码示例
```

上面的代码最好改为如下采用层次嵌套的多维数组初始化方式：

```
int matrix[2][2]={{1, 2}, {3, 4}}; // 更正后，推荐的代码示例
```

在定义指针变量时，通常每条语句只定义一个指针变量，并且在星号与变量名之间不要含有空格。下面给出相应的代码示例：

```
int ⊔ a ⊔=⊔ 10;                                                    // 1
int ⊔*pa ⊔=⊔&a;                                                    // 2
```

在上面代码示例中，所有的空格都通过符号"⊔"显示标出。上面的代码示例同时也展示出在取地址运算符与变量名之间通常也不含空格。

如果需要编写一条空语句，则应当格外小心。因为在编写程序的过程中，偶尔会出现敲错字符而造成的空语句现象，所以应当设法避免混淆手误与特意编写空语句这两种情况。特意编写空语句的范例示意如下：

```
for (初始化表达式; 条件表达式; 更新表达式)                          // 1
    ;                                                              // 2
```

这种编写方式一方面可以使得空语句非常明显，另一方面还可以与手误区分开。出现这样的手误是很难的，因为需要在分号";"之前键入回车以及 4 个空格。

另外一种空语句写法的示意如下：

```
for (初始化表达式; 条件表达式; 更新表达式)                          // 1
{ // 空语句：循环体为空                                             // 2
}                                                                 // 3
```

它是通过不含任何语句的语句块来表示空语句，而且在语句块中通过注释强调这是空语句，从而使得空语句也表现得非常明显。

在给语句添加注释的时候，不要写语句在语法上的基本含义。例如：

```
i++; // i 自增 1      // 应当避免这样的注释，除非是为了讲解 C 语言的语法
```

应当注意阅读注释也是需要时间的，而这样的注释基本上不含任何信息量，是应当避免的，除非是为了讲解计算机语言的语法。

> **╠╪注意事项╪╣**
>
> 在采用行注释时应当注意，这一行注释的末尾通常**不要以字符"\"结束**；否则，下一行代码也会被认为是行注释的一部分。

下面给出一个误用行注释的续行的具体示例。

```
char ch = '\141'; // 请注意 141 是八进制整数，对应字母'a'，其引导符是\     // 1
ch++;                                                                       // 2
printf("ch=%c。", ch); // 结果输出：ch=a                                     // 3
```

在上面示例中，第 2 行代码 "ch++;" 也是注释的一部分。结果变量 ch 的值仍然是'a'。我们可以将上面的代码更正为：

```
char ch = '\141'; // 请注意 141 是八进制整数，'\141'对应字母'a'              // 1
ch++;                                                                       // 2
printf("ch=%c。", ch); // 结果输出：ch=b                                     // 3
```

在更正之后，第 2 行代码 "ch++;" 不再是注释，使得变量 ch 的值从'a'变成为'b'。结果第 3 行代码输出 "ch=b"。

在编写表达式时，一般建议避免出现过于复杂的表达式。首先，**不要在一个表达式中改变两个或更多个变量的值**。例如，不要在同一个表达式中出现两个赋值类运算符，具体的代码示例如下：

```
// 应当避免的代码示例：出现了两处赋值          // 修改后，推荐的代码示例
d = (a = b + c) + r;                          a = b + c;
                                              d = a + r;
```

再如，下面左侧代码示例的表达式改变了变量 a 和 b 的值，可以考虑将其更改为两条语句，如下面右侧代码示例所示：

```
// 应当避免的代码示例                          // 修改后，推荐的代码示例
b = (a++) + 10;                               b = a + 10;
                                              a++;
```

在上面的两组对照示例中，修改之后的语句明显比修改之前更容易理解。

其次，**不要在一个表达式中改变同一个变量的值两次或两次以上**。下面给出相应的代码示例：

```
int a = 10;                                                                 // 1
a = (a++) + 10; // C 语言标准不允许出现这种表达式                            // 2
```

C 语言标准认为上面第 2 行语句的表达式的结果是不确定的，最终变量 a 的值取决于具体的 C 语言支撑平台。在这条语句中，"a++" 与赋值运算均会改变变量 a 的值。哪个在先，哪个在后？答案是不确定的。

另外，**不要在一个表达式中既改变一个变量的值又使用该变量的值**。例如，在 2.5.1 节算术运算中给出代码示例：

```
int a = 10;                                                        // 1
int b = (a++) + a; // 表达式 "(a++) + a" 不符合 C 语言标准规定        // 2
```

其中第 2 行语句的表达式没有办法更改为与其等价的代码,因为它不符合 C 语言标准规定。表达式 "(a++) + a" 的值是不确定的, 取决于具体的 C 语言支撑平台。

还应当注意<u>数学表达式与 C 语言表达式之间的区别</u>。例如:

```
int a = 10;                                                        // 1
int b = 20;                                                        // 2
int c = 3;                                                         // 3
int d = a<b<c;  // 此语句可以通过编译和运行                          // 4
```

在数学表达式中, "a<b<c" 要求 "a<b" 与 "b<c" 同时成立。如果按照数学表达式来展开计算,则在上面第 4 行代码中, "a<b" 即 "10<20" 是成立的, "b<c" 对应 "20<3" 是不成立的。因此, 整个表达式 "a<b<c" 在数学上是不成立的, 即结果变量 d 的值在数学上应当为 0。

然而, 在 C 语言程序中, 其结果与数学运算结果不同。在 C 语言程序中, "a<b<c" 等价于 "(a<b) < c"。在上面代码中, "a<b" 即 "10<20" 是成立的, 其结果是 1。因此, 接下的运算 "(a<b) < c" 对应 "1 < 3", 其结果仍然是 1。这样, 最终变量 d 的值等于 1, 而不是 0。

如果要表达在数学意义上的 "a<b<c", 则上面第 4 行代码应当改为:

```
int d = (a<b) && (b<c);                                            // 4
```

在数学表达式中, 加法与乘法具有交换律。然而, <u>在 C 语言表达式中, 交换加法或乘法的顺序却有可能会得到不同的结果</u>。例如:

```
double a = 1.2;                                                    // 1
double b = 1.2;                                                    // 2
double c = 1.5;                                                    // 3
double d = a*b*c - 2.16;                                           // 4
double e = a*c*b - 2.16;                                           // 5
printf("d=%g。\n", d); // 结果输出 d=0                               // 6
printf("e=%g。\n", e); // 结果输出 e=-4.44089e-016                  // 7
```

📖说明📖

我们应当注意<u>浮点数运算的截断误差</u>。如果浮点数运算结果所需的位数超出单个浮点数占用的位数, 那么就会产生截断误差。在上面代码中, a*b 与 a*c 所产生的截断误差是不相等的; 以此为基础, a*b*c 与 a*c*b 所产生的截断误差也是不相等的。这就是上面运算结果 d 和 e 具有不同的值的原因。同样, a+b+c 与 a+c+b 也有可能会产生不同的结果。例如, 如果将第 4 行的代码换为 "double d = a+b+c−3.9;", 将第 5 行的代码换为 "double e = a+c+b−3.9;", 我们将通过第 6 行和第 7 行代码得到类似的输出结果。

为了使语句或表达式更好理解, 可以<u>适当地增加圆括号 "( )"</u>。一方面, 它可以使得语句或表达式的层次关系更为明显；另一方面，它还可以避开运算符的优先级问题。例如：

```
// 理解表达式依赖是否掌握运算优先顺序          // 修改后，推荐的代码示例
if (a == b && c == d)                        if ((a == b) && (c == d))
```

在修改之后，增加了圆括号，表达式的层次结构清晰，非常容易理解。

当需要采用运算符"=="判断一个变量是否等于某个表达式时，可以考虑将该变量的名称写在运算符"=="的右侧。例如：

```
// 不推荐的代码示例                            // 修改后，推荐的代码示例
if (sum==i*j)                                if (i*j==sum)
```

在上面代码中，左侧的代码是不推荐的代码，因为表达式"sum==i*j"常常容易被错误地写成"sum=i*j"，而且仍然可以通过编译和运行。右侧的代码是推荐的代码，因为如果将表达式"i*j==sum"错误地写成"i*j=sum"，则无法通过编译。

对于容易混淆的运算符，在编写程序的过程中，要多做检查。在编写完程序之后，还应当从头至尾至少检查一遍这些运算符，以防止出现拼写错误。比较容易出现混淆误用的运算符有"="与"=="、"|"与"||"以及"&"与"&&"等。在混淆误用这些运算符时，表达式可能仍然符合 C 语言语法。因此，编译器不一定能够检查出来这种混淆误用。多做代码检查是比较有效的手段。

在运用表达式时，应当注意表达式是否会出现溢出。例如：

```
unsigned int counter;                                                     // 1
int sum=0;                                                                // 2
for (counter=8; counter>=0; counter--)                                   // 3
    sum +=counter;                                                       // 4
```

上面的 for 循环实际上是一个死循环。因为变量 counter 的数据类型是 unsigned int，所以变量 counter 的值总是大于或等于 0。即使在 counter 等于 0 时进行的运算"counter--"也不会将变量 counter 的值变为-1，从而造成上面的 for 循环无法正常终止。可以将上面的第 3 行代码更改为：

```
for (counter=8; counter>0; counter--)                                     // 3
```

或者将变量 counter 的数据类型更改为 int。这两种更正都将使得 for 循环能够正常终止，而且运行结果变量 sum 的值均为 36。

另外，应当注意表达式在理解上的歧义性。例如，在编写以数字"0"开头的八进制数时，应当加上注释进行强调，提醒注意。

编写程序的最后一步一定要做程序代码的检查和优化，去掉不必要的代码，修改错误的注释，增加必要的注释，简化语句，或设法提高代码的内存空间利用效率和运行效率等。例如，由于受思考过程的影响，有可能出现如下的语句：

```
int value = (a/b)*(b/a); // 应当避免
```

上面的语句是应当避免的，因为它有可能出现除数为 0，而且很烦琐，效率较低。正

确的语句可能应当如下：

```
int value = 1;  // 注:这个表达式与上面的表达式不一定等价
```

这里需要注意的是表达式 "(a/b)*(b/a)" 与 "1" 不一定等价。前者可能出现除数为 0 的情况，而后者不存在这种情况。如果 a 和 b 是在数值上互不相等的整数变量，并且它们均不等于 0，则表达式 "(a/b)*(b/a)" 的值是 0，而不是 1。

检查和优化语句可以从程序代码的健壮性、安全性、可读性、易测性、可维护性、所占用的内存大小、运行效率、简单性、可重用性和可移植性等软件质量的评价指标的角度展开。对于容易出错的地方还应当重点检查。有些公司把在完成代码编写之后的检查和优化语句过程称为代码复查（Code Review）。在有些文献中，Code Review 也翻译作代码走读。有些公司规定在编写程序代码的人进行代码复查之后，还必须由其他程序员至少再进行一遍代码复查。这对提升程序代码的质量应当会很有帮助，而且通过走读其他团队成员的程序代码也可以互相学习，比较容易保持整个团队代码风格的一致性。

10.1.4　文件组织规范

在 C 语言源程序代码中可以嵌入注释。注释的编写应当简洁、规范和有效。下面总结了注释编写的整体说明。

> 📖说明📖
>
> （1）在程序代码中的注释并不是越多越好。因为阅读注释是有时间代价的，所以没有必要的注释通常都不要出现在程序代码文件之中。
>
> （2）在程序代码中，注释的位置通常应当与被其描述的代码相邻，而且通常位于相应代码的上方或右方，一般不要放在相应代码的下方，也不要放在一行代码的中间位置。如果注释位于相应代码的上方，则位于上方的注释应当与相应代码左对齐。
>
> （3）在编写代码的同时，应当同时写上重要的注释。或者先写必要的注释，再写代码。对于比较复杂或比较容易出错的代码，一定要附加注释，尽量将代码解释清楚或给出相关文档的具体位置。
>
> （4）在修改代码的时候，应当同时检查并修改相应的注释，即程序代码及其相应的注释应当保持一致。
>
> （5）应当尽量保证注释的正确性和无歧义性。错误的或者有二义性的注释通常是有害的。

如果 C 语言程序所包含的代码文件超过 5 个，应当写一个程序的自述文件对程序进行整体说明。通常这个自述文件的文件名是 ReadMe.txt。该文件的内容如下，或者从下面选取部分条目作为该文件的内容：

（1）程序名称和程序版本号。程序名称可以列出程序全称和简称。

（2）程序编写的目的及其功能简介。

（3）运行程序所需要的软件和硬件环境以及其他注意事项。

（4）程序版权说明以及著作权人或作者等信息。

（5）如果程序较大，已将代码文件归类为若干模块，则列出所包含的模块名、模块之间的关系简介以及各个模块的功能简介，并列出各个模块所包含的代码文件名。

（6）代码文件列表以及各个代码文件的简介。

（7）如何编译、链接和运行的说明。

（8）开发日期和发布日期。

（9）修订及修订原因以及曾经出现过的各种老版本号及其必要说明。

（10）主要参考文献列表。

上面的内容不必写成注释的形式，因为自述文件通常不是代码文件。因此，自述文件的格式相对会宽松一些，只要结构清晰，条理清楚，容易让人看懂就可以了。

C 语言源程序代码文件通常分成为头文件（**Header file**）和源文件（**Source code file**）两类。下面介绍这两类文件的组织规范。

C 语言头文件通常由头部注释、避开头文件嵌套包含的条件编译命令及其宏定义、文件包含语句、宏定义、数据结构定义、外部变量声明语句和函数声明等七部分组成。除了避开头文件嵌套包含的条件编译命令及其宏定义之外，其余各部分都不是必需的，可以根据需要，选择其余的部分加入 C 语言头文件之中。而且在最后五部分当中，至少应当选取一部分加入 C 语言头文件中，而且它们出现的顺序通常是按照前面所列的顺序。如果最后五部分都不存在，那么这个头文件应当是没有必要存在的。下面给出 C 语言头文件组织结构的示意：

```
C 语言头文件的头部注释

#ifndef C_XXXX_H
#define C_XXXX_H

若干文件包含语句

若干宏定义

若干枚举类型、结构体和共用体等数据结构的定义

若干外部变量声明

若干函数声明
#endif
```

头文件的头部注释主要是用简洁精练的语言说明该头文件包含哪些内容，从而方便程序员快速决定是否需要包含该头文件。头文件的头部注释通常可以包含文件名、文件本身内容的简要描述、使用该头文件的注意事项、与其他头文件或源文件的关系说明、作者、版本信息、发布日期和版权说明等。这些内容都不是必需的。如果头文件的名称已经可以很清晰地表达该头文件所包含的内容或者该头文件本身已经非常简短，则该头文件可以不含头部注释。如果需要，可以自行决定头文件的头部注释的具体内容。

下面给出一种采用块注释实现头文件头部注释的示意性范例：

```
/* ******************************************************************************
* 文件名：×××.h
* 内容简述：...
```

```
 * 注意事项：...
 * 与其他头文件或源文件的关系说明：...
 * 主要文献列表：...
 *
 * 作者：×××
 * 版本信息：...
 * 发布日期：××××年××月××日
 *
 * 版权说明：...
 * ************************************************************/
```

下面给出一种采用行注释实现头文件头部注释的示意性范例：

```
// ////////////////////////////////////////////////////////////
// 文件名：×××.h
// 内容简述：...
// 注意事项：...
// 与其他头文件或源文件的关系说明：...
// 主要文献列表：...
//
// 作者：×××
// 版本信息：...
// 发布日期：××××年××月××日
//
// 版权说明：...
// ////////////////////////////////////////////////////////////
```

不管是采用块注释，还是采用行注释，这两种形式都是可以接收的。但是对于同一个程序，应当尽量选用同一种形式，而不是两者混用。

在简要介绍头文件所包含的内容时，应当同时阐明该头文件的外部变量和函数声明等的排序方式，从而方便查找这些外部变量和函数声明。根据查找复杂度的分析，查找有序内容的时间代价远远低于查找无序内容的时间代价。

头文件的变化通常会引起任何直接或间接包含该头文件的源文件重新编译。因此，在头文件中，文件包含语句通常较少，甚至没有文件包含语句。尤其是对于那些容易发生变化的其他头文件，不要轻易通过文件包含语句加入当前头文件中。对于没有必要引入的其他头文件，一定不要通过文件包含语句将其引入当前的头文件中。在当前头文件中通过文件包含语句引入的其他头文件通常是当前头文件对其有明显依赖关系的其他头文件。对于没有明显依赖关系的其他头文件，可以在源文件中根据需要引入。在头文件中，可以没有文件包含语句，也可以有 1 条或多条文件包含语句。如果存在文件包含语句，则文件包含语句通常在避开头文件嵌套包含问题的条件编译命令之中，并且在避开头文件嵌套包含问题的宏定义之后。如果同时需要包含系统提供的头文件和自定义的头文件，则通常将包含系统提供的头文件的语句放在前面，将包含自定义头文件的语句放在后面。

如果需要除了避开头文件嵌套包含问题的宏定义之外的宏定义，则

（1）如果在头文件中存在文件包含语句，这些宏定义通常位于文件包含语句之后；

（2）如果在头文件中不存在文件包含语句，这些宏定义通常位于避开头文件嵌套包含问题的宏定义之后。

如果需要，还可以在每条宏定义上方写上一些注释，对这些宏定义进行说明或解释。

再往后，通常是若干枚举类型、结构体和共用体等<u>数据结构的定义</u>，如果需要在该头文件中定义新的数据结构。

接下来，通常是若干<u>外部变量声明语句</u>，如果需要在头文件中声明外部变量。在头文件中，通常不会定义全局变量。全局变量的定义通常位于源文件之中。如需要将全局变量提供其他源文件使用，则可以考虑将全局变量声明为外部变量，并且放在头文件中，从而方便在不同源文件中的程序代码使用这些全局变量。如果需要，在外部变量声明语句的上方或右侧还可以添加一些注释，对外部变量适当进行说明或解释。例如：

```
extern double g_height; // 单位是米
```

在注释中说明高度 g_height 的单位是米，为变量 g_height 补充了非常有益的信息。这个信息是从变量 g_height 的名称中无法得到的。

在 C 语言头文件的最后通常是若干<u>函数声明</u>。如果需要，可以在每个函数声明的上方或右侧添加该函数声明的说明性注释。该注释通常包含函数名、函数功能说明、函数调用注意事项、参数说明、返回值说明、作者、版本信息、发布日期和版权说明等。这些内容都不是必需的。<u>函数声明的说明性注释主要是为了</u>方便程序员了解该函数的功能以及如何调用该函数。通常希望<u>在不阅读函数定义的前提下就能判断出是否需要该函数，并且掌握正确调用该函数的方法</u>。函数声明本身的写法及其说明性注释应当能够促成这一目标。如果函数声明本身就足以表达这些内容，则可能就不需要编写该函数声明的说明性注释。这是非常理想的函数声明，通常称为<u>具有自注释特点的函数声明</u>。如果有可能，应当尽量编写具有自注释特点或接近于自注释特点的函数声明。不过，现在有些编程辅助性的软件可以自动将这些说明性注释及程序代码转换为程序开发的在线帮助文档。这时，这些说明性注释就显得非常有必要。无论如何，可以根据需要，选择其中若干项或全部添加到该函数声明的说明性注释中。<u>在头文件函数声明的说明性注释中不必说明函数内部是如何实现的</u>，那是源文件的事情。

下面给出一种采用块注释编写的函数声明及其说明性注释的示意性示例：

```
/* *****************************************************************
* 函数名: gb_function
* 函数功能: ...
* 函数调用注意事项: ...
* 参数说明:
*      a: ...
*      b: ...
* 返回值: ...
*
* 作者: XXX
* 版本信息: ...
* 发布日期: XXXX 年 XX 月 XX 日
```

```
 *
 * 版权说明: ...
 * **************************************************************************/
extern int gb_function(int a, int b);
```

同样，可以模仿前面头文件头部注释将上面的块注释修改为行注释编写函数声明的说明性注释。在参数说明中，应当写明每个参数变量是输入参数、输出参数，或者同时是输入和输出参数。在函数调用注意事项中，可以写明调用该函数所依赖的前提条件、在调用后应当进行的操作以及在调用时应当注意的其他问题。

如果存在多条函数声明，则这些函数声明应当按照某种方式进行排序，而且应当将函数声明的排序方式在头文件的头部注释中阐述清楚。常用的函数声明排序方式是按照函数名的字母顺序。

将函数声明放入头文件当中是有条件的。如果某个函数只是在一个源文件内部使用，而且未来也不会提供给其他源文件调用，则通常不要将这个函数的声明放入头文件当中。

C 语言源文件通常由头部注释、文件包含语句、全局变量定义语句和函数定义等四部分组成。这四部分都不是必需的。可以根据需要，自行选择若干部分加入 C 语言源文件中。而且这些部分在 C 语言源文件中的顺序与前面介绍的前后顺序通常应当一致。

源文件的头部注释主要用来说明该源文件所包含的内容、实现的思路、代码维护的注意事项以及相关的作者和维护者。在源文件的头部注释中注明相关的作者和维护者是非常有必要的。这通常很有可能是在遇到代码维护困难时的救命稻草。当无法理解代码及其注释时，如果能找到当事人，这通常有可能是解决问题效率比较高的途径。当然，允许在代码中写上作者和维护者，也是表示对他们工作成果的认可，从而更容易让编程和维护人员拥有成就感。源文件的头部注释通常可以包含文件名、文件本身内容的描述、使用该源文件的注意事项、与其他头文件或源文件的关系说明、实现该源文件所参考的文献列表、作者、版本信息、实现日期、维护者、维护原因以及代码变动说明、维护日期、版权说明等。在这些内容中，通常只有文件本身内容的描述、作者、版本信息和实现日期是必需的。对于其他内容，可以根据需要，自行选择加入源文件的头部注释中。如果出现多次代码维护和修改，则可以添加多套文字说明，列出每次的维护者和维护日期，说明维护原因以及代码变动情况。

下面给出一种采用块注释实现源文件头部注释的示意：

```
/* **************************************************************************
 * 文件名: ×××.c
 * 整体功能描述: ...
 * 注意事项: ...
 * 与其他头文件或源文件的关系说明: ...
 * 主要文献列表: ...
 *
 * 作者: ×××
 * 版本信息: ...
 * 实现日期: ××××年××月××日(或者从××××年××月××日到××××年××月××日)
 *
```

```
*  维护者：
*  维护原因以及代码变动说明：
*  维护日期：××××年××月××日(或者从××××年××月××日到××××年××月××日)
*
*  版权说明：...
*  ****************************************************************/
```

下面给出一种采用行注释实现源文件头部注释的示意：

```
// ////////////////////////////////////////////////////////////
// 文件名：×××.c
// 整体功能描述：...
// 注意事项：...
// 与其他头文件或源文件的关系说明：...
// 主要文献列表：...
//
// 作者：xxx
// 版本信息：...
// 实现日期：××××年××月××日(或者从××××年××月××日到××××年××月××日)
//
// 维护者：
// 维护原因以及代码变动说明：
// 维护日期：××××年××月××日(或者从××××年××月××日到××××年××月××日)
//
// 版权说明：...
// ////////////////////////////////////////////////////////////
```

不管是采用块注释，还是采用行注释，这两种形式都是可以接收的。但是对于同一个程序，应当尽量选用同一种形式，而不是两者混用。

与头文件一样，在说明源文件所包含的内容时，应当同时阐明在该源文件中的全局变量定义和函数定义的排序方式，从而方便查找这些全局变量和函数定义，缩短查找的时间代价。

在头部注释之后通常是若干文件包含语句。例如：

```
#include <stdio.h>
#include <stdlib.h>
```

如果同时需要包含系统提供的头文件和自定义的头文件，则通常将包含系统提供的头文件的语句放在前面，将包含自定义头文件的语句放在后面。

一般尽量避免使用全局变量。如果需要全局变量，则接下来通常是若干全局变量的定义语句。在每条全局变量定义语句的上方或右侧，还可以添加该全局变量的一些注释，说明该全局变量的用途、应用范围以及使用的注意事项等。

在 C 语言源文件的最后通常是若干函数定义。每个函数定义通常由函数的头部注释、函数声明和函数体三部分组成。函数的头部注释不是必需的。如果需要，函数的头部注释通常包含函数名、函数功能说明、参数说明、返回值说明、函数实现思路、注意事项、主要文献列表、作者、版本信息、实现日期、维护者、维护原因以及代码变动说明、维护日期和版权说明等。这些内容都不是必需的。可以根据需要，选择其中若干项或全部添加到函数的头部注释中。下面给出一种采用块注释编写函数的头部注释并且定义函数的示意性示例：

```
/* ********************************************************************
 * 函数名: gb_function
 * 函数功能: ...
 * 参数说明:
 *      a: ...
 *      b: ...
 * 返回值: ...
 * 函数实现思路: ...
 * 注意事项: ...
 * 主要文献列表: ...
 *
 * 作者: ×××
 * 版本信息: ...
 * 实现日期: ××××年××月××日(或者从××××年××月××日到××××年××月××日)
 *
 * 维护者: ×××
 * 维护原因以及代码变动说明: ...
 * 维护日期: ××××年××月××日(或者从××××年××月××日到××××年××月××日)
 *
 * 版权说明: ...
 * ********************************************************************/
int gb_function(int a, int b)
{
    // ...
} // 函数 gb_function 定义结束
```

同样，可以模仿前面源文件头部注释将上面的块注释修改为行注释编写函数的头部注释。与在头文件中的函数注释说明不同，在 C 语言源文件中的函数头部注释主要是为了解释函数是如何实现的，在实现的过程中应当注意哪些问题，曾经发现过哪些问题以及如何处理这些问题的，作者和维护者有哪些，从而方便函数实现代码的维护或扩展。如果函数的实现本身很简单，就不需要编写这些内容。

如果存在多个函数定义，则这些函数定义应当按照某种方式进行排序，而且应当将函数定义的排序方式在源文件的头部注释中阐述清楚。常用的函数定义排序方式是按照函数名的字母顺序。

如果在源文件中含有主函数 main 的函数定义，则通常在该源文件中就不会再含有其他函数的定义。因为每个 C 语言程序通常有且仅有一个主函数 main，所以如果在含有主函数的源文件中定义其他函数，那么就意味着这些其他函数实际上是无法被其他 C 语言程序直接复用的。

如果源程序代码文件的个数较多，可以考虑采用文件的目录结构对源程序代码文件进行分类组织。目录结构的设置应当尽可能合理，从而方便查找相关的源程序代码文件。

10.2　程　序　测　试

编写程序代码离不开程序测试。在编写完程序代码之后应当展开严格的测试以验证程序是否与预期的一致。程序测试主要是验证程序的正确性和程序的性能，另外，还可以通过测试得到程序的有效使用范围。在发布程序之前，就应当尽量消除程序的错误，这对降低程序维护成本非常有帮助。在发布程序之前发现并更正程序错误通常比在发布程序之后的代价更低。在发布程序之后，对程序代码的任何修改都应该做详细的记录，并设法尽可能降低由于程序错误给用户带来的损失。我们已经在 7.6 节介绍了一些程序测试的基本概念并给出了相应的案例。本节将介绍更多的程序测试理论与方法。

实际上，正确的程序测试并不是在编写完程序代码之后才开始。在程序设计时就应当考虑函数的可测试性。甚至在那个阶段就开始设计程序测试案例或者提出程序测试应当满足的基本要求。不好的程序设计有可能会使得程序测试变得非常艰难。良好的程序设计应当考虑程序测试。在编写完程序代码之后可以进一步补充或优化程序测试设计，并落实程序测试。对于较大规模的程序，最好能有一个整体的程序测试方案。该方案阐明程序测试的计划、内容及其要求。这样可以提高程序测试的系统性，减小在程序测试方面出现遗漏的概率，并提高程序测试的效率。

对于较大规模的程序，在程序测试方案中可以设计程序代码编写与程序测试交替进行。对于底层的基础性程序代码，可以先安排测试。这样也可以验证程序设计本身是否存在问题，从而尽可能降低程序研发风险。另外，越早发现底层基础性程序代码的错误，对于上层程序的编写与测试也是越有利的。一旦底层程序代码，尤其是函数接口，发生变更，上层程序代码就有可能不得不发生相应的变化。这不仅增加了工作量，而且容易引发各种不一致性，从而导致一些非预期的错误。下面介绍一些常用的程序测试方法。

穷举测试是一种非常理想的程序测试方法。它穷举所有可能出现的案例，并用这些案例对程序一一进行测试。这是验证程序正确性最保险的方法。如果时间和空间代价允许，这通常是首选的程序测试方法。下面通过一个例程说明这种测试方法。

例程 10-1　10 以内的质数判定问题。

例程功能描述：编写一个函数，其输入是一个不小于 2 并且不超过 10 的整数 data。如果 data 是质数，则函数返回 1；否则，函数返回 0。

例程解题思路：首先，除了 2 之外，所有正偶数都不是质数。如果 data 是大于 2 的奇数，我们可以从 3 开始，用 data 依次除以这些从小到大的奇数。如果可以整除，则 data 不是质数，函数返回 0。如果不可以整除，并且商比除数大，则我们继续用 data 除以下一个较大的奇数，重复前面的过程。如果出现不可以整除并且商比除数小的情况，则不必再继续下去了，这时可以断定 data 是质数，函数返回 1。

下面给出按照上面思路编写的代码。例程代码由 2 个源程序代码文件"C_Prime.h"和"C_Prime.c"组成，具体的程序代码如下。

// 文件名：**C_Prime.h**；开发者：雍俊海	行号
`#ifndef C_PRIME_H`	// 1
`#define C_PRIME_H`	// 2
	// 3
`extern int gb_isPrime(int data);`	// 4
	// 5
`#endif`	// 6

// 文件名：**C_Prime.c**；开发者：雍俊海	行号
`#include <stdio.h>`	// 1
`#include <stdlib.h>`	// 2
	// 3
`int gb_isPrime(int data)`	// 4
`{`	// 5
`   int a, b;`	// 6
`   if (data<=1)`	// 7
`      return 0;`	// 8
`   if (data == 2)`	// 9
`      return 1;`	// 10
`   if (data % 2 == 0)`	// 11
`      return 0;`	// 12
`   a = 1;`	// 13
`   do`	// 14
`   {`	// 15
`      a += 2;`	// 16
`      b = data / a;`	// 17
`      if (b != 1)`	// 18
`      {`	// 19
`         if (a* b == data)`	// 20
`            return 0;`	// 21
`      } // if 结束`	// 22
`   }`	// 23
`   while (a<b); // do/while 结束`	// 24
`   return 1;`	// 25
`} // 函数 gb_isPrime 结束`	// 26

　　完成上面的代码并不意味着完成了例程。我们需要测试上面的程序代码，验证上面程序代码的正确性，或者说我们需要提供证据说明上面程序代码是正确的。测试程序代码由 3 个源程序代码文件 "C PrimeTest.h" "C_PrimeTest.c" "C_PrimeTestMain.c" 组成，具体的程序代码如下。

// 文件名：**C_PrimeTest.h**；开发者：雍俊海	行号
`#ifndef C_PRIMETEST_H`	// 1
`#define C_PRIMETEST_H`	// 2
	// 3
`#include "C_Prime.h"`	// 4

```
                                                                        // 5
#define D_FileNamePrimeTestCases "D:\\TestCases\\PrimeTestCases.txt"     // 6
#define D_SizeOfBuffer 100                                               // 7
                                                                        // 8
// 返回值：0 表示成功；其他值表示失败                                      // 9
extern int gb_isPrimeUnitTest(int (*f)(int data));                      // 10
#endif                                                                   // 11
                                                                        // 12
```

// 文件名：**C_PrimeTest.c**；开发者：雍俊海	行号

```
#include <stdio.h>                                                      // 1
#include <stdlib.h>                                                     // 2
                                                                        // 3
#include "C_PrimeTest.h"                                                // 4
                                                                        // 5
// 返回值：0(成功)，1(无法打开测试案例文件)，2(结果不一致)                  // 6
int gb_isPrimeUnitTest(int (*f)(int data))                             // 7
{                                                                       // 8
   char buffer[D_SizeOfBuffer];                                         // 9
   char *s;                                                             // 10
   int id, n, flagInFile, flag;                                         // 11
   FILE *fpIn;                                                          // 12
   errno_t e = fopen_s(&fpIn, D_FileNamePrimeTestCases, "r");          // 13
                                                                        // 14
   printf("测试案例位于文件\"%s\"中。\n", D_FileNamePrimeTestCases);      // 15
   if (e!=0)                                                            // 16
   {                                                                    // 17
       printf("测试案例文件\"%s\"无法打开。错误码为%d。\n",                // 18
           D_FileNamePrimeTestCases, e);                                // 19
       return 1;                                                        // 20
   } // if 结束                                                          // 21
                                                                        // 22
   while(!feof(fpIn))                                                   // 23
   {                                                                    // 24
      s = fgets(buffer, D_SizeOfBuffer, fpIn);                          // 25
      if (s==NULL) // 没有读到数据                                        // 26
        break;                                                          // 27
      id = -1;                                                          // 28
      sscanf_s(buffer, "%d %d %d", &id, &n, &flagInFile);              // 29
      if (id<0) // 已经处理完所有的测试案例                               // 30
        break;                                                          // 31
      flag = f(n);                                                      // 32
      if (flag!=flagInFile)                                             // 33
      {                                                                 // 34
          printf("错误：案例索引号是%d, "                                 // 35
              "当计算%d时，两者不一致(标准值=%d, 计算值=%d)。\n",           // 36
```

```
                    id, n, flagInFile, flag);              // 37
            fclose(fpIn);                                    // 38
            return 2;                                        // 39
        } // if 结束                                         // 40
    } // while 结束                                          // 41
    fclose(fpIn);                                            // 42
    printf("祝贺：成功通过测试!\n");                         // 43
    return 0;                                                // 44
} // 函数 gb_isPrimeUnitTest 结束                           // 45
```

```
// 文件名：C_PrimeTestMain.c；开发者：雍俊海              行号
#include <stdio.h>                                          // 1
#include <stdlib.h>                                         // 2
#include "C_PrimeTest.h"                                    // 3
                                                            // 4
int main(int argc, char* args[ ])                           // 5
{                                                           // 6
    gb_isPrimeUnitTest(gb_isPrime);                         // 7
                                                            // 8
    system("pause"); // 暂停住控制台窗口                    // 9
    return 0; // 返回 0 表明程序运行成功                    // 10
} // main 函数结束                                          // 11
```

上面的程序代码通过函数 gb_isPrimeUnitTest 实现对函数 gb_isPrime 的测试。在函数 gb_isPrimeUnitTest 的函数体内并没有出现函数名称 gb_isPrime，函数 gb_isPrime 是通过函数参数传入函数 gb_isPrimeUnitTest。这种通过函数指针传递被测试函数的方式提高了程序测试的灵活性。如果我们采用新的算法求解 10 以内的质数判定问题，我们仍然可以用函数 gb_isPrimeUnitTest 进行测试，而且不需要修改函数 gb_isPrimeUnitTest 的实现代码。

测试案例保存在文件 " D:\TestCases\PrimeTestCases.txt " 当中。我们在头文件 "C_PrimeTest.h"的第 6 行代码中通过宏定义 D_FileNamePrimeTestCases 指定这个测试案例文件。这方便我们更换保存测试案例的文件。这里需要注意在字符串中需要用两个反斜杠来表示单个反斜杠字符。测试案例文件 "D:\TestCases\PrimeTestCases.txt" 的内容如下：

```
2  2  1
3  3  1
4  4  0
5  5  1
6  6  0
7  7  1
8  8  0
9  9  0
10 10 0
-1
```

其中，每行对应 1 个测试案例。每行的第 1 个数字是案例的索引号。如果案例的索引号是

−1，则表明测试案例结束。每行的第 2 个数字是输入的不小于 2 并且不超过 10 的整数。每行的第 3 个数字对应函数 gb_isPrime 应当输出的正确结果。因此，在文件"C_PrimeTest.c"中，第 29 行代码读取 1 个测试案例，并在第 32 行代码处用这个测试案例的输入作为参数调用被测试的函数，得到"flag = f(n)"。接着，在第 33 行代码处判断这个测试案例的结果 flagInFile 与计算得到的结果 flag 是否相等。如果不相等，则表明在计算得到的结果和测试案例的结果当中至少有 1 个存在错误。我们通过从第 35 行到第 37 行的代码输出这种不一致的结果，从而方便我们分析与调试并且更正错误。

在上面的代码中，需要注意在函数 gb_isPrimeUnitTest 的函数体内，在成功打开测试案例文件之后，在所有返回语句之前，都应当关闭已经成功打开的测试案例文件，如第 38 行和第 42 行代码所示。其中第 38 行的代码"fclose(fpIn);"是常见的容易遗漏的代码。

上面的测试程序需要将例程程序代码文件"C_Prime.h"和"C_Prime.c"加入程序中，才可以进行编译、链接和运行。下面给出一个运行的结果示例。

```
测试案例位于文件"D:\TestCases\PrimeTestCases.txt"中。
祝贺：成功通过测试!
请按任意键继续. . .
```

如果不存在测试案例文件"D:\TestCases\PrimeTestCases.txt"，则运行结果是：

```
测试案例位于文件"D:\TestCases\PrimeTestCases.txt"中。
测试案例文件"D:\TestCases\PrimeTestCases.txt"无法打开。错误码为 2。
请按任意键继续. . .
```

在上面的测试案例文件"D:\TestCases\PrimeTestCases.txt"中，我们只考虑了输入为 2、3、4、5、6、7、8、9 和 10 的情况。对于其他整数，是否需要进行测试？这个问题困扰了很多人。有不少文献讨论了这个问题。在回答这个问题之前，我们一定要很清楚有限性是正常计算机程序的基本特点，以及扩展需求是有可能需要额外的代价。另外，扩展到什么程度又是一个很难的问题。我们是否需要定义一个超长的整数数据结构，从而支撑超大整数的质数判定？如果想清楚了这些问题，我们就可以得到前面问题的答案。因为本例程只要求针对不小于 2 并且不超过 10 的整数进行质数判定，所以本例程不需要对其他整数进行测试。编写程序和测试程序都需要考虑成本与代价。在进行程序设计之前，就应当把需求的应用范围界定清楚。在当前的计算机构架下，不可能实现能够解决所有问题的程序。这是已经得到了证明的结论。

穷举所有可能出现的案例对程序测试而言常常有可能是一项无法完成的任务。其主要原因通常是太大的时间代价，其次是空间代价也有可能太大。如果无法进行完整的枚举测试，就要设法提高测试案例的有效性和覆盖范围，让测试案例所代表的情况能够在一定的粒度范围内覆盖所有可能出现的情况。这样，我们可以按照分析出来的情况对所有的案例进行分类，属于同一情况的所有案例归并为一个等价类。我们希望选来进行测试的案例应当覆盖每一个等价类，即从每一个等价类中都应选出若干测试案例进行测试。

📖说明📖

　　我们希望在同一个等价类中的各个案例在测试中具有等效的作用，即无论选取哪个案例进行测试都具有相同的测试效果。相同的测试效果要求它们至少会执行完全相同的程序代码。但实际上，这能否成立在很大程度上取决于测试的情况分析。如果情况划分过于粗略，则在同一个等价类中的案例有可能会不等效，即这样划分出来的等价类并不是严格意义上的等价类。除非能证明等价类划分出来的是严格意义上的等价类，我们通常需要从等价类中选取多个案例，从而提高情况的覆盖率。反过来，如果情况划分过于精细，则等价类可能会过于庞大，从而造成测试的时间或空间太大，进而无法实现或者实现的代价过大。

📐注意事项📐

　　在进行等价类划分时应当注意区分允许的输入范围和可以有效解决的数值范围。有时这两者是相同的。一般说来，后者通常是前者的子集。对于无法有效解决但又是允许的输入，我们在实现时可以返回无法有效处理代码或通过其他方式进行处理。这样的输入案例常常可以用来测试能否处理失败的情况。等价类划分应当覆盖所有允许的输入范围，但不应当扩大输入范围。当允许的输入范围发生变化时，问题本身也随之发生变化，其解决代价也可能会有很大的差异。用不允许输入的案例进行测试通常是没有意义的。

　　常用的测试方法有黑盒测试和白盒测试。黑盒测试是在不阅读程序代码的前提条件下通过对程序功能和应用范围等需求进行分析，从而在一定的粒度范围内构造出覆盖所有情况的程序测试案例等价类，然后均衡等价类的规模以及所允许的测试时间，在每个等价类中选取若干案例进行测试。在进行黑盒测试时，需要仔细分析各种输入和输出的临界情况，从而划分出比较全面的等价类。表 10-3 给出两个常用的黑盒测试等价类划分结果。下面通过一个例程说明黑盒测试方法。

表 10-3　两个常用的黑盒测试等价类划分结果

等价类划分对象	基于黑盒测试的等价类划分结果
对于 int 类型的变量	[INT_MIN, −1]、{0}和[1, INT_MAX]共 3 个等价类
对于浮点数类型的变量	负无穷大、负整数、负小数、零、正整数、正小数、正无穷大。其中，是否区分整数与小数，可以根据具体情况分析而定。如果需要区分，则其中小数等价类是剔除了整数的常规浮点数

例程 10-2　促销员佣金的自动计算例程。

例程功能描述：某商场雇用促销员促销商品，其中一个商品的每天佣金是按照如下方式进行计算的。

（1）如果当天该促销员销售该商品的销售额小于或等于 1000 元，则其佣金为销售额的 10%。

（2）如果当天该促销员销售该商品的销售额大于 1000 元并且小于或等于 2000 元，则其佣金为销售额的 12%。

（3）如果当天该促销员销售该商品的销售额大于 2000 元并且小于或等于 4000 元，则其佣金为销售额的 15%。

（4）如果出现当天该促销员销售该商品的销售额小于 0 元或大于 4000 元的情况，则表明销售系统出现了问题，这时暂时将其佣金统计为 0。

例程解题思路：首先，编写一个函数，按照上面列出的情况分别计算佣金。然后，在主函数中接收销售额的输入，并输出佣金。

下面给出按照上面思路编写的代码。例程代码由 3 个源程序代码文件"C_SaleReward.h""C_SaleReward.c"和"C_SaleRewardMain.c"组成，具体的程序代码如下。

// 文件名：**C_SaleReward.h**；开发者：雍俊海	行号
`#ifndef C_SALEREWARD_H`	// 1
`#define C_SALEREWARD_H`	// 2
	// 3
`extern double gb_getSaleReward(double sale);//sale(销售额),返回佣金`	// 4
	// 5
`#endif`	// 6

// 文件名：**C_SaleReward.c**；开发者：雍俊海	行号
`#include <stdio.h>`	// 1
`#include <stdlib.h>`	// 2
	// 3
`double gb_getSaleReward(double sale)`	// 4
`{`	// 5
`    double reward = 0.0;`	// 6
`    if ((sale<=0) || (sale>4000))`	// 7
`        reward = 0.0;`	// 8
`    else if (sale<=1000)`	// 9
`        reward = sale * 0.1;`	// 10
`    else if (sale<=2000)`	// 11
`        reward = sale * 0.12;`	// 12
`    else if (sale<=4000)`	// 13
`        reward = sale * 0.15;`	// 14
`    return reward;`	// 15
`} // 函数 gb_getSaleReward 结束`	// 16

// 文件名：**C_SaleRewardMain.c**；开发者：雍俊海	行号
`#include <stdio.h>`	// 1
`#include <stdlib.h>`	// 2
`#include "C_SaleReward.h"`	// 3
	// 4
`int main(int argc, char* args[ ])`	// 5
`{`	// 6
`    double sale = 0.0;`	// 7
`    double reward = 0.0;`	// 8
`    printf("请输入销售额:");`	// 9
`    scanf_s("%lf", &sale);`	// 10
`    reward = gb_getSaleReward(sale);`	// 11
`    printf("销售佣金是%g 元。\n", reward);`	// 12
	// 13

```
        system("pause"); // 暂停住控制台窗口                          // 14
        return 0; // 返回 0 表明程序运行成功                           // 15
} // main 函数结束                                               // 16
```

可以对上面的代码进行编译、链接和运行。下面给出一个运行的结果示例。

```
请输入销售额:500↙
销售佣金是 50 元。
请按任意键继续. . .
```

同样，我们需要验证上面例程代码是否正确。假设我们不打算采用穷举测试的方法，计划采用的是黑盒测试的方法。假设我们采用 64 位的双精度浮点数存储销售额与佣金，则允许输入的销售额的数值范围是[−DBL_MAX, DBL_MAX]，其中 DBL_MAX 是 C 语言标准库文件<float.h>定义的宏，表示最大的常规双精度浮点数。另外，C 语言标准库文件<float.h>还定义了宏 DBL_MIN，它表示最小的常规正双精度浮点数。根据例程功能描述，我们可以得到销售额的 4 个临界值：0、1000、2000、4000。而且这些临界值把上面允许输入的区间分割成为 5 个区间：[−DBL_MAX, 0]、(0, 1000)、(1000, 2000)、(2000, 4000]、(4000, DBL_MAX]，其中每个区间适用的规则是相同的。因此，我们称其中每个区间都是一个等价类。在每个等价类中，我们可以选取区间首尾的 2 个数值以及中间的 1～2 个数值进行测试。例如，对于区间[−DBL_MAX, 0]，我们选取{−DBL_MAX, −1000, −DBL_MIN, 0}；对于区间(0, 1000]，我们选取{DBL_MIN, 500, 1000}；对于区间(1000, 2000]，我们选取{1001, 1500, 2000}；对于区间(2000, 4000]，我们选取{2001, 3000, 4000}；对于区间(4000, DBL_MAX]，我们选取{4001, 5000, DBL_MAX}。为了方便案例结果的计算，通常用于测试的数据不会太复杂。另外，对于开区间的边界值，我们可以取在有效范围内且比较接近于边界值的数值就可以了。这样，我们得到测试案例数据文件内容如下：

```
1  -1.7976931348623158e+308 0
2  -1000 0
3  -2.2250738585072014e-308 0
4  0 0
5  2.2250738585072014e-308 2.2250738585072014e-309
6  500 50
7  1000 100
8  1001 120.12
9  1500 180
10 2000 240
11 2001 300.15
12 3000 450
13 4000 600
14 4001 0
15 5000 0
16 1.7976931348623158e+308 0
-1
```

测试案例数据文件的最后一行是整数 "−1"，表示测试案例结束。除了最后一行之外，每一行包括 3 个数据，其中第 1 个数据是案例的索引号，第 2 个数据是销售额，最后 1 个数据是预先计算好并且计划用于比对的佣金。对于上面的测试案例，将数值"1.7976931348623158e+308"读入内存通常就会得到 DBL_MAX，将数值"2.2250738585072014e-308"读入内存通常就会得到 DBL_MIN。

下面，我们需要编写程序读取上面的测试案例，并且进行测试比对。**测试程序代码**由 3 个源程序代码文件"C_SaleRewardTest.h""C_SaleRewardTest.c"和"C_SaleRewardTestMain.c"组成，具体的程序代码如下。

// 文件名：**C_SaleRewardTest.h**；开发者：雍俊海	行号
| ```
#ifndef C_SALEREWARDTEST_H
#define C_SALEREWARDTEST_H

#include "C_SaleReward.h"


#define D_SaleTestCases "D:\\TestCases\\SaleTestCases.txt"
#undef D_SizeOfBuffer
#define D_SizeOfBuffer 100


// 返回值：0 表示成功；其他值表示失败
extern int gb_saleRewardUnitTest(double (*f)(double ds));


#endif
``` | // 1<br>// 2<br>// 3<br>// 4<br>// 5<br>// 6<br>// 7<br>// 8<br>// 9<br>// 10<br>// 11<br>// 12<br>// 13 |

// 文件名：**C_SaleRewardTest.c**；开发者：雍俊海	行号
| ```
#include <stdio.h>
#include <stdlib.h>

#include "C_SaleRewardTest.h"

// 返回值：0(成功)，1(无法打开测试案例文件)
int gb_saleRewardUnitTest(double (*f)(double ds))
{
   char buffer[D_SizeOfBuffer];
   char *s;
   int id;
   int idMax = -1;
   double sale, reward, rewardInFile, d;
   double dMax = 0.0;
   FILE *fpIn;
   errno_t e = fopen_s(&fpIn, D_SaleTestCases, "r");

   printf("测试案例位于文件\"%s\"中。\n", D_SaleTestCases);
   if (e!=0)
   {
      printf("测试案例文件\"%s\"无法打开。错误码为%d。\n",
``` | // 1<br>// 2<br>// 3<br>// 4<br>// 5<br>// 6<br>// 7<br>// 8<br>// 9<br>// 10<br>// 11<br>// 12<br>// 13<br>// 14<br>// 15<br>// 16<br>// 17<br>// 18<br>// 19<br>// 20<br>// 21 |

```
        D_SaleTestCases, e);                          // 22
    return 1;                                          // 23
  } // if 结束                                         // 24
                                                       // 25
  while(!feof(fpIn))                                   // 26
  {                                                    // 27
    s = fgets(buffer, D_SizeOfBuffer, fpIn);           // 28
    if (s==NULL) // 没有读到数据                        // 29
      break;                                           // 30
    id = -1;                                            // 31
    sale = 0.0;                                         // 32
    rewardInFile = 0.0;                                 // 33
    sscanf_s(buffer, "%d %lf %lf", &id, &sale, &rewardInFile);  // 34
    if (id<0) // 已经处理完所有的测试案例                // 35
      break;                                            // 36
    reward = f(sale);                                   // 37
    d = reward - rewardInFile;                          // 38
    if (d<0)                                            // 39
      d = -d;                                           // 40
    if (d>dMax)                                         // 41
    {                                                   // 42
      dMax = d;                                         // 43
      idMax = id;                                       // 44
    } // if 结束                                        // 45
  } // while 结束                                       // 46
  fclose(fpIn);                                         // 47
  if (idMax<0)                                          // 48
    printf("祝贺：成功通过测试!\n");                     // 49
  else printf("最大误差是%g，由案例%d产生。\n", dMax, idMax);  // 50
  return 0;                                             // 51
} // 函数 gb_saleRewardUnitTest 结束                    // 52
```

// 文件名：C_SaleRewardTestMain.c；开发者：雍俊海	行号
`#include <stdio.h>`	// 1
`#include <stdlib.h>`	// 2
`#include "C_SaleRewardTest.h"`	// 3
	// 4
`int main(int argc, char* args[ ])`	// 5
`{`	// 6
`  gb_saleRewardUnitTest(gb_gctSaleReward);`	// 7
	// 8
`  system("pause"); // 暂停住控制台窗口`	// 9
`  return 0; // 返回 0 表明程序运行成功`	// 10
`} // main 函数结束`	// 11

上面的测试代码通过在文件"C_SaleRewardTest.c"中的函数 gb_saleRewardUnitTest

依次读取测试案例，并将计算结果与预期结果进行比对。因为本例程采用双精度浮点数进行计算，而双精度浮点数的表示和计算几乎不可避免地会出现或大或小的误差，所以我们不能直接用表达式 "reward == rewardInFile" 判定计算结果与预期结果是否相等，而是计算它们两者之间的差值，并输出最大的误差以及产生该误差的案例索引号，供我们判断该最大误差是否在允许的误差范围之内。

上面的测试程序需要将例程程序代码文件 "C_SaleReward.h" 和 "C_SaleReward.c" 加入程序中，才可以进行编译、链接和运行。下面给出一个运行的结果示例。

```
测试案例位于文件"D:\TestCases\SaleTestCases.txt"中。
最大误差是 1.42109e-014，由案例 8 产生。
请按任意键继续. . .
```

因为上面测试结果的最大误差是 1.42109e-014，远远小于佣金的最小单位，所以这个误差应当是可以接收的。

我们可以将黑盒测试与白盒测试相结合共同进行等价类划分，从而使得测试案例等价类划分的情况分析更加细致与全面。其常用的方案通常是先进行黑盒测试的等价类划分，再利用白盒测试的方法分析程序代码的每个分支，进一步细分等价类。在划分等价类之后的测试方法都是一样的，即从每个等价类中选取若干代表性案例进行测试。

除了进行黑盒测试与白盒测试之外，还可以根据理论、经验或直觉分析出可能出错的情况，并形成相应的测试案例加入程序的实际测试案例集中，从而使得测试更加充分。

有时，对于测试案例，我们很难计算出正确的结果，或者说，计算出正确结果的代价太大。我们可以通过其他途径进行验证。例如，加法可以通过减法进行验证，除法可以通过乘法进行验证。下面给出 1 个例程进行说明。

例程 10-3　求整系数二次多项式除以一次多项式的余式与商。

例程功能描述：接收整数 a、b 和 divisor 的输入。然后，计算整数 quotient 和 remainder 使得(x+quotient)是表达式(x^2+a$\times$x+b)/(x+divisor)的商，remainder 是其余式。

例程解题思路：　上面的计算可以表达为：x^2+ax+b=(x+divisor)(x+quotient)+remainder。因此，我们可以得到 a=divisor+quotient 和 b=divisor$\times$quotient+remainder。通过对前面等式进行移项，我们可以得到 quotient=a-divisor 和 remainder=b-divisor$\times$quotient。

下面给出按上面思路编写的代码。例程代码由 3 个源程序代码文件 "C_QuadraticPolynomial.h" "C_QuadraticPolynomial.c" "C_QuadraticPolynomialMain.c" 组成，具体的程序代码如下。

```
// 文件名：C_QuadraticPolynomial.h；开发者：雍俊海                                行号
#ifndef C_QUADRATICPOLYNOMIAL_H                                                // 1
#define C_QUADRATICPOLYNOMIAL_H                                                // 2
                                                                              // 3
// x*x+a*x+b=(x+divisor)*(x+(*quotient))+(*remainder)                         // 4
extern void gb_PolynomialQuadraticDivideLinear(int *quotient,                 // 5
            int *remainder, int a, int b, int divisor);                       // 6
extern void gb_PolynomialLinearMultiply(int *a,int *b,int divisor,            // 7
            int quotient, int remainder);                                     // 8
extern void gb_testPolynomialQuadraticDivideLinear( );                        // 9
```

`#endif`	// 10

// 文件名: **C_QuadraticPolynomial.c**；开发者：雍俊海	行号

```c
#include <stdio.h>                                           // 1
#include <stdlib.h>                                          // 2
                                                             // 3
#include "C_QuadraticPolynomial.h"                           // 4
                                                             // 5
// x*x+a*x+b=(x+divisor)*(x+(*quotient))+(*remainder)        // 6
void gb_PolynomialQuadraticDivideLinear(                     // 7
    int *quotient, int *remainder, int a, int b, int divisor) // 8
{                                                            // 9
    *quotient = a - divisor;                                 // 10
    *remainder = b - divisor*(*quotient);                    // 11
} // 函数 gb_PolynomialQuadraticDivideLinear 结束            // 12
                                                             // 13
// x*x+(*a)*x+(*b)=(x+divisor)*(x+quotient)+remainder        // 14
void gb_PolynomialLinearMultiply(int *a, int *b, int divisor, // 15
    int quotient, int remainder)                             // 16
{                                                            // 17
    *a = divisor+quotient;                                   // 18
    *b = divisor*quotient+remainder;                         // 19
} // 函数 gb_PolynomialLinearMultiply 结束                   // 20
                                                             // 21
void gb_testPolynomialQuadraticDivideLinear( )               // 22
{                                                            // 23
    int a = 0;                                               // 24
    int b = 0;                                               // 25
    int divisor = 0;                                         // 26
    int quotient, remainder;                                 // 27
    printf("请输入二次多项式(x*x+a*x+b)的系数 a 和 b:");       // 28
    scanf_s("%d", &a);                                       // 29
    scanf_s("%d", &b);                                       // 30
    printf("请输入作为除式的一次多项式(x+divisor)的系数 divisor:"); // 31
    scanf_s("%d", &divisor);                                 // 32
    gb_PolynomialQuadraticDivideLinear(                      // 33
        &quotient, &remainder, a, b, divisor);               // 34
    printf("结果: x*x+(%d)*x+(%d)=(x+(%d))*(x+(%d))+(%d)。\n", // 35
        a, b, divisor, quotient, remainder);                 // 36
    gb_PolynomialLinearMultiply(&a,&b,divisor,quotient,remainder); // 37
    printf("验证: x*x+(%d)*x+(%d)=(x+(%d))*(x+(%d))+(%d)。\n", // 38
        a, b, divisor, quotient, remainder);                 // 39
} // 函数 gb_testPolynomialQuadraticDivideLinear 结束        // 40
```

// 文件名: **C_QuadraticPolynomialMain.c**；开发者：雍俊海	行号

```c
#include <stdio.h>                                           // 1
```

```
#include <stdlib.h>                                          // 2
#include "C_QuadraticPolynomial.h"                           // 3
                                                             // 4
int main(int argc, char* args[ ])                            // 5
{                                                            // 6
    gb_testPolynomialQuadraticDivideLinear( );              // 7
    system("pause"); // 暂停住控制台窗口                      // 8
    return 0; // 返回 0 表明程序运行成功                      // 9
} // main 函数结束                                            // 10
```

可以对上面的代码进行编译、链接和运行。下面给出一个运行的结果示例。

```
请输入二次多项式(x*x+a*x+b)的系数 a 和 b:-2 -2↙
请输入作为除式的一次多项式(x+divisor)的系数 divisor:-1↙
结果：x*x+(-2)*x+(-2)=(x+(-1))*(x+(-1))+(-3)。
验证：x*x+(-2)*x+(-2)=(x+(-1))*(x+(-1))+(-3)。
请按任意键继续. . .
```

上面例程编写了函数 gb_PolynomialLinearMultiply 用于将(x+divisor)(x+quotient)+ remainder 展开为 x^2+ax+b。这里采用黑盒测试的方法对函数 gb_PolynomialQuadraticDivideLinear 进行验证。因为 a、b 和 divisor 的取值范围均为[INT_MIN, INT_MAX]，所以我们按 7.6 节分析的结果，令 a、b 和 divisor 的测试案例集均为{INT_MIN, -4, -3, -2, -1, 0, 1, 2, 3, 4, INT_MAX}。因为 a、b 和 divisor 是相对独立的变量，所以我们需要对它们进行组合，共有 1331（=11×11×11）种。

我们可以编写程序，通过程序来生成这些测试案例。程序代码由 3 个源程序代码文件"C_QuadraticTestCase.h""C_QuadraticTestCase.c"和"C_QuadraticTestCaseMain.c"组成，具体的程序代码如下。

// 文件名: **C_QuadraticTestCase.h**；开发者：雍俊海	行号
`#ifndef C_QuadraticTestCase_h`	// 1
`#define C_QuadraticTestCase_h`	// 2
	// 3
`#undef D_Quadratic`	// 4
`#define D_Quadratic "D:\\TestCases\\QuadraticTestCases.txt"`	// 5
	// 6
`extern void gb_saveQuadraticTestCases( );`	// 7
	// 8
`#endif`	// 9

// 文件名: **C_QuadraticTestCase.c**；开发者：雍俊海	行号
`#include <stdio.h>`	// 1
`#include <stdlib.h>`	// 2
	// 3
`#include "C_QuadraticTestCase.h"`	// 4
	// 5

```
void gb_saveQuadraticTestCases( )                              // 6
{                                                              // 7
    int nArray[]={INT_MIN, -4, -3, -2, -1, 0, 1, 2, 3, 4, INT_MAX};  // 8
    int n = (int)(sizeof(nArray)/sizeof(int));                 // 9
    int i, j, k;                                               // 10
    int id = 1;                                                // 11
    FILE *fp;                                                  // 12
    errno_t e = fopen_s(&fp, D_Quadratic, "w");                // 13
                                                               // 14
    if (e!=0)                                                  // 15
    {                                                          // 16
        printf("测试案例文件\"%s\"无法打开。错误码为%d。\n",      // 17
            D_Quadratic, e);                                   // 18
        return;                                                // 19
    } // if 结束                                               // 20
    printf("测试案例位于文件\"%s\"中。\n", D_Quadratic);         // 21
    printf("n=%d。\n", n);                                     // 22
                                                               // 23
    for (i=0; i<n; i++)                                        // 24
    for (j=0; j<n; j++)                                        // 25
    for (k=0; k<n; k++)                                        // 26
    {                                                          // 27
        fprintf(fp, "%d %d %d %d\n",                           // 28
            id, nArray[i], nArray[j], nArray[k]);              // 29
        id++;                                                  // 30
    } // for 结束                                              // 31
    fprintf(fp, "-1\n");                                       // 32
    fclose(fp);                                                // 33
} // 函数 gb_saveQuadraticTestCases 结束                       // 34
```

// 文件名: **C_QuadraticTestCaseMain.c**；开发者：雍俊海	行号

```
#include <stdio.h>                                             // 1
#include <stdlib.h>                                            // 2
#include "C_QuadraticTestCase.h"                               // 3
                                                               // 4
int main(int argc, char* args[ ])                              // 5
{                                                              // 6
    gb_saveQuadraticTestCases( );                              // 7
    system("pause"); // 暂停住控制台窗口                        // 8
    return 0; // 返回 0 表明程序运行成功                        // 9
} // main 函数结束                                             // 10
```

可以对上面的代码进行编译、链接和运行。下面给出一个运行的结果示例。

```
测试案例位于文件"D:\TestCases\QuadraticTestCases.txt"中。
n=11。
请按任意键继续. . .
```

同时，在文件"D:\TestCases\QuadraticTestCases.txt"中保存了 1331 个测试案例，与预期的一致。但是，在测试案例中，我们没有给出预期的计算结果。这需要我们采用其他途径进行验证。

有了测试案例，我们可以编写测试程序。测试程序代码由 3 个源程序代码文件"C_QuadraticPolynomialTest.h""C_QuadraticPolynomialTest.c"和"C_QuadraticPolynomialTestMain.c"组成，具体的程序代码如下。

// 文件名：**C_QuadraticPolynomialTest.h**；开发者：雍俊海	行号
`#ifndef C_QUADRICPOLYNOMIALTEST_H`	// 1
`#define C_QUADRICPOLYNOMIALTEST_H`	// 2
	// 3
`#include "C_QuadraticPolynomial.h"`	// 4
	// 5
`#define D_Quadratic "D:\\TestCases\\QuadraticTestCases.txt"`	// 6
`#undef D_SizeOfBuffer`	// 7
`#define D_SizeOfBuffer 100`	// 8
	// 9
`// 返回值：0 表示成功；其他值表示失败`	// 10
`extern int gb_PolynomialQuadraticDivideLinearUnitTest(`	// 11
`    void (*f)(int *qP, int *rP, int aP, int bP, int dP));`	// 12
	// 13
`#endif`	// 14

// 文件名：**C_QuadraticPolynomialTest.c**；开发者：雍俊海	行号
`#include <stdio.h>`	// 1
`#include <stdlib.h>`	// 2
	// 3
`#include "C_QuadraticPolynomialTest.h"`	// 4
	// 5
`// x*x+a*x+b=(x+divisor)*(x+quotient)+remainder`	// 6
`// 返回：0(正确)，1(不一致)，2(a 加法溢出)，3(乘法溢出)，4(b 加法溢出)`	// 7
`int gb_PolynomialLinearMultiplyCheck(int a, int b, int divisor,`	// 8
`    int quotient, int remainder)`	// 9
`{`	// 10
`    int aN = divisor+quotient;`	// 11
`    int tN = divisor*quotient;`	// 12
`    int bN = tN+remainder;`	// 13
`    if ((aN!=a) || (bN!=b))`	// 14
`        return 1;`	// 15
`    if ( (divisor>0) && (quotient>0) && (a<=0))`	// 16
`        return 2;`	// 17
`    if ( (divisor<0) && (quotient<0) && (a>=0))`	// 18
`        return 2;`	// 19
`    if ( (divisor>0) && (quotient>0) && (tN<=0))`	// 20
`        return 3;`	// 21

```
    if ( (divisor<0) && (quotient<0) && (tN<=0))            // 22
        return 3;                                           // 23
    if ( (divisor>0) && (quotient<0) && (tN>=0))            // 24
        return 3;                                           // 25
    if ( (divisor<0) && (quotient>0) && (tN>=0))            // 26
        return 3;                                           // 27
    if ( (tN>0) && (remainder>0) && (b<=0))                 // 28
        return 4;                                           // 29
    if ( (tN<0) && (remainder<0) && (b>=0))                 // 30
        return 4;                                           // 31
    return 0;                                               // 32
} // 函数 gb_PolynomialLinearMultiplyCheck 结束            // 33
                                                            // 34
// 返回值：0(成功)，1(无法打开测试案例文件)，2(不一致)，3(溢出)  // 35
int gb_PolynomialQuadraticDivideLinearUnitTest(            // 36
    void (*f)(int *qP, int *rP, int aP, int bP, int dP))    // 37
{                                                           // 38
    char buffer[D_SizeOfBuffer];                            // 39
    char *s;                                                // 40
    int id, a, b, d, q, r, aN, bN, t;                       // 41
    int testResult = 0;                                     // 42
    FILE *fpIn;                                              // 43
    errno_t e = fopen_s(&fpIn, D_Quadratic, "r");           // 44
                                                            // 45
    printf("测试案例位于文件\"%s\"中。\n", D_Quadratic);    // 46
    if (e!=0)                                               // 47
    {                                                       // 48
        printf("测试案例文件\"%s\"无法打开。错误码为%d。\n", // 49
            D_Quadratic, e);                                // 50
        return 1;                                           // 51
    } // if 结束                                            // 52
                                                            // 53
    while(!feof(fpIn))                                      // 54
    {                                                       // 55
        s = fgets(buffer, D_SizeOfBuffer, fpIn);            // 56
        if (NULL==s) // 没有读到数据                        // 57
            break;                                          // 58
        id = -1;                                            // 59
        sscanf_s(buffer, "%d %d %d %d", &id, &a, &b, &d);   // 60
        if (id<0) // 已经处理完所有的测试案例                // 61
            break;                                          // 62
        f(&q, &r, a, b, d);                                 // 63
        t = gb_PolynomialLinearMultiplyCheck(a, b, d, q, r);// 64
        if (t!=0)                                           // 65
        {                                                   // 66
            printf("错误：案例索引号是%d。", id);            // 67
            if (t==1)                                       // 68
```

```
        {                                                               // 69
            printf("x*x+(%d)*x+(%d)!=(x+(%d))*(x+(%d))+(%d)。\n",        // 70
                a, b, d, q, r);                                          // 71
            gb_PolynomialLinearMultiply(&aN, &bN, d, q, r);             // 72
            printf("x*x+(%d)*x+(%d)==(x+(%d))*(x+(%d))+(%d)。\n",        // 73
                aN, bN, d, q, r);                                        // 74
        }                                                               // 75
        else                                                            // 76
        {                                                               // 77
            if (t==2)                                                   // 78
                printf("在计算 a 时加法");                               // 79
            else if (t==3)                                              // 80
                printf("在计算 b 时乘法");                               // 81
            else printf("在计算 b 时加法");                             // 82
            printf("溢出：\n    ");                                     // 83
            printf("x*x+(%d)*x+(%d)!=(x+(%d))*(x+(%d))+(%d)。\n",        // 84
                a, b, d, q, r);                                          // 85
        } // if-else 结束                                               // 86
        testResult = 2;                                                 // 87
    } // if 结束                                                        // 88
} // while 结束                                                         // 89
fclose(fpIn);                                                           // 90
if (0==testResult)                                                      // 91
    printf("祝贺：成功通过测试!\n");                                     // 92
return testResult;                                                      // 93
} // 函数 gb_PolynomialQuadraticDivideLinearUnitTest 结束               // 94
```

// 文件名：**C_QuadraticPolynomialTestMain.c**；开发者：雍俊海   行号

```
#include <stdio.h>                                                      // 1
#include <stdlib.h>                                                     // 2
#include "C_QuadraticPolynomialTest.h"                                  // 3
                                                                        // 4
int main(int argc, char* args[ ])                                       // 5
{                                                                       // 6
    gb_PolynomialQuadraticDivideLinearUnitTest(                        // 7
        gb_PolynomialQuadraticDivideLinear);                           // 8
                                                                        // 9
    system("pause"); // 暂停住控制台窗口                                // 10
    return 0; // 返回 0 表明程序运行成功                                // 11
} // main 函数结束                                                      // 12
```

　　上面的测试程序需要将例程程序代码文件"C_QuadraticPolynomial.h"和"C_QuadraticPolynomial.c"加入程序当中，才可以进行编译、链接和运行。运行结果有 795 行，太长了。因此，下面只列出其中 1 个**出错的案例**：

错误：案例索引号是 7。在计算 a 时加法溢出：

```
x*x+(-2147483648)*x+(-2147483648)!=(x+(1))*(x+(2147483647))+(1)。
```

在上面的测试程序中，我们是将多项式的除法通过多项式的乘法进行验证，如在文件"C_QuadraticPolynomialTest.c"当中的函数 gb_PolynomialLinearMultiplyCheck 所示，同时检查计算是否发生溢出。虽然我们没有预先计算出预期的计算结果，但是通过这种验证方式，我们仍然从 1331 个测试案例中共找到 380 个会导致出现溢出的错误案例。上面给出的是其中 1 个出错的案例。对于上面的例程，我们要么缩小输入整数 a、b 和 divisor 的取值范围，要么改变这些变量的数据类型，例如采用自定义的长整数类型。无论如何，我们不能这样想当然：整系数二次多项式除以一次多项式非常简单，不可能出错。

按照被测试对象的粒度分，程序测试可以分为单元测试和集成测试。在 C 语言程序中，对单个函数的测试称为**单元测试**，因为 C 语言程序的最小可测试单元就是函数。**集成测试**则同时对多个互相关联的函数或模块或程序进行测试，测试这些函数或模块或程序能否正确配合完成特定的功能以及在配合时能否满足预期的性能指标。这里给出两个集成测试的示例。例如，保存的文件能否被正确打开，在网络上的客户端程序与服务器端程序能否按照预先设定的协议进行通信。在集成测试中，还包含**系统测试**。系统测试是对整个软件产品进行全面的测试。系统测试通常对照软件需求说明书进行测试，验证软件产品的功能和性能是否满足预期的目标，判断产品的各个功能能否成为一个有机的整体，考验功能组合使用是否稳定，评价软件产品的健壮性、安全性和可维护性等。前面介绍的各种测试方法对单元测试和集成测试都适用。

> ⚑**注意事项**⚑：
> 　　程序在设计时常常有很多**内在的逻辑**。但是，我们在提供若干功能给用户之后，用户在使用不同功能之间的组合时不一定会严格遵循这些内在的逻辑，从而出现一些非预期的组合。通过集成测试可以在一定程度上发现这些问题。如果出现这类问题，则表明**该程序存在设计逻辑缺陷**，应当在程序发布之前设法解决这些缺陷。

不过，**在集成测试之前，应当先完成单元测试**。这不仅可以降低集成测试的难度，而且可以降低调试与更正程序错误的难度。**测试的目标首先是发现错误，而且最终仍然是要消除错误**，而不仅是去记录曾经发生或发现的错误。

10.3　本章小结

编程规范是软件业发展的必然产物。本章讲解了程序编写规范与程序测试。目前软件的需求越来越大，软件的规模也越来越大。一方面，如果没有编程规范，那么很难编写出大规模高质量的软件产品。另一方面，根据辩证法的哲学原理，现存的各种编程规范都不可能做到完美无缺。目前已经存在多种不同版本的编程规范。而且随着程序应用越来越广泛，人们对编写程序的经验也会越来越丰富，对程序编写的理解也会越来越深入，编程规范也因此会不断发展变化。但这不是不遵循编程规范的理由。对于一个团队，一旦确定执行某一个版本的编程规范，团队的每个成员都有责任严格执行该编程规范，除非整个团队决定重新更改编程规范。这是众多软件公司在经历一系列刻骨铭心的教训之后的经验结晶。

软件产品也离不开程序测试。只有通过测试，我们才能确认软件产品的质量及其适用范围。

> ❀小甜点❀
>
> 在编写程序代码时，我们常常会遇到很多成对的元素，如 "{" 与 "}"、"(" 与 ")"、"[" 与 "]"、"<" 与 ">"、"[" 与 "]"、""" 与 """、"'" 与 "'"、"malloc" 与 "free"、"calloc" 与 "free" 以及 "do" 与 "while"。为了避免这些成对元素之间出现匹配问题，在编写程序代码时，可以先输入这些成对的元素，再在这些成对的元素之间插入其他必要的代码。例如，如果要编写表达 "((a==b)&&(b==c))"，我们可以按照下面的顺序进行：
>
> （1）( ) // 先编写最外面的一对括号；
>
> （2）(( ) && ( )) // 再编写内部的两对括号以及两个符号&；
>
> （3）((a==b)&&(b==c)) // 最后，依次编写 "a==b" 与 "b==c"。
>
> 虽然这种编写方法不是必须的，但却是提高编写代码效率与质量非常有效的方法。

10.4　本章习题

习题 10.1　简述编程规范的作用。

习题 10.2　简述编程规范所包含的主要内容。

习题 10.3　命名规范的总原则是什么？

习题 10.4　请判断下面各个结论的对错。

（1）为了让程序代码读起来显得更加生动有趣，对于具有相同含义的变量，应当尽量采用多种不同的单词来表达，尤其是在不同的函数或模块之中。

（2）早期的匈牙利命名法定义了很多缩写词。

（3）对于编译器而言，在程序代码中，空格是可有可无的。

（4）如果函数的参数变量是指针类型，而且在函数体内部该指针参数变量所指向的数据不会被修改，则应当给该指针参数变量添加上常量属性 const。

（5）在采用行注释时应当注意，行注释的末尾通常不要以字符 "\" 结束。

（6）给程序代码添加注释，通常不要写语句在语法上的含义。

习题 10.5　思考并调查在文件名中含有空格有可能会引起哪些问题。

习题 10.6　请编写程序，可以接收文件路径的输入。并且对于该路径及其子路径下的所有文件，能够自动去除在各个文件的文件名中的空格。如果在去空格的过程中出现文件名的重名冲突问题，请自行设计有效的解决方案。

习题 10.7　简述命名规范所包含的主要内容。

习题 10.8　简述匈牙利命名法所包含的主要内容。

习题 10.9　简述排版方式的作用。

习题 10.10　简述排版方式所包含的主要内容。

习题 10.11　思考空格在程序代码当中的作用。

习题 10.12　思考源程序文件长度超过 2000 行的弊端是什么。

习题 10.13　在程序代码中使用 goto 语句的弊端是什么。

习题 10.14　请编写程序，检查在给定的程序代码中动态数组内存申请与释放是否匹配。

习题 10.15 请总结关键字 const 的作用。

习题 10.16 请总结提高程序运行效率的语句书写技巧。

习题 10.17 为什么在写空语句时需要让空语句体现得非常明显?

习题 10.18 请编写程序,可以接收源程序代码文件名的输入。然后,自动检查在该文件中是否存在以字符"\"结束的行注释。如果存在,则输出该行注释位于文件的第几行。

习题 10.19 简述在书写语句时应当注意的问题。

习题 10.20 简述源程序代码文件内部代码的组织规范。

习题 10.21 请总结在源程序代码文件中应当包含哪些部分的注释,这些注释的主要内容分别是什么。

习题 10.22 简述程序自述文件的作用。

习题 10.23 简述什么是具有自注释特点的函数声明。

习题 10.24 思考并总结程序测试的作用。

习题 10.25 思考并总结程序测试的方法。

习题 10.26 什么是程序测试的等价类?

习题 10.27 什么是黑盒测试?

习题 10.28 什么是白盒测试?

习题 10.29 什么是单元测试?

习题 10.30 什么是集成测试?

习题 10.31 什么是系统测试?

习题 10.32 请编写程序,接收三角形三条边长的输入,计算并输出该三角形的面积。然后,进行等价类划分,并编写自动测试的程序,验证程序的正确性。

习题 10.33 请编写程序,接收两个日期的输入,其中每个日期包含年份、月份和日。计算并输出这个日期相差的天数。如果第一个日期比第二个日期早,则天数应当为负整数;同一天的日期相差的天数应当为 0;如果第一个日期比第二个日期晚,则天数应当为正整数。然后,进行等价类划分,并编写自动测试的程序,验证程序的正确性。

参 考 文 献

[1] ANSI (American National Standards Institute). ANSI X3.4-1986. American National Standard for Information Systems-Coded Character Sets-7-bit American National Standard Code for Information Interchange (7-bit ASCII). [New York]: ANSI, 1986.

[2] ECMA. Standard ECMA-6 (ISO 646). ECMA, 1991.

[3] 谌卫军. 计算机语言与程序设计[M]. 北京: 清华大学出版社, 2007.

[4] ISO/IEC 9899: Programming languages — C. 2023.

[5] Brian W. Kernighan, Dennis M. Ritchie. The C Programming Language[M]. New Jersey: Prentice-Hall, 1978.

[6] Andrew Koenig. C 陷阱与缺陷[M]. 高巍，译. 2 版. 北京: 人民邮电出版社, 2008.

[7] Stphen Prata. C Primer Plus[M]. 姜佑，译. 6 版中文版. 北京: 人民邮电出版社, 2020.

[8] 全国科学技术名词审定委员会. 计算机科学技术名词[M]. 2 版. 北京: 科学出版社, 2002.

[9] 谭浩强. C 语言程序设计[M]. 5 版. 北京: 清华大学出版社, 2024.

[10] 雍俊海, 张慧. 产品设计的精度问题和求解[J]. 中国计算机学会通讯, 2015, 11(2): 21-26.

雍俊海编写的部分书列表

[1] 雍俊海. C++程序设计从入门到精通[M]. 北京: 清华大学出版社, 2022.

[2] 雍俊海. 零基础学 C++程序设计[M]. 北京: 清华大学出版社, 2022.

[3] 雍俊海. C 程序设计[M]. 2 版. 北京: 清华大学出版社, 2025.

[4] 雍俊海. Java 程序设计教程[M]. 3 版. 北京: 清华大学出版社, 2014.

[5] 雍俊海. Java 程序设计[M]. 2 版. 北京: 清华大学出版社, 2014.

[6] 雍俊海. Java 程序设计习题集（含参考答案）[M]. 北京: 清华大学出版社, 2006.

[7] 雍俊海. 计算机动画算法与编程基础[M]. 北京: 清华大学出版社, 2008.

[8] 雍俊海, 施侃乐, 张婷婷. LogoUp 程序式 3D 创新设计速成指南[M]. 北京: 清华大学出版社, 2018.

[9] 雍俊海, 伊川, 刘芳. LogoUp 3D＋X STEAM 课程 四年级（学生版）[M]. 北京: 中国少年儿童出版社, 2022.

[10] 雍俊海, 伊川, 刘芳. LogoUp 3D＋X STEAM 课程 三年级（学生版）[M]. 北京: 中国少年儿童出版社, 2021.

[11] 雍俊海. 清华教授的小课堂: 魔方真好玩[M]. 北京: 清华大学出版社, 2018.

图书资源支持

感谢您一直以来对清华版图书的支持和爱护。为了配合本书的使用，本书提供配套的资源，有需求的读者请扫描下方的"书圈"微信公众号二维码，在图书专区下载，也可以拨打电话或发送电子邮件咨询。

如果您在使用本书的过程中遇到了什么问题，或者有相关图书出版计划，也请您发邮件告诉我们，以便我们更好地为您服务。

我们的联系方式：

清华大学出版社计算机与信息分社网站：https://www.shuimushuhui.com/

地　　址：北京市海淀区双清路学研大厦 A 座 714

邮　　编：100084

电　　话：010-83470236　　010-83470237

客服邮箱：2301891038@qq.com

QQ：2301891038（请写明您的单位和姓名）

资源下载：关注公众号"书圈"下载配套资源。

资源下载、样书申请

图书案例

书 圈

清华计算机学堂

观看课程直播